제7군단을 지휘한 프랭크스 중장(좌측) 과 제1기갑사단장 그리피스 소장(우측)

타와칼나 사단의 T-72전차에 격파당한 제1기갑사단 TF 1-37의 M1A1 전차 B23

공화국수비대의 주방어선을 돌파하고 전진중인 제1기갑사단 전차부대. 전방의 전차호에 불타오르는 이라크군 전차가 보인다.

격파된 이라크군의 BRDM2 차륜식 장갑차를 지나치는 영국 제1기갑사단의 FV432 장갑차

2월 28일, 차체 좌측에 HESH(점착고폭탄)을 직격당해 불타오르는 이라크군 제52기갑사단의 T55전차 (혹은 중국제 69식II형)

파괴된 이라크군 T-72 전차를 검사중인 제24보병사단의 브래들리 보병전투차 부대. T-72는 함무라비 기갑사단 소속으로 보인다.

이라크군 최대의 보급로였던 8번 고속도로를 M1A1 전차로 봉쇄한 제 24보병사단 197보병여단의 TF 2-69.

2월 27일, 제압이 완료된 쿠웨이트 국제공항에 성조기를 게양하고 진입중인 제1해병사단의 TF 셰퍼드 소속 LAV 차륜식 장갑차 부대.

2월 27일 무트라 고개를 방비중이던 이라크군 제3기갑사단이 남긴 T-72 전차를 회수중인 제2해병대의 M88A1 구난전차

걸프전 종결 후, 본국으로 귀환하기 위해 사우디아라비아의 담맘항에 집결한 엄청난 규모의 장비들 (M1A1 전차, 브래들리, 자주포, 장갑차 등)

차를 마시며 휴식중인 영국 제1기갑사단의 워리어 보병전투차 부대. 차체에 크게 휘날리고 있는 국기는 오폭을 막기 위한 피아식별용이다.

1991년 6월, 워싱턴 DC에서 성대하게 거행된 걸프전쟁 승전 퍼레이드. 선두에서 당당히 걷고 있는 중부군 사령관 슈워츠코프 대장과 참모들.

사상최대이자 최후의 기갑전!

걸프전 대전차전
Part II

카와츠 유키히데 저

저자 **카와츠 유키히데** (河津幸英)

1958년 시즈오카현에서 출생한 군사평론가. 리츠메이칸 대학 졸업. 현 일본 군사전문지 월간 군사연구 편집장. 걸프전쟁 등 현대 전쟁사에서 미군과 자위대를 주제로 집필 활동을 하고 있다. 저서로「미국 해병대의 태평양 상륙작전」(전3권)「걸프전 데이터 파일」,「도설 이라크 전쟁과 미국 점령군」,「도해 미국 공군 차세대 항공우주무기」등이 있다.

역자 **성동현**

1976년 4월생. 충남대학교 농업기계과 졸업. 서브컬쳐, 군사 관련 번역가로 활동 중.「군화와 전선 – 마녀 바셴카의 전쟁」, 아돌프 갈란트 회고록「처음과 마지막」,「걸프전 대전차전」등을 번역했다.

저 자	카와츠 유키히데	
사 진	DoD, DVIC, GDLS, U.S.Army, U.S.Marine Corps	
장 정	에스톨	
레이아웃	무라카미 치즈코	
번 역	성동현	
감 수	주은식	
편 집	정성학, 정경찬, 김일철	
표 지	한종석, 강인경	
주 간	박관형	
라 이 츠	선정우	
마 케 팅	김정훈	
발 행 인	원종우	
발 행	이미지프레임	

주소 [13814] 경기도 과천시 뒷골1로 6, 3층 (경기도 과천시 과천동 365-9)
전화 02-3667-2654 팩스 02-3667-2655
메일 edit01@imageframe.kr 웹 imageframe.kr

책 값	18,000원	
I S B N	979-116085-109-0 03390	

목차

제13장
4명의 전차병과 제2기갑기병연대
'73 이스팅 전투'

프랭크스 군단장 FLAG PLAN 7호 발령 동쪽으로 선회한 3개 중사단, 기갑의 주먹이 공화국 수비대를 강타하다[1]

2월 26일 오전 4시 00분, 이라크 영내 80km 지점에 위치한 제7군단의 프랭크스 중장은 조그만 텐트 안의 캔버스제 간이침대에서 눈을 떴다. 지난밤까지 사막에 작은 강이 생길 정도로 호우가 쏟아져 임무를 수행하던 병사들은 밤새 비를 맞았지만, 프랭크스 중장은 텐트에서 비를 피할 수 있었다.

잠에서 깬 프랭크스 중장은 수염을 다듬고 베레타 M9 권총과 헬멧을 착용한 후, 당번병이 준비한 블랙커피를 마시면서 15m가량 떨어져 있는 점프 TOC(전방전술작전본부 jump tactical operations center: 천장을 높게 개조한 M577 지휘장갑차 2대의 차체 후방에 사방 6m 크기의 텐트를 연결한 지휘소)에 들어갔다.

프랭크스 중장은 이미 각 부대에 동쪽에 배치된 공화국 수비대를 공격하라는 단편명령(FRAGO: Fragmentary Order)을 내려 두었고, 덕분에 이 잠시나마 눈을 붙일 수 있었다.

단편명령이란 유동적인 전황 중에 긴급 대응이 필요할 경우, 전 지휘관을 소집하지 않고 해당 부대 지휘관에 한하여 부분적으로 내리는 명령이다. 프랭크스는 사전에 준비한 일곱 가지 단편계획(FRAGPLAN) 가운데 FRAGPLAN 7호를 선택했다. 그리고 공식문서인 FRAGO 140-91이 각 부대에 전달되었다.[2]

FRAGPLAN 7호는 공화국 수비대가 큰 움직임 없이 쿠웨이트 북서부의 방어진지 지대를 고수할 경우, 제7군단 전체가 국경에서 150km 거리에 위치한 통제선 PL 스매시에서 일제히 동쪽으로 선회해 PL 다즐링에 주력부대를 집결시키고, 3개 중사단으로 구성된 기갑의 주먹(three Division Armored Fist)으로 공화국 수비대의 측면과 후방을 공격하는 계획이었다. 계획 초기의 공격목표는 PL 다즐링과 PL 라임 사이의 4개소(북쪽에서부터 목표 본, 도셋, 노포크, 워털루)였다.

프랭크스 중장이 공화국 수비대를 공격하는데 3개 중사단을 동원한 이유는 두 가지였다.

진격하는 제2기갑기병연대 2대대의 M3A2 브래들리 기병전투차. 후방에는 제2포병중대의 M109 자주포가 보인다.

일단 전방의 방어지대(전차의 벽)에는 이라크군 최정예 부대인 공화국 수비대의 3개 중사단(타와칼나, 메디나, 함무라비)과 지하드 군단의 2개 중사단(제10, 12 기갑사단)이 전개중이었다. 이라크군의 전력이 폭격으로 저하되었다 하더라도 2개 중사단만 동원한다면 제7군단의 희생이 커질 수 있었다.

그리고 최종 목적인 공화국 수비대 섬멸을 위해서는 3개 중사단 급의 전력이 필요했다. 2개 중사단의 전력으로도 공화국 수비대 격파는 가능하지만, 완전한 섬멸을 기대하기는 무리였다.

여기서 프랭크스 중장은 공화국 수비대 섬멸의 열쇠가 될 세 번째 중사단 선정을 놓고 고심했다. 당초 PLAGPLAN 7호는 세 번째 중사단으로 제1기병사단을 상정하여 제7군단 배속을 요청했지만, 앞서 언급한 바와 같이 슈워츠코프가 신뢰하기 어려운 아랍합동군에 대한 우려로 인해 프랭크스의 요구를 거절하고 제1기병사단을 중부군 예비대로 두었다. 결국 프랭크스 중장은 25일 낮에 제1보병사단의 토머스 레임 소장에게 공세에 투입될 세

번째 사단으로 제1보병사단이 선택되었음을 통보하고 '26일 오후까지 진격중인 제2기갑기병연대를 초월전진해 공화국 수비대를 공격할 준비를 하라'는 단편명령을 구두로 전달했다.

그런데 26일 오전 9시 30분, 제1기병사단을 중부군 예비대 임무에서 해제하여 제7군단에 배속한다는 명령이 하달되었다. 이 소식을 들은 프랭크스 중장은 분개했다. 제1기병사단은 지상전이 개시된 이후 53시간이 지난 시점까지 중부군 예비대로 묶여 있었으므로, 이제 와서 제1보병사단과 역할을 바꿀 수는 없는 상황이었다.

프랭크스 중장은 제1기병사단장 존 티렐리 소장에게 "팀 복귀를 환영하네. FRAGPLAN 7호는 이제 시작한 참이니 자네의 제1기병사단은 될 수 있는 한 빨리 '집결지(AA) 리'로 전진해 주길 바라네. 제1보병사단은 오늘 제2기갑기병연대를 지나 동쪽을 공격하네. 자네는 공격상황에 따라 제1보병사단의 남쪽, 또는 제1기갑사단의 북쪽으로 우회하게."라고 짧게 지시를 내렸다. '집결지 리'와의 거리는

150km에 달했지만, 한시라도 빨리 공격에 참가하고 싶었던 티렐리 소장은 진격 준비를 서둘렀다.[3]

북상한 제7군단은 오전 중에 PL 스매시에서 동쪽으로 60도 선회해 PL 탄제린을 향해 동진했다. 하지만 제1보병사단은 영국군 제1기갑사단의 돌파구 통과를 기다려야 했으므로, 26일 오전 4시 30분이 되어서야 북상을 시작했다. 그 결과 같은 시각에 전진중인 제2기갑기병연대와는 80km 이상 거리가 벌어졌다.

7,000대가 넘는 다양한 차량으로 구성된 기갑부대가 고속도로를 달리는 승용차와 같은 속도로 이동할 수는 없었다. 전차, 장갑차, 자주포, 화물트럭, 험비, 중기동 트럭, 대형 유조차 등의 이동 속도가 모두 달라서, 속도에 따라 수십 줄의 차량 행렬이 형성되었다. 게다가 사막의 험한 지형과 모래폭풍 및 비 등의 악천후로 시계가 나빠지면서 진로 파악이 어려워졌고, 그 결과 기동로에 심각한 정체가 발생했다. 결국 제1보병사단은 일몰까지 PL 탄제린은 커녕 PL 스매시에도 도착하지 못했다. 기갑부대 진격에 필요한 연료를 보급하기 위해 이라크 영내 60km 지점에 조성한 보급기지 탄제린의 연료집적(대형 유조차가 400대 이상임을 고려하면 125만 갤런 가량으로 추정된다)이 오후가 되어서야 종료된 점도 제1보병사단의 발목을 잡았다.

오후 6시 00분, 제1보병사단과는 대조적으로 군단의 좌익(북쪽)에서 전진하던 제1기갑사단은 3개 기동여단을 횡대 대형으로 정렬하고 PL 탄제린(이스팅 60)을 지나 공화국 수비대 타와칼나 기계화보병사단이 방어하는 지역에 진입했다. 우측의 제3기갑사단은 2개 기동여단을 전방에 배치한 대형으로 오후 4시 직전부터 PL 탄제린을 통과하기 시작했으며, 4시 45분에는 전 부대가 PL 탄제린을 통과했다. 이후 제1보병사단을 제외한 2개 중사단이 공세에 돌입했다.

세 번째 사단인 제1보병사단의 전진이 크게 늦어지자 전위부대인 제2기갑기병연대가 대신 이라크군의 주진지로 전진했다. 군단포병 등이 증강되었다 해도 연대 규모의 전력으로는 24시간 연속 전투를 수행하기 어려웠다. 따라서 프랭크스 중장은 제2기갑기병연대장 레너드 D. 홀더 대령에게 일단 60이스팅까지만 전진하도록 명령했다.

여기서 '이스팅'이란 작전지도상 동경선(Easting)으로, 1이스팅은 동쪽으로 1km 단위의 거리를 뜻한다. 사단의 담당 작전구역은 전면의 폭이 30km 가량으로 상당히 넓어서, 홀더 대령은 제2기갑기병연대의 3개 기병대대(Squadron)를 일렬횡대 대형으로 넓게 전개한 후 진격했다. 공격에 나선 제2기갑기병연대는 타와칼나 기계화보병사단의 경계선(제12기갑사단의 52전차여단과 정찰부대)을 순조롭게 돌파해 오후 3시 00분에 목표인 60이스팅(PL 탄제린)을 초월했다. 프랭크스 중장은 기병연대에 충분한 여력이 있다고 판단하고, 공격의 기세를 유지하기 위해 제2기갑기병연대에게 제1보병사단을 대신해 진격을 계속하도록 지시했다. 다만 '공격 목적은 어디까지나 타와칼나 기계화보병사단의 규모, 위치, 전력의 파악이니 깊게 들어가지 말라'고 못을 박았다.

M3 브래들리와 M1A1 에이브럼스로 편성된 이글 기병중대[4]

26일 오후 3시 25분, 제2기갑기병연대 2대대는 전방에 고스트(G) 중대와 이글(E) 중대, 후방에 폭스(F) 중대와 호크(H) 전차중대를 배치한 상자 대형으로 작전구역의 북쪽을 향해 전진했다. 우익의 이글 중대는 고스트 중대보다 1,000m가량 전방에서 연대의 선두가 되어 최초로 65이스팅(60이스팅 동쪽 5km)을 넘어섰다. 적의 주진지 전초부대와 접촉할 가능성이 높은 시점이었지만, 당시 계절에 어울리지 않게 '샤말(Shamal)'이라 불리는 모래폭풍이 몰아치는 바람에 시계가 1,000m 내외로 줄어들었다. 이따금 초속 20m 이상의 돌풍이 불거나 비가 내릴 때면 100m 앞도 제대로 보이지 않는 경우가 많았다.

이글 중대의 허버트 R. 맥마스터 대위(육군사관학

PL 탄제린에 집결한 제7군단 기갑부대의 철권 (2월 26일 일몰)

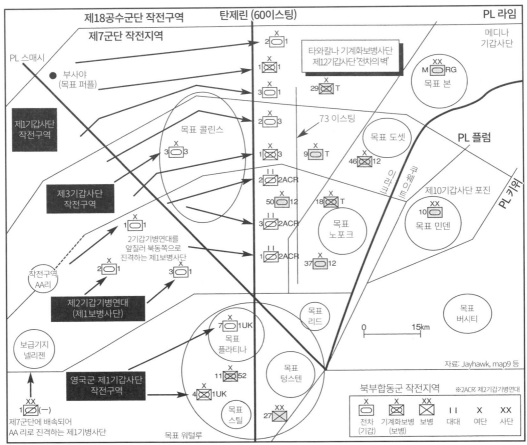

제18공수군단 작전구역

제7군단 작전지역

탄제린 (60이스팅)

PL 라임

메디나
기갑사단

PL 스매시

부사야
(목표 퍼플)

타와칼나 기계화보병사단
제12기갑사단 '전차의 벽'

M RG
목표 본

제1기갑사단
작전구역

목표 콜린스

73 이스팅

목표 도셋

PL 플럼

제3기갑사단
작전구역

2ACR를
앞질러 북동쪽으로
진격하는 제1보병사단

제10기갑사단 포진

목표 민덴

작전구역
AA리

목표
노포크

제2기갑기병연대
(제1보병사단)

목표
버시티

보급기지
넬리젠

영국군 제1기갑사단
작전구역

목표
플라티나

목표
리드

0   15km

자료: Jayhawk, map9 등

제7군단에 배속되어
AA 리로 진격하는 제1기병사단

목표
텅스텐

목표
스틸

목표 워털루

북부합동군 작전지역   ※2ACR: 제2기갑기병연대

전차
(기갑)   기계화보병
(보병)   보병   대대   여단   사단

군단전술지휘소의 M577 지휘차 앞에 설치한 전황지도 앞에서 동쪽으로의 우회공격을 사단장들에게 지시하는 프랭크스 군단장(왼쪽).
왼쪽 앞부터 제1기갑사단장 그리피스, 제2기갑기병연대장 홀더, 뒷줄 중앙부터 제3기갑사단장 펑크, 제1보병사단장 레임.

교 졸업, 28세)는 헐리우드 스타 브루스 윌리스를 닮은 터프가이로, 직업군인다운 대범한 지휘통솔능력과 신중함, 예리함을 갖춘 장교였다.

이글 중대(이후 E중대)는 약 140명 규모로, 중대본부와 본부중대, 2개 전차소대, 2개 정찰소대로 구성되어 있었다. 주전력은 M1A1(HA) 전차 9대와 M3A2 브래들리 기병전투차 12대, 본부 박격포반의 M106A2 107㎜ 자주박격포 2대였다.

기병중대의 특징은 중대에 전차와 함께 보병전투차를 균등 편성해, 임무와 상황에 맞춰 유연하게 대응할 수 있다는 점이다. 따라서 M3 브래들리의 기동력을 활용한 최전선의 장거리 정찰이나 연대의 측면 경계부터 M1A1(HA)의 타격력을 이용한 적 전차부대 격파까지 여러 상황에 맞춰 임무를 수행할 수 있었다.

E중대는 적을 찾기 위해 정찰 임무를 중시한 대형으로 65이스팅을 넘어 전진하고 있었다. 중대의 선봉은 마이크 페섹 소위의 제1정찰소대(M3 브래들리 6대)로, 정찰소대의 임무는 적의 조기발견과 본대의 전방 경계였다. 정찰소대는 임무를 위해 곤충의 촉각처럼 좌우 양익과 중앙에 브래들리를 2대씩 1개조로 배치했다. 2대 1조는 전투기 편대의 윙맨처럼 전투 또는 기동 중 선두차량을 후방 차량이 경계·엄호하기 위한 편성이었다. 그리고 제1정찰소대 우익에는 M981 FIST-V(화력지원정찰 장갑차), 중앙에는 박격포반의 M106 자주박격포를 추가 배치했다. 이 지원차량들은 브래들리만으로 상대하기 힘든 단단한 진지를 분쇄하는 화력지원 임무를 위해 배치되었다. M981은 차체에 관측장치(레이저 거리측정기와 야시조준장치)를 장비해, 대대 직속 제2포병중대(M109 155㎜ 자주포 8대)에 사격 제원을 보내 엄호사격을 요청하고 포격을 통제하는 포병의 전방관측 임무를 맡았다.

E중대 본대는 M1A1 전차 9대를 쐐기대형으로 배치했다. 쐐기의 선두에는 맥마스터 대위가 탑승한 M1A1 전차 '매드 맥스'가 배치되고, 왼쪽에 마이크 해밀턴 소위의 제2소대, 오른쪽에 제프 디세파노 소위의 제4소대가 있었다. 그리고 쐐기대형의 우측 측면(남쪽)에는 팀 가우디어 소위의 제3정찰소대 소속 M3 브래들리 기병전투차 6대가 종대로 늘어서 적의 습격에 대비해 측면을 경계했다.

기병중대의 중심인 전차소대는 M1A1(HA) 전차 4대에 소대장(주로 소위)과 하사관, 병사 포함해 16명으로 구성된다. 소대는 전차 2대 1조로 소대장이 리더인 팀과 부소대장(중사 또는 상사)이 리더인 팀으로 나뉜다. 소대장의 역할은 당연히 소대의 작전행동 지휘고, 부소대장은 소대장이 지휘에 전념할 수 있도록 소대의 보급과 작전준비 등을 맡는다.

부소대장(Platoon Sergeant)은 35세에서 40세의 고참이자 전차 전문가로, 사관학교를 나온 소대장의 보좌역도 겸했다.

소대가 실전에서 힘을 발휘하려면 소대장과 부소대장의 연대가 절실하다. 따라서 우수한 부소대장의 존재에 소대의 운명이 좌우된다. 소대가 전투조직으로 단단히 결속하기 위해서는 풍부한 경험을 지닌 부소대장이 필요하다. 실제로 걸프전 중에는 실전경험이 있는 부소대장들이 여러 차례 자신의 부대를 위기에서 구해냈다.

전차로 구성된 쐐기대형의 중심부에는 제2기병대대에서 파견된 작전참모 더글러스 맥그레거 소령의 M1A1 전차, 대대 작전지휘소(TAC)로 사용하는 M2 브래들리 보병전투차, 부중대장 존 기포드 중위의 M577 지휘장갑차가 배치되었고, 후방에는 중대본부와 지원 임무를 담당하는 본부소대로 구성된 중대 전투지원대(CBT)가 있었다. 차량 행렬은 M113 의무 장갑차 2대, M88 구난전차 1대, 험비 3대, 정비용 부품과 공구를 운반하는 M35A2 2.5t 트럭 2대, 보급품을 적재한 5t 트럭 1대 등으로 구성되었다.

맥마스터 대위는 대대본부로부터 67이스팅까지 전진 허가를 받았다. 하지만 67이스팅까지 전진하는 동안 여전히 적을 발견하지 못했다.

타와칼나 사단의 주진지에 격돌한 제2기갑기병연대의 편제와 전력

2nd Armored Cavalry Regiment "Second Dragoons"

연대장: 레너드 D. 홀더 대령

2 / ∅ / III

제2기갑기병연대의 전력
- M1A1 x 129대
- M3/M2 전투차 x 116대
- M109 자주포 x 24대

병력: 5,242명(증강)
- 헬리콥터 x 74대 (AH-1 x 26)
- M9 ACE 장갑전투도저 x 6대
- M93 NBC정찰차 x 6대

연대본부

방공포병 중대
- 스팅어 소대 (발사팀 x 22)

공병중대
M728 CEV x 3
- 공병소대 x 3
(M113 x 4, M9 ACE x 2)

군사정보중대
- 업무지원소대
- 통신소대
- 작전지원 소대 :심문팀
- 감시소대 : M113
GSR 레이더차량 x 3
- 전자전 소대 : HF/VHF
전차방해 · 도청장치

화학방호 중대
- 연막/제염 소대
- 정찰소대 (M93 x 6)

제1기병대대

본부 · 본부중대
A기갑기병중대
B기갑기병중대
C기갑기병중대
M3 x 12, M1A1 x 9
D전차중대
M1A1 x 14
제1포병중대
M109 (155mm) x 8

제2기병대대

본부 · 본부중대
E기갑기병중대
맥마스터 대위
F기갑기병중대
G기갑기병중대
H전차중대
제2포병중대

제3기병대대

본부 · 본부중대
I 기갑기병중대
K·기갑기병중대
L 기갑기병중대
M전차중대
제3포병중대

제4항공기병대대

본부 · 본부중대
A공중기병중대
B공중기병중대
C공중기병중대
AH-1 x 4
OH-58 x 6
D공격헬리콥터 중대
E공격헬리콥터 중대
AH-1 x 7
OH-58 x 4
F강습헬리콥터 중대
UH-60 x 18, EH-1H x 1,
OH-58 x 1

지원대대

본부 · 본부중대
의무중대
정비중대
보급 · 수송중대

〈지상전시의 증강부대〉
- 제210야전포병여단 (군단)
제17야전포병연대 3대대
(M109 x 24)
제41야전포병연대 6대대
(M109 x 24)
제27야전포병연대 4대대 C중대
(MLRS x 9)
- 제1항공연대 2대대
(제1기갑사단)
AH-64 x 18
- 제82공병대대 (군단)

M93	
전투중량	17t
전장	6.78m
전폭	2.98m
전고	2.46m
엔진	메르세데스 벤츠 OM402 수냉 디젤 (320hp)
톤당 마력비	18.8hp/t
최대속도	104km/h
항속거리	800km
무장	7.62mm 기관총 (1,000발)
특수장비	화생방 탐지 · 경보 · 채취 장치
승무원	3명

이라크군의 화학무기 공격에 대비해 60대가 배치된 서독제 M93 폭스 화생방 정찰장갑차.
후부에 샘플 채취용 장치가 있다.

맥마스터 대위는 선두 좌우에 2개 전차소대를 쐐기대형으로 배치한 상태로 전진했다. 날씨는 맑았고, 특징적인 지형지물이 없는 이라크의 평탄한 사막을 달려가는 전차부대는 마치 바다를 누비는 함대처럼, 모래먼지를 일으키며 달리는 전차는 물결을 가르며 항진하는 전함처럼 보였다. 물론 이라크의 사막은 잔잔한 수면과는 달랐다. 잔물결치는 바다처럼 무수히 많은 모래언덕이 시야를 방해했다. 만약 모래언덕 너머에 적이 매복해 있었다면 E중대가 적을 발견하는 시점은 이라크군 T-72 전차의 유효사거리인 1,000m 이내의 근거리가 될 것이 분명했다.

M1A1 '매드 맥스'의 전차병들 (5)

맥마스터 대위의 전차 '매드 맥스'는 2개 전차소대가 구성한 쐐기대형의 선두에 서서 시속 32㎞의 속도로 적지를 가로지르며 달려갔다. 열화우라늄 복합장갑을 두른 M1A1(HA) 전차에 탑승한 4명의 승무원은 실전의 긴장감을 견디며 묵묵히 자신의 임무에 집중하고 있었다.

전진 도중 전차장 맥마스터 대위는 전장 일대를 살피기 위해 큐폴라에서 상반신을 내놓고 사막 전체를 감시했다. 전차의 눈 역할은 전차장의 가장 기본적인 임무에 해당한다. 전차장이 할 일은 크게 여섯 가지로 구분되는데, 첫 번째는 임무에 맞춰 다른 승무원들에게 지시를 내리는 것. 두 번째는 주행 중 큐폴라에 서서 조종사보다 높은 위치에서 넓은 시야로 진로상의 장애물을 살피는 것. 세 번째는 전장에서 주변을 경계하며 신속히 적을 발견하고, 피아식별을 통해 승무원들에게 지시를 내리고 동시에 상황을 상급 지휘관에게 보고하는 것. 네 번째는 적을 포착했다면 공격목표와 사용무장을 결정하고 포수에게 지시를 내리는 것. 다섯 번째는 발사할 탄종을 정해 포수와 탄약수에게 공격 명령을 내리는 것. 그리고 여섯 번째는 전차의 고장이나 피탄 시 승무원들을 피난시키는 것이다. 맥마스터 대위

의 경우 전차장 역할과 140명의 부하를 통솔하는 중대장 역할을 겸해야 했다.

M1A1 전차의 조종수는 포탑의 다른 승무원들과 달리 차체 전면의 관처럼 좁은 조종석에 눕듯이 앉아서 60t이 넘는 거대한 괴물을 조종해야 했다. 조종수의 주임무는 전차장이 지시한 방향과 속도로 전차를 운전하는 것이다. 그리고 주행 중 발견한 장애물을 전차장에게 보고하거나 진로에 관해 조언을 하기도 한다. 전차의 기계적 이상(주로 기동계)을 막기 위한 사전점검, 간이 정비, 간단한 수리도 조종수의 역할이다.

맥마스터 대위의 조종수인 크리스토퍼 헤덴스코그(평소 '스코그'라 불림) 상병은 「게으름뱅이(lazy boy)의 자」라 불리는 반쯤 눕는 자세로 앉는 조종석에서 운전을 하고 있었지만, 기분은 전혀 편하지 않았다. 그는 자신이 조종하는 전차에 중대장인 맥마스터 대위가 타고 있기 때문에 혹시라도 대전차지뢰를 밟아 중대장이 위험에 노출되지는 않을지 불안해했다. 스코그 상병은 전방을 주의 깊게 살피며 지면에 수상한 금속물이나 조금이라도 의심스러운 부분이 보이면 산악 오토바이 같은 전차의 T바 핸들 조종간을 좌우로 돌리며 피해 나갔다. 스코그는 복잡한 도시에서 승용차를 운전하는 것보다 더욱 세심하게 주의를 기울이며 전차를 운전했다. 일반인들이 보기에 튼튼하기 짝이 없는 괴물 전차의 조종수는 운전이 거칠다는 이미지가 있지만, 전장에서 그런 조종은 죽음을 재촉할 뿐이다.

포수인 크레이그 코흐 하사는 포탑의 우측에 앉아 주포용 조준경을 통해 열영상 야시장비가 보여주는 옅은 녹색의 적외선 영상을 주시하고 있었다. 사막에 모래폭풍이 불면 육안 가시거리는 900m까지 줄어들기 때문에, 장거리 관측은 열영상에 의지해야 했다. 코흐 하사도 조종수인 스코그 상병 못지않게 긴장하고 있었다. 적 전차와 조우하면 포수인 자신의 반응 속도에 따라 승패가 갈리기 때문이다. 포수는 신속, 정확한 사격을 위해 항상 화기

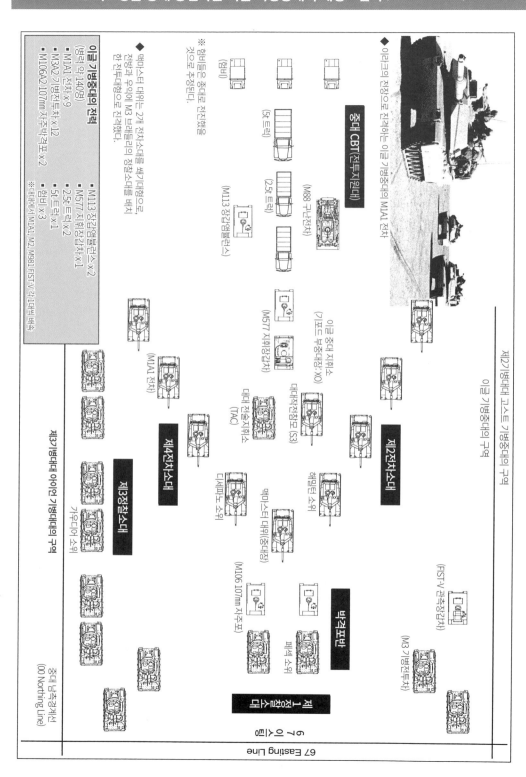

◆ 이라크의 전장으로 진격하는 이글 기병중대의 M1A1 전차

중대 CBT(전투지원대)

(M88 구난전차)

(M113 정비엄폐소)

(5t 트럭)

(2.5t 트럭)

(함비)

※ 함비물은 중대로 전진했을 것으로 추정된다.

◆ 맥마스터 대위는 2개 전차소대를 쐐기대형으로, 전방과 우익에 M3 브래들리의 정찰소대를 한 전투대형으로 진격했다.

이글 기병중대의 전력
(병력 약 140명)
· M1A1 전차 x9
· M3A2 기병전투차 x12
· M106A2 107mm 자주박격포 x2
· M113 정비엄폐소 x2
· M577 지휘장갑차 x1
· 2.5t 트럭 x2
· 5t 트럭 x1
· 함비 x3
※대대에서 M1A1,M2,M981 FIST-V의 대대에 배속

제2기병대대 고스트 기병중대의 구역
이글 기병중대의 구역

(M577 지휘장갑차)
이글 중대 지휘소 (기표드 부중대장: XO)
(M1A1 전차)

대대전술지휘소 (TAC)
대대전술지휘소 (S3)

제2전차소대
제4전차소대
제3정찰소대

맥마스터 대위 (중대장)
해밀턴 소위
디세피노 소위
가우디아 소위
페세 소위

(M106 107mm 자주박격포)
박격포반
제1정찰소대

(FIST-V 관측장갑차)
(M3 기병전투차)

제2기병대대 이라인 기병대대의 구역
제3기병대대 아이언 기병대대의 구역
중대 남쪽경계선 (00 Nothing Line)

6 7 이스팅

67 Easting Line

(주포와 M204 7.62㎜ 공축기관총)의 방향을 확인하고 조준(목표 확인, 사격제원 입력, 조준)에서 사격, 명중 확인, 판정까지 순서대로 행동해야 했다. 또한 화기와 FCS(사격통제장치)의 정비, 조정, 간단한 수리도 포수의 몫이었다. 포수는 단안식 조준경을 보면서 오른손으로 주포와 포탑을 조종한다. 「캐딜락 핸들 그립」이라 불리는 컨트롤 레버의 양쪽에는 각 화기의 발사 트리거와 레이저 조준기 버튼 등이 배치되어 있었다.

M1A1 전차의 열영상장치는 포탑 전면에 고정되어 있으므로 코흐 하사는 포탑을 계속 좌우로 선회시키며 주변을 경계했다. 하사는 경계 중 왼손 조작 패널에서 가장 아래쪽에 있는 레버를 좌우로 계속 조작했는데, 이 레버는 조준장치의 배율 조정 스위치로, 왼쪽은 광역 탐지용 3배율, 오른쪽은 목표 선정, 식별, 조준용 10배율이다. 왼손으로 잡는 레버의 상하로 움직이는 봉형 스위치는 열영상장치의 화상을 블랙핫과 화이트핫으로 전환하는 스위치다. 블랙핫은 녹색 배경에 열원을 검게, 화이트핫은 반대로 검은 배경에 열원을 밝은 녹색으로 보여준다. 주변에 불타는 전차같은 고열원이 많은 경우에는 블랙핫 화면 쪽이 목표를 식별하기 쉽다.

코흐 하사의 왼쪽에는 제일 나이가 어린 신입 탄약수 제프리 테일러 상병이 앉았다. 탄약수의 역할은 전차장이 지시한 탄종의 신속한 장전이다. 통상 에이브럼스 전차는 철갑탄(SABOT)과 대전차고폭탄(HEAT), 두 종류의 포탄 34발을 포탑 후방에 설치된 탄약고에 적재한다(잔여 6발은 차체에 적재한다). 포탄은 탄두를 보면 구분하기 쉽지만, 탄약고에 적재된 포탄은 탄약수가 포탄을 꺼내 장전할 때 항상 탄두가 앞쪽으로 오도록 탄두부를 뒤로, 탄저부를 앞으로 두고 적재된다. 때문에 탄약수는 탄종을 구분하기 위해 탄저에 매직으로 S와 H를 써서 구분해 놓는다. 적재한 포탑 중 철갑탄은 15발, 대전차고폭탄은 25발로, 대전차고폭탄을 더 많이 적재하는 경우가 일반적이다. 장갑표적, 특히 전차의 격파에 특화된 철갑탄과 달리 대전차고폭탄은 전차 외에 보병이나 진지제압에도 사용할 수 있는 다목적탄이어서 적재량이 상대적으로 많았다. 탄약수는 이동 중에 전차장이 잘 볼 수 없는 좌측과 좌후방 경계를 담당한다. 또 전차장을 보조해 무전기를 조작하거나 화기와 장전기구의 정비, 조정, 간단한 수리도 담당한다. 추가로 전차에 긴급 배치된 GPS 수신기도 탄약수가 맡아서, 포미 위에 설치된 트림백 SLGR 소형 경량 GPS 수신기에 표시된 위치와 방위를 읽고 조종수에게 일정 간격으로 정확한 진로를 통보한다.

지금까지 살펴본 전차병의 역할을 보면 탄약수가 다른 승무원들에 비해 비교적 책임이 가벼운 역할임을 알 수 있다. 전차병의 진급 순서를 봐도 탄약수로 시작해 조종수, 포수를 경험한 후 전차장이 된다. 맥마스터 대위는 평소부터 탄약수가 다른 세 명의 승무원들이 하는 일을 보고 배우는 최적의 위치로, 전차 운용을 체득하기에 가장 적합한 직책이라고 이야기하곤 했다.

테일러 상병은 젊지만 탄약수로서 확실한 실력을 갖추고 있었다. 그는 주행 중 24kg의 120㎜ HEAT탄을 탄약고에서 꺼내 장전하는데 1.5초밖에 걸리지 않았다. 미숙한 탄약수라면 사고를 낼 만한 속도다. 맥마스터 대위는 장전시 반드시 장갑도어를 열고 닫도록 지시했고, 테일러 상병은 1.5초대의 속도로 장전을 하면서도 결코 탄약고의 장갑 도어를 열어둔 채로 장전하지 않았다. 탄약고의 장갑 도어는 개방 후 2초만에 자동으로 닫히는데, 테일러 상병은 도어가 열릴 때 탄을 꺼내 닫히기 전에 장전을 완료할 수 있었다.

'매드 맥스'의 승무원들은 말 없이 이라크군을 찾았다. 소음이 작은 가스터빈 엔진을 탑재한 전차의 실내는 조용했고, 가끔 무한궤도가 돌멩이를 튕겨내는 소음이 단속적으로 들렸다. 오히려 열영상장치의 냉각모터의 소음이 신경 쓰일 지경이었다.

공화국 수비대 T-72 전차대대의 편제와 전력

공화국 수비대의
전차 대대 구성
(영국식 제대명을
사용하므로 연대로
표기한다)

RG

🚂T-72 전차대대의 전력

T-72 전차	44대	2.5t 트럭	45~50대
MTLB 장갑차	7대	유조차	2대
BRDM2 정찰차	6대	야전취사차량	3대
5t 트럭	8~10대		

대대본부 본부중대
T-72 전차 x 2
장갑차 x 4
ARV 구난전차

T72

MT-LB

정찰소대
BRDM2 정찰장갑차 x 6
BRDM2

BRDM2

관리중대
각종 트럭 x 50~60

4.8t 우랄 375D 야전트럭 (6X6)

2.13t GAZ66
야전트럭 (4x4)

3t W50LA
야전트럭 (4x4)

속사수의 학살극 (6)

오후 4시 00분, 67이스팅을 돌파한 제1정찰소대 소속 페섹 소위의 브래들리가 이라크군 전차 엄폐호로 추정되는 물체를 발견했다. 목표와의 거리는 3,500m, 수효는 10개 정도였다. 브래들리 기병전투차에 탑재된 열영상장치는 TOW 미사일의 조준기에 쓰이는 쌍안식 4배율/12배율 전환 통합조준장치(ISU: Integrated Sight Unit)로, 에이브럼스 전차에 탑재된 단안식 조준경보다 장거리에서 표적을 확인할 수 있었다.

거의 동시에 본대의 남쪽에서 전진하던 제3정찰소대 소속 레이놀즈 하사의 선두 브래들리가 1,200m 거리에서 이라크군의 사격을 받았다. 이라크군은 사막의 시골 마을에 숨어서 건물과 벙커에서 기관총과 소련제 ZU-23 23㎜ 2연장대공포로 미군을 공격했다. 이후 확인된 정보에 따르면 당시 이라크군이 주둔하던 블록을 쌓아올린 아랍풍의 흑갈색 빌딩은 사실 이라크군 기갑부대의 야외 훈련센터 사령부 시설이었다.

맥마스터 대위의 명령에 따라 전차부대가 포격 준비를 하는 동안, 좌익에 위치한 다니엘 L. 데이비스 중위의 M981 FIST-V(화력지원정찰 장갑차)는 후방에 전개중인 제2포병중대에 엄호사격을 요청하기 위해 목표위치를 측정하느라 분주했다. 하지만 적은 눈앞에 있었고, M981의 관측장치를 준비할 시간이 없었다. 그래서 데이비스 중위는 가장 가까운 브래들리의 포탑에 뛰어들어 브래들리의 ISU(통합조준장치)로 적을 포착해 거리를 파악하고 휴대한 M2 컴퍼스로 방위를 측정했다. 이후 다시 M981로 돌아와 차내의 GPS의 데이터와 대조해 적의 위치(위도, 경도), 방위, 거리를 계산해 포격에 필요한 좌표를 산출해냈다. 오후 4시 11분, 중위는 디지털 메시지 전송장치(DMD)로 사격제원을 제2대대의 화력지원장교(FSO)에게 송신했다.(7) 하지만, 데이비스 중위의 노력은 헛수고가 되고 말았다. 60초가 채 지나기 전에 맥마스터 대위의 E중대는 포병의 지원사격을 기다리지 않고 단독으로 공격을 개시했다.

적의 사격을 받은 정찰소대의 브래들리는 전진하며 포탑에 장착된 M242 부시마스터 25㎜ 기관포로 응전했다. 한편 맥마스터 대위는 적진 제압을 위해 쐐기대형을 구성한 전차부대를 남쪽을 바라보는 일렬횡대(on line)로 전환하고, 동시에 HEAT탄(살상반경 10m) 장전을 명령했다.

◀◀ 포탑에 KPVT 14.5㎜ 중기관총을 탑재한 BRDM2 정찰장갑차

◀ 소련제 MTLB(다목적 장갑견인차)는 병력수송, 지휘, 포병관측, 정찰, 견인 등이 가능한 수륙양용장갑차다. 사진의 차량은 이라크군 제7군단 제1기계화보병사단 소속

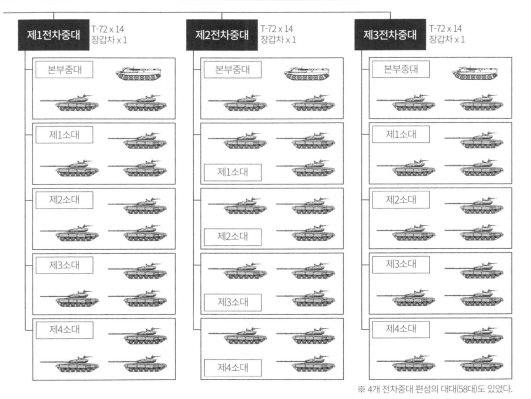

| 제1전차중대 | T-72 x 14 장갑차 x 1 | 제2전차중대 | T-72 x 14 장갑차 x 1 | 제3전차중대 | T-72 x 14 장갑차 x 1 |

본부중대 / 제1소대 / 제2소대 / 제3소대 / 제4소대

※ 4개 전차중대 편성의 대대(58대)도 있었다.

▼ 이라크는 125㎜ 활강포를 탑재한 소련제 T-72 주력전차를 라이센스 생산하여 공화국 수비대의 기갑부대들을 중심으로 대량 장비했다. (사진은 신생 이라크군)

▲ 이라크군 기갑부대가 장비한 중국제 NORINCO 653식 구난전차. 69식 주력전차를 기반으로 개발했으며, 세 명의 승무원이 운용한다. 1,000대가 생산되어 이라크, 태국 등에도 수출되었다. 중량 38t, 엔진출력 580hp, 크레인 견인력 10t, 윈치 견인력 70t, 깊이 2m까지 굴착 가능한 도저 장비.

서부의 총잡이처럼 속사를 단련한 M1A1 승무원들

M1A1의 포탑 내부. 오른쪽이 전차장, 왼쪽이 조준경을 보면서
사격 컨트롤 레버인 '캐딜락 핸들 그립'을 조작하는 포수.

M1A1 전차의 승무원 배치

전차장
포수
탄약고
조종수
탄약수

M830 HEAT-MP탄: 전장 981mm, 중량 24.2kg, 거리 2,500m에서
600mm의 압연강판을 관통한다.

사막의 길잡이 GPS 항법장치

사막에서 방위와 위치 확인에 필수적인 트림백 SLGR 소형 GPS
수신기. 제7군단은 GPS수신기 3,000대를 배치했다.

당시 GPS를 구성하는 위성이 전부 발사되지 않아서, 하루에 5시간
정도는 고속 위치정보 확인 기능을 사용할 수 없었다.

좌익의 제2전차소대 소속 에이브럼스 9대는 전진하며 횡대대형을 구성한 후 일제사격을 개시했고, 9발의 120mm M830 HEAT탄(탄두에 A3 고성능 폭약 1.8kg 충전)이 건물 벽을 관통한 후 폭발했다. 블록벽에 큰 구멍이 뚫리면서 지붕이 무너져 내렸다. 그렇게 붕괴된 건물은 골조가 드러나며 크게 흔들렸다. 그리고 폭발에 휩쓸린 몇몇 건물들이 타오르기 시작했다.

이라크군의 23mm 대공포는 제3소대 소속 브래들리가 TOW 미사일 두 발을 발사해 격파했다. 이라크군 보병들이 브래들리를 향해 소총으로 사격을 가했지만, 소총의 화력으로는 브래들리의 장갑에 손상을 줄 수 없었다.

이라크군의 공격을 본 맥마스터 대위는 직감적으로 이라크군 본대가 가까이 있다고 판단하여 마을 소탕을 중단하고 전진하기로 결정했다. 상부에 보고해 제2기병대대의 3km 전방인 70이스팅까지 전진 허가를 얻은 E중대는 맥마스터 대위의 전차가 선두에 서고 좌우로 제2소대와 제4소대를 배치한 쐐기대형으로 전진했다.

맥마스터 대위는 전진하며 중대 전방에서 경계 임무를 수행중이던 제1정찰소대(브래들리 6대)에게 전차부대를 뒤따르도록 지시했다. 이라크군 전차부대와 조우할 가능성이 높은 상황에서 장갑이 얇은 브래들리를 앞세울 수는 없으므로, 방어력이 강한 열화우라늄 장갑을 장착한 에이브럼스 전차가 선두에 서고 정찰소대의 브래들리는 전차부대의 뒤를 따르면서 전차부대가 놓친 적이나 진지 등을 정리하는 역할을 맡기기 위한 지시였다. 다만 제3정찰소대는 계속해서 본대의 우측면을 지키도록 했다. 우수한 지휘관다운 세심한 지휘였다.

E중대는 지상전 개시 이전부터 현지에서 대규모 훈련을 반복해 왔으므로 중대의 전진은 원활했다. 쐐기대형의 선두에서 질주하던 브래들리 4대는 잠시 후 쐐기대형의 후방으로 물러났다. 좌전방에서 전진하던 나머지 브래들리 2대는 쐐기대형의 좌측 끝에 위치했고, 아직 쐐기대형의 후방으로 빠지지 못한 상태였다. 그 와중에 대형 전환이 늦었던 좌익의 브래들리가 이라크군의 T-72 전차 2대를 발견했고, 브래들리는 즉시 이라크군 전차를 향해 TOW 대전차미사일을 발사했다. 맥마스터 대위는 무전으로 브래들리의 승무원인 카워트 매기 하사가 외치는 소리를 들었다.

"전차! 전차에 명중!"

TOW 미사일이 엄폐호에 숨어있던 이라크군 전차에 명중해 대폭발을 일으켰다(매기 하사는 전차라고 주장했지만, BMP-1 보병전투차일 가능성이 높다). 폭발한 차량은 20분 전, 열영상 야시장비에 탐지된 10여 개의 표적 중 하나였고, 이라크군은 여전히 주변에 남아 있었다. 맥마스터 대위가 양측에 있는 9대의 에이브럼스 전차에 "나를 따르라!"라는 명령을 내린 순간 적 전차부대와 조우했다.

오후 4시 18분, 쐐기대형의 선두인 맥마스터 대위의 M1A1 전차가 모래언덕에 올라선 순간, 열영상조준경을 주시하던 코흐 하사(포수)가 외쳤다.

"정면에 전차!(Tanks, direct front)"

하사의 다급한 외침을 들은 맥마스터 대위가 지시했다. "사격, 철갑탄 사격(fire, Fire sabot)!"

맥마스터 대위는 좌석에서 일어나 큐폴라에서 전장을 살피고 있었다. 하지만 모래폭풍이 불고 있어서 육안으로는 이라크군을 찾을 수 없었다. 다시 차장석에 앉은 맥마스터 대위는 포수의 열영상조준경에 연동된 차장석의 단안경*으로 주변을 살폈다. 이라크군 진지는 바로 정면에 있었고, 희미하기는 했지만 8개의 열원을 확인되었다. 조준경의 배율을 올려 확인하자, 1,000m 거리에서 엄폐호에 차체를 숨긴 채 포탑만 내놓고 있는 이라크군 전차들이 보였다. 이미 M1A1 들은 T-72 전차의 유효사거리 내에 진입해 있었다. 맥마스터 대위가 목격한 전차들은 공화국 수비대 사령관 알라위 중장이 구축한 반사면 진지(모래언덕을 넘어오는 적을 노리기 위해 경

* M1A1에는 전차장용 독립조준경이 없다.(역자 주)

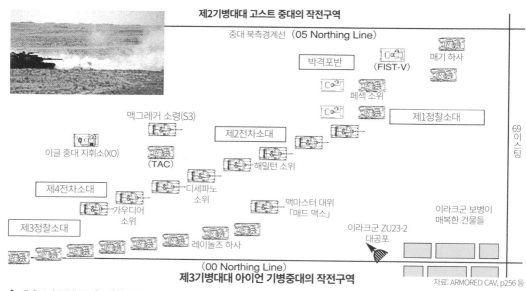

제2기병대대 고스트 중대의 작전구역

중대 북측경계선 （05 Northing Line）

박격포반　　（FIST-V）　매기 하사

페섹 소위

제1정찰소대

맥그레거 소령(S3)　　제2전차소대

이글 중대 지휘소(XO)　　　　　해밀턴 소위

（TAC）

제4전차소대　　디세파노 소위

제3정찰소대　　가우디어 소위　　맥마스터 대위 「매드 맥스」

레이놀즈 하사　　이라크군 ZU23-2 대공포

이라크군 보병이 매복한 건물들

69 이스팅

（00 Northing Line）

제3기병대대 아이언 기병중대의 작전구역

자료: ARMORED CAV, p256 등

▶ 오후 4시 30분, 73이스팅의 전장. 왼쪽이 맥그레거 소령의 M1A1, 오른쪽이 대대전술지휘소(TAC) 역할을 한 M2 브래들리.

◀ 73이스팅 전투 중 M1A1 전차의 120mm HEAT탄 사격에 격파된 이라크군 장갑차 (SA-13 자주대공미사일로 추정)

▶ 73이스팅 전투에 화력지원 임무를 부여받아 참가한 제2 포병중대의 M109 자주포와 M992 탄약 운반장갑차. 기병중대에 대한 포격지원 임무를 수행했다.

사면에 구축된 진지)에 배치되어 있었다. 엄폐호에 숨은 전차들은 열영상조준경에도 희미하게 보였다.

매복중인 8대의 이라크군 전차는 일렬횡대로 전개한 채, 이라크 국경 내로 진입하는 적을 저지하기 위한 '방벽'을 구성중이었다. 다행스럽게도 이라크군 전차의 주포는 E중대가 아닌 남서쪽을 향하고 있었다. 맥마스터 대위는 중대에 '적 접촉!(contact)' 경고를 전달하고, 양익의 전차소대에 서둘러 일자대형을 갖추도록 명령했다.

하얗게 도색된 전차의 실내에서 포수 코흐 하사가 조준경의 빨간 십자선(Reticle)에 T-72 전차를 맞추고 캐딜락 핸들의 레이저 거리측정기 버튼을 눌렀다. 조준선 아래로 적 전차와의 거리가 1,420m로 표시되자 해당 거리를 탄도계산기에 입력했다.

보통 레이저 거리측정기로 측정된 거리는 바로 탄도계산기에 입력하지만, 짙은 안개나 호우, 모래폭풍처럼 레이저 광선을 산란시키는 날씨에는 실제보다 거리가 짧게 표시될 때도 있었다. 제3기갑사단의 일부 전차가 그런 경우였는데, 해당 전차들은 몇 번이나 레이저 거리측정기의 버튼을 눌러도 표기창에는 '0'만 깜박였다. 이런 경우 수동으로 목표의 예상거리를 입력한 후, 실제 포탄을 발사해 오차를 수정해야 한다. 촌각을 다투는 와중에 기능고장으로 탄착을 수동교정하는 상황은 전차전에 있어 가장 심각한 위기 중 하나다. 발사 준비가 완료되었지만, 코흐 하사는 조금 전의 전투에서 적의 건물을 파괴하느라 HEAT탄이 장전했음을 떠올렸다. T-72 전차들은 모래 엄폐호에 차체를 숨긴 상태였고, HEAT로는 엄폐호를 관통해 T-72 전차를 격파하기 힘들겠다는 생각이 들었다. 확실히 격파하려면 고속철갑탄으로 포탄을 교체해야 했다.

"젠장. 놈들과의 거리가 너무 가까워. OK 목장의 결투 같군."

거리가 너무 가까워 탄약수인 테일러 상병이 탄종을 교체할 시간이 없었고, 코흐 하사는 그대로 주포의 방아쇠를 당겼다.

주포가 발사되면서 굉음과 함께 달려가던 전차의 차체가 들썩였다. 발사 반동에 포미가 후퇴하며 포탄의 탄피를 토해냈고, 순간적으로 포탑 내의 공기가 빨려나가는 듯한 풍압과 함께 연소된 코르다이트(Cordite: 발사용 무연화약)의 역한 냄새가 차내에 가득 찼다.

HEAT탄은 초속 1,140m로 엄폐호에 박혀들어갔다. 운 좋게도 엄폐호의 모래 두께는 15cm에 불과했고, 포탄은 엄폐호를 뚫고 들어가 T-72 전차포탑 하부에 작렬했다. 500분의 1초 후 메탈제트가 포탑을 관통하며 카세트형 자동장전장치의 탄약에 유폭을 일으켰다. 0.5초만에 승무원 세 명이 폭사하고, 동시에 11t에 달하는 포탑이 하늘로 6m이상 치솟았다. 화염에 휩싸인 차체에서는 검은 연기가 피어 올랐다. 설명이 길었지만 T-72 전차를 발견해 격파하기까지 걸린 시간은 단 7초였다.

주행중 사격으로
T-72 전차 진지 분쇄 [8]

하지만 환호할 틈은 없었다. 부대원은 모두 다음 표적을 향해 공격준비에 돌입했다. 적은 여전히 가까이 있었고 T-72의 주포가 중대원들을 노리는 상황은 변하지 않았다. 가장 가까운 적 전차와의 거리는 450m에 불과했다.

탄약수 테일러 상병은 오른쪽 무릎으로 장갑도어 스위치를 눌러 탄약창을 열었다. 2열로 늘어선 고속철갑탄이 보였고, 오른손으로 릴리즈 버튼을 누르고 포탄을 꺼내 재빨리 포미에 장전했다. 장전 완료를 알리는 "완료!(UP)"라는 구호를 외치기까지 걸린 시간은 2초였다. 기병연대에서 가장 빠른 탄약수다운 속도였다. 무릎 스위치를 떼자 장갑도어는 자동으로 닫혔다.

포수 코흐 하사는 두 번째 T-72 전차에 십자선을 맞추고 레이저 거리측정기의 버튼을 눌렀다. 거리 600m. 이번에는 실수하지 않고 FCS(화기관제장치) 조작패널의 탄종 셀렉터를 고속철갑탄을 표시하

T72전차의 약점 - 유폭하기 쉬운 케로젤 자동장전장치

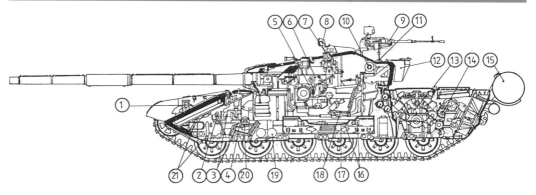

1) 헤드 램프
2) 레버형 조종간
3) 화생방 방호시스템
4) 변속기어 레버
5) 주포 부앙기구
6) TPD2 포수용 조준경
7) TPN1-49-23 포수용 야시조준장치
8) TKN3 야시장비용 적외선 서치라이트

9) VSVT 12.7mm 대공기관총
10) 탄약 이송용 호이스트
11) 안테나
12) 도하기구&휴대식량 수납상자
13) V-46 디젤 엔진
14) 감속기어
15) 보조연료 탱크
16) 회전식 탄창(포탄·장약)

17) 탄약 이송용 플랫폼
18) 포수석
19) 화생방 제독키트
20) 조종수석
21) 주차 브레이크

◀ T-72가 채택한 카세트형 자동장전 장치의 구조. 포탑 아래 설치된 원형의 회전식 케로젤 탄창에는 하부에 포탄이, 상부에 장약이 적재된다. 우상단의 그림은 왼쪽부터 파편탄, HEAT탄, 고속철갑탄이다.

▶ M1A1이 발사한 고속철갑탄에 격파된 T-72 전차. 열화우라늄 관통자가 장갑을 관통하며 차내, 포탑 하방에 적재된 대량의 탄약이 유폭. 포탑이 날아가며 그대로 뒤집혀 차체에 떨어졌다.

는 제일 왼쪽에 맞추자 패널 위의 램프에 녹색등이 들어왔다. 탄도계산기는 센서로부터 입력된 탄종, 거리, 기온, 횡풍, 포구초속 등을 자동으로 계산해 조준을 보정했다. 조준경의 십자선은 포구안정기 덕분에 전차가 달리면서 발생하는 진동에도 표적을 놓치지 않았다. 600m의 근거리에서 코흐 하사의 조준이 빗나갈 일은 없었다. T-72 전차도 맥마스터 대위의 에이브럼스 전차를 발견했다. T-72의 둥근 포탑이 에이브럼스 전차를 향해 선회하기 시작했다. 그 모습을 본 코흐 하사는 즉시 방아쇠를 당겼고, 동시에 에이브럼스의 주포가 불을 뿜었다.

초속 1,650m로 발사된 고속철갑탄의 장탄통이 분리되자 화살을 닮은 전장 68cm의 열화우라늄 관통자가 엄폐호를 뚫고 들어가 T-72 전차에 명중했다. 거리가 너무 가까워서인지 명중한 관통자는 T-72 전차의 차체를 오른쪽에서 왼쪽으로 관통해 반대편 벽에 박혔다. 관통된 T-72 전차가 폭발하자 포탑이 공중으로 날아가고 차체에서 오렌지색 불꽃이 솟구쳤다. 조종수인 스코그 상병도 진로 상의 지뢰지대를 발견한 후, 속도를 시속 32km에서 20km대로 낮추고 신중히 빠져나가며 자신의 임무를 다했다. 또 해치 위의 포신을 보면서 포신 방향으로 차체를 돌려서 항상 장갑이 가장 두꺼운 차체 정면이 적을 향하도록 했다.

이때 반도면진지에 매복한 T-72 전차 두 대가 125mm 철갑탄을 발사했다. 두 발 전부 빗나가 한발은 차체 앞 지면에 착탄했고, 두 발째는 차체 옆에 모래 구덩이를 만들었다. 맥마스터 대위의 전차가 계속 전진해 이라크군 진지에 접근하자 이라크군의 기관총탄이 쏟아지며 차체에 불꽃이 튀었다. 이제 근접전의 영역에 돌입했다.

포수 코흐 하사는 세 번째 T-72 전차를 조준했다. 조준경 화면에 T-72 전차의 포탑이 가득 찼고, 조준선 아래 표시된 적 전차와의 거리는 400m였다. 탄약수 테일러 상병이 고속철갑탄을 장전한 후 "완료!"라고 외치자 코흐 하사는 세 번째로 방아쇠

를 당겼다. 지근거리에서 철갑탄에 직격당한 T-72 전차는 대폭발을 일으켰다. 열영상조준경은 폭발 섬광으로 화면이 새하얗게 물들며 일시적으로 감지불능 상태가 되었다. 폭발이 워낙 강해서 맥마스터 대위는 얼굴에 뜨거운 열풍을 느꼈다. 포탑이 날아간 T-72전차의 차체에서 불꽃이 분수처럼 솟구쳤고, 맥마스터 대위의 머리 위로 솟아오른 불꽃이 아치를 그렸다. 3대의 T-72 전차를 격파하는데 소요된 시간은 1분 미만이었지만, 훗날 맥마스터 대위는 전투의 긴장감으로 1분이 마치 10초처럼 느껴졌다고 회고했다.

맥마스터 대위의 전차가 3대를 격파할 무렵, 양익의 전차소대와 맥그레거 소령의 에이브럼스 전차도 기동사격전에 돌입했다. 이미 3대가 격파당한 이라크군 전차들은 혼란에 빠져 엄폐호 속에서 미친듯이 포탑을 선회하며 미군의 에이브럼스 전차들을 찾았다. 하지만 그들도 앞서 죽은 동료들과 같은 운명을 맞이했다. 남은 다섯 대의 T-72 전차는 다른 M1A1 전차의 공격을 받고 순식간에 격파 당했다. 그리고 숨어있던 BMP-1 보병전투차도 교전 4분 만에 격파되어 불타올랐다.

그렇다면 반도면진지에서 매복하고 있던 공화국 수비대의 T-72 전차들은 어째서 정면으로 접근하던 E중대의 M1A1 전차를 한 발도 명중시키지 못했을까? 일설에 의하면 공화국 수비대의 전차들은 먼저 전투가 벌어진 전방의 시골 마을 방향의 포성을 듣고, 미군이 마을 방향(남서쪽)에서 접근중이라는 예상 하에 포탑을 남서쪽으로 돌리고 있었다. 하지만 미군은 정면(서쪽)에서 나타났고, 그들은 상대를 조준조차 하지 못한 채 격파당했다.

에이브럼스 전차의 후방을 노린 이라크군 보병의 RPG [9]

이라크군 진지를 격파한 에이브럼스 전차 10대는 쐐기대형을 유지한 채 진격했고, 그 뒤를 정찰소대의 브래들리 보병전투차가 바짝 붙어서 달렸다.

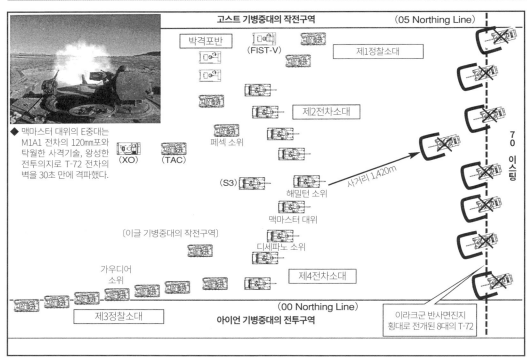

고스트 기병중대의 작전구역 　　　　　　　（05 Northing Line）

박격포반

(FIST-V)

제1정찰소대

제2전차소대

페섹 소위

(XO)　　(TAC)

(S3)

해밀턴 소위

사거리 1,420m

맥마스터 대위

◆ 맥마스터 대위의 E중대는 M1A1 전차의 120mm포와 탁월한 사격기술, 왕성한 전투의지로 T-72 전차의 벽을 30초 만에 격파했다.

〔이글 기병중대의 작전구역〕

디세파노 소위

가우디어 소위

제4전차소대

제3정찰소대

(00 Northing Line)

아이언 기병중대의 전투구역

이라크군 반사면진지 횡대로 전개된 8대의 T-72

7 0 이 스 팅

73이스팅에서 M1A1 전차의 고속철갑탄 공격을 받아 차내의 포탄이 유폭해 포탑이 날아간 타와칼나 사단의 T-72 전차. 차내에 적재한 포탄 40발이 모두 폭발하면서 차체가 완전히 불탔다.

주변에는 격파된 이라크군 차량들이 검은 연기를 피우거나 시뻘건 불길을 내뿜었고, 사막에 시체 타는 냄새가 퍼져나갔다. 완파된 차량들의 열린 해치 사이로 이라크군 전차병의 새카맣게 탄 사체가 보이기도 했다.

잠시 후 E중대는 이라크군 보병진지(몇 대의 BMP도 포함되었다)와 조우했고, 저항하는 적병들을 기관총 공격으로 해치우며 전진했다. 그렇게 전진하던 중 갑자기 브래들리 보병전투차가 전방의 에이브럼스 전차에 공축기관총으로 사격을 가했다. 오인사격이 아니라 아군 전차에 접근하는 적 보병을 사살하기 위한 공격이었다.

타와칼나 사단의 보병들은 참호 안에 숨어 미군 전차가 지나가기를 기다렸다 불타는 차량의 매연을 연막 삼아 전차의 장갑이 약한 후방을 노려 RPG를 발사하려 했다.

2차대전 당시 일본군 병사들은 소련군의 T-34 전차나 미군의 M4 셔먼 전차에 폭약이나 대전차 지뢰를 들고 뛰어드는 자살돌격을 시도했는데, 이라크군 보병들의 공격도 그에 못지않았다. 하지만 매연은 인간의 눈을 가릴 수는 있어도 브래들리의 ISU(통합조준장치) 열영상조준경을 가리지는 못했다. 이라크군 병사들은 곧바로 사살당했다.

이라크군의 RPG를 해치운 E중대는 멈추지 않고 진격을 계속했다. E중대는 전진한계선 70이스팅을 넘어섰고, 쐐기대형 최후방의 M577 지휘장갑차에 타고 있던 부중대장 존 기포드 중위가 맥마스터 대위에게 전진한계선을 초과했다고 무전으로 통보했다. 하지만 맥마스터 대위의 대답은 "멈추지 마라."였다. "우리들은 이미 적과 교전중이다. 미안하지만 사령부에 잘 말해 줘."

맥마스터 대위는 전투를 계속하기로 결정했고, 기포드 중위도 알았다고 대답했다.

70이스팅을 돌파한 E중대는 남동쪽(우측)에서 이라크군을 발견했다. T-72 전차와 BMP-1 보병전투차로 구성된 공화국 수비대 기갑부대는 만만찮은 전력을 갖추고 있었지만, 이미 기세를 탄 E중대의 에이브럼스 전차와 브래들리 기병전투차는 눈앞에 보이는 이라크군을 순식간에 격파했다.

10대의 에이브럼스 전차로 73이스팅의 모래언덕에 올라선 맥마스터 대위는 눈앞에 차륜대형으로 대기 중인 T-72 전차부대를 발견했다. 이라크군 전차는 18대로, 미군이 수적 열세였으나 E중대는 사냥감을 발견한 육식동물처럼 모습을 숨기고 접근해 기습공격을 가했다.

기습을 당한 이라크군 전차부대는 제대로 싸우지도 않고 도망치려 했지만, 그 전에 다수의 T-72 전차가 근거리 포격에 격파되었다.

기병중대가 돌입한 지역은 타와칼나 사단 제18 기계화보병여단의 집결지로, 당시 T-72 전차부대는 미군의 진격까지 시간 여유가 있다고 추측하여 전차들을 차륜대형으로 정차시킨 채 휴식중이었다. 그 결과 이라크군은 무방비 상태로 대기하던 도중에 E중대의 공격을 받았고, 그제서야 전차의 시동을 걸고 부랴부랴 주변의 엄폐 진지로 도망쳤다. 그들은 미군의 접근을 통보해야 할 경계부대가 어디 있냐며 원망했을지도 모르지만, 원망의 대상인 경계부대는 이미 미군에게 섬멸당한지 오래였다.

18대로 구성된 T-72 전차부대는 전방에 매복한 부대가 미군과 교전에 돌입하면 전투 도중에 가세하기 위해 준비된 예비전력이었을 가능성이 높다.

오후 4시 40분, 맥마스터 대위는 이라크군의 방어선을 단절한 성과에 만족하고 전진한계선을 4km(정확히는 3.8km) 초과한 74이스팅에서 부대에 정지 명령을 내렸다. 이렇게 교전시간 23분만에 73이스팅 전투의 막이 내렸다.

전투가 끝난 후 맥마스터 대위는 이라크군의 역습에 대비해 중대에 차륜대형으로 배치한 후, 정지 방어태세 지시를 내리고 교대로 휴식을 취하게 했다. 한숨을 돌린 대위는 긴장이 풀리자 공복감을 느끼고 MRE를 뜯어 차가운 감자와 햄을 그대로 뜯어먹었다.

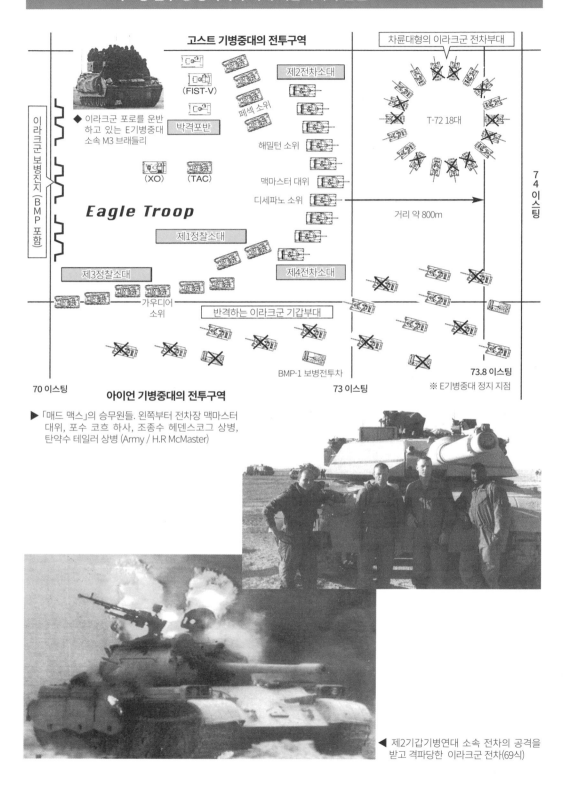

73이스팅 전투 ③ 공화국 수비대 기갑대대의 전멸 (2월 26일 오후 4시 30분)

고스트 기병중대의 전투구역

차륜대형의 이라크군 전차부대

(FIST-V)

제2전차소대

페섹 소위

◆ 이라크군 포로를 운반
하고 있는 E기병중대
소속 M3 브래들리

박격포반

T-72 18대

해밀턴 소위

이라크군 보병진지 (BMP 포함)

(XO)　(TAC)

맥마스터 대위

74 이스팅

Eagle Troop

디세파노 소위

거리 약 800m

제1정찰소대

제3정찰소대

제4전차소대

가우디어
소위

반격하는 이라크군 기갑부대

70 이스팅

아이언 기병중대의 전투구역

BMP-1 보병전투차

73 이스팅

73.8 이스팅

※ E기병중대 정지 지점

▶ 「매드 맥스」의 승무원들. 왼쪽부터 전차장 맥마스터
대위, 포수 코흐 하사, 조종수 헤덴스코그 상병,
탄약수 테일러 상병 (Army / H.R McMaster)

◀ 제2기갑기병연대 소속 전차의 공격을
받고 격파당한 이라크군 전차(69식)

전장은 사방 5㎞에 걸쳐서 무수히 많은 불꽃들이 해질 무렵의 어스름에 빛나고 있었다. E중대에 파괴된 이라크군 차량은 전차 28대(대부분 T-72), 장갑차 16대(주로 BMP-1), 트럭 36대 였다.

다음날 아침, 전장을 한 번 더 둘러본 맥마스터 대위는 "우리 중대의 전과에 놀랐다."고 감탄하며 전투일지에 다음과 같이 기록했다.

"우리들은 적병의 사체로 뒤덮인 처참한 광경을 보았다. 포로 중에는 공화국 수비대(타와칼나) 기계화보병대대의 지휘관도 있었다. 그의 부대는 병력 900명, 전차 36대로 증강된 기갑부대였지만, 우리 중대의 공격에 살아남은 자들은 포로가 된 40명뿐이라고 했다. 이글 기병중대에서는 한 명의 사상자도 나오지 않았다."[10]

타와칼나 사단 주진지를 공격한 기병연대의 전과와 피해[11]

이글(E) 기병중대는 정찰 임무를 맡은 E중대가 제2기갑기병연대(2ACR) 최선두에서 적의 전초부대와 충돌하며 예상치 않게 전투를 시작했지만, 이후 진격을 계속하며 전진한계선을 넘어 적 주진지까지 공격하는데 성공하면서 73이스팅 전투에서 대전과를 올렸다.

한편 프랭크스 군단장은 좌익(북쪽)에 제1기갑사단, 중앙에 제3기갑사단, 그리고 우익(남쪽)에 3개 여단의 기갑전력을 보유한 제1보병사단을 남북으로 길게 전개해, 총 3개 사단으로 구성된 '기갑의 주먹'으로 공화국 수비대의 방어선을 돌파할 예정이었다. 하지만 영국군 제1기갑사단이 초월 전진하는 과정에서 발목이 잡히는 바람에 제1보병사단의 전선 진출이 늦어졌다. 결국 사단을 대신해 보다 규모가 작은 기병연대가 임무를 승계했다.

2월 26일(G데이+2), 제2기갑기병연대의 홀더 대령은 제2기병대대를 좌익에, 제3기병대대를 중앙에, 제1기병대대를 우익에 세운 일렬횡대 대형으로 동쪽을 향해 전진했다.

우익에 위치한 토니 아이작 중령의 제1기병대대는 3개 중대를 일렬횡대로 전개하고 네 번째 중대를 후방에 배치한 대형으로 진격했다. 대대의 담당 작전구역은 타와칼나 사단의 주방어선의 남단이었고, 전초부대가 이라크군 제50전차여단(제12기갑사단)의 잔존병력과 충돌한 후, 정오 무렵까지 교전을 계속하여 대대 규모의 전투대(T-55 23대, 장갑차 23대, 야포 6문, 트럭 10대)를 격퇴했다. 그리고 오후 5시 00분, 전방에 이라크군 제37전차여단(제12기갑사단)의 주진지가 나타나자 더 이상 전진하지 않고 70이스팅에서 부대를 정지시켰다.

좌익에 위치한 마이클 커비 중령의 제2기병대대는 폭이 좁은 상자대형으로 전진했다. 제2기병대대를 구성하는 4개 중대는 전방 좌우로 G중대와 E중대, 후방 좌우로 F중대와 H중대(14대의 M1A1)가 상자대형을 구성했다. 좌익이 제3기갑사단의 작전구역에 접근한 만큼, M1전차의 아군 오사를 막고 기동공간을 확보하기 위한 조치였다.

북쪽에서 전진하는 조셉 사티아노 대위의 고스트 기병중대는 M1A1 전차 9대, M3A1 브래들리 기병전투차 12대, M106A2 107㎜ 자주박격포 2대를 보유한 정규 편제의 전력이었다.

오후 4시 15분, 사티아노 대위는 작은 와디 근처에서 이라크군 진지를 발견했다. 엄폐호에 이라크군 전차와 장갑차가 배치되어 있었고, 참호에도 보병이 보였다. 시계는 불량했지만 열영상 야시장비로는 목표 포착이 가능해서 오후 5시까지 이라크군 전차 13대와 장갑차 13대(제18기계화보병여단)를 격파했다. 하지만 보병이 AK소총을 난사하며 돌격하고, 보병의 돌격에 맞춰 이라크군 포병도 엄호사격을 개시했다. 이에 사티아노 대위는 2개 M3 기병전투차 소대를 전면에 배치하고, 배후에서 M1A1 전차소대가 화력지원을 실시하는 2열 횡대 대형으로 대응했다. 좌익에서는 키스 가웍 중위의 정찰소대(6대의 M3)가 모래언덕 위에 전개해 M3의 공축기관총과 25㎜ 기관포의 고폭소이탄(M792HEI)으로 접

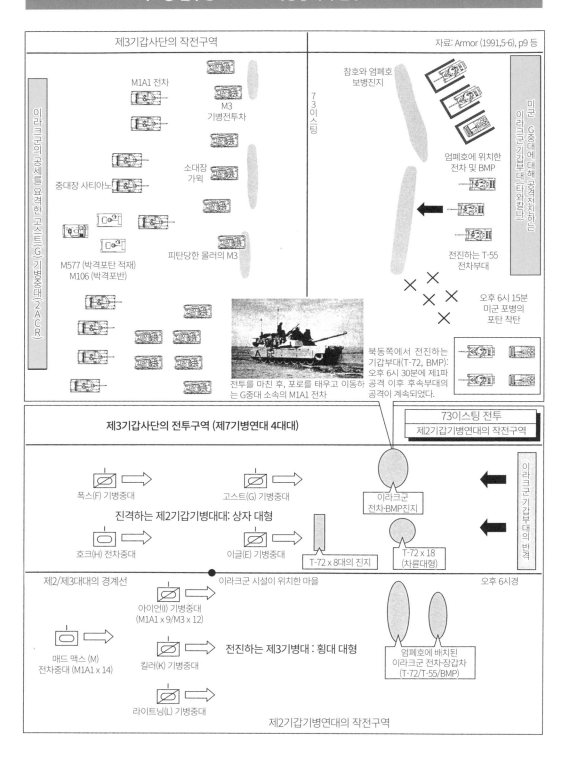

73이스팅 전투④ 고스트(G) 기병중대의 전투 (2월 26일 오후 6시)

제3기갑사단의 작전구역

자료: Armor (1991,5-6), p9 등

참호와 엄폐호
보병진지

M1A1 전차

M3
기병전투차

73이스팅

소대장
가윅

엄폐호에 위치한
전차 및 BMP

중대장 사티아노

이라크군의 공세를 요격한 고스트(G) 기병중대(2ACR)

미군 G중대에 대해 공격전진하는 이라크군 기갑부대 (타와칼나)

M577 (박격포탄 적재)
M106 (박격포반)

피탄당한 몰러의 M3

전진하는 T-55
전차부대

오후 6시 15분
미군 포병의
포탄 착탄

전투를 마친 후, 포로를 태우고 이동하는 G중대 소속의 M1A1 전차

북동쪽에서 전진하는
기갑부대(T-72, BMP):
오후 6시 30분에 제1파
공격 이후 후속부대의
공격이 계속되었다.

73이스팅 전투
제2기갑기병연대의 작전구역

제3기갑사단의 전투구역 (제7기병연대 4대대)

폭스(F) 기병중대

고스트(G) 기병중대

이라크군
전차-BMP진지

이라크군 기갑부대의 반격

진격하는 제2기갑기병대대: 상자 대형

호크(H) 전차중대

이글(E) 기병중대

T-72 x 8대의 진지

T-72 x 18
(차륜대형)

제2/제3대대의 경계선

이라크군 시설이 위치한 마을

오후 6시경

아이언(I) 기병중대
(M1A1 x 9/M3 x 12)

매드 맥스(M)
전차중대 (M1A1 x 14)

킬러(K) 기병중대

전진하는 제3기병대 : 횡대 대형

엄폐호에 배치된
이라크군 전차-장갑차
(T-72/T-55/BMP)

라이트닝(L) 기병중대

제2기갑기병연대의 작전구역

근하는 이라크군 보병을 사살했다. 후방의 박격포반도 엄호사격으로 지원했다. 중대는 이라크군의 장갑차 9대를 격파했다.

오후 5시 40분, 이라크군 포병의 포탄이 떨어지는 가운데 새로운 적 기갑부대(T-55 전차와 MTLB 장갑차)가 나타났다. 가워 중위의 정찰소대 좌측 끝에 위치한 채피 하사의 M3는 전망이 좋은 모래언덕 능선 위에서 적을 공격하던 도중에 적의 T-55 전차에서 발사된 세 발의 포탄 중 한 발에 피격당했다. M3는 차체가 1m나 밀려날 정도로 큰 충격을 받았고 포탄은 포탑 좌측의 TOW 미사일 발사기에 맞아 유폭을 일으켰다. 마침 채피 하사가 정면의 적 유무를 묻는 바람에 해치 위로 몸을 내밀었던 포수 넬스 A. 몰러 병장(23세)이 피격과 동시에 포수석에서 바닥으로 떨어졌다. 바닥에 떨어진 몰러 병장은 "무슨 일이 일어난 거야?"라고 동료에게 묻다 사망했다. 제대 후 경찰 취업을 꿈꾸던 몰러 병장은 아내 엘리스를 남기고 전사했다.[12] 피격된 M3에서는 몰러 병장 외에도 차장과 승무원 한명이 부상을 입었다. 능선 위는 시야가 넓어서 공격에 유리했지만, 반대로 공제선 위로 차체가 노출되어 적의 표적이 되기도 쉬웠다.

후방에 있던 사티아노 대위의 M1A1이 몰러 병장을 공격한 T-55 전차를 격파하고 다른 동료들도 복수심에 불타 이라크군을 맹렬히 공격했지만, 이라크군 전차부대를 상대로 장갑이 얇은 M3 브래들리를 전면에 배치한 채 전투를 속행할 수는 없었다. 맥마스터 대위의 E중대처럼 전차를 전면에 배치하고 브래들리는 배후에서 엄호 역할을 담당하는 방식이 정답이었다.

오후 6시 00분, 이라크군의 다른 기갑부대가 북동쪽에서 반격을 시작했다는 보고가 들어왔다. T-72 전차 7대와 BMP 보병전투차 18대로 구성된, 무시하기 어려운 전력이었다. 여기에서 기병대 직속 제2포병중대(M109 자주포 8대)가 이라크군 기갑부대를 저지하고 정면에서 육박해 오는 적 보병을

분쇄하기 위해 포격을 실시했다. 다른 작전구역에 항공기들이 투입되어 있어 근접항공지원을 제공하기는 어려운 상황이었다.

포병은 대량의 DPICM(이중목적 고폭탄. 확산탄의 일종)을 발사하여 자탄의 비를 최전선에 흩뿌렸다. 미군 포병대의 정확한 밀집사격에 이라크군 기갑부대의 전진이 멈췄다. 전장은 모래폭풍으로 인해 시계가 50m에 불과할 정도로 시계가 불량했지만, M1A1 전차의 열영상조준경은 악천후에도 800m 밖의 적 전차를 포착해 공격할 수 있었다. 미군 포병의 포격에 발이 묶인 이라크군의 T-72와 BMP는 기병대의 M1A1과 M3의 표적이 되었고, 작렬하는 자탄의 비도 이라크군 보병에 막대한 피해를 입혔다. 결국 이라크군의 반격은 분쇄되었다.

연대정보장교 스티브 캠벨 소령의 분석에 따르면 G중대와 접촉한 2개 이라크군 부대 가운데 T-55 전차부대는 G중대의 정면의 와디에서 북쪽으로 후퇴하기 위해, T-72·BMP 혼성부대는 우익에서 전투중인 미군 E중대에 반격하기 위해 전진하던 부대로 추정되었다.

이라크군의 반격에 치명타를 가한 제2포병중대의 M109 155㎜ 자주포는 '73이스팅 전투' 동안 2,000발 이상의 포탄을 발사했으며, 그 가운데 G중대에 720발의 지원포격을 할당했다. 물론 G중대의 박격포반도 큰 활약을 했다. 사티아노 대위는 작전 중 화력지원을 위해 2대의 M106 107㎜ 자주박격포가 중대의 선도전차를 뒤따르도록 조치하고, 지속적인 포격을 위해 평시보다 3배 많은 포탄을 휴대하도록 했다. 통상적으로 각 박격포반은 차량 당 60발, 도합 120발이 규정 수량이지만, 대위는 중대본부의 M577 지휘장갑차에서 통신·지휘기재를 꺼내고 250발의 포탄을 대신 적재하도록 지시했다. 박격포반은 이날 368발의 포탄을 발사했으며, 약 2시간의 교전 동안 256발을 집중했다. 결국 박격포반에 남은 포탄은 2발뿐이었고, 정찰소대의 브래들리 부대의 TOW미사일 잔탄도 '블랙(black, 잔탄없음)'

주력 보병전투차 M2 브래들리 : 25㎜ 기관포로 BMP를, TOW로 T-72 전차를 격파

TOW-2 대전차미사일에 격파된 공화국 수비대의 T-72 전차를 조사중인 M2A1 브래들리 보병전투차의 승무원들.

M2A2

전투중량	27t
전장	6.55m
전폭	3.28m
전고	2.97m
엔진	커밍스 VTA-903T 터보 디젤 (600hp)
톤당 마력비	22.2hp/t
최대속도	56km/h
항속거리	400km (노상)
무장	25mm 기관포 (900발) 7.62mm 기관총 (2,200발) TOW 2연장발사기 (7발)
승무원/하차보병	3명+6명

M2는 차체 양측면과 후부에 차내사격용 총안구가 있다. 사진 아래에 보이는 돌출물이 총안구와 M231 FPW의 총신이다.

M231 FPW: 총안구용 5.56mm 소총. 중량 3.8kg, 전장 71.8cm, 발사속도 1,225발/분

▲ 장갑을 강화한 M2A2. 중공적층장갑 대신 1인치 두께의 장갑판을 측면과 포탑에 설치했다. 차체의 총안구는 폐지되었다.

▶ 아군 오인사격으로 격파된 M2 브래들리. 고열에 알루미늄 장갑이 녹았다. 아군 M2의 25mm 기관포 공격이 원인이었다.

이 되었다. M1A1 전차는 평균 14발의 포탄을 소모했는데, 9대가 총 126발을 발사해 전탄을 명중시켰다. 커비 중령은 탄을 소모한 G중대를 후퇴시키고 대신 H전차중대를 전선에 보냈다. G중대는 이 전투에서 적어도 3개 중대의 이라크군 기갑차량을 격파하고 수백 명의 적 보병을 사살했다.[13]

우익의 E중대는 74이스팅 앞에서 정지했는데, 야간에 이라크군 기갑부대(T-72 전차 7대, BMP 12대, 100명 이상의 보병)가 반격해 왔다. E중대는 이에 맞서 T-72 전차가 유효사거리 내로 접근하기 전에 집중사격을 가해 적 기갑부대를 섬멸했다. E중대로 파견된 포병장교 데비스 중위(FIST-V 탑승)도 동쪽의 반사면진지에 전개중인 적 전차들을 발견해 포격을 요청했다. 이에 포병은 DPICM 포탄 228발, 고폭탄 92발, 로켓 12발을 발사해 전차 3대, BMP 4대, SA-9 자주대공미사일 2대, 트럭 35대, 유조차 5대, 탄약트럭 27대를 파괴했다.

제1보병사단의 대역인 제2기갑기병연대, 타와칼나를 격파하며 임무 완수 [14]

중앙에서 전진하던 스콧 머시 중령의 제3대대는 3개 기병중대를 전방에 횡대로 세우고 후방에 M전차중대를 배치해 엄호했다.

오후 4시 45분, 67이스팅을 지나던 좌익의 아이언(Iron) 기병중대가 북쪽에 위치한 마을 방면으로부터 사격을 받았다. 이 마을은 맥마스터 대위의 E중대가 30분 전에 포격을 가해 파괴했지만 여전히 소수의 이라크군이 남아있었다. I중대장 다니엘 밀러 대위는 전차의 중기관총과 HEAT탄으로 반격해 적을 침묵시켰다. 마을의 적을 정리한 I중대는 다시 적의 주진지로 전진했다. 밀러 대위는 적 전차부대 조우에 대비해 M1A1 전차 2개 소대를 쐐기 대형으로 배치하고 양익에 전방을 엄호할 M3 소대를 전개했다. 얼마 지나지 않아 밀러 대위의 열영상조준경에 이라크군 전차가 포착되었다. 실루엣만 보였을 뿐이지만 이라크군의 전차가 분명했다.

L자형 모래방벽 진지에 매복한적 전차들은 I중대를 향해 포탑을 선회하고 있었다.

"적 움직임 확인, 정면, 나를 따르라."

I중대가 돌격하자 타와칼나 사단의 T-72 전차들은 엄폐호에 차체를 숨겼다. 밀러 대위가 탑승한 전차의 포수에게는 T-72 전차의 차체가 보이지 않았지만, 모래 위로 튀어나온 T-72 전차 포탑 상부의 NSVT 중기관총은 확인할 수 있었다. 그래서 포수는 중기관총의 3피트 하방을 조준하고 방아쇠를 당겼다. 철갑탄의 이탈피가 분리되면서 날아간 열화우라늄 관통자가 모래방벽을 뚫고 T-72 전차의 포탑링에 명중했고, 이어진 폭발로 포탑이 날아갔다. 이제 T-72 전차와 교전한 전차병들은 'T-72 전차는 어딜 맞추든 폭발한다'는 사실을 파악했다.

이라크군의 전차들이 몇 발인가 응사했지만, 방어진지는 수십초만에 불타오르며 이라크군 기갑차량들의 묘지가 되었다. 전투를 끝내고 포로를 수용하던 I중대에 긴급보고가 들어왔다. 동쪽의 이라크군 전투진지에서 기갑부대가 나타나 I중대의 위치로 이동중이라는 내용이었다. 엄폐호에서 나온 적은 T-72 전차 7대와 BMP 4대로, 거리는 2,500m가량이었다. 밀러 대위는 제1소대의 M1A1 전차를 전면에 배치하고, 동시에 제4소대의 전차는 남쪽으로 우회해 적의 측면을 공격하도록 명령했다. 나머지 브래들리 기병전투차들은 배후에서 TOW 미사일로 엄호하기로 했다. 적들은 과감하게 돌격해 왔지만, 2㎞ 전후에서 전부 격파당했다.

I중대는 이라크군에게 어떤 상처도 입지 않았으나, 아군 오인사격으로 브래들리 보병전투차 한 대가 격파당했다. 우익의 킬러(Killer) 중대 소속 전차가 방향을 착각해 쏜 철갑탄에 승무원 5명이 부상을 입었다. I중대와 K중대의 오인사격은 이번이 두 번째였다. 오전 3시 전후의 새벽에 K중대의 M113 공병장갑차 2대가 교전 중 실수로 I중대의 작전구역에 들어가는 바람에 I중대 전차의 공격을 받아 격파되고, 파괴된 차량에서 탈출하던 닷지 파월, 윌리

엄 스트렌로우 병장이 전차의 기총 사격에 전사했으며 5명이 부상을 입었다.

I중대는 두 차례 전투에서 T-72 전차 24대, T-55 전차 4대, BMP 보병전투차 4대, MTLB 장갑차 4대, 쉴카 대공포 1대를 격파했다. 중대는 포로수용과 부상병 후송을 위해 70이스팅에서 후퇴하고, 해가 진 후 도착한 제1보병사단과 교대했다.

오후 4시 00분, 제2기갑기병연대의 전술지휘소에 도착한 프랭크스 군단장은 연대가 '73이스팅 전투'에서 공화국 수비대의 타와칼나 기계화보병사단 제18기계화보병여단이 방어하는 남부 주진지의 전방경계선을 격파했음을 확신했다. 73이스팅 전투의 승리는 지휘관과 병사들의 자랑이 되었고, 작전적 측면에서도 군단 공세작전에 뒤늦게 합류한 제1보병사단이 전선에 도착하는 데 필요한 시간을 제공했다. 제2기갑기병연대는 제1보병사단의 대역으로서 기대 이상의 성과를 올렸다.

오후 5시 00분, 헬리콥터를 타고 군단 전술지휘소로 돌아간 프랭크스 중장은 65이스팅과 75이스팅 사이 10㎞ 구간에서 제2기갑기병연대와 제1보병사단을 교대시키기로 결정했다.

매복한 T-72 전차부대 전멸
이라크군의 조직적 결함과 기술적인 패인

공화국 수비대 타와칼나 사단의 T-72 전차부대는 매복이라는 유리한 상황에서도 완패하고 말았다. 그 원인에 대한 고찰은 미군과 이라크군 간의 전차전을 이해하는데 큰 도움이 되므로 걸프전에서 가장 극적인 승리 중 하나인 맥마스터 대위의 이글 기병중대를 예로 양군의 전차와 부대의 실전능력을 검토해 보자.

맥마스터 대위가 첫 번째 T-72 전차를 격파한 시점에서 양자 간의 거리는 약 1,400m로 T-72 전차가 탑재한 125㎜ 활강포의 유효사거리보다 짧았다. 당시 기병중대는 이라크군의 반사면방어 매복 전술에 걸려든 상황이었지만 결과적으로 매복한

이라크군이 미군의 역습에 전멸해 버렸다.

이는 맥마스터 대위의 섬세한 전술과 과감한 진두지휘, 그리고 지휘에 신속히 대응하는 병사들의 우수한 기량 등이 복합적으로 작용한 결과였다. 맥마스터 대위의 전술은 글자 그대로 교과서적이었다. 대위는 적진에 접근하자 장갑이 얇은 브래들리를 후방에, 장갑이 두꺼운 에이브럼스 전차부대를 전방에 둔 쐐기대형으로 배치했다. 이런 배치 덕에 적 정면에 강력한 화력을 투사하고, 동시에 전차의 방어력을 살려 후방에 위치한 브래들리 기병전투차를 보호하며, 브래들리 기병전투차로 전차의 후면과 측면을 엄호할 수 있었다.

병사들의 기량 역시 훌륭했다. 매복한 적과 조우한 E중대의 병사들은 동요하지 않고 훈련받은 대로 냉정, 침착하게 대응했다. 전차병들의 능숙한 주포 속사 능력은 원거리에서도 근거리에서도 이라크군에게 대응할 시간을 주지 않았다. 그리고 전차병들은 한번 노린 이라크군 전차는 반드시 명중시켜 격파했다.

반면 이라크군의 미군의 M1A1 전차에 비해 성능이 나쁜 야시장비와 장전속도가 느리고 장전 후 재조준이 필요한 자동장전장치 등 T-72의 기술적 결점을 극복하지 못했다.

부대 조직도 두 가지 결점을 내포하고 있었다.

가장 큰 문제는 지휘, 통제, 통신 네트워크의 부재였다. T-72 전차부대는 미군을 기습하기 위해 매복상태로 대기하다 역으로 기습을 당하곤 했는데, 당시 이라크군 정찰부대는 미군 전차부대의 접근을 사전에 포착해 보고했지만 실시간으로 정보가 전달되지 않았다. 결국 적시에 대응한 부대는 이라크군 포병뿐이었고, 주진지에 매복한 보병부대나 전차부대는 그대로 기습에 노출되었다.

이라크군은 매복진지를 활용하기 위한 장애물 설치와 지뢰 매설도 하지 않았다. 전차에게 가장 성가시고 위험한 대전차지뢰가 거의 매설되지 않았음을 확인한 E중대의 M1A1 전차부대는 진격로의

안전을 신경쓰지 않고 신속히 이동하거나 이라크군 방위부대를 공격할 수 있었고, 미군은 전투 중에 일방적인 우세를 유지했다. 다만 제7군단의 경이적인 진격속도와 다국적군의 항공폭격을 감안한다면, 이라크군이 하루만에 완전한 방어진지를 구성하기는 어려웠다는 점을 고려할 필요가 있다.

마지막으로 이라크군의 모든 전투에서 부각된 이라크군 전차의 기술적, 구조적 문제들도 함께 고려해야 한다.

먼저 이라크군 전차는 미군 전차가 가까이 접근할 때까지 탐지할 방법이 없었다. E중대와의 전투에서 이라크군 전차들은 매복 덕분에 미군의 에이브럼스 전차를 유효사거리 안까지 접근시킬 수 있었지만, 악천후는 M1A1 전차는 물론 T-72 전차의 야시장비도 방해했고, 이라크군은 1,000m 밖의 표적을 포착할 수가 없었다. 미군 정보부는 공화국 수비대의 일부 T-72 전차에 벨기에제 열영상 야시장비를 장비했다고 경고했지만, 적어도 E중대가 상대한 이라크군 전차부대에는 그런 장비가 없었다.

다음 원인은 장전에 12초가 걸리는 T-72 전차의 자동장전장치였다. T-72 전차와 교전한 에이브럼스 전차의 포수들은 모두 T-72의 대응사격 속도가 느렸다고 증언했다. 맥마스터 대위의 전차가 T-72 전차의 포격을 받은 시점은 반사면진지에 돌입하고도 십여 초가 지난 뒤였다. 그동안 이라크군의 전차 3대가 격파당했고, 맥마스터 대위가 세 번째 T-72 전차를 격파했을 때 양자의 거리는 겨우 400m로, 야시장비를 사용하지 않아도 상대를 볼 수 있는 근거리였다. 이정도 거리라면 T-72 전차도 에이브럼스 전차를 보고 먼저 쏠 수 있었지만 이라크군은 포격을 시도하지 않았다.

그렇다면 왜 이라크군은 T-72 전차의 125㎜ 주포를 쏘지 못했을까? 아마도 갑자기 나타난 미군에 대응해 표적을 조준하거나, 서둘러 탄을 장전하는 과정에서 시간을 허비했을 가능성이 높다. 전자는 T-72 전차의 구조적 문제가, 후자는 이라크군 전차병의 낮은 숙련도가 원인이었다.

또다른 문제는 T-72 전차의 주포를 표준교전 거리인 1,800m로 영점을 맞춘 이라크군 전차부대의 교리였다. 이는 적과의 거리가 파악되지 않은 상황을 상정한 사격법으로, 먼저 1,800m에서 철갑탄으로 표적을 명중시키도록 영점을 조정한 후, 초탄이 빗나가면 탄착수정을 한다. 그러나 E중대와 교전한 이라크군 T-72 전차들의 경우 교리대로 1,800m에 영점을 맞추는 바람에 정작 600m 거리의 전차들을 명중시키지 못했다. 실전 보고서를 보면 매복중인 이라크군 전차들이 정작 근거리 사격에서 명중탄을 내지 못했음을 알 수 있다. 아마 이라크군 포수들은 갑자기 나타난 미군 전차들을 상대로 조준을 하지 못하거나 탄착거리를 수정하지 못한 채 그대로 발포했을 가능성이 높다.

걸프전 동안 사막의 전차전에서 미군의 에이브럼스 전차들은 3,000m 전후의 원거리에서 일방적으로 이라크군 전차들을 격파했다. 반면 이라크군의 T-72 전차는 원거리에서 에이브럼스 전차의 주포 발사광이 보이면 수정도 하지 않은 채 포격했고, 대부분의 포탄은 미군 전차들을 스치지도 못하고 빗나갔다. 정확히 조준한 이라크군 전차의 포격도 명중과는 거리가 멀었다. 정지표적이라면 명중을 기대할 수도 있었지만, 미군 전차들은 야간에 시속 10~32㎞로 기동하며 주행간 사격을 실시했다. 이라크군은 미국 전차들이 주행간 사격을 하고 있음을 파악한 후, 최초 발사광을 기점으로 이동지점을 예측해 사격했으나, 수동 예측사격으로는 수천 발을 동시에 쏘지 않는 한 명중탄을 기대하기 어려웠다.

참고문헌

(1) Tom Clancy and Fred Franks Jr.(RET.), Into the Storm: A Study in Command (New York: G.P.Putnam's Sons, 1997), pp252-254.

(2) Stephen A.Bourque, JAYHAWK! The VII Corps in the Persian Gulf War (Washington, D.C: Department of the Army, 2002), pp276-280.

(3) Clancy and Franks, Into the Storm, pp351-352.

(4) Tom Clancy, Armored Cav: A Guided Tour of Armored Cavalry Regiment (New York: Berkley Books, 1994), p233-248.(5) U.S.Marine Corps, TANK PLATOON/FM17-15, Chapter 1 Responsibilities.

(6) Robert H.Scales, Certain Victory: The U.S.Army in the Gulf WAR (NewYork: Macmillan, 1994), pp1-3.

(7) Daniel L.Davis, "The 2nd ACR at the Battle of 73 Easting", Field Artillery (April 1992), pp49-50.

(8) U.S.News & World Report, TriUmph without Victory: The History of Persian Gulf War (NewYork: Random House, 1992), pp336-342. and Clancy, Armored Cav, pp255-260.

(9) Scales, Certain Victory, p4.

(10) Clacncy and Franks, Into the Storm, pp357-358.

(11) Thomas Houlahan, Gulf War: The Complete History (New London, New Hampshire: Schrenker Military Publishing, 1999), pp330-331.

(12) Vince Crawley, "Ghost Troop's Battle at the 73Easting", Armor (May-June 1991), pp7-12. And Douglas Macgregor, Warrior's Range: The Great Tank Battle of 73 Easting (Annapolis, Maryland: Neval Institute Press, 2009), p175.

(13) Clancy and Franks, Into the Storm, pp357-358.

(14) Houlahan, Gulf War, p329

제14장
제3기갑사단의 타와칼나 북부 주진지 공방전

타와칼나 사단 주방어선 '전차의 벽'[1]

미군 정보부의 추측에 따르면 타와칼나 기계화 보병사단과 제12기갑사단이 쿠웨이트 서쪽 국경선에 구축한 주방어선, 통칭 '전차의 벽'은 남북으로 60km에 걸쳐 설치되었다.

'전차의 벽'은 주진지 전방(서쪽) 약 8km 지점에 공격해 오는 적을 탐지하기 위해 증강된 대대 규모의 경계부대를 전개하고, 주진지에는 중대 또는 대대 규모의 전투진지를 이중, 삼중으로 설치했다. 엄폐호, 참호, 벙커 등에는 보병(RPG, 섀거 대전차미사일)과 박격포 부대를 배치하고 전차와 장갑차는 엄폐호에 분배해 포대처럼 운용했다. 그리고 후방에 포병부대를 배치해 전투 시 엄호 임무를 부여했다.

주진지의 종심은 약 10km로 전투부대를 보급할 지원부대는 주진지 후방 2~3km에 전개되었다. 이라크군의 지원부대는 미군에 비해 월등히 규모가 작아서, 대규모 전투를 장시간 유지할 능력은 없다는 추측이 우세했다. 다만 후방의 쿠웨이트 국경선 부근에 IPSA(Iraqi Pump Station, Atabia) 파이프라인 도로가 남북으로 이어져 전역의 이라크군 부대에 보급, 연락, 부대이동로를 제공했다. 도로 주변지역에도 대규모 보급기지가 다수 건설되어 있었다.

지도와 같이 타와칼나 사단의 주방어선은 남북으로 이어진 '전차의 벽'에 19개 전차대대 및 기계화보병대대를 촘촘히 배치했다. 주방어선의 북부 주진지는 일부분이 북쪽의 미군 제1기갑사단 3여단의 작전구역과 5km이상 겹쳤지만, 대부분 제3기갑사단의 작전구역 내에 있었다.

주방어선 정면의 20km 구간에는 타와칼나 사단의 29기계화보병여단과 9전차여단, 제12기갑사단의 46기계화보병여단이 전개했다. 4개 전차대대와 5개 기계화보병대대 등, 270km²의 면적에 총 9개 대대 규모에 상당하는 전차 122대, BMP 보병전투차 78대, 장갑차 수백 대를 배치하고 후방지역에도 12개 포병중대(약 72문)를 배치되었다. 추가로 T-62 전차대대(제10기갑사단 소속)도 증강되었다는 현지부대의 보고가 있었다.

타와칼나 기계화보병사단/제12사단의 주방어선 '전차의 벽'을 격파한 미군 기갑부대 (2월26일 밤)

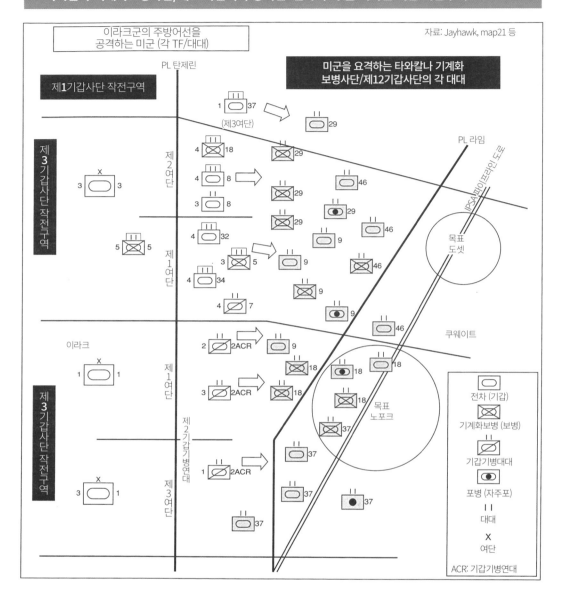

미 제3기갑사단 정면(20㎞)의 이라크군 북부 주진지

이라크군 부대	전차대대	기계화보병대대	합계
타와칼나 사단 제29기계화보병여단	0	3	3
타와칼나 사단 제9전차여단	2	1	3
제12기갑사단 제46기계화보병여단	2	5	3
합계	4	5	9

미 제1보병사단 정면(30㎞)의 이라크군 남부 주진지

이라크군 부대	전차대대	기계화보병대대	합계
타와칼나 사단 제9전차여단	1	0	1
타와칼나 사단 제18기계화보병여단	1	3	4
제12기갑사단 제37전차여단※	4	1	5
합계	6	4	10

※제46기계화보병여단의 1개 전차대대를 포함

남쪽에 전개한 미군 제1보병사단의 작전구역은 정면 기준 30km로, 이라크군 주방어선의 남부 주진지와 마주하고 있었다. 이라크군 남부 주진지의 전력은 타와칼나 사단의 제8기계화보병여단을 중심으로 한 6개 전차대대와 4개 기계화보병대대, 도합 10개 대대로, 특히 목표 노포크(IPSA 파이프라인 도로 주변)에 강력한 진지를 구축하고 있었다.

주진지에 배치된 이라크군 각 대대는 미군 사단들이 상황에 맞춰 태스크포스(TF)를 임시편성했듯이 복수의 병과를 혼합한 전투 그룹(Combat Group)을 구성해 미군에 대항했다.

BMP 39대를 보유한 기계화보병대대는 주력인 3개 기계화보병중대(BMP-1/2 12대)에 전차중대(T-72 14대), 포병중대(자주포 6대), 방공중대(쉴카/SA-13 각 3대), 공병중대(지뢰매설기)가 증강된 1,000명 규모의 전투 그룹으로 편성되었다. T-72 전차 44대를 보유한 전차대대(3개 전차중대) 역시 기계화보병 중대를 배속받아 증강된 전투 그룹을 편성했는데, 증강된 전력은 부대별로 차이가 있었다.

제3기갑사단 - 포병과 공격헬리콥터를 투입한 펀크 소장의 대담한 전술

폴 E. 펀크 소장의 제3기갑사단 '스피어헤드'는 작전의 도입단계부터 곤란에 빠졌다. 좌익의 제1기갑사단과 우익의 제1보병사단 사이에 배치된 제3기갑사단은 부대의 기동 공간이 부족했다. 국경선 돌파 시점을 기준으로 제1기갑사단의 작전구역 정면은 폭이 25km인데 반해, 제3기갑사단은 15km에 불과했다. 결국 제3기갑사단은 '스피어헤드(창끝)'라는 부대 이름처럼 일렬종대로 전진할 수밖에 없었다. 26일 PL 탄제린을 지나 타와칼나 사단의 주방어선을 공격하게 되었을 때, 제3기갑사단에게 허용된 공간은 20km에 불과했다. 따라서 펀크 소장은 부대가 유동적인 상황에 최대한 유연하게 (Flexibility) 대처하도록 제3기갑사단을 V자 대형으로 배치했다. 제2여단은 좌익(북쪽), 제1 RFCT(Ready

First Combat Team: 즉응전투팀) 여단은 우익(남쪽), 제3여단 썬더링 서드(Thundering 3rd)는 예비대로 후방에 배치한 대형이었다. 그리고 2개 여단 사이에 기동공간을 확보하고 아군 오인사격을 방지하기 위해 폭 6km의 안전지대를 설정했다.

제3기갑사단에 할당된 공간은 좁았지만, 전력은 다른 사단과 동등한 수준으로 보강되었다. 군단에서 3개 대대의 제42야전포병(FA) 여단과 공병 및 보급지원부대를 배속받아 병력이 17,658명에서 20,533명으로 늘어났고, 보유 장비도 M1A1 전차 360대, 브래들리 보병전투차 340대, M109 자주포 128대, MLRS 36대, 아파치 공격헬리콥터 42대로 증편되었다. 특히 장거리 공격수단인 포병과 공격헬리콥터의 보강이 눈에 띈다.[2]

공세를 앞둔 펀크 소장은 깊은 고민에 빠졌다. 좁은 작전구역 내에서는 제1기갑사단과 같은 3개 여단을 활용한 기동작전을 실시하기 어려웠다. 따라서 펀크 소장은 증강된 포병과 공격헬리콥터를 최대한 활용하기로 결심하고, 2개 여단의 배후에 포병과 공격헬리콥터를 배치해 아군 정면의 이라크군과 후방부대에 지속적이고 효과적인 장거리공격을 실시하는 전술을 채택했다.

펀크 소장은 기갑 병과 출신이 아닌 공격헬리콥터 조종사 출신으로, 지상전에서 아파치 공격헬리콥터를 가장 잘 활용할 수 있는 사단장이었다. 제4전투항공여단장 마이크 버크 대령은 소장의 지시에 따라 2개 아파치 대대가 항상 전선 부대의 요청에 응할 수 있도록 대책을 강구했다.

먼저 제4전투항공여단의 헬리콥터 정비-보급부대를 전선의 2개 여단과 같이 움직이도록 개편해 헬리콥터 정비-보급부대의 차량수송대가 언제든 작전 투입이 가능하도록 연료, 탄약, 예비부품을 적재하고 대기했다. 그리고 야간에도 헬리콥터가 보급부대의 위치를 알 수 있도록 호밍비컨(homing beacon: 항공기를 유도하는 무선 표지)을 차량 지붕에 설치했다. 이런 조치 덕분에 제3기갑사단의 공격헬리콥

타와칼나 사단 북부 주진지를 공격한 미 제3기갑사단의 혼성편제

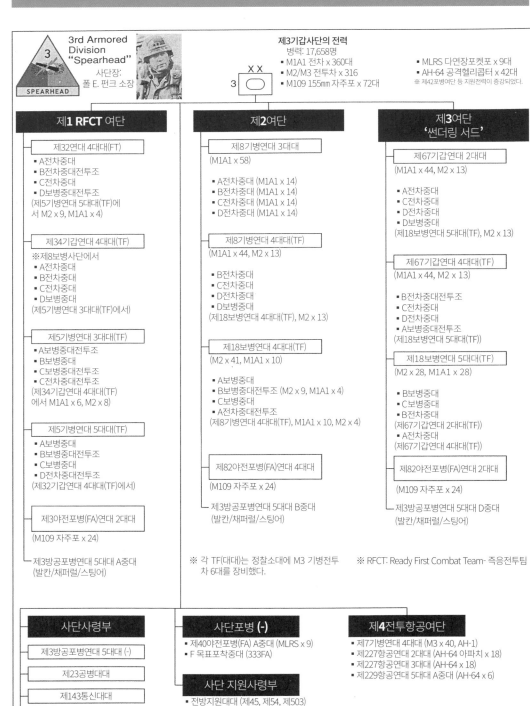

3rd Armored Division "Spearhead"
SPEARHEAD
사단장: 폴 E. 펑크 소장

제3기갑사단의 전력
병력: 17,658명
- M1A1 전차 x 360대
- M2/M3 전투차 x 316
- M109 155mm 자주포 x 72대
- MLRS 다연장포켓포 x 9대
- AH-64 공격헬리콥터 x 42대
※ 제42포병여단 등 지원전력이 증강되었다.

XX
3

제1 RFCT 여단

제32연대 4대대(FT)
- A전차중대
- B전차중대전투조
- C전차중대
- D보병중대전투조
(제5기병연대 5대대(TF)에서 M2 x 9, M1A1 x 4)

제34기갑연대 4대대(TF)
※제8보병사단에서
- A전차중대
- B전차중대
- C전차중대
- D보병중대
(제5기병연대 3대대(TF)에서)

제5기병연대 3대대(TF)
- A보병중대전투조
- B보병중대
- C보병중대전투조
- C전차중대전투조
(제34기갑연대 4대대(TF)에서 M1A1 x 6, M2 x 8)

제5기병연대 5대대(TF)
- A보병중대
- B보병중대전투조
- C보병중대
- D전차중대전투조
(제32기갑연대 4대대(TF)에서)

제3야전포병(FA)연대 2대대
(M109 자주포 x 24)

제3방공포병연대 5대대 A중대
(발칸/채퍼럴/스팅어)

제2여단

제8기병연대 3대대
(M1A1 x 58)
- A전차중대 (M1A1 x 14)
- B전차중대 (M1A1 x 14)
- C전차중대 (M1A1 x 14)
- D전차중대 (M1A1 x 14)

제8기병연대 4대대(TF)
(M1A1 x 44, M2 x 13)
- B전차중대
- C전차중대
- D전차중대
- D보병중대
(제18보병연대 4대대(TF), M2 x 13)

제18보병연대 4대대(TF)
(M2 x 41, M1A1 x 10)
- A보병중대
- B보병중대전투조 (M2 x 9, M1A1 x 4)
- C보병중대
- A전차중대전투조
(제8기병연대 4대대(TF), M1A1 x 10, M2 x 4)

제82야전포병(FA)연대 4대대
(M109 자주포 x 24)

제3방공포병연대 5대대 B중대
(발칸/채퍼럴/스팅어)

※ 각 TF(대대)는 정찰소대에 M3 기병전투차 6대를 장비했다.

제3여단 '썬더링 서드'

제67기갑연대 2대대
(M1A1 x 44, M2 x 13)
- A전차중대
- C전차중대
- D전차중대
- D보병중대
(제18보병연대 5대대(TF), M2 x 13)

제67기갑연대 4대대(TF)
(M1A1 x 44, M2 x 13)
- B전차중대전투조
- C전차중대
- D전차중대
- A보병중대전투조
(제18보병연대 5대대(TF))

제18보병연대 5대대(TF)
(M2 x 28, M1A1 x 28)
- B보병중대
- C보병중대
- B전차중대
(제67기갑연대 2대대(TF))
- A전차중대
(제67기갑연대 4대대(TF))

제82야전포병(FA)연대 2대대
(M109 자주포 x 24)

제3방공포병연대 5대대 D중대
(발칸/채퍼럴/스팅어)

※ RFCT: Ready First Combat Team- 즉응전투팀

사단사령부
- 제3방공포병연대 5대대 (-)
- 제23공병대대
- 제143통신대대
- 제533군사정보대대

사단포병 (-)
- 제40야전포병(FA) A중대 (MLRS x 9)
- F 목표포착중대 (333FA)

사단 지원사령부
- 전방지원대대 (제45, 제54, 제503)
- 제122 주(主) 지원대대 (MSB: Main Support Battalion)
- 제227항공지원연대 9대대

제4전투항공여단
- 제7기병연대 4대대 (M3 x 40, AH-1)
- 제227항공연대 2대대 (AH-64 아파치 x 18)
- 제227항공연대 3대대 (AH-64 x 18)
- 제229항공연대 5대대 A중대 (AH-64 x 6)

터는 전장의 한가운데서 언제든 급유, 재보급, 정비를 받고 2시간 내에 목표지점으로 재출격할 수 있었다. 또한 아파치의 조종사는 항상 사단 무선채널을 열어 두고 대기 중에도 전장 상황을 파악하여, 사령부의 출격요청이 하달되기 전에 미리 출격준비를 마치거나 명령이 내려지기 전에 출격해 저지공격 태세를 갖췄다.

포병도 전차부대를 엄호하기 위해 2개 여단에 직접화력지원(DS: direct support)을 제공할 2개 야전포병(FA) 자주포 대대를 할당하고, 통상화력지원(GS: General Support)을 위한 MLRS 부대도 가능한 전선 가까이 진출해 지원 임무를 수행하도록 했다. 그리고 선두의 기갑대대(TF)에도 자주포 중대를 배치했으며, 포병은 사격 요청 후 8분 내에 집중사격을 제공하는 즉응집중사격(mass hip-shoot)이 가능하도록 훈련을 반복했다.

'통제선 블릿(Bullet) 전투' 우익에서 전진한 알파 기병중대[3]

테리 터커 중령의 사단 직할 제7기병연대 4대대 알파(A)중대는 사단의 우익 모서리에서 제1여단의 남쪽을 지나고 있었다. A기병중대는 우익의 제2기갑기병연대와 연계해 사단 우익을 경계하는 임무를 맡았다. A기병중대의 진로는 정면의 폭이 약 800m 정도로 상당히 좁았다.

이날은 아침부터 낮까지 시계가 양호해 기병대대의 OH-58 정찰헬리콥터가 하늘에서 경계 임무를 수행했다. 하지만 오후가 되자 모래폭풍이 불었고, 헬리콥터의 정찰임무는 기병중대의 M3 브래들리 기병전투차가 승계했다.

모래폭풍이 부는 사막은 햇빛이 가려져 상당히 어두웠다. A기병중대 지휘관 제랄드 데비 대위는 19대의 M3 브래들리를 이끌고 경계임무를 수행했다. 가시거리는 육안으로 200~300m, 브래들리의 열영상장치로는 900m 이상이었다.

오후 4시 무렵, M3가 이라크군 진지를 발견했지만 지형을 이용해 교묘히 위장되어 있어 정확한 위치를 파악하지 못했다. 적의 매복지역으로 예상되는 지점에 사격을 가해도 반응이 없었다. 이때 A기병중대는 좌익(북쪽)에 제2소대, 우익(남쪽)에 제3소대, 예비대로 제1소대를 배치했다. A기병중대는 결국 이라크군이 사격을 시작한 뒤에 이라크군을 발견할 수 있었다.

"정면에 이라크군 BMP와 보병입니다!"

제3소대의 무선에 적 출현을 알리는 고함소리가 울려 퍼졌고, 곧바로 브래들리의 기관포가 25㎜ HEI(High Explosive Incendiary: 고폭소이탄)를 발사했다. 브래들리가 100m 이내에 접근할 때까지 매복하고 있던 이라크군은 공화국 수비대 타와칼나 기계화보병사단 소속 보병들이었다.

데비 대위는 제2소대에 제3소대 정면의 적을 공격하도록 명령하고, 후방의 제1소대도 전진시켜 2개 소대의 브래들리 13대가 일렬횡대로 전열을 형성했다. 그러나 A기병중대가 진형을 변경하던 중 갑자기 엄폐호에 숨어있던 적병이 모습을 드러냈다. 좌익에서 이라크군 보병이 100m까지 접근했고, 250m가량 떨어진 곳에 전개된 이라크군 장갑차도 모습을 드러냈다. 데비 대위의 탑승차(HQ77)는 좌익 2소대에 있었고, 2소대의 정면에서 우익에 걸쳐 다수의 적 장갑차가 모래먼지를 일으키며 나타나는 모습을 볼수 있었다. 거리는 300~600m로 적의 유효사거리 안이었다. 데비 대위는 BMP 보병전투차를 확인했지만, 조우한 이라크군 부대가 T-72 전차까지 보유한 강력한 전투대임을 파악하지는 못했다. 대위의 판단 착오가 비극의 시작이었다. 이라크군 보병과 전투차량은 포탑이 노출되지 않도록 엄폐호에 숨어 포구만 내놓고 미군을 노렸다. 이라크군이 미군 기갑부대의 진로를 확실히 예측하고, 대처 방법도 충분히 연구한 결과였다.

데비 대위는 RPG나 대전차 미사일로 공격할 가능성이 있는 이라크군 보병을 찾기 위해 브래들리의 열영상장치로 포착한 목표에 짧게 집중사격을 가했다. 그러자 숨어있던 이라크군이 맹렬히 사격하기 시작했다. 지금까지 경험한 적 없는 강력한 저항이었다. A중대의 브래들리는 숨을 곳이 없었다. 게다가 이라크군 포병의 포격이 시작되면서 주변에 포탄이 떨어지기 시작했다. 데비 대위는 그때의 경험을 다음과 같이 설명했다.

"우리는 얼마나 최악의 상황에 빠졌는지 알지 못했다. 그곳(73이스팅)에서 우리는 생존만을 생각하며 싸웠다. 그리고 후퇴 중에 등을 보이는 가장 위험한 행동을 해버렸다."

매복에 걸린 A기병중대 베트남 참전병 스니드 중사의 활약

A중대는 이라크군의 매복에 확실히 걸려들고 말았다. 데비 대위의 중대장차(HQ77)를 포함한 제2소대의 M3 브래들리 7대는 참호에 매복한 이라크군 보병의 치열한 사격과 T-72 전차와 BMP의 포격에 노출되었다. 이라크군의 사격을 받는 와중에 좌익의 브래들리 A24(A중대 2소대 B반 4호차)가 TOW 대전차미사일을 발사해 BMP 보병전투차를 격파했다. 하지만 오후 4시 20분, A24호차가 전차 포탄에 명중당했다. 주변 동료들이 피탄 순간을 목격했다. 데비 대위는 이라크군 T-72 전차의 포격에 당했다고 생각했지만, 폭발의 원인은 북서쪽 후방에 있던 34기병연대 4대대(TF) 소속 M1A1 전차의 아군 오인사격이었다. A24호가 34기병연대 4대대의 작전구역 내에 진입했을 가능성도 있지만 진상은 알 수 없다.

소대의 동료들은 무전으로 위생병을 부르며 절규했다. "위생병(medic)! 위생병! 빨리!" 제2소대 B반의 M3 3대가 구조에 나섰다.

데비 대위는 혼란에 빠진 병사들을 진정시키며 무전으로 위생병을 보내도록 지시를 내렸다. 대위가 교신을 하는 동안 A24호차에 접근한 중대장차(HQ77)에서 차장 로널드 스니드 대대 주임원사가 부상병을 구하기 위해 달려갔다.

대장장이처럼 손에 굳은살이 박힌 스니드 원사는 키는 작지만 튼튼한 체형의 소유자였다. 스니드 원사는 1966년부터 1971년까지 제173공수여단의 일원으로 베트남전에 참전한 부대 내 최고참이자, 치열했던 '875고지 전투*'를 겪은 실전경험자였다. 하지만 스니드 원사는 사막에서 경험한 75분간의 전투가 훨씬 힘든 경험이었다고 말했다.[4]

이라크군 보병은 돈좌된 브래들리 A24호차에 접근하기 시작했다. 선두 이라크군 보병과의 거리는 약 75m였다. 그리고 200m가량 떨어진 T-72 전차가 A24호차를 향해 사격했지만, 이 포탄은 운 좋게 빗나갔고, 포격으로 위치가 노출된 T-72 전차는 TOW 미사일 공격을 받아 격파되었다. 피격된 A24호차에 A25호차와 A26호차가 접근해 방패 역할을 하며 부상병 구조를 도왔다. 구조 도중에도 적의 기관총탄이 브래들리의 장갑판을 두들겼다.

스니드 원사가 움직이지 못하는 중상자를 구출하기 위해 A24호차로 달려간 순간, 600m 거리에서 또다른 T-72 전차가 포격을 가했고, 원사는 10m 전방에 착탄한 포탄의 폭발에 휘말려 바닥을 뒹굴었다. 스니드 원사를 공격한 T-72 전차는 곧바로 아군 M3 브래들리의 공격에 격파되었다. 스니드 원사도 폭발에 휘말렸지만 다행히 무사했다. 원사는 다시 일어서서 부상병을 구하기 위해 A24호차 안으로 들어갔다. 차량 안에는 포수 케네스 B. 젠트리 하사(32세)가 있었는데, 의식은 있었지만 출혈이 심했다. 또 다른 부상자 레이먼드 이건 중사는 왼쪽 다리에 심한 부상을 입었다. 스니드 원사는 부상병들을 도착한 M113 장갑앰뷸런스로 옮겼다. 두 명의 의무병, 티페리 휴스턴 병장과 브라이언 몰 상병은 총탄이 빗발치는 상황에서도 젠트리 하사를 치료하기 시작했다. 하지만 젠트리 하사(가족으로 아내 아네트와 두명의 자녀가 있었다.)는 치료를 시작한 지 15분만에 숨을 거두고 말았다.

....
* 1967년 11월, 173공수여단이 875고지에서 후방부대까지 월맹군의 포위 공격을 받고 아군 오폭까지 당해 158명이 전사하는 큰 피해를 입은 전투(역자 주)

한편 데비 대위는 무전으로 제2소대 B반의 M3를 호출했지만 응답을 받지 못했고, 모래폭풍 때문에 열영상장치로도 제대로 상황을 확인할 수 없었다. 당시 A25, A26호차의 승무원들은 전부 A24호차의 부상자를 구하기 위해 차량 밖에 나와 있어서 응답할 상황이 아니었다.

대대장 터커 중령도 M3를 타고 피격 현장으로 향하고 있었는데, 도중에 RPG로 무장한 적 보병을 발견하고 교전을 벌여 사살했다. 다수의 이라크군 보병들이 RPG로 무장했고, 그중에는 섀거 대전차 미사일을 운반하는 보병도 있었다. 모래폭풍으로 가시거리는 300m 이하로 줄어들었고, 이라크군 보병들은 모래폭풍에 몸을 숨기고 이동했다.

터커 중령이 돈좌된 A24호차 부근에 도착했을 때 200m 정면에서 T-55 전차가 나타나 포격을 시도했으나, 다행히 좌측 후방에서 아군의 제34기갑연대 4대대(TF)의 전차가 T-55 전차를 격파했다. 아군 전차의 출현에 다들 기뻐하던 순간, 아군 전차가 발사한 열화우라늄탄이 A24호차에 명중했다.

이라크군 진지 공격 실패와 남북 양면의 아군오사로 인한 피탄

데비 대위의 A중대는 공화국 수비대 타와칼나 사단 제9전차여단 소속 T-72 전차와 BMP 보병전투차의 공격으로 궁지에 몰렸다. 데비 대위의 전장 상황 파악 실패가 가장 큰 원인이었다. 이미 M3 브래들리의 TOW 미사일로 몇 대의 이라크군 전차를 격파했지만, 데비 대위는 무전으로 T-72 전차를 TOW 미사일로 격파했다는 보고를 듣고 나서야 T-72 전차의 존재를 인지했다. 적 전차가 나타나 M3 브래들리가 TOW 미사일로 교전했는데도 기관포탄이 소진되어 TOW 미사일을 발사했다고 착각했던 것이다. 게다가 스니드 대대 주임원사가 부상병을 구하기 위해 자리를 비우는 바람에 데비 대위에게 조언할 사람도 없었다.

강력한 전차부대와 조우한 이상 A중대는 한시라도 빨리 후퇴해야 했다. 하지만 A중대는 후퇴할 여지가 없었다. 이미 전투가 심화되어 이라크군 보병이 50m 이내로 접근한 상황이었다. 어두워진 전장은 적의 소나기처럼 쏟아지는 사격과 예광탄 불빛으로 가득했고, 이라크군 여단 직할 경포병 중대의 120㎜ 중박격포의 포탄이 작렬하며 A중대의 머리 위로 파편을 쏟아냈으며, 중대의 무전은 위생병을 부르는 다급한 외침으로 가득 찼다. 그리고 데비 대위가 후퇴명령을 내리기 직전에 우익의 제3소대 소속 브래들리 A33호차가 적의 14.5㎜ 중기관총에 피탄되어 포탑을 관통당했다. 운 나쁘게도 관통한 총탄은 무전기에 맞고 튕기면서 차장 제임스 스트롱 병장에게 중상을 입혔다. A33호차 포수 에프렘 짐발리스트 에반스 상병이 중대 무전으로 스트롱 병장의 부상을 알렸다.

"스트롱이 맞았습니다. 출혈이 심각합니다!"

에반스 상병은 갈라지는 목소리로 위생병을 호출하면서 방어를 위해 25㎜ 체인건 사격을 계속했다. 하지만 이라크군의 극심한 사격으로 인해 위생병이 A33호차에 접근할 수 없었다.

A중대는 이라크군이 '킬섹(kill sack: 죽음의 자루)'이라 부르는 함정에 빠졌다. 이대로는 피해만 가중될 뿐 후퇴 외에 다른 선택지가 없었다. 데비 대위는 예비대인 제1소대를 전진시켜 후퇴하는 2개 소대의 엄호를 맡겼다. 제1소대의 엄호로 2개 소대는 남서쪽으로 후퇴할 수 있었다. 하지만 중대 무전은 여전히 위생병을 부르는 소리와 전투로 흥분해 떠들어대는 소리로 가득 차 누가 무슨 말을 하는지 알 수가 없었다. 데비 대위는 A중대 좌후방에서 전진중인 M1A1 전차부대(제34기갑연대 4대대(TF))의 도착을 기다렸다. 44대의 M1A1 전차가 오면 적을 떨쳐낼 수 있었다. "어째서 전차들은 빨리 오지 않는 거야!" 대위는 화를 냈지만 M1A1 전차부대는 A중대가 철수한 뒤에야 전장에 진입했다.

타와칼나 사단이 임시편성한 기계화보병대대 전투그룹의 편제와 전력

기계화보병대대 (보병)의 전력

병력 : 약 1,000명 (전투그룹 기준)
- BMP-1/2 보병전투차 x 39대
- BRDM-2 정찰장갑차 x 6대
  (ATM(대전차미사일)형 x 4
- 2.5t 트럭 x 23~25대
- 유조차 x 2대 (트레일러 견인)
- 야전 취사차량 x 3대

추가 배속 전력
- T-72 전차 x 14대
- 장갑차 x 2대
- 자주포 x 6대
- ZSU-23-4 자주대공포 x 3대
- SA-13 (SA-9) 자주대공미사일 x 3대
- 트럭 다수

이라크군 공화국 수비대 기계화보병사단 (보병)

Combat Group · RG

대대본부
BMP 보병전투차 x 3

- 대대장차

정찰소대
BRDM-2 정찰장갑 x 6 (ATM형 x 4)

- BRDM-2 정찰장갑차
- BRDM-2 자주대전차미사일 장갑차(ATM)

박격포 소대
- 82mm 박격포 x 6

4.8t급 우랄 375D 야전트럭 (6X6)
중량 13.2t, 전장 7.35m, 엔진출력 180hp, 적재량 4t(험지), 견인 10t(노상)

제1기계화 보병중대 (보병)
제2
제3

BMP-1 보병전투차 x 94
BMP-2 보병전투차 x 3
야전트럭 x 2
다목적차량 x 1

중대본부
- BMP-1 보병전투차
- UAZ 469B 다목적차량
- 2t급 GAZ66 야전트럭 (4x4/115hp)

제1소총소대
- 소총분대 (10명) x 3
- BMP-1
- BMP-2 보병전투차
- BMP-1

제2소총소대
- 소총분대 (10명) x 3

제3소총소대

중화기소대
- RPG-7 휴대용 로켓 x 12
- 12.7mm 중기관총 x 4
- 60mm 박격포 x 3

보급중대
야전트럭 x 18
유조차 x 2

보급·정비지원 차량
- 3t급 W50LA 야전트럭 (4x4)

급유차량
- MAZ500 유조차 (4x2/180hp/1,200갤런)

앞쪽이 BRDM-2 정찰장갑차, 뒤쪽이 이라크군의 주력 보급트럭인 동독 IFA제 W50LA(중량 9.4t, 전장 6.16m, 125hp)

이라크군 주력 보병전투차 BMP-1은 73mm포/섀거 대전차미사일로 무장 했으며, 보병 8명 탑승이 가능하다.

◆ 이라크군 기계화보병의 RPG-7 대전차 로켓. 사거리 300m, 장갑관통력 RHA 330㎜.(사진: ISF)

타와칼나 기계화보병사단의 전력

T XX RG

- T-72 전차 x 220
- BMP 보병전투차 x 284
- 야포 x 126
- 다연장 로켓 x 18

제18기계화보병여단	제29기계화보병여단	제9전차여단	사단 직속 포병여단
기계화보병대대 x 3 전차대대 x 1	기계화보병대대 x 3 전차대대 x 1	전차대대 x 3 기계화보병대대 x 1	자주포 대대 x 7 다연장로켓 대대 x 1
공병대대	정찰대대	방공포병대대	

자료: Jayhawk, p324

전차중대
T-72 전차 x 14
장갑차 x 1

중대본부

제1소대

제2소대

제3소대

제4소대

포병중대
자주포 x 6
정찰차 x 1
트럭 x 13~14

중대본부

- 2.5t 트럭 x 12~13
- M1974 ACRV x 1
- 5t 트럭 x 1

제1포병소대

- GCT 155mm 자주포

제2포병소대

방공중대
ZUS-23-4 x 3
SA-13 (SA-9) x 3

자주대공포 소대

- ZSU-23-4 쉴카

자주대공미사일 소대

- SA-13 고퍼

공병중대

공병소대

야전 공병장비

- ZIL-130 4.5t 야전트럭 철조망 부설장치 또는 대전차지뢰(300개 이상) 적재

- PMR-3 견인식 지뢰매설기
전장 3m, 폭 2m 적재지뢰 120개, 매설속도 12발/분, 5분간 500m의 지뢰선 부설 가능

- GAZ-69 적재식 지뢰탐지기 탐색속도 10km/h 탐지깊이 25cm

◀ 이라크군 포병의 프랑스제 GCT 자주포
(최대사거리 29km)

◀▶ MTLB 장갑차를 포격관측 지휘차로 개수한 M1974 ACRV(포병지휘 정찰장갑차)

전투중량: 14t
전장: 7.2m
엔진출력: 240hp
자체무장:
12.7mm 기관총
사격관제 및 통신장비
승무원: 5명

함정에 빠진 2개 정찰소대는 제1소대의 엄호를 받으며 남쪽으로 800m를 후퇴했다. 하지만 후퇴 중 A중대에 더 큰 재난이 닥쳤다. 제3소대 롤랜드 존스 병장의 A36호차로 날아든 이라크군 BMP-2 보병전투차의 30㎜ 기관포탄이 엔진룸에 명중해 변속기어가 망가지는 바람에 이동 속도가 느려졌고, 이어서 섀거 대전차미사일이 포탑에 명중하자 완전히 격파당했다. 부상당한 4명의 승무원들은 살아남기 위해 차량에서 기어나왔고, 근처에 있던 마이클 J. 베살로티 소위의 브래들리 A31호차가 구조에 나섰다. 부상병들을 브래들리 위에 태우고 후퇴하던 순간 A31호차도 피탄당했다. 적 전차의 철갑탄이 A31호차 포탑 우측에 명중해 25㎜ 체인건의 포미를 박살내고 반대편으로 관통했고, 수초 후 두 번째 철갑탄이 같은 장소를 관통하며 베살로티 소위의 앞을 스쳐갔다. 다행히 승무원 4명은 무사했고, 부상자조차 발생하지 않았다.[5]

처음에는 T-72 전차가 A31호차를 격파했다고 발표되었지만, A31호차 내부에 열화우라늄탄의 방사능이 검출되어 추가 조사를 한 결과, 당시 우익(남쪽)에서 전진하던 아군 제2기갑기병연대의 M1A1 전차의 포탄으로 판명되었다. 특히 73이스팅에서의 혼전 중 G기병중대의 전차가 포격했을 가능성이 높았다. 제3기갑사단과 제2기갑기병연대의 작전구역에 위치한 이라크군 진지가 횡으로 길게 이어져 있어, 작전구역을 명확히 구분하기 어려워지면서 발생한 사고였다.

우익에 위치한 제2소대에서는 브래들리 A22호차가 전차 포탄에 맞아 에드윈 커츠 병장이 전사했고 나머지 승무원 3명도 부상을 입었다. 이 역시 처음에는 T-72 전차의 공격을 받았다고 여겼지만, 열화우라늄탄이 포탑 후부 왼쪽에서 정면 오른쪽 방향으로 관통한 흔적이 발견되면서 좌후방에서 접근하던 아군 M1A1의 전차가 발사한 포탄으로 밝혀졌다.

피해가 늘어나는 가운데, A중대의 움직일 수 있

는 브래들리들은 연막탄을 발사하고 전속력으로 도망쳤다. 전투를 마친 후 확인한 결과, 제7기병연대 4대대는 이라크군 T-72 전차 6대와 BMP 18대를 격파했지만, 그 과정에서 두 명이 전사하고 중상자를 포함해 12명의 부상자가 발생했다. 전투에 참가한 13대의 M3 브래들리 기병전투차 중 12대가 피탄당했으며, 그중 3대가 아군 M1A1 전차의 오인사격에 격파되었다.[6]

A중대 소속 M3의 차체에는 전차 포탄, 야포탄, 소화기 총탄 등의 피탄흔이 가득했다. 격렬한 전투의 증거이자 패배의 상흔이었다. 미군은 전후 A중대의 부상자 14명에게 명예전상훈장(Pureple Heart)를 수여했는데, 그 가운데 전투 중에 가장 용감하게 행동한 이들은 아마도 총탄이 빗발치는 가운데 부상병들을 구조한 6명의 위생병들일 것이다. 그중에는 여군인 패시 해밀턴 병장도 있었다.

A중대가 입은 피해 중 가장 큰 피해는 불행히도 데비 대위가 구원을 요청한 전차부대의 오인사격으로 입은 피해였다.

제3기갑사단이 치른 이 전투는 73이스팅 부근 통제선(PL) 블릿(Bullet)에서 벌어져서 이후 'PL 블릿 전투'라 불렸다. 이 전투에서 이라크군은 큰 피해를 입었지만 미 제3기갑사단 1여단은 전진을 멈췄고, 기병대대 역시 겨우 4㎞를 전진했다. 결국 미군의 이라크군 주진지 공격은 실패로 끝났다.

제1여단의 타와칼나 주진지 공방전 신중히 전진한 제5기병연대 3대대(TF)[7]

윌리엄 내쉬 대령의 제1여단은 제5기병연대 3대대(TF)를 중앙에, 제32기갑연대 4대대(TF)는 좌익(북쪽), 제34기갑연대 4대대(TF)는 우익(남쪽)에 배치한 쐐기대형을 형성한 후, 시속 19㎞로 이라크군의 주진지를 향해 천천히 전진했다. 전장의 정면 폭은 12㎞가량으로 좁았고, 중대의 각 전투차량간 간격도 50m에 불과했다.

오후 4시 30분, 선두의 존 브라운 중령의 제5기

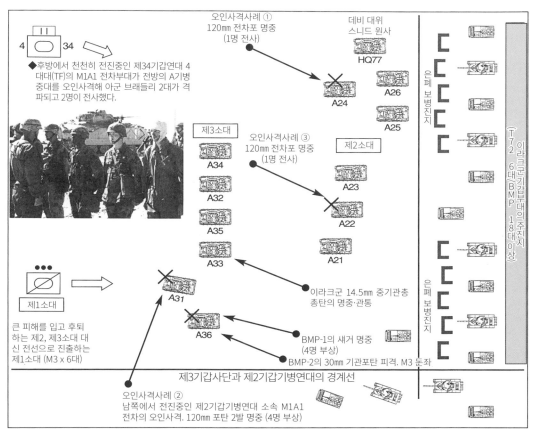

오인사격사례 ①
120mm 전차포 명중
(1명 전사)

데비 대위
스니드 원사
HQ77

◆ 후방에서 천천히 전진중인 제34기갑연대 4대대(TF)의 M1A1 전차부대가 전방의 A기병중대를 오인사격해 아군 브래들리 2대가 격파되고 2명이 전사했다.

A24

A26

A25

제3소대

A34

오인사격사례 ③
120mm 전차포 명중
(1명 전사)

제2소대

A32

A23

A35

A22

A33

A21

제1소대

A31

이라크군 14.5mm 중기관총
총탄의 명중·관통

큰 피해를 입고 후퇴하는 제2, 제3소대 대신 전선으로 진출하는 제1소대 (M3 x 6대)

A36

BMP-1의 새거 명중
(4명 부상)

BMP-2의 30mm 기관포탄 피격. M3 돈좌

(T72 6대 BMP 18대 이상) 이라크군 기갑부대의 주진지

은폐 보병진지

은폐 보병진지

제3기갑사단과 제2기갑기병연대의 경계선

오인사격사례 ②
남쪽에서 전진중인 제2기갑기병연대 소속 M1A1
전차의 오인사격. 120mm 포탄 2발 명중 (4명 부상)

아군 M1A1 전차의 포격을 받아 전소된 제3시갑사단의 M3 브래들리 기병전투차.
A중대의 M3가 증가장갑과 케블러 내장재를 추가한 A2형이었다면 피해가 경감되었을 확률이 높다.

병연대 3대대(TF)는 이라크군 타와칼나 제9전차여단 전초진지와 조우했다. 대대 규모의 삼각형 방어진지(triangular defensive array)였다. 정면에 위치한 폭 2~3㎞ 규모의 진지는 삼면이 참호, 벙커 등으로 조성된 중대진지로, 중앙에는 엄호사격을 담당하는 전차소대나 중대의 엄폐진지가 설치되어 있었다. 이 방어진지의 배후에는 화력지원를 담당하는 기갑부대(T-72/BMP 등)의 보루와 사격제원을 미리 맞춘 상태로 대기 중인 포병진지도 있었다. 앞서 전진하던 정찰소대의 M3 기병전투차가 적 벙커를 발견했다. 거리는 1,000m. 소대장 도널드 머레이 중위가 T-72 전차의 철갑탄 착탄을 보고했고, 내쉬 중령은 C전차중대를 전진시켰다. 선도 전차는 제1소대장 마티 리너스 중위가 탑승한 M1A1 전차였다. 전장은 비와 짙은 안개로 시계가 좋지 않았고, 포수 글렌 윌슨 병장은 열영상조준경으로 T-72 전차를 포착했다. 동시에 T-72 전차의 지휘관도 리너스 중위의 전차를 발견했는지 이라크군 진지에 경보가 울렸다. 적에게 발견되자 리너스 중위는 서둘러 사격 지시를 내렸다. 지시를 받은 윌슨 병장은 사격을 위해 먼저 레이저 거리측정기를 작동했지만 짙은 안개로 방해를 받았는지 거리를 표시하는 화면에는 '0'만 깜박였다.

리너스 중위는 T-72 전차의 둥근 포탑이 자신을 향해 선회하는 모습을 보았다. 윌슨 병장은 다시 레이저 거리측정기의 버튼을 눌렀지만 이번에도 화면에 뜬 거리는 '0'이었다. 현재 M1A1 전차의 주포는 1,200m에 영점이 잡혀 있었고, 목표인 T-72 전차는 그보다 멀어보였다. 리너스 중위는 수동 사격정보입력용 토글을 사용하기 위해 우측으로 자리를 옮겼다. 엄지로 토글스위치를 위로 올려 거리를 수정했다. 숫자는 10m 단위로 증가해 처음에는 천천히 올라가다 점점 빨라졌다. 1,260, 1,270… 디지털시계의 알람 숫자를 슬로우 모션으로 맞추는 느낌이었다. 리너스 중위는 T-72 전차와의 거리를 1,600m로 추정해 탄도계산기에 입력했다. 그동안

포수 윌슨 병장은 캐딜락 그립(조준용 조종간)을 조작해 조준선(pipper)을 T-72 전차에 맞춘 상태를 유지했다. 거리 수정을 끝낸 리너스 중위가 외쳤다. "발사!" 윌슨 병장이 트리거를 당기자 철갑탄이 발사되었다. 하지만 포탄은 목표 앞에 착탄해 모래먼지만 피어올랐다. 리너스 중위는 곧바로 1,650m로 거리를 수정했고, 탄약수 레오니다스 깁슨 상병이 철갑탄을 재장전했다. 발사 3초 후, 이번에는 확실히 명중했다. 리너스 중위의 조준경 영상은 T-72 전차의 폭발섬광으로 새하얗게 물들었다. 승무원들은 크게 기뻐하며 안도의 한숨을 쉬었다.

브라운 중령은 적 주진지의 구조가 복잡하고 종심도 깊다는 판단에 기병대대(TF)에 무리한 돌격이나 접근전을 지시하지 않았다. 대신 기병대대를 횡대로 배치해 적을 원거리에서 전차포와 TOW 미사일로 저격하고 후방에서 포병 사격으로 분쇄하며 약화시키기로 했다. 그 결과 기병대대는 12시간이 지나서야 다시 전진할 수 있었다.

제1여단의 타와칼나 주진지 공방전 제32기갑연대 4대대(TF)의 아군 오인사격과 부상병 구출[8]

기병대대의 좌익 후방에서 진격중이던 존 칼브 중령의 제32기갑연대 4대대(TF)는 적 주진지 지대에 뒤늦게 도착했다. 칼브 중령은 대대 전방에 본부중대의 정찰소대로 전방을 정찰했지만, 북쪽의 정찰팀이 먼저 이라크군을 발견했다. 정찰팀은 M3 기병전투차 3대 구성으로 제임스 바커 중위의 지휘관차(HQ21), 데니스 맥마스터 중사의 HQ24호차, 크리스토퍼 스테판스 하사의 HQ26호차 였다.

오후 7시 20분, 남동쪽에서 접근하는 T-72 전차 한 대가 발견되었다. 거리는 약 500m로, 전차 위에 보병도 탑승하고 있었다. 아마도 정찰임무나 새로운 보병거점 조성을 위해 이동하는 상황으로 보였다. 맥마스터 중사는 TOW 미사일로 T-72 전차를 격파하려 했지만 미사일이 불발되어버렸고, 맥

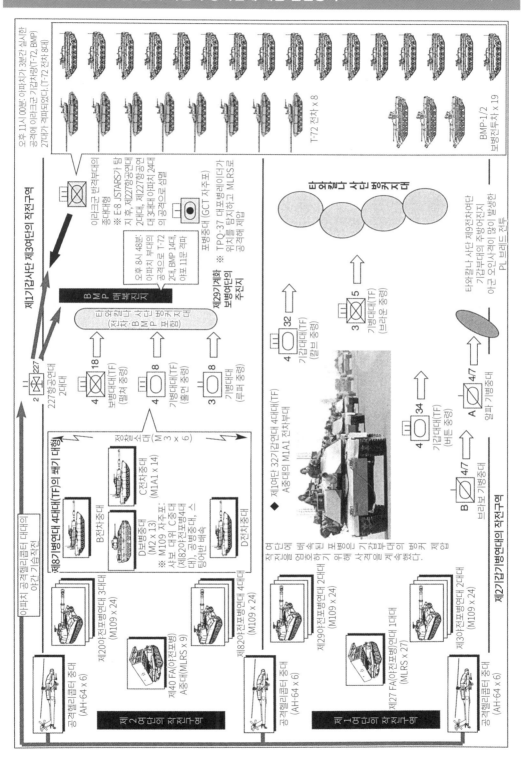

제3기갑사단의 타와칼나 사단 주방어선에 대한 전면공격 (2월 26일 저녁부터 다음날 아침까지)

마스터 중사의 HQ24호차는 즉시 지그재그로 회피기동을 하며 후퇴했다. 바커 중위의 HQ21호차가 25㎜ 기관포로 후퇴하는 HQ24호차를 엄호했고, 이라크군 보병들은 전차에서 뛰어내려 모래언덕 뒤에 숨었다. 바커 중위는 해치 위로 머리를 내밀고 야시고글로 이라크군이 HQ26호차 쪽으로 움직이는 모습을 확인했다. 스테판스 하사는 즉시 TOW 미사일을 발사했지만, 미사일의 유도와이어가 엉키는 바람에 목표에 도달하지 못하고 땅에 떨어졌다. 곧바로 두 번째 미사일을 발사했지만 피격된 T-72 전차의 궤도와 로드휠이 망가졌을 뿐, 주포는 살아 있었다. 다행히 바커 중위의 차량에서 발사한 세 번째 TOW 미사일이 T-72 전차를 격파했다. 파괴된 T-72 전차가 유폭을 일으키며 포탑이 날아가고 화염이 주변을 밝혔다.

적 전차를 어렵사리 격파해 안도한 순간, 스테판스 하사의 HQ26호차가 폭발했다. 무슨 일인지 무전을 보냈지만 응답은 없었다. 스테판스 하사의 M3는 불행히도 아군 오인사격을 받아 격파당했다. 북쪽의 제8기병연대 3대대(TF) 소속으로 추정되는 브래들리의 25㎜ 철갑탄이 HQ26호차를 격파했다. 차장 스테판스 하사는 머리와 다리에 파편을 맞아 사망했고, 에이드리안 스톡스 상병은 배와 허벅지에 치명상을 입었다. 탄약수 프랭크스 브레디쉬 일병은 TOW 미사일을 재장전하다 피탄당해 오른팔에 부상을 입었다. 도널드 굿윈 병장은 가슴에 부상을 입었지만 자력으로 움직일 수 있었다. 조종수 존 맥클루어 일병은 거의 다치지 않았다.

치명상을 입은 스톡스 상병은 브레디쉬 일병이 구조했다. 맥클루어 일병은 동료를 지키기 위해 무기와 무전기를 가지고 나왔고, M203 유탄발사기가 장착된 M16 소총을 브레디쉬 일병에서 건넸다. 둘은 이라크군의 공격에 대비하면서 부상자들을 치료하기 시작했다. 한편 브레디쉬 일병은 바커 중위에게 무전을 보내 피해상황을 알리고 구조를 요청했다.

보고를 받은 칼브 중령은 정찰소대의 구조와 HQ26호차를 회수를 위해 작전참모 데이비드 이스트 소령(M1A1 전차에 탑승)이 지휘하는 구조팀을 보내고 동시에 바커 중위에게 현 위치에서 대기하도록 명령했다. 20분 후, 전차소대(4대· C중대 소속)와 장갑앰뷸런스 2대가 현장에 도착했고, 5대의 에이브럼스 전차가 파괴된 M3 주변을 둘러싸 엄호했다. 구조작업이 진행되는 동안 이라크군 보병이 조금씩 접근해 왔고, 몇 명인가는 PRG로 무장하고 있었다. 이라크군 보병의 접근을 발견한 이스트 소령은 포탑의 M2 12.7㎜ 중기관총을 사격해 이라크군 보병이 접근을 막고 대대의 박격포반에 엄호사격을 요청했다. 잠시 후 조명탄과 박격포탄이 떨어졌다. 이라크군 몇 명이 전사하고, 살아남은 병사들은 곧 후퇴했다.

의무반의 세르지오 캔들 중사는 스톡스 상병을 치료했지만 스톡스 상병은 결국 과다출혈로 사망했다. 브레디쉬 일병은 양 허벅지에 파편이 박히고 오른팔의 일부를 잃는 큰 부상을 입었지만 후송 도중에도 밝게 행동했다. "놈들은 내가 팔을 쓰지 못할 거라 생각했겠지만, 나는 왼손잡이야. 왼팔로 놈들에게 총알을 먹여줬지." 후일, 브레디쉬 일병은 명예상이훈장을, 맥클루어 일병은 은성훈장(Silver Star)을, 이스트 소령은 동성훈장(Bronze Star)을 수여받았다.

유체와 부상자를 후송한 후, 에이브럼스 전차는 파괴된 브래들리를 견인해 전장을 이탈했다.[9]

제1여단의 타와칼나 주진지 공방전 오인사격 방지를 위한 야간공격 연기

연달아 발생한 아군 오인사격에 사단장 펑크 소장은 이를 갈며 화를 삭일 수밖에 없었다. 펑크 소장은 오인사격을 막기 위해 이라크군 주진지에 대한 총공격을 일출 이후로 연기했다. 대신 총 공격 이전에 근접항공지원, 공격헬리콥터, 포병을 동원해 적진지를 철저히 약화시키는 방향으로 작전을 수정했다. 명령을 받은 내쉬 대령은 3개 대대(TF)에 대기명령을 내렸다. 우익의 제34기갑연대 4대대(TF)는 소속 부대의 전차가 제7기병연대 4대대를 오인사격하는 바람에 사고 수습을 위해 71이스팅 부근에 정지한 상태에서 대기명령을 받았다. 그곳에서 대대의 M1A1 전차는 원거리에서 식별된 목표를 직접 포격하고, 브래들리는 기관포 사격으로 목표를 마킹해 항공폭격을 지원했다. 제1여단은 12시간에 걸쳐 이라크군 진지를 단속적으로 포격하며 이라크군이 휴식이나 증원할 여유를 주지 않았다. 여단에 소속된 제3야전포병연대 2대대와 제29야전포병연대 2대대(예비차량 포함, 대대당 M109 자주포 25대)가 밤새 포격을 계속했다. 50대의 자주포가 발사한 포탄은 1,400발 이상이었다.

오후 8시 20분, 2개 야전포병대대가 적진에 대해 DPICM 포탄 154발을 발사하는 제압사격을 실시했다. DPICM사격으로 13,500발 이상의 자탄이 상공에 살포되어 넓은 면적을 제압했다. 이어서 8시 30분, 두 번째 제압사격이 실시되었다. 이 사격에는 파편과 폭발로 목표를 파괴하는 고폭탄과 화재를 일으키는 백린탄을 함께 사용했다. 특히 두 번째 제압사격은 무개호와 연료저장소, 탄약집적소에 큰 피해를 입혔다.

오후 11시 05분, 제5기병연대 3대대(TF) 정면의 벙커지대를 표적으로 '코퍼헤드'라 불리는 레이저유도 포탄을 동원한 공격이 시작되었다. 코퍼헤드 포탄은 지상에서 레이저로 목표를 조준하면 포탄이 목표를 정확히 타격하는 정밀유도무기로, FIST-V(화력지원정찰 장갑차)의 브렌트 부시 소위가 유도한 코퍼헤드는 2개소의 적 벙커에 명중해 목표를 파괴했다. 포격은 제3야전포병연대 2대대 A중대(곡사포)가 담당했다. 다만 이 공격에 사용된 두 발을 제외하면 사단 포병대는 코퍼헤드를 전혀 사용하지 않았다. 이 신무기는 명중률이 높지만 지상에서 표적에 직접 레이저를 조준하는 방식이어서 신속한 조준이 어렵고, 조준을 담당하는 FIST-V가 목표에 가까이 접근하는 위험을 감수해야 한다는 단점으로 인해 사용이 매우 까다로웠다.[10]

모래폭풍이 멈추고 시계가 호전되자 포병을 대신해 아파치 공격헬리콥터와 A-10 공격기의 항공공격이 실시되었다. 전방의 브래들리들은 25㎜ 체인건으로 고폭소이탄을 발사해 목표를 표시하며 항공공격을 유도했다. 항공기의 공격이 끝나면 다시 포병의 일제사격이 적진을 강타했다. 제1여단에 배속된 제3야전포병연대 2대대의 표적인 이라크군 주진지는 전선의 다른 진지들에 비해 규모가 커서, 2대대는 다른 여단에 배속된 포병대대들에 비해 5배 이상 많은 포탄을 발사하고 다른 포병대에서는 사용하지 않은 유도포탄이나 백린탄도 대량으로 활용했다.

제3기갑사단 2여단의 타와칼나 주진지 공방전- 제8기병연대 4대대(TF)의 전진

타와칼나 사단의 주진지는 우익의 제1여단 정면 진지보다 2㎞ 서쪽에 위치해 있었다. 26일 오후에 사단 좌익에서 진격하던 로버트 히긴스 대령의 제2여단은 제1여단보다 먼저 적과 접촉했다.[11]

당시 제2여단은 뷰포드 홀먼 중령의 제8기병연대 4대대(TF)를 전방 중앙에, 로버트 펄처 중령의 제18보병연대 4대대(TF)를 좌익(북쪽) 후방에, 티모시 루퍼 중령의 제8기병연대 3대대를 우익(남쪽) 후방에 배치한 쐐기대형이었다.

적 주진지에 돌입하는 임무는 3개 전차중대와 1개 보병중대로 편성된 제8기병연대 4대대 'TF 그리즐리 베어'가 맡았다. 여기에 전위부대 임무를 수행하기 위해 사단에서 C포병중대(M109 자주포 9대), 공병중대, M93 폭스 화생방정찰장갑차 2대, 방공반(발칸, 스팅어)이 추가로 배치되었다. 홀먼 중령은 본부 정찰소대를 본대 전방 2~3㎞에 배치해 전방 정찰임무를 부여했다. 본대는 4개 중대를 다이아몬드 대형으로 배치했다. C전차중대가 전방 중앙에, 좌우에는 B, D 전차중대, 후방에는 D보병중대(M2

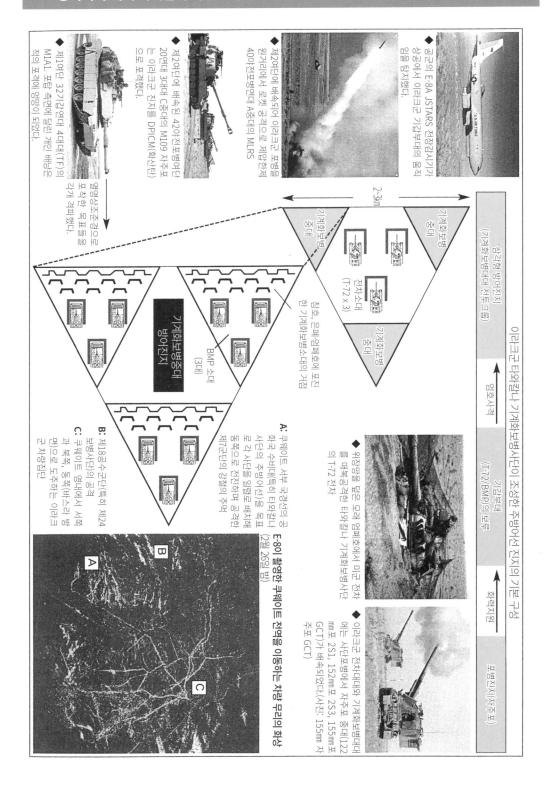

보병전투차 13대), 그 뒤에는 전투지원대(CBT: Combat Train)의 수송·보급·공병 지원차량이 뒤따랐다. 전투지원대는 양 옆으로 보병전투차의 호위를 받으며 2열 종대로 전진했다.

선두는 어니스트 샤보 대위의 C전차중대(M1A1 전차 14대)로, 이라크군과의 교전에 대비해 3개 전차소대를 쐐기대형으로 전개하고 후방에는 화력지원 임무를 수행할 박격포소대와 C포병중대를 배치했다. 다만 작전구역이 좁은 관계로 다른 3개 중대는 종대로 전진했다.

홀먼 중령의 제8기병연대 4대대(TF)는 공화국 수비대 주진지를 공격하는 전위대대(Advance Guard Battalion)역할을 맡았다. 홀먼 중령은 공격에 앞서 다음과 같은 원칙을 세웠다.

'적 부대 조우 시 즉각 공격해 제압하고 거점을 확보할 것. 다만 적을 공격할 때 항공공격과 포병의 포격을 실시한 후 돌입할 것. 그리고 대대가 직접 공격을 할 경우, 전차포와 TOW 미사일로 원거리(standoff range)에서 교전하며, 적 전차에 대해서는 M1A1 전차의 포격으로 격파하고 나머지 장갑차량은 브래들리의 TOW 미사일로 파괴할 것. 만약 적 제압이 무리일 경우 적의 위치를 확인하며 여단의 지시를 기다릴 것.'

본부 정찰소대의 프랭크스 원 중위는 2대의 M3 기병전투차로 구성된 3개 정찰팀을 C전차중대 전방 1~1.5km 거리에 배치한 상태로 전진했다. 하지만 모래먼지로 시계가 나빠져서 열영상장비 없이는 제대로 관측을 할 수 없었다. 그렇게 전진하던 중 대대 S2(정보참모)가 10km 전방에 이라크군 여단(타와칼나 제29기계화보병여단)이 전개중일 가능성이 있다는 정보를 무전으로 전달했다.

오후 4시 32분, 좌익에 배치된 정찰팀의 마크 팔리에로 하사(HQ82호차)가 3,000m 거리에서 열원(hotspot) 2개를 발견했다.

오후 4시 34분, 팔리에로 하사의 정찰팀은 열원을 식별하기 위해 2,000m까지 접근했다. 정찰팀의 위치는 PL 탄제린 동쪽으로 8km 떨어진 68이스팅 근처였다. 클렌데닌 하사(HQ83호차)는 열원을 이라크군의 BRDM-2 정찰장갑차와 MTLB 장갑차(이후 ZSU-23-4 쉴카 자주대공포로 확인)로 식별하고 C중대의 후미에 위치한 대대 TOC(전술작전본부)에 보고했다. 4시 39분, 팔리에로 하사의 정찰팀은 장갑차 승무원들이 차량 주변에 서 있는 모습을 확인했다.

보고를 받은 홀먼 중령은 C중대에 1개 소대로 목표를 파괴하라고 명령했다. 이때 C중대는 제2소대를 선두로 제1소대, 제3소대를 좌우에 배치한 쐐기대형으로 전진중이었는데, 샤보 대위가 탑승한 중대장차(C66)는 제2소대의 좌익에 있었다. 명령을 받은 샤보 대위는 좌익의 제1소대를 보냈다. 제1소대장 티모시 플레이스 소위(C11호차)는 M1A1 전차 4대를 쐐기대형으로 전개한 후 전진했다. 그리고 팔리에로 하사의 유도에 따라 적을 포착했다. 거리는 1,500m였다. 플레이스 소위는 A팀(C11과 C12)에 공격, B팀(C13과 C14)에 감시 임무를 맡겼다.

오후 4시 53분, A팀은 전차전에 대비해 다량 적재한 철갑탄으로 적 장갑차 2대를 공격했다. 포탄은 전부 명중했지만 장갑차의 장갑이 얇아서 열화우라늄 관통자가 깨끗하게 관통하는 바람에 완파시키지 못했다. 이번에는 C11호차가 대전차고폭탄을 발사해 BRDM을 격파했고, C12호차는 다시 철갑탄을 발사해 쉴카 자주대공포를 격파했다. 이 사례에서 알 수 있듯이 고속철갑탄은 경장갑차량을 공격에서는 그리 효과적이지 않았다.

정찰소대의 M3 브래들리도 25㎜ 기관포로 이라크군 트럭에 철갑탄을 사격했지만 구멍만 뚫고 완파에는 실패해 결국 고폭탄 버스트 사격(점사)으로 파괴했다. 정찰소대의 M3 기병전투차는 적의 전차나 BMP 보병전투차 격파를 위해 철갑탄을 900발이나 적재했지만 고폭탄은 300발만 적재한 상태여서, 부적합한 표적에도 종종 철갑탄을 사용해야 했다. 목표 파괴를 확인한 팔리에로 하사의 정찰팀은 정찰소대로 복귀했다.

제3기갑사단에 배속된 M109 155㎜ 자주포 대대의 포격 통계와 사용 장비들

진격하는 제3기갑사단을 지원하는 M109 자주포중대. M109의 사거리는 통상 포탄이 18.1km, 로켓추진 포탄(RAP)은 23.5km다. M992 탄약운반장갑차는 포탄 93발, 장약 99발, 신관 104개를 적재했다.

◀ 제3기갑사단의 M109에 탄약을 보급중인 M992. 밸트 컨베이어로 분당 6발을 운반한다.

◀ M109의 포격에 격파된 이라크군의 122㎜ 급 자주포 2S1

◀ AN/TPQ-36 대포병 레이더. 탐지거리는 포탄 18km, 로켓 24km

▲ AN/TPQ37 대포병 레이더. 탐지거리는 포탄 30km, 로켓 50km이며, 적 포병의 정확한 위치를 식별할 수 있다.

제1여단을 화력지원한 M109 자주포 대대의 포격 데이터 (자료: 3AD.org)

포탄	제3야전포병연대 2대대	제29야전포병연대 2대대	합계
조명탄	22	1	23
DPICM	965	915	1880
고폭탄(HE)	359	140	499
RAP	69	72	141
코퍼헤드 유도포탄	2	0	2
백린탄	47	24	71
연막탄	3	0	3
합계	1,467	1,152	2,619

목표	제3 FA(야전포병) 연대 2대대	제29 FA(야전포병) 연대 2대대	합계
장갑차량	220	0	220
차륜차량	32	0	32
보병	145	0	145
포병	205	216	421
엄폐호	236	196	432
적진지	545	740	1,285
요란 및 차단 (H&I)	62	0	62
표시(Marking)	22	0	22
합계	1,467	1,152	2,619

◀ 보병진지 제압을 위해 백린포탄(WP)을 사용했다.

제3기갑사단 포병의 3개 M109 대대의 포격 데이터

포탄	제3야전포병연대 2대대	제29야전포병연대 2대대	제82야전포병연대 4대대	합계
조명탄	22	0	27	49
DPICM	965	221	272	1,458
고폭탄(HE)	359	0	53	412
RAP	69	0	0	69
코퍼헤드 유도폭탄	2	0	0	2
백린탄	47	0	0	47
연막탄	3	0	0	3
합계	1,467	221	352	2,040

◀ M483A1 이중목적 고폭탄(DPICM). M42/M46 자탄 88발을 투사했다. 중량 46.5kg, 사정거리 17km

PROJECTILE, 155MM, HE, M483A1

▲ M712 코퍼헤드(Copperhead) 레이저유도포탄. 중량 62.4kg, 사거리 3~16km

오후 5시 00분, 불타는 적 장갑차량의 주위에 100명이 넘는 이라크군 보병이 나타났다. 오후 5시 21분, 제1소대의 애슐리 중사(C14호차)가 정면 좌측에서 접근해 오는 이라크군 BMP 한 대를 발견했다. 거리는 1,300m. 애슐리 중사는 철갑탄을 발사해 BMP를 격파했지만, HEAT탄과 달리 폭발이 일어나지 않았고, 차량에 탑승중이던 하차보병들은 밖으로 도망쳤다.

제1소대의 일제사격 이후 전방에는 양손을 들고 항복해 오는 60~80명가량의 이라크군이 보였다. 홀먼 중령은 C중대에 포로를 수용한 후 전진하도록 명령하고 후방의 대대 CBT에 있던 공병소대를 중대에 배치했다. 키신저 소위가 지휘하는 M60 AVLM(지뢰제거전차) 1대와 M113 공병장갑차 4대로 구성된 키신저 소위는 1소대가 대기중인 장소로 전진했다. 키신저 소위는 4대의 장갑차량을 사방에 배치해 방어 진형을 구성한 후 포로를 수용하기 시작했다. 중간에 전차소대가 C중대로 돌아가는 바람에 공병소대(공병소대의 무장은 기관총과 AT-4 대전차로켓 5발이었다)는 60명이 넘는 포로를 감시하기 위해 그 자리에서 멈춘 채 움직이지 못하게 되었다.

제2여단의 타와칼나 주진지 공방전
이라크군의 격렬한 반격에 퇴각한 C중대[12]

오후 5시 27분, 갑자기 이라크군 포병의 포격이 시작되었다. 야포와 박격포에서 발사된 포탄의 파편이 비처럼 전장에 쏟아졌다. 공병 분대장 몰 하사는 포격이 지나간 지역에 이라크군 보병 집단이 뒤따라 접근하는 모습을 목격하고 키신저 소위에게 보고했다.

오후 5시 29분, 접근한 이라크군 보병들이 RPG 3발을 발사했다. 소위는 포로의 수가 너무 많아 이대로는 수용작업 속행이 위험하다고 판단했고, 공병소대는 전속력으로 후퇴했다. 그러자 30여명의 이라크군 포로가 후퇴하는 공병소대 뒤를 따라 달려왔고, 후퇴한 공병소대는 C중대 후방 1km지점에

포로수용소를 설치해 그들을 수용했다.

이라크군의 포격은 가장 돌출된 C중대 1소대에 집중되었다. 적 보병이 발사한 RPG가 날아들고 기관총탄이 차체를 때렸다.

오후 5시 40분, 제1소대의 에슐리 중사(M1A1 전차, C14호차)는 1,300m 전방에 위치한 BMP를 발견했다. 발견과 동시에 BMP의 73㎜ 주포가 발사되고, 옆에 있던 C12호차의 포탑에 폭발이 일어났다. 에슐리 중사는 BMP에게 공격을 받았다고 판단했지만, 공격의 정체는 이라크군 보병이 발사한 RPG였다. BMP는 에슐리 중사의 C14호차가 격파했지만 C12호차는 무사하지 못했다. RPG가 중기관총 마운트에서 튕기며 왼쪽 기관총 예비탄약 박스와 함께 폭발해 큐폴라에서 전장을 살피던 전차장 로빈 존스 하사가 어깨와 얼굴에 부상을 입었다. 차체의 손상은 경미했지만 할론 소화장치가 작동하자 화재가 발생했다고 착각한 조종수가 밖으로 뛰쳐나왔다. 부상을 입은 존스 하사는 근처에 있던 소대장 플레이스 소위의 전차가 구조했다. 이후 C12호차는 포수가 전차장 역할을 승계해 3명만 탑승한 채 전투를 수행했다.

C전차중대 중대장 샤보 대위는 후방에 대기중인 대대 CBT(전투지원대)에 장갑앰뷸런스를 요청했다. 요청을 받은 본부 의무소대 지휘관 조셉 반코스키 중위는 전방의료팀(Forward Treatment Team)에 출동 명령을 내렸다. 15분만에 출동 준비를 마친 의료팀은 10분 후 C중대에 도착했다. 군의관 페르니콜라는 존스 하사를 20분간 응급처치한 후 사단 지원사령부 제122 전방지원대대 의무중대 소속 M977 장갑앰뷸런스로 후송했다. 헬리콥터 수송이 더 빠르지만 야간이라는 시간대와 악천후를 고려하면 장갑앰뷸런스가 더 안전했다.

오후 5시 55분, 샤보 대위는 홀먼 중령으로부터 후퇴한 후 C중대를 재정비하라는 명령을 받아 C중대를 후방으로 800m가량 이동시켰다. 한편 본부 정찰소대는 정찰 임무를 위해 전방으로 이동하

자 즉시 이라크군의 격렬한 포격과 RPG 공격에 노출되었다. 지근거리에 RPG와 BMP의 73㎜ 포탄이 떨어지자 윈 중위는 홀먼 중령의 허가 하에 후퇴하여 대대 TOC 경비임무를 인수했다.

정찰소대가 후퇴할 무렵, 샤보 대위는 C중대의 M1A1 전차를 일렬횡대로 세우고 공격을 준비했다. 우익의 제3소대가 BMP 부대를 발견했지만, 아군 오인사격을 방지하기 위해 정찰소대가 완전히 빠져나간 후 공격을 시작하기로 했다. 그 결과 최초 교전거리는 600m 정도로 적 부대와 상당히 가까워졌다. 먼저 팔머 하사의 C33호차가 2발, 블로섬 중사의 C34호차가 1발의 철갑탄을 발사해 3대의 BMP 보병전투차를 격파했다.

C중대가 공격하는 도중에도 적의 포격은 끊임없이 계속되었고, 포격은 조금도 수그러들지 않았다. 전차 포탑의 바스켓에 적재한 승무원들의 더플백이나 전투식량상자는 비처럼 쏟아지는 포탄과 파편으로 너덜너덜해졌다. 이라크군 보병부대도 거점에서 뛰쳐나와 점점 접근하기 시작했다. 홀먼 중령은 부대를 재정비하기 위해 C중대를 본대로 후퇴시켰다.

오후 6시 02분, 후퇴하던 샤보 대위의 C66호 전차가 구덩이에 빠져 움직이지 못하게 되었다. 적 보병은 100m의 지근거리까지 접근한 상황이었다. 이때 제1소대가 구원에 나섰다. 부중대장차(C65)가 정면의 적 보병을 공축기관총으로 제압했고, C11과 C12호차가 전방에서 적의 공세를 저지했다. C12호차는 1,300m에서 BMP를 철갑탄으로 격파했다. 그리고 좌익 후방의 피터슨 대위의 B중대는 C중대의 후퇴를 엄호하기 위해 1개 소대를 전진시켰다. 샤보 대위는 움직이지 못하는 자신의 전차 대신 C11호 전차에 탑승해 전투를 지휘했는데, 다섯명이 탑승하기에는 전차 내부가 좁아서 부득이하게 탄약수가 하차했다.

이라크군의 야간포격은 열영상 장비가 없다는 점을 고려하면 매우 정확한 편이었다. 아마도 미군

전차의 발사광을 향해 발사하는 방식 외에 이라크군의 포격관측병이 미군 전차장의 쌍안경 렌즈 반사광을 보고 사격위치를 통보하는 방식도 함께 사용했을 가능성이 높다. 샤보 대위는 화력지원 정찰 장갑차(FIST-V)를 호출해 아군 포병에 적 포병 제압사격을 요청했다.

대대 소속 C포병중대는 C전차중대의 후방에서 전진중이었다. 포격 요청을 받은 C포병중대 지휘관 노트 대위는 즉시 M109 자주포 9대를 방열했다. 그리고 탐지거리 18㎞의 TPQ-36 대포병레이더로 2개의 표적(적 포병진지)을 포착했다. 절차대로라면 이라크군 포병진지의 위치 정보를 MLRS 중대(지휘관 레오나드 G. 토카 대위. 40FA 소속)에 전송해 대포병사격을 진행해야 했지만, MLRS 중대는 최전선과의 거리가 5~6㎞로 너무 가까워 사격할 수 없었다. MLRS 로켓은 최소사거리가 8㎞에 달해, MLRS 중대는 보다 후방으로 이동해 사격명령을 기다렸다. 잠시 후 탐지거리 30㎞의 TPQ-37 대포병레이더가 이라크군 수비대에 엄호사격을 제공하던 타와칼나 사단 포병을 포착했다. 사거리 29㎞의 프랑스제 155㎜ GCT 자주포 6대로 구성된 포병중대였다. 표적정보를 수신한 MLRS 중대는 12발의 로켓을 발사해 적 포병을 제압했다.[13] 한편 C포병중대의 자주포는 C전차중대 화력지원정찰 장갑차(FIST-V)의 사격지휘로 감시초소(OP)에 제압사격을 실시했다. C포병중대는 먼저 조명탄을 발사해 원점을 확인·수정한 후, 3개의 표적에 DPICM(확산탄) 46발을 사격했다.

대대의 박격포소대는 전차부대의 후방 1㎞, C포병중대의 전방 지점에서 이동 중 적 발견 보고를 받고 방열을 마친 후 포격지시를 기다리고 있었지만, 제2기갑기병연대 고스트(G) 중대를 엄호한 박격포 반처럼 활약할 기회는 없었다.

오후 6시 00분, C전차중대는 적 주진지에서 날아오는 포격을 막기 위해 공군의 근접항공지원(CAS: Close Air Support)을 요청하고, 항공기가 공격위

타와칼나 주진지를 공격한 제3기갑사단 2여단 8기병연대 4대대(TF)의 다이아몬드 대형 (2월 26일)

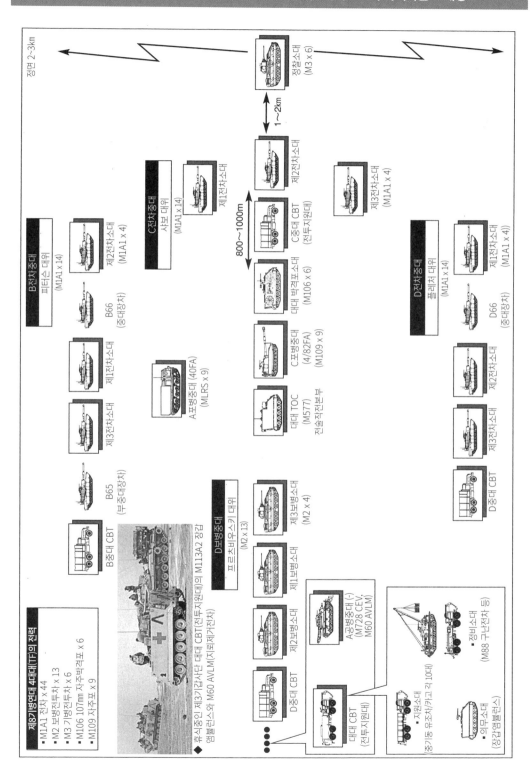

정면 2~3km

정찰소대 (M3 x 6)

1~2km

800~1000m

C전차중대
샤본 대위
(M1A1 x 14)

제2전차소대
제1전차소대 (M1A1 x 4)
제3전차소대 (M1A1 x 4)

B전차중대
피터슨 대위
(M1A1 x 14)

제2전차소대 (M1A1 x 4)
B66 (중대장차)
제3전차소대
B65 (부중대장차)

D전차중대
블레처 대위
(M1A1 x 14)

제1전차소대 (M1A1 x 4)
제2전차소대 (M1A1 x 4)
제3전차소대

C중대 CBT (전투지원대)
대대 박격포소대 (M106 x 6)
C포병중대 (4/82FA) (M109 x 9)
대대 TOC (M577) 전술작전본부

A포병중대 (40FA) (MLRS x 9)

B중대 CBT

D중대 CBT

D보병중대
프르츠비아스키 대위
(M2 x 13)

제3보병소대 (M2 x 4)
제1보병소대
제2보병소대

D중대 CBT

A공병중대 (-) (M728 CEV, M60 AVLM)

대대 CBT (전투지원대)

정비소대 (M88 구난전차 등)

지원소대 (중기동 유조차/카고 각 10대)

의무소대 (장갑앰뷸런스)

◆ 휴식중인 제3기갑사단 대대 CBT(전투지원대)의 M113A2 장갑 앰뷸런스와 M60 AVLM(지뢰제거전차)

제8기병연대 4대대(TF)의 전력
- M1A1 전차 x 44
- M2 보병전투차 x 13
- M3 기병전투차 x 6
- M106 107mm 자주박격포 x 6
- M109 자주포 x 9

치를 확인할 수 있도록 박격포소대에 마킹 사격을 요청했다. 박격포소대는 3발의 백린연막탄을 2회로 나누어 발사했다. 하지만 공군은 좌익의 제18보병연대 4대대(TF)를 지원하고 있어서 C중대의 요청에 즉시 응할 수 없었다.

제2여단의 타와칼나 사단 주진지 공방전 펀크 소장의 야간공격 명령[14]

오후 7시 00분경, 연료가 소진된 C전차중대는 후방으로 이동했고, B중대도 연료보급을 받았다. 대대는 CBT(전투지원대)의 2,500갤런 M978 유조차 3대를 동원해 전선 1,500~2,000m 후방에 급유소를 개설했다. 지금까지 C중대는 3대의 전차를 잃었다. 전부 전투 중 손실이 아닌 사고(C66), 연료부족(C12), 고장(C31)등의 비전투 손실이었다. 이 3대의 전차는 정비소대의 M88 구난전차와 공병소대의 M728 전투공병전차(CEV)를 동원해 후방으로 회수했다. 후방이라고 하지만 전선과 가까운 만큼, 대대 CBT가 침투한 이라크군 보병의 기습을 받을 위험이 있어서 D보병중대 3소대의 브래들리 4대가 경비임무를 부여받고 CBT에 배치되었다.

홀먼 중령은 보급중인 C중대 대신 플레처 대위의 D전차중대에 무전으로 '전면사격(action front)' 지시를 전달했다. 일렬횡대로 이라크군과 정면 대치한 D중대는 C중대처럼 격렬한 반격에 노출되었다.

D22호차가 차체 팬더 부분에 RPG를 맞았지만 큰 피해는 없었다. 콜슨 하사 (D23)는 열영상 장치로 BRDM 정찰장갑차를 포착했다. 하지만 모래먼지 때문에 레이저 거리측정기가 제대로 작동하지 않아, 대신 목측으로 거리를 추정해야 했다. 콜슨 하사는 표적거리를 820m로 입력하고 120㎜ 주포로 사격했지만 빗나갔다. 두 발째는 1,000m로 수정해 발사했지만 이번에도 빗나갔다. 플레처 대위는 이대로는 포탄만 낭비할 뿐이라고 판단해 사격을 중지시켰다(목표의 실제 거리는 4㎞였다). 잠시 후 D중대도 연료보급을 위해 전선에서 물러났다.

한편 좌익에서 전진중인 제18보병연대 4대대(TF)(지휘관 로버트 펄처 중령)도 적의 완강한 저항에 직면했다. 중령은 포격지원을 요청했고, 이라크군 보병거점 일대에 205발의 확산탄이 발사되었다. M1A1 전차도 적 전차 1대와 트럭 4대를 파괴했다. 하지만 이라크군 보병부대의 전의를 꺾지는 못했다. 이라크군 보병은 제18보병연대 4대대와 우익의 제8기병연대 4대대(TF)간 경계선상의 공백지대를 통해 침투해 왔다. 이라크군 보병은 지금까지 할 일이 없었던 방공반의 발칸 자주대공포가 상대했다. 보병들은 곧 20㎜ 개틀링의 공격에 쓰러졌다.

정보부(S2)의 프로코프 대위는 포로들 가운데 네 명의 장교를 선별해 화학무기의 유무, 전차, 장비, 지뢰지대 등에 관해 질문해 중요 정보를 얻어냈다. 포로들의 소속이 공화국 수비대가 아닌 제29보병사단 소속이라는 점과 벙커지대의 배후에 타와칼나 사단의 전차대대(36대)가 매복하고 있다는 정보였다. 프로코프 대위는 서둘러 이 정보를 여단 사령부에 보고했다.

당시 제2여단의 느린 진격 속도를 우려하고 있었던 사단장 펀크 소장은 공격작전을 담당한 부사단장 폴 블랙웰 준장에게 제2여단장 히긴스 대령을 재촉해 진격 속도를 올리도록 지시했다. 하지만 히긴스 대령은 적 주진지가 견고한데다 포로 심문 결과 배후에 새로운 이라크군 전차대가 매복진지를 구축한 상태이므로 진격 속도를 올리기 어렵다고 답했다. 히긴스 대령의 응답에 펀크 소장은 크게 실망했다. 펀크 소장은 아군 오인사격을 피하기 위해 공격을 날이 밝은 후로 연기했지만, 대신 야간에 포병의 분쇄포격, 공격헬리콥터와 공격기의 항공공격, 그리고 기갑부대의 원거리 포격으로 주진지에 배치된 이라크군 전력을 철저히 약체화시키기로 했다. 그리고 블랙웰 준장은 히긴스 대령에게 이라크군 매복부대를 공격헬리콥터로 정찰·제압할 예정이므로 매복 유무와 관계없이 제2여단은 우익의 제1여단과 연대해 오후 10시 00분까지 총공격

제3기갑사단 2여단은 무리한 공격 대신 포격으로 타와칼나 사단 주진지를 격파했다.

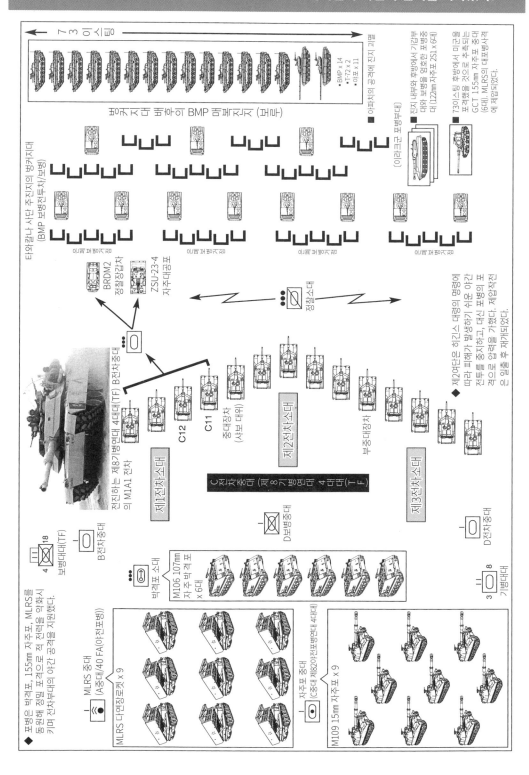

◀ 공화국 수비대의 중사단들은 각 기동여단마다 1개 포병대대(자주포 18문)를 배속시켰다. 포병대대의 주무장은 소련제 122㎜급 자주포인 2S1 그보즈디카(카네이션)이었다. 사진은 타와칼나 기계화보병사단 소속 2S1중대(6대구성)의 차량으로 추정된다.

🐾 2S1

전투중량	15.7t
전장	7.62m
전폭	2.85m
전고	2.725m
엔진	YaMZ-238 V8 수냉 디젤 (300hp)
톤당 마력비	19.1hp/t
연료탱크	550리터
최대속도	60km/h
항속거리	500km
주포	36구경장 122mm 곡사포 2A31 (40발)
최대발사속도	5발/분(3연사)
사거리	21.9km(RAP-HE)
승무원	4명

2S1 자주포중대의 탄약수송차로 GAZ66 야전트럭이 배치되었다.

에 나서도록 명령했다. 공격이 예정된 27일의 일출 시간은 오전 5시 40분이었다.(15)

제2여단의 타와칼나 사단 주진지 공방전 세 번에 걸친 야간 총공격과 아파치 공격헬리콥터의 이라크군 기갑부대 습격

오후 8시 48분, 사단 제4전투항공여단 소속 빌리 스테펜스 중령의 제227항공연대 2대대(아파치 공격헬리콥터 18대)가 제2여단이 대치중인 벙커지대의 배후에 설치된 매복진지를 발견했다. 전차의 숫자는 적었지만 포로의 증언대로 전차부대가 매복중이었다. 횡대로 길게 늘어선 매복진지에는 BMP 보병전투차를 중심으로 구성된 기갑부대가 모래 엄폐호에 배치되어 있었다.

아파치는 야시장비로 목표를 포착해 헬파이어 미사일로 공격했고, 공군 CAS(근접항공지원)로 호출

된 A-10 지상공격기도 매버릭 미사일로 공격을 실시했다. 야간에 실시된 미군의 항공공격에 이라크군의 매복진지는 괴멸되었다. 전과는 BMP 14대와 T-72 전차 2대, 야포 11문이었다. 그리고 펀크 소장은 포병의 포격으로 최대한 이라크군 진지를 파괴하기 위해 제42야전포병여단의 포병을 포함해 5개 포병대대를 집결시켜 9㎢에 걸쳐 분포한 이라크군 진지지역을 목표로 포격을 실시했다.(16)

오후 10시 00분, 포격과 폭격에 이어 3개 대대(TF)의 전진이 시작되었다. 총 3회에 걸쳐 실시된 야간 총공격의 첫 번째 공세였다. 일렬횡대로 늘어선 전차부대는 후방에 M2 브래들리 부대를 두고 적진에 사격을 가하며 천천히 전진했다. 전차부대가 전진하는 동안 포병은 벙커지대에 수백 발의 DPICM을 사격했다. 적 보병이 은폐호에서 뛰쳐나와 RPG로 미군 전차의 측면이나 후면을 노렸지만,

전차를 엄호하는 브래들리의 공축기관총 사격에 제압되었다. 하지만 공화국 수비대 제29기계화보병여단의 지휘관은 막대한 피해를 입으면서도 계속해서 소대나 중대 규모의 전차나 기계화보병을 투입했다.

오후 10시 47분, 제8기병연대 4대대(TF) D중대(M1A1 14대)는 B, C중대와 함께 전진중이었다. 제1소대장 로슨 중위의 D11호차는 정면의 벙커에 HEAT탄을 발사했다. 폭연이 보였지만 벙커를 파괴하지는 못했다. 스틸 중사의 D14호차와 다이엘스 하사의 D12호차는 참호선을 따라 이동하는 적 보병을 공축기관총으로 공격했다. 제임스 무어 소위의 제2소대는 900m가량 떨어진 벙커의 기관총 공격을 받았다. 곧바로 버드 하사의 D22호차가 HEAT탄을 사격했고, 피격된 벙커에서 30여명의 이라크군 병사들이 뛰쳐나왔다. D11과 D12호 전차도 HEAT탄을 발사해 보병부대와 벙커를 격파했다. 살아남은 20여명의 이라크군이 어둠에 몸을 숨기고 재차 공격을 시도했지만, D13호차를 포함한 전차 3대의 공축기관총에 사살당했다. 로슨 중위는 이라크군 보병들이 M1A1 전차가 장비한 열영상 야시장비의 성능에 대해 전혀 알지 못하는 것 같았다고 증언했다.

콜슨 하사의 D23호차는 2,000m에서 BRDM 정찰장갑차를 발견해 HEAT탄으로 격파했고, D22호차도 정찰장갑차를 격파했다. 이렇게 D중대는 적 진지의 벙커와 장갑차를 파괴하며 순조롭게 전진했다. 대전차용 철갑탄을 대량 적재한 C중대와 달리 D중대는 사전에 플레처 대위가 HEAT를 많이 적재하라고 지시한 덕에 한층 효과적으로 교전을 진행할 수 있었다.

펑크 소장은 제7군단 사령부의 긴급 경보를 받았다. 공군의 E-8 J-STARS 전장감시기가 이라크군 기갑부대를 발견했다는 경보였다. 이동 경로로 추측한 결과 이라크군 기갑부대는 제1기갑사단과 제3기갑사단의 경계선을 노릴 가능성이 높아 보였

다. 이라크군 기갑부대의 반격을 저지하기 위해 버크 대령이 지휘하는 제4전투항공여단 주력 공격헬리콥터부대가 긴급 출격했다.

오후 11시, 24대의 AH-64 아파치로 구성된 공격헬리콥터부대가 어두운 사막을 이동하는 적 대열을 발견하여 헬파이어 대전차미사일과 30㎜ 기관포로 공격했다. 공격 3분만에 T-72 전차 8대와 BMP 보병전투차 19대가 격파되었다.

이라크군의 역습이 저지되자 즉시 2차 총공격이 이어졌다. 1차 총공격과 마찬가지로 포격에 이어 전차부대가 이라크군 주진지지대를 공격했는데, 이 과정에서 불행하게도 아군 사격에 의한 피해가 발생했다.

오후 11시 54분, 제20야전포병(FA)연대 3대대의 일제사격으로 발사된 DPICM의 자탄이 아군 M981 FIST-V(화력지원정찰 장갑차)에 명중했다. 화력지원 부사관(FSNCO: fire support noncommissioned officer) 영민 딜런 하사*가 부상을 입었고, 즉시 대대 CBT의 전방의료팀이 치료를 시도했지만 25분 후 사망했다. 딜런 하사는 한국 서울 출생으로 유족은 아내 캐시틴과 자녀 둘이었다. 장례식은 군목 데이브 케네헨 대위의 주재로 거행되었다.

제8기병연대 4대대(TF) C중대는 포병의 일제사격 후 공격을 실시하여 3대의 BMP를 격파했고, 다른 중대들도 벙커를 침묵시켰다.

27일 오전 2시 00분에 세 번째 총공격을 실시하자 이라크군은 거의 저항하지 못했다. 펑크 소장의 작전에 따라 이라크군 주진지에 대해 철저한 종심 타격을 실시한 결과, 이라크군은 전력이 크게 감소했으며 보급과 지휘통신 역량을 상실해 전선으로 추가 전력을 파견할 수 없는 상태가 되었다. 오전 3시 00분, 제2여단 소속 부대들은 공격을 마치고 재보급을 실시했다. 같은 시각, 좌익(북쪽)의 제18보병연대 4대대(TF)는 제1기갑사단 3여단의 작전구역 경계선 부근에서 이라크군 기갑부대의 대규모 차

---

* 한국명 김영민 (역자 주)

량집단을 발견했다. 전차로 대응하기에는 대대의 전차가 부족하다고 판단한 펄처 중령은 증원을 요청했고, 히긴스 여단장은 전차에 여유가 있는 우익 (남쪽)의 제8기병연대 3대대에서 D전차중대(지휘관 맥다니엘 조셉 대위)를 파견했다. 하지만 제18보병연대 4대대(TF)가 발견한 이라크 기갑부대의 전차는 26일 오후의 항공공격(코브라, A-10, 영국군 재규어)과 오후 9시부터 실시된 제1기갑사단 37연대 1대대(TF)의 야간공격에 대부분 격파당한 상태였다. 격파된 전차 내부의 가연물질이 계속 불타면서 M1A1 전차의 열영상 야시장비에 아직 '살아있는' 전차로 보이는 바람에 생긴 착오였다. 차량집단 소속 가용 전차는 T-72 전차 1개 중대 규모(11대) 뿐이었고, 이마저도 날이 밝을 무렵 조셉 대위의 D전차중대의 공격을 받고 전부 격파되었다.[17]

오전 3시 45분, 사단사령부는 히긴스 여단장에게 명일 아침 제2여단을 정지시키고 리로이 가프 대령의 제3여단이 초월전진하라는 공격준비명령 (공격은 2시간 후 실시)을 하달했다. 새로운 전력의 투입은 진격속도를 올리기 위한 펑크 소장의 결정이었다. 날이 밝을 무렵부터 제3기갑사단은 73이스팅까지 건설된 이라크군 주진지 제압작전을 실시했다. 야간에 계속된 미군의 포격에 이라크군 벙커와 전차들은 상당수가 파괴된 상태였다.

제2여단의 기갑부대가 '73이스팅 전투'에서 거둔 전과는 전차 37대, 장갑차 40대 이상, 트럭 22대, 이라크군 전사자는 600명 이상이었다.

다음날 아침 제3여단은 제2여단 대신 사단의 좌익을 맡아 우익의 제1여단과 함께 쿠웨이트 국경선의 목표 도셋을 향해 진격을 개시했다.

참고문헌

(1) Stepen A.Bourque, JAYHAWK! The VII Corps in the Persian Gulf War (Washington, D.C: Department of the Army, 2002), PP323-337.

(2) 3AD.com/history.

(3) U.S.News & World Report, Triumph Without Victory: The History of the Persian Gulf War (NewYork: Random House, 1992), pp351-356.

(4) DoD interim Report (1991), p2

(5) Tony Wunderlich, "Lucky Scouts Dodgc Big Bullets That Ripped Their Bradley", Armor (May-June 1991), pp22-23.

(6) Deploymentlink.osd.mil, "Depleted Uranium in the Gulf (ii) Tab H-Friendly-fire Incidents", and Houlahan, Gulf War, p373.

(7) Robert H.Scales Jr., Certain Victory: The U.S.Army in the Gulf War (New York: Macmillan, 1994), pp273-276.

(8) Houlahan, Gulf War, p376-378.

(9) Michael Gollaher, "Two Scouts Under Fire Helped Injured Buddies During Night Battle", p21-22.

(10) 3AD Artillery Historical Summary-Desert Storm (Department of the Army).

(11) Headquarters 4-8Cavalry, Task Force 4-8Cavalry Battle History 26 to 27 February 1991 (Department of the Army, 10 March 1991). And 3AD.com/history.

(12) Headquarters 4-8Cavalry, Battle History.

(13) 3AD Artillery Historical Summary-Desert Storm.

(14) Headquarters 4-8Cavalry, Battle History.

(15) Houlahan, Gulf War, p380.

(16) Bourque, JAYHAWK!, pp340-341.

(17) Houlahan, Gulf War, p381-385.

제15장
4대의 M1A1 전차가 격파당한 '타와칼나 전투'

제1기갑사단의 부사야 진격

로널드 H. 그리피스 소장이 지휘하는 군단 좌익의 제1기갑사단은 프랭크스 군단장이 공화국 수비대를 격파할 '기갑의 주먹' 주역으로 선택한 최강의 부대였다. 따라서 프랭크스 중장은 제3기갑사단에 비해 제1기갑사단의 작전구역에 더 넓은 기동 공간을 부여했다.

그리피스 소장은 이 기동공간을 효과적으로 이용하기 위해 넓은 사막에서 기동공격에 적합한 사막 쐐기대형으로 부대를 배치했다. 사단 직할 제1기병연대 1대대는 정찰 임무를 부여해 전방에 배치했고, 제임스 C. 라일리 대령의 제1(팬텀)여단을 중앙에, 몽고메리 메익스 대령의 제2(아이언)여단과 다니엘 자니니 대령의 제3(불독)여단을 좌우에 배치했고, 보르네이 B. 콘 대령의 사단포병을 쐐기의 중심에, 그 뒤로 헤롤드 V. 메거 대령의 사단 지원사령부의 전투지원대(CBT)를 배치했다.

이 전투대형은 지상전 돌입 이전에 TAA(전술집결지) 톰슨에서 FAA(전방집결지) 가르시아의 서쪽에서 기동하던 중 예행연습을 겸해 구성한 배치로, 제1기갑사단은 2월 24일의 이후에도 이 대형을 유지한 채 이라크를 향해 진격했다.

25일, 우익의 제3여단은 전방에 전개중인 이라크군 제26보병사단의 증강부대(목표 클럽, 실드, 핸드)를 공지합동작전의 예행연습을 겸해 공격, 섬멸했다 (오후 1시 30분경). 좌익의 제1여단은 목표 베어(기갑차량이 배속된 2개 중대)를 공격했다. 먼저 제41야전포병(FA)연대 2대대가 이라크군 보병진지에 사격을 실시한 후, 스테판 S. 스미스 중령의 제7보병연대 1대대(TF)가 제압에 나섰다. 오후 2시 48분, 목표 베어가 제압되었고, 장갑차 8대, T-55 전차 1대, 야포 4문을 파괴하고 272명을 포로로 잡았다.

양익에 위치한 목표를 공략한 제1기갑사단은 저녁 무렵 요충지 부사야(목표 퍼플)를 포격할 수 있는 지점까지 전진했다. 국경에서 북쪽으로 144㎞ 떨어진 부사야 일대에는 이라크군의 대규모 보급시설이 있었고, 제1기갑사단은 이 시설을 먼저 격파

사진은 지상전 후반, 동쪽으로 선회해 공화국 수비대의 주진지를 향해 전진 중인 제1기갑사단 우익의 제3여단 37기갑연대 1대대(TF) (지휘관 에드 다이어 중령)의 M1A1 전차부대로 보인다. 모래폭풍으로 인해 시계가 좋지 않았다. M998 험비는 중대본부차량이다.

지상전 2일차 (G+1) 2월 25일, 제1기갑사단은 사우디 국경에서 이라크의 부사야를 목표로 140㎞ 가량 전진했다. 사진은 25일 촬영된 제1기갑사단 전투지원대(CBT: Combat Train) 차량들이다. 좌측 끝은 탄약을 적재한 M977 HEMTT, 우측 전방은 M577 지휘장갑차, 우측 끝은 의무부대의 M977 의무장갑차, 멀리 보이는 차량은 포병대의 M992 탄약운반차다.

하기 위해 통제선 스매시에서 북동쪽으로 진로를 변경했다. 그리피스 소장은 무익한 희생을 피하기 위해 야간전투 대신 주간전투로 도시를 제압하기로 결심하고 군단장 프랭크스 중장의 허가를 받았다. 다만 프랭크스 중장은 공화국 수비대 공격을 위해 다음날 오전 9시 00분까지는 부사야를 넘어 진격하라고 명령했다.[1]

그리피스 소장은 부사야의 공화국 수비대 전력을 줄이고 사기를 꺾기 위해 제 4항공여단의 다니엘 J. 페트로프스키 대위가 지휘하는 아파치 공격헬리콥터와 포병으로 야간 공격을 실시했다. 부사야 일대의 이라크군 수비대는 2개 코만도 중대(60㎜ 박격포 3문, RPG 9정)와 1개 혼성 기갑중대였다. 26일 오전 6시 15분까지 지속된 포격으로 MLRS 로켓 340발, 155㎜ 포탄 1,920발이 발사되었다.

26일 오전 6시 30분, 제2여단과 제1여단이 좌우로 늘어선 채 전진하며 부사야 일대의 이라크군 부대를 격파했다. 전과는 반격하거나 도주하는 T-55 전차 5대와 카스카벨 장갑차 1대, 기타 장갑차 3대였다. 오전 9시 00분, 부사야 진지 제압이 완료되었다. 이제 프랭크스 중장과의 약속대로 북동쪽으로 전진할 차례였다. 하지만 그리피스 소장은 부사야 시가지에서 농성중인 이라크군 코만도 부대가 목에 걸린 가시처럼 신경쓰였다. 사단 전투지원대 보급차량이 코만도의 공격을 받을 위험을 고려하면 소규모 부대라 해도 방치할 수는 없었다. 그래서 그리피스 소장은 전진속도를 유지하기 위해 사단 본대는 그대로 동쪽을 향해 전진시키고, 1개 대대(TF)를 차출해 부사야 시가지 제압을 맡겼다.

맥기 중령의 부사야 시가지 제압작전 M728 CEV의 165㎜ 포 공격[2]

이 위험한 임무를 맡은 부대는 제6보병연대 6대대(TF)였다. 대대장 마이클 L. 맥기 중령(40)은 텍사스 출신으로 키가 196cm에 달하는 거구의 호방한 지휘관이었다.

제1기갑 제6보병연대 6대대(TF)의 부사야 시가지 제압작전 (26일 오전)

부사야 제압작전 중 격파한 이라크군 장갑차량

- T-55 전차 x 6
- 카스카벨 장갑차 x 2
- BRDM2 정찰장갑차 x 1
- BTR60 장갑차 x 2

◇ 제1여단 42 FA 대대(M109자주포)가 제6보병연대 6대대(TF)의 화력지원을 맡았다.

B팀 / 맥기 중령

전차소대

전차소대

보병소대

◇ 제6보병연대 6대대(TF) 소속 4개 중대가 부사야를 포위해 이라크군의 퇴로를 봉쇄하고, 강습팀의 돌격에 앞서 적진에 일제사격을 가했다.

◆ 제1기갑사단의 포로로 잡힌 이라크군 병사들

-Al Busayyah-
부사야 시가지
(이라크군 코만도가 시가지 건물에 주둔)

전차소대C팀

전차소대

전차소대
(M1A1 x 4)

C 보병중대

보병소대

보병소대

보병소대

G팀

전차소대

전차소대

보병소대(M2 x 4)

맥기 중령의 강습팀

◆ 장애물을 포격과 도저 블레이드로 제거하는 M728 CEV(전투공병전차)

◇ M728 전투공병전차(CEV)의 165mm 파쇄포로 적 거점을 파괴했다.

◇ M9 장갑전투도저 (ACE)는 저항하는 적 거점과 참호를 도저로 매워버렸다.

◇ M2 브래들리 보병전투차 5대는 공병차량의 뒤를 따르며 화력지원을 했다.

대대는 2개 전차중대와 2개 보병중대가 혼성 편제된 태스크포스로 시가지 전투에 대비해 공병중대(제16공병대대 A중대)를 추가로 배속받았다. 대대는 G(게이터: A보병중대)팀이 전방, C보병중대가 좌익, B(벤디트: B전차중대)팀이 우익, C(센추리온: C전차중대)팀이 후방에 배치된 다이아몬드 대형으로 전진했다. 정찰소대는 대대 우측면의 경계를 맡았다. 대대의 전력은 M2 보병전투차 28대, M1A1 전차 28대, M3 기병전투차 6대, M106 107㎜ 자주박격포 6대, 그리고 보급차량 약 130대로, 병력은 800명 이상이었다. 제2여단 소속 포병이 본대와 함께 동쪽으로 이동하면서 6대대의 포병지원은 제1여단의 41야전포병연대 2대대가 담당하게 되었다.

오전 11시 00분, 제2여단장 메이스 대령이 맥기 중령에게 공격을 명령했다. 대대는 부사야를 포위하기 위해 이동했다. 부사야는 35채 내외의 진흙벽돌로 건축된 건물들이 L자로 밀집한 소도시로, 도시 중심부를 가로지르는 도로가 있었다. 맥기 중령은 적의 도주를 막기 위해 북쪽에 B팀, 서쪽에 C팀, C보병중대, G팀을 배치하고, 남쪽에는 특별편제로 구성된 강습팀(Assault Team)을 편성하여 도로를 봉쇄했다. 강습팀의 중심은 데인 캑스 대위가 지휘하는 A공병중대로, 선두에 M728 전투공병전차 1대, 그 뒤로 M9 장갑전투도저 2대와 엄호를 담당할 M2 브래들리 5대를 배치했다. M728은 도저와 대구경 포를 활용한 이라크군 거점의 제거를, M9은 시내의 장애물과 참호를 적병과 함께 파묻는 역할을 맡았다.

대대가 부사야 시가지에 접근하자 이라크군 코만도가 기관총 사격을 시작했다. 미군은 브래들리의 25㎜ 기관포 60발을 사격해 기관총 거점을 파괴하고 이라크군을 사살했다. M1A1 전차도 숨어있는 T-55 전차 1대와 90㎜포 장비 카스카벨 장갑차 1대를 격파했다. 건물에 매복한 이라크군 보병은 RPG로 미군을 공격했다. 적의 매복공격을 확인한 맥기 대위는 일단 각 팀의 후퇴를 명령했다. 그리고

제압에 앞서 포격으로 적의 거점인 건물을 폭파하기로 했다. 포병은 벙커와 건물을 파괴하기 위해 지연신관을 세팅한 고폭탄을 10분 이상 사격했다. 포병이 사격을 마친 후, 부사야를 포위한 M1A1 전차와 브래들리가 공격에 나섰다.

전차부대의 포격은 20분 동안 계속되었다. 같은 시각, 남쪽에서는 강습팀이 M728을 선두로 시가지에 돌입했다. 데릴 브리드로브 병장은 M728에 장착된 도저를 방패삼아 전진했다. 시가지에 진입하는 공병중대를 포착한 이라크군은 RPG로 공격했지만 명중시키지는 못했다. 계속 전진하던 M728은 갑작스레 기관총 사격을 받았다. 이라크군의 기관총좌가 15m 앞에 있었다. 당황한 포수가 제대로 조준도 하지 않고 165㎜ 포의 HEP(High Explosive Plastic: 플라스틱 고폭탄)탄을 발사했고, 포탄은 목표를 크게 벗어나 도시 외곽 북쪽에 위치한 B팀 전차 정면에 떨어져 폭발했다. 조준을 마치고 발사한 차탄은 기관총좌에 제대로 명중했다.

M123A1 HEP탄(영국군의 HESH탄과 동일)은 약 30kg의 탄두에 22.7kg의 A3 혼합 플라스틱 폭약이 충전되어, 건물에 명중하면 점착 후 폭발하며 벽에 큰 구멍을 뚫는다. 이런 특성 덕에 건물과 장애물 파괴에 주로 사용되었다.

M728은 부사야 중심가를 지나며 적의 벙커와 거점 건물에 HEP탄 20발을 발사해 19개소를 파괴했다. 이 포격으로 저항하던 이라크 병사 수십 명이 사살되었다. M9은 M728을 뒤따르며 사격을 가하는 적 거점을 불도저로 파묻어 버렸다. 부사야는 곧 함락되었지만 주변에 조성된 막대한 규모의 보급물자 저장소는 파괴장비 부족으로 3월 1일 공병대가 별도로 파괴해야 했다.

제6보병연대 6대대(TF)가 부사야 제압과 재보급을 완료한 시각은 오후 2시 00분으로 예상보다 다소 늦었고, 맥기 중령은 제1기갑사단 본대와 합류하기 위해 전속력으로 부대를 이동시켰다.

타와칼나 사단의 매복진지로 진격하는 제37기갑연대 1대대(TF) '에이브럼스' (3)

오후 2시 30분, 제6보병연대 6대대(TF)를 제외한 제1기갑사단 본대가 북동쪽에서 동쪽으로 선회한 후 공화국 수비대 주방어선을 향해 진로를 잡았다. 오후 12시 30분, 출발에 앞서 증강전력인 군단포병 제75야전포병(FA)여단이 제1기갑사단에 합류했다. 오후 4시 30분에는 맥기 중령의 대대가 제2여단에 복귀했다. 그리고 오후 6시 00분, 그리피스 소장 예하의 3개 여단은 제2, 제1, 제3여단 순으로 남쪽을 향해 기동하여 PL 탄제린(60이스팅)을 돌파했다.

제1기갑사단은 군단의 최북단을 크게 선회하며 한밤중에 타와칼나 사단 북부에 주진지를 구축한 북측 수비대와 격돌했다. 처음으로 교전에 돌입한 부대는 제1기갑 우익의 제3(불독)여단이었다. 제3여단의 다니엘 자니니 대령은 오후 3시경 참모와 함께 공격계획을 수립했다. 제3여단은 3개 대대(TF)를 기동타격대로 삼아 에드워드 다이어 중령의 제37기갑연대 1대대(TF)는 적진돌파를, 나머지 2개 대대와 제1야전포병연대 3대대는 제37기갑연대 1대대의 엄호역할을 맡았다.

적진돌파 임무를 맡은 제37기갑연대 1대대는 미국 육군 제일의 사격 실력을 가진 최정예 부대였다. 실제로 1대대는 캐나다 육군 국제전차포술대회에서 미국 육군 대표로 선발되어 걸프전 파병 직전까지 훈련을 받고 있었다. 그리고 1대대의 전차는 방어력이 우수한 신형 M1A1HA(헤비아머)였다.

자니니 대령은 제3여단에 오랜 시간 근무한 지휘관처럼 제37기갑연대 1대대를 유기적으로 지휘했지만, 사실 대령은 걸프전 파병(90년 12월) 당시 전임자 존 슈니버거 대령(42세)이 오랜 머리 부상의 후유증을 이유로 지휘관 자리에서 사퇴하면서 갑작스레 여단장으로 임명되었다.

슈니버거 대령의 사퇴는 사실 부상이 아닌 실전의 스트레스로 인한 정신적 문제였다. 슈니버거 대령은 육군 최연소 여단장이자 장래 육군 참모총장 후보로 주목받던 엘리트였지만, 파병부대를 지휘하는 여단장급 이상의 지휘관 가운데 유일하게 실전경험(베트남 전쟁)이 없었고, 결국 실전의 중압감을 이겨내지 못했다. 그리피스 소장이 슈니버거 대령을 여러 차례 설득했지만 대령은 "제가 여단을 지휘하면 부하들을 죽음으로 내몰 뿐입니다."라며 파병부대 지휘관에서 사퇴했다.(4)

사단 정보부는 적의 전력을 고려할 때, 다이어 중령의 전차부대가 충분히 격파할 수 있다고 판단했다. 판단의 근거는 26일 오후에 실시한 헬리콥터 정찰이었다. 제3여단의 정면에서 우측의 제3기갑사단의 작전구역에 이르는 구간에 이라크군의 방어선을 발견했지만, 관측된 전력은 1개 전차대대 뿐이었다.

하지만 이 정찰 헬리콥터는 타와칼나 사단 주진지의 일부만을 목격했을 뿐이다. 지상전 3일차에는 짙은 비구름과 모래폭풍으로 인해 공중정찰수단으로는 사막에 숨어 있는 이라크군 기갑부대의 전력이나 배치 현황을 정확히 파악하기 어려웠다. 전후 판명된 정보에 의하면 타와칼나 사단은 북부 주진지에 제29기계화보병여단 소속 기갑부대와 메디나 기갑사단 제10전차여단 전차대대를 증강 배치한 상태였다.

제37기갑연대 1대대는 사단의 다른 대대들처럼 외부 지원 없이 전황의 변화에 신속히 대응하기 위해 복수의 병과로 구성되는 태스크포스로 개편했다. 기존의 대대는 4개 전차중대로 편성되었으나, 개편된 대대는 3개 전차중대와 1개 기계화보병중대의 전차중심 편제로 편성되었다. 대대의 주요 전력은 M1A1(HA) 에이브럼스 전차 45대, M2A2 브래들리 보병전투차 13대, M106 107mm 자주박격포 6대였고, 추가로 여단에서 파견된 공병소대와 스팅어 지대공미사일반을 배속받았다.

공병소대는 기갑부대가 적의 지뢰지대와 장애물, 참호를 돌파하는데 있어 필수불가결한 전력으

1st Armored Division "Old Ironsides"
사단장: 로널드 그리피스 소장

제1기갑사단의 전력
병력 : 22,234명 (증강 전 17,448명)
차량 : 9,175대
- M1A1 전차 x 360
- M2/M3 전투차 x 316
- M110 203mm 자주포 x 24

- M109 155mm 자주포 x 90
- MLRS 다연장로켓 x 54
  (75FA(야전포병)연대의 MLRS 포함)
- AH-64 공격헬리콥터 x 36

제1(팬텀)여단
*제3보병사단 3여단 소속

제66기갑연대 4대대(TF)
- B전차중대전투조
- C전차중대
- D전차중대
- A보병중대전투조
(제7보병연대 1대대(TF)소속/M2 x 9, M1A1 x 4)

제7보병연대 1대대(TF)
- B보병중대
- C보병중대
- D보병중대
- A전차중대전투조
(제66기갑연대 4대대(TF)소속/M1A1 x 10/M2 x 4)

제7보병연대 4대대
- A보병중대
- B보병중대
- C보병중대
- A전차중대
(제31기갑연대 1대대(TF) 소속)

제41야전포병연대(FA) 2대대
(M109 자주포 x 24)

제26지원대대 (전방)
(5,000갤런 유조차 등)
제3방공포병연대 6대대 A중대
(발칸/채퍼럴/스팅어)

사단포병본부

- 제94야전포병연대 A포대
(MLRS x 9)

※제27FA(야전포병)연대 4대대 (-)
(MLRS x 18; 제72FA(야전포병)여단)

- 제25야전포병연대 B포대
(대포병 레이더)

※제75FA(야전포병)여단
※군단에서 배속
- 제17FA(야전포병) 1대대 (M109)
- 제18FA(야전포병) 5대대 (M110)
- 제158FA(야전포병) 1대대 (MLRS)
- 제27FA(야전포병)연대 64대대(MLRS)A중대

제3방공포병 6대대 (-)

제2(아이언)여단

제35기갑연대 1대대(TF)
- B전차중대
- C전차중대
- D전차중대
- D보병중대
(제7보병연대 4대대(TF) 소속)

제70기갑연대 2대대(TF)
- A전차중대
- B전차중대
- D전차중대
- B보병중대
(제6보병연대 6대대(TF) 소속)

제70기갑연대 4대대(TF)
- A전차중대전투조
- C전차중대
- D전차중대
- D보병중대전투조
(제6보병연대 6대대(TF) 소속)

제70기갑연대 4대대(TF)
- A보병중대전투조
- C보병중대전투조
- C전차중대
(제70기갑연대 2대대(TF) 소속)
- B전차중대전투조
(제70기갑연대 4대대(TF) 소속)

제1야전포병(FA)연대 2대대
(M109 자주포 x 24)

제47지원대대 (전방)
(5,000갤런 유조차 등)
제3방공포병연대 6대대 B중대
(발칸/채퍼럴/스팅어)

제16공병대대
- A, B, C공병중대

※제19공병대대

※제54공병대대

제141통신대대

제501군사정보대대

- 제501헌병중대
- 제1기갑사단 군악대

제3(불독)여단

제35기갑연대 3대대(TF)
- A전차중대전투조
- B전차중대
- C전차중대
- B보병중대
(제6보병연대 7대대 소속)

제37기갑연대 1대대(TF)
- B전차중대 (M1A1 x 14)
- C전차중대
- D전차중대
- C보병중대
(제6보병연대 7대대 소속/M2 x 13)

제6보병연대 7대대
- A보병중대
- D보병중대
- D전차중대
(제35기갑연대 3대대(TF) 소속)
- A전차중대
(제37기갑연대 1대대(TF) 소속)

제1야전포병(FA)연대 3대대
(M109 자주포 x 24)

제125지원대대 (전방)
(5,000갤런 유조차 등)
제3방공포병연대 6대대 C중대
(발칸/채퍼럴/스팅어)

사단사령부

제4항공여단

- 제1기병연대 1대대
(M3 x 40, AH-1 x 8)
- 제1항공연대 2대대
(AH-64 아파치 x 18)
- 제1항공연대 3대대
(AH-64 아파치 x 18)
- 제1항공연대 9지원대대
- TF 피닉스
(UH-60 헬리콥터 후송부대)

※ 제1항공연대 3대대 지휘

◆ 그리피스 사단장

5,000갤런 연료탱크를 운반하는 M969 세미트레일러
※ 2,500갤런 유조차 응급배치

M931A1 견인트럭

※ 그밖에도 사단 지원사령부에는 제321 RAOC(Rear area operations center: 후방지원작전본부), 제401 민사중대, 제400 PSC(역주- Private Security Contractors: 민간 보안요원), 제69화학방호중대, 제795AG우편 제1소대, 제912MASH(Mobile army surgical hospital: 육군 야전병원), 제807MASH, 제362 심리작전중대가 배치되었다.

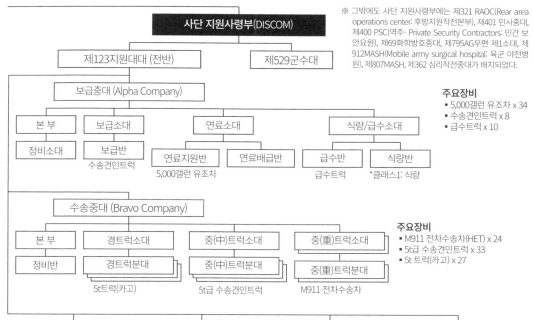

사단 지원사령부(DISCOM)

- 제123지원대대 (전반)
- 제529군수대

보급중대 (Alpha Company)
- 본 부
  - 정비소대
- 보급소대
  - 보급반
  - 수송견인트럭
- 연료소대
  - 연료지원반
  - 5,000갤런 유조차
  - 연료배급반
- 식량/급수소대
  - 급수반
  - 급수트럭
  - 식량반
  - *클래스1: 식량

주요장비
- 5,000갤런 유조차 x 34
- 수송견인트럭 x 8
- 급수트럭 x 10

수송중대 (Bravo Company)
- 본 부
  - 정비반
- 경트럭소대
  - 경트럭분대
  - 5t트럭(카고)
- 중(中)트럭소대
  - 중(中)트럭분대
  - 5t급 수송견인트럭
- 중(重)트럭소대
  - 중(重)트럭분대
  - M911 전차수송차

주요장비
- M911 전차수송차(HET) x 24
- 5t급 수송견인트럭 x 33
- 5t 트럭(카고) x 27

경정비중대 (Charlie Company)
- 정비지원소대
- 통신·전자 지원소대 (통신기, 전자장비의 수리)
- 보급소대 (교환부품: 클래스IX)

중정비중대 (Delta Company)
- 차량·무기 소대 (차량, 공병장비, 무기의 수리)
- 정비지원 소대 (정찰장비, MLRS 지원)
- 정비통제반

미사일지원 중대 (Echo Campany)
- 육상전투장비 소대 (TOW, 드래곤 대전차미사일 수리)
- 단거리방공정비 소대 (채퍼럴, 발칸의 수리)
- 보관·교환반

의무중대 (Foxtrot Company)
- 의무소대 (M977 구급차 x 10)
- 의료소대 (M934 야전병원차량: 확장식 밴트럭)
- 심리치료반

M936 5t 견인차량

M1035 구급차(좌)/하드탑 M977 구급차(우)

M934 확장식 밴트럭

M50A3 2.5t 급수트럭

M728			
전투중량	52.2t	항속거리	450km
전장	8.83m	연료탱크 용량	1,420리터
전폭	3.7m	최대속도	48km/h
전고	3.3m	주포	M135 165mm 파쇄포 (30발: HEP)
엔진	AVDS-1790-2 12기통 터보 디젤 (750hp)	부무장	7.62mm 공축기관총 (2,000발) 12.7mm 중기관총 (600발/큐폴라)
출력 대 중량비	13.2hp/t	승무원	4명

페르시아만에 파견된 제24보병사단 소속 M728 전투공병전차 (CEV). 전면부에 지뢰제거용 레이크(갈퀴)를 장비했다.

▶ 콘크리트벽을 관통하는 플라스틱 고폭탄(HEP). 사진은 10kg급 105mm P탄(M393A2)실사장면. M728은 대구경 162mm M123A1 탄(중량 29.5kg)을 발사한다.

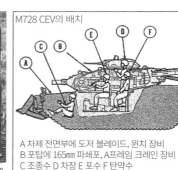

105mm HEP

M728 CEV의 배치

A 차제 전면부에 도저 블레이드, 윈치 장비
B 포탑에 165mm 파쇄포, A프레임 크레인 장비
C 조종수 D 차장 E 포수 F 탄약수

포탑에 장착된 A프레임 크레인으로 견인작업이 가능하다.

M728은 장애물 제거용의 유압식 도저 블레이드를 장비하고 있다.

로, M113 공병장갑차 4대와 M9 전투장갑도저 2대를 장비했다.

다이어 중령은 독일에서 출발하기 전에 자신의 M1A1 에이브럼스 전차 포탑에 '썬더볼트Ⅶ'이라는 이름과 구름을 관통하는 2개의 번개 문장을 그렸다. 이 그림은 에이브럼스라는 별칭의 유래가 된 2차대전의 영웅, 클레이튼 에이브럼스 대장이 자신의 M4 셔먼 전차 포탑에 그려넣었던 문장이다. 다이어 중령은 존경하는 에이브럼스 대장과 같은 문장을 자신의 전차에 사용했다. 이 문장을 단 또다른 이유는 부대명 '에이브럼스 대대(The Abrams Battalion)'에 있었다. 제37전차대대는 2차 대전 당시 중령이던 에이브럼스 대장이 지휘한 부대였고, 다이어 중령은 에이브럼스 대장의 문장을 달면서 선대의 업적과 부대훈인 '용기와 극복(Courage Conquers)'을 되새겼다.

전투를 앞두고 다이어 중령은 자신감에 차 있었다. 하지만 600명의 목숨을 책임진 지휘관으로서 긴장은 피할 수 없었다. 다이어 중령은 '안정(Calm), 냉정(Cool), 침착(Collected)'이라고 쓴 카드를 큐폴라 해치 내부에 테이프로 붙여 놓고 자신이 잘못된 명령으로 부하를 잃지 않기를 빌며 몇 번이나 반복해 카드를 읽었다.[5]

오후 7시 40분, 제1야전포병연대 3대대는 적진에서 약 13km 후방에 포대를 방열하고 M109 155㎜ 자주포 24대로 대대의 공격을 엄호하는 준비포격을 시작했다.

오후 8시 00분, 2개 대대(TF)가 68이스팅에서 공격 준비에 착수했다. 좌익(북쪽)에는 제6보병연대 7대대(TF)가, 우익(남쪽)에는 제37기갑연대 1대대가 배치되었다. 브래들리 보병전투차가 주력인 제6보병연대 7대대의 역할은 적진을 공격하는 제37기갑연대 1대대의 엄호였다. 제6보병연대 7대대의 위치와 적 방어선 간의 거리는 2.5km 가량이었다.

다이어 중령은 「드래곤즈 로어(Dragon's Roar)」라 불리는, 적의 기갑부대가 수비하는 진지를 확실히 돌파하기 위한 전술을 선택했다. 대대는 이 전술을 사막에서 반복 훈련해 왔다.

'드래곤즈 로어'의 전투대형은 폭이 넓은 적진에 최대 화력을 투사하기 위해 3개 전차중대를 횡대로 배치하고, 각 중대의 M1A1 전차도 50m 간격의 일렬횡대로 정렬한 대형이다. 이렇게 일렬로 늘어선 전차의 벽을 전면에 세우고, 1,000m 후방에서 M2 브래들리 기계화보병중대(3개 소대, M2 13대)가 뒤따른다. M2 브래들리의 역할은 전차부대의 엄호와 앞서가는 전차부대가 놓친 적 보병, 벙커, 참호의 소탕이었다.

북쪽에서 남쪽으로 대너 피터드 대위의 D(버스터(buster)전차중대와 앤디 메닝 대위의 C(코브라)전차중대의 M1A1 전차 42대에 대대본부의 3대를 더해 45대의 전차가 늘어섰다. 대대의 우익 측면에는 정찰소대를 배치해 측면경계와 동시에 제3기갑사단 2여단과 연락을 유지하는 역할을 맡겼다. 이 정찰소대에는 M3 브래들리 기병전차차가 배치되지 않아서 구식 M113 장갑차 3대와 M901 TOW 대전차미사일 장갑차 3대를 운용하고 있었다. M113은 사막 지형에서 기동성이 좋지 않았으므로 대대는 험비 9대를 3대씩 나눠 3개 정찰분대를 편성해 배치했다.

전투 시작을 알리는 첫 포성은 D중대가 울렸다. 이라크군 정찰부대로 추정되는 보병소대를 발견한 D중대는 적 보병이 900m까지 접근하자 7.62㎜ 공축기관총으로 사살했다. D중대 '돈틀레스'는 제37기갑연대 1대대 안에서도 가장 우수한 전차부대였다. 포술대회 출전팀으로 선발되어 독일에서 페르시아만에 파견되기 전까지 경기에 대비해 사격훈련을 반복해 왔다. 특히 지휘관인 피터드 대위는 가장 우수한 중대장에게 수여하는 맥아더상을 수상한 전차대의 에이스였다.

제37기갑연대 1대대가 공격한 이라크군 주진지의 중심부는 70이스팅에서 73이스팅에 이르는 폭 3km 영역이었다. 대대가 돌입한 구간은 사방 2km에

2열의 반사면진지가 조성되어 있었다. 모래언덕(능선)의 배후에 조성된 2열 진지는 능선을 따라 '八'자 형태로 배치되었다. 열과 열의 간격은 위쪽의 좁은 구간이 500m, 아래쪽의 넓은 구간이 2,000m로 반사면방어에 적합하게 조성되어 있었다.

전후 조사에 따르면 첫 번째 열의 반사면진지에는 26개소의 엄폐호에 T-72 전차 14대, T-62 전차 1대, BMP-1 보병전투차 3대, 57㎜ 대공포 2문(미국 육군의 전황도에는 자주대공포로 기입된 장비로 ZSU-57-2 자주대공포일 가능성이 높다)이 배치된 상태였고, 8개소는 빈 엄폐호였다(오후 8시 00분 시점).

각 엄폐호의 간격은 균일하지 않지만 평균 70m 가량 이격되었는데, 이는 포병의 포격이나 폭격을 받을 때 한 발에 두 곳의 엄폐호가 피해를 입지 않기 위한 최소한의 거리였다. 물론 간격을 500m 정도로 넓히면 포격의 피해는 최소화 할 수 있지만, 각 엄폐호가 서로를 엄호하기 어렵고 화력밀도 하락으로 킬링존(살상지대) 형성이 제한되어 미군 전차부대를 효과적으로 저지할 수 없다.

비어 있는 8개소의 엄폐호는 진지의 우익(북쪽)을 방어하는 중요 지점임을 고려하면 처음부터 비어 있었을 가능성은 희박하다. 빈 엄폐호에 배치되었던 전차나 BMP는 전투 직전이나 전투 중에 소대 단위로 이동했을 가능성이 높다.

2열 반사면진지에는 28개소의 엄폐호에 T-72 전차 7대, BMP-1 보병전투차 11대, MTLB 장갑차 1대가 배치되었고, 9개소는 빈 엄폐호였다.

두 번째 진지에 배치된 전력은 T-72 전차 21대, BMP-1 보병전투차 14대를 포함해 37대였다. 여기에 비어 있는 엄폐호 17개를 감안하면 두 번째 진지는 적어도 대대 규모의 혼성 기갑부대가 배치되었을 가능성이 높다. 부대 구성은 T-72 전차와 BMP-1 보병전투차를 조합한 대대 전투그룹으로, 57㎜ 자주대공포를 배치해 미군의 A-10 지상공격기나 아파치 공격헬리콥터의 공격에 대비했다.

'대대 돌격!' M1A1 전차 45대의 정면공격 [6]

오후 8시 00분, 포병의 2차 준비포격에 맞춰 2개 대대도 원거리 사격을 개시했다. M1A1과 브래들리는 열영상 조준경으로 2,000~4,000m 거리의 이라크군 진지 내에 주둔중인 다수의 장갑차량과 보병부대를 발견했다. 돌격 이전에 가능한 이라크군 전력을 줄이기 위해 2개 대대는 68이스팅 일대에 산개해 M1A1 전차의 120㎜ 활강포와 브래들리 보병전투차의 25㎜ 기관포, TOW 미사일로 공격을 실시했다.

오후 8시 15분, 다이어 중령은 B중대로부터 11대의 이라크군 차량을 파괴했고, 퇴각하는 차량이 보인다는 보고를 받았다.

"대대 돌격(TF charged)!" 오후 8시 30분, 다이어 중령은 모든 이라크군 차량을 격파하기 위해 전차부대에 돌격을 지시했다. 이때 제6보병연대 7대대(TF)는 68이스팅에서 멈춰서 제37기갑연대 1대대(TF)의 전투지원대(CBT) 보급차량과 대대작전본부의 경비를 맡았다. 그리고 브래들리 부대도 T-72 전차를 상대로 근접전에 말려들지 않도록 1,000m 후방에서 전차부대를 엄호했다.

도합 3개 중대의 에이브럼스 전차는 말발굽 소리로 보병들에게 죽음을 선고하던 옛 기병들처럼 가스터빈엔진 소리를 울리며 돌격했다. 45대의 전차는 대형을 유지하기 위해 시속 5~10㎞의 저속으로 적의 '킬링존'에 들어섰다. 만약 각 전차부대의 대형이 적진 내에서 붕괴되면 그물에 구멍이 뚫리듯이 이라크군 전차가 미군 전차들 사이로 침입해 측면과 배후가 공격 받을 수 있었다. 때문에 돌격작전이 성공하기 위해서는 전차부대의 대형 유지가 가장 중요했다.

D(돈틀레스)중대는 M1A1 전차 3개 소대 12대로 구성된 일렬횡대 대형으로 대대의 좌익에서 전진했다. 중대장 피터드 대위의 전차는 전차 대열의 50m 후방에서 대열이 흐트러지지 않도록 지휘하

다이어 중령의 제37기갑연대 1대대 '에이브럼스 대대'의 공격 대형 (26일 오후 8시)

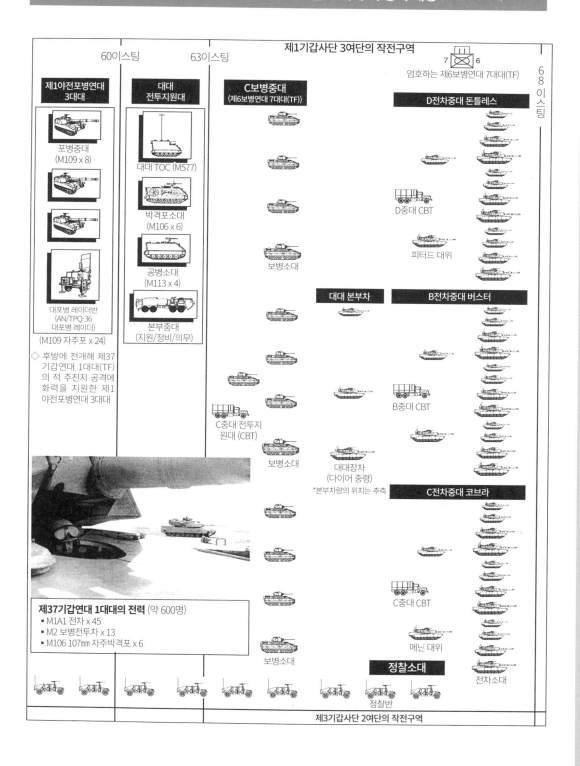

제1기갑사단 3여단의 작전구역

엄호하는 제6보병연대 7대대(TF)

60이스팅 63이스팅 68이스팅

제1야전포병연대 3대대
포병중대 (M109 x 8)
대포병 레이더반 (AN/TPQ-36 대포병 레이더)
(M109 자주포 x 24)
◇ 후방에 전개해 제37기갑연대 1대대(TF)의 적 주진지 공격에 화력을 지원한 제1야전포병연대 3대대

대대 전투지원대
대대 TOC (M577)
박격포소대 (M106 x 6)
공병소대 (M113 x 4)
본부중대 (지원/정비/의무)

C보병중대 (제6보병연대 7대대(TF))
보병소대
C중대 전투지원대 (CBT)
보병소대
보병소대

D전차중대 돈틀레스
D중대 CBT
피터드 대위

대대 본부차

B전차중대 버스터
B중대 CBT

대대장차 (다이어 중령)
*본부차량의 위치는 추측

C전차중대 코브라
C중대 CBT
메닌 대위
전차소대

정찰소대
정찰반

제37기갑연대 1대대의 전력 (약 600명)
- M1A1 전차 x 45
- M2 보병전투차 x 13
- M106 107mm 자주박격포 x 6

제3기갑사단 2여단의 작전구역

제1기갑사단 3여단 정면의 타와칼나 사단 혼성 기갑대대의 매복진지

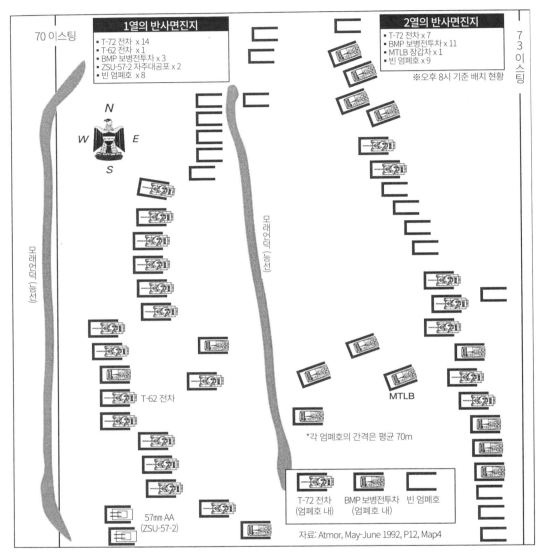

70 이스팅

1열의 반사면진지
- T-72 전차 x 14
- T-62 전차 x 1
- BMP 보병전투차 x 3
- ZSU-57-2 자주대공포 x 2
- 빈 엄폐호 x 8

2열의 반사면진지
- T-72 전차 x 7
- BMP 보병전투차 x 11
- MTLB 장갑차 x 1
- 빈 엄폐호 x 9

※오후 8시 기준 배치 현황

73 이스팅

N
W E
S

모래언덕 (능선)

모래언덕 (능선)

T-62 전차

MTLB

*각 엄폐호의 간격은 평균 70m

57mm AA
(ZSU-57-2)

T-72 전차
(엄폐호 내)   BMP 보병전투차
(엄폐호 내)   빈 엄폐호

자료: Atmor, May-June 1992, P12, Map4

◀▼ 모래 엄폐호에 차체를 숨기고 매복한 타와칼나
사단의 BMP-1 보병전투차와 T-72 전차

🚢 이라크군 주진지의 혼성
기갑대대 전력

T-72 전차 x 21	
T-62 전차 x 1	
BMP 보병전투차 x 14	
MTLB 장갑차 x 1	
ZSU-57-2 자주대공포 x 2	

고 있었다. 각 전차는 어둠속에서도 적을 찾아내 차례차례 포격했다. 피탄당한 이라크군 차량들이 불타오르며 뿜어내는 매연에 시계가 급속도로 나빠졌다. M1A1 전차의 포수와 전차장은 열영상조준경으로 전장을 제대로 인식할 수 있었지만, 차체 정면에 탑승한 조종수는 그렇지 않았다. 주간에는 해치의 중앙과 좌우로 설치된 세 개의 잠망경으로 170도 시야를 제공받았지만 야간에는 중앙의 잠망경에만 야시장비가 장착되므로 시야가 좁아지는데다 그나마 야시장비의 성능도 좋지 않았다.

그래서 각 전차들이 적을 찾아 사격에 집중하는 동안 조종수들은 대열을 유지하지 못했고, 이따금 측면에 위치한 아군 전차들을 놓치곤 했다. 피터드 대위의 전차(D66)도 조종수가 시야를 확보하지 못하는 바람에 전방의 전차 대열에 너무 가까이 접근해 버렸고, 결국 피터드 대위는 자신의 전차가 사격할 공간을 확보하기 위해 앞으로 전진해 대열에 참가할 수밖에 없었다. 우익에 있어야 할 B(버스터)중대와의 연결도 끊겨 있었다.

야간에 각 전차가 적을 개별 공격하며 일정한 대열을 유지하기란 매우 어려웠고, 피터드 대위는 '드래곤즈 로어'가 얼마나 어려운 전술인지 절감하고 있었다. 피터드 대위는 중대무전으로 부하들을 격려하며 대열이 분산되지 않도록 노력했다. 이대로 대열이 붕괴된다면 적을 놓치거나, 최악의 경우 배후에서 역습을 당할 수도 있었다.

전전긍긍하는 피터드 대위와 달리 인터콤에서는 포수 엘더만 병장의 웃음소리가 들렸다.

"엘더만 병장. 뭐가 우습나!"

"대위님, 스크린을 보십시오. 이라크군 병사들이 덤불에 숨어 있습니다. 우리가 놈들을 못 보는 줄 아나봅니다."

전장 일대는 사우디의 사막과 같은 모래밭이 아닌 흙이 덮인 지형으로, 키가 작은 덤불이 많이 자라 있었다. 자신들을 향해 접근하는 M1A1전차를 목격한 이라크군 병사들이 손을 머리 위로 들었다.

하지만 어둠속에는 훨씬 많은 이라크군 병사들이 덤불과 덤불사이로 몸을 숨인 채 이동중이었다. 일부가 항복하는 척 하면서 다른 부대가 전차의 배후로 우회를 시도했을 가능성이 높았다.

"대위님. 정면 360m, 적병 3명. 지금 덤불에 숨었습니다."

"놈들은 항복하는 게 아니야. 분명 RPG 대전차팀이다. 공축기관총으로 날려버려."

M1A1 전차의 주포 우측에 장착되는 M240 7.62㎜ 공축기관총은 벨기에 FN사의 다목적기관총(MAG: General purpose machine gun)을 라이센스 생산한 장비로, 최대발사속도 분당 950발, 유효사거리 900m 급이다. 많은 실전을 경험한 미국 육군은 접근전에 대비해 M1A1 전차에 1만 발에 달하는 기관총 탄약을 적재했다(포탑 위의 탄약수 기관총용 1,400발과 M2 12.7㎜ 중기관총용 900발 포함).

엘더만 병장은 덤불에 숨은 이라크군을 목표로 조준하고 건 셀렉트 스위치를 아래로 내려 주포에서 공축기관총으로 무장을 전환한 후, 확인등에 불이 들어오자 캐딜락 핸들그립의 방아쇠를 당겨 이라크군 보병이 숨어있는 덤불에 짧게 끊어 사격을 가했다. 엘더만 병장은 열영상조준경의 녹색 화면으로 밝은 점과 선들이 비산하는 모습을 보았다. 기관총탄을 맞아 찢겨져 나간 이라크군 병사의 살점과 피였다. 덤불에 다시 움직임이 확인되었고, 이번에는 길게 연사했다. 사선을 따라 대량의 녹색 선과 점이 흩날렸고, 사격을 마친 뒤에는 더이상 움직이는 열원이 보이지 않았다. 덤불에는 산산조각난 사체가 널려 있었다.

오후 9시 05분, 제37기갑연대 1대대(TF)는 이라크군의 제1열 진지를 돌파했다. 대대는 전투가 끝날때까지 68이스팅의 공격개시선에서 3,000m 이내에 전개중인 수십대의 T-72 전차와 BMP-1 보병전투차를 격파했다. 교전거리는 평균 2,200~2,800m, 최장거리 격파기록은 3,750m에 달했다.

미군 제37기갑연대 1대대(TF)가 일렬횡대로 타와칼나 사단 제1열 매복진지를 돌파

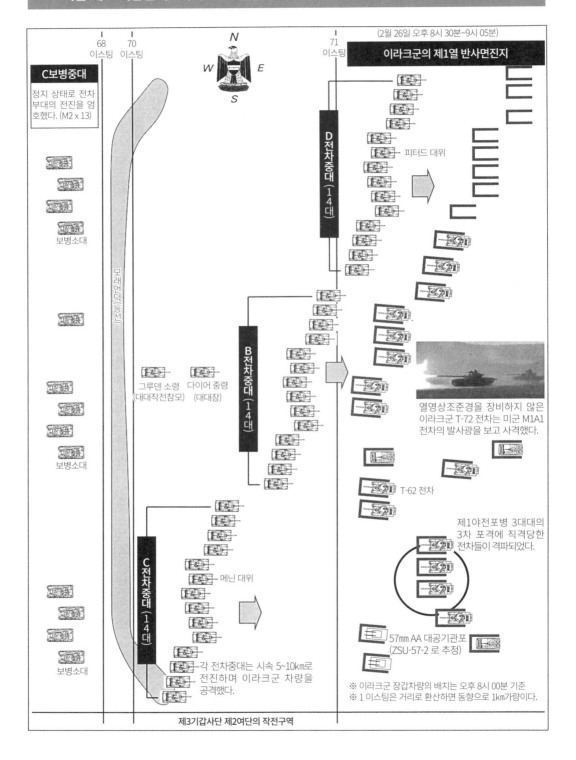

(2월 26일 오후 8시 30분~9시 05분)

이라크군의 제1열 반사면진지

C보병중대
정지 상태로 전차부대의 전진을 엄호했다. (M2 x 13)

보병소대

모래언덕(능선)

그루덴 소령 (대대작전참모) 다이어 중령 (대대장)

D 전차중대 (14대) 피터드 대위

B 전차중대 (14대)

C 전차중대 (14대) 메닌 대위

각 전차중대는 시속 5~10km로 전진하며 이라크군 차량을 공격했다.

열영상조준경을 장비하지 않은 이라크군 T-72 전차는 미군 M1A1 전차의 발사광을 보고 사격했다.

T-62 전차

제1야전포병 3대대의 3차 포격에 직격당한 전차들이 격파되었다.

57mm AA 대공기관포 (ZSU-57-2 로 추정)

※ 이라크군 장갑차량의 배치는 오후 8시 00분 기준
※ 1 이스팅은 거리로 환산하면 동향으로 1km가량이다.

제3기갑사단 제2여단의 작전구역

완벽한 승리였지만 다이어 중령은 예상 외의 문제를 발견했다. 전차부대가 동시에 대량의 이라크군 차량을 격파하면서 발생한 화염과 2차 폭발의 섬광이 미열도 잡아내는 고성능 열영상조준경에 독으로 작용해 화면이 하얗게 뜨는 화이트 아웃(white out, 또는 워시 아웃(wash out)현상이 빈번히 발생한 것이다. 야간전투의 필수요소인 열영상조준경의 이상현상은 분명 치명적인 문제였다. 다행히 열영상조준경의 이상은 일시적이었고, 전차부대가 화염지대를 빠져나와 어두운 곳으로 이동하자 곧 회복되었다.

제1열 돌파, 제2열 반사면진지 포격 탐지를 피하기 위해 엔진을 끈 T-72 전차

제37기갑연대 1대대(TF)의 선두에 선 D중대의 전차 대열이 작은 능선에 도착했다. 피터드 대위는 아직 도착하지 않은 다른 중대를 기다리며 와디에 있는 적 진지의 열원을 찾아 포격했다. 좌익의 제2소대 소속 안소니 스티드 하사의 M1A1 전차(D24)는 엄폐호 안에 있는 T-72 전차 2대를 격파했고, 추가로 능선 위에서 포착한 T-72 전차와 BMP-1 보병전투차에도 6발의 포탄을 발사했다.

교전은 미군 전차의 일방적인 공격으로 점철되었다. 이라크군 T-72 전차의 구식 야시장비로는 M1A1 전차를 포착할 수 없었다. T-72 전차의 포수용 TPN1-49-23 적외선야시장비는 L2 적외선 서치라이트의 도움 없이는 제대로 표적을 보지 못했고, 그나마 서치라이트를 사용해도 가시거리가 800m에 불과했다. 반면 M1A1 전차에 탑재된 TIS(The thermal imaging system: 열영상시스템)는 4,000m의 원거리에서 목표를 포착할 수 있었다. 물론 이라크군의 T-72 전차부대도 미군 전차가 장비한 열영상조준경의 위력을 어느 정도는 알고 있어서 적외선 서치라이트를 사용하는 어리석은 짓은 하지 않았다. 대신 이라크군 전차들은 미군 전차의 발사광을 보고 사격했다. 하지만 이라크군 전차들의 사격

은 미군에게 자신들의 매복 장소를 노출시켰고, 미군의 1순위 공격목표인 이라크군 전차들은 위치가 노출되면 가장 먼저 공격을 받고 격파되었다.

한편 은폐하고 있던 이라크군 T-72 전차와 BMP 보병전투차 중에는 M1A1 전차의 열영상조준경에 잡히지 않는 차량들도 있었다. 후일 포로 심문 결과 이라크군 승무원들은 다국적군 항공기의 폭격을 피하기 위해 차량 근처에 만든 벙커로 들어가는 경우가 많았고, 그 결과 엔진이 꺼진 차량이 주변의 돌처럼 차가워져 열영상조준경에 잡히지 않았음이 밝혀졌다. 실제로 제37기갑연대 1대대가 돌격을 시작했을 때, 많은 이라크군 전차병들이 돌격 전에 실시된 준비포격을 항공폭격으로 착각하는 바람에 벙커로 들어간 상태였다. 벙커에 숨어있던 이라크군들은 미군 전차부대가 접근하자 서둘러 전차에 탑승하려 했지만, 대부분 탑승하기 전에 미군 전차의 기관총 공격을 받고 전사했다.[7]

하지만 의도적으로 엔진을 끄고 매복한 경우도 있었다. 이라크군 전차장들 가운데 일부는 미군 전차의 열영상조준경을 피하기 위해 일부러 엔진을 끄고 수동으로 포탑을 움직여 미군 전차를 공격하거나 미군 전차를 발견하기 위해 과감하게 포탑 위로 머리를 내밀고 주변을 살폈다. 하지만 이 과감한 행동이 명을 재촉하고 말았다. M1A1 전차의 열영상장치는 차갑게 식은 철제 전차 위로 솟아오른 전차장의 머리를 미약한 열원으로 인식했다. 미군 전차병들은 어둠 속에서 지표 3m 위에 떠 있는 볼링공 같은 물체를 발견하자 곧 정체를 파악했다. 미군 포수들은 이라크군 전차장의 머리를 표식삼아 그 아래쪽에 있을 전차를 조준사격했다.

다만 어둠 속에서 격렬한 기동사격전을 계속하는 동안 전차부대의 일렬횡대 대형은 차츰 흩어졌다. 사격의 명수를 자처하는 피터드 대위의 D중대만이 적진 깊숙이 들어가 있었고, B(버스터)중대는 약간 뒤쳐졌으며, C(코브라)중대는 심각할 정도로 거리가 벌어졌다. 대대장인 다이어 중령은 들쑥날쑥해

야간전에 압도적으로 유리했던 M1 전차의 TIS(The thermal imaging system: 열영상시스템)

포탑 오상단의 장갑박스 내에 설치된 주간용 GPS(Gunner's Primary Sight: 포수용 조준경)
A는 TIS(열영상시스템), B는 ELRF(eye-safe laser rangefinder: 시력보호형 레이저 거리측정기)다.

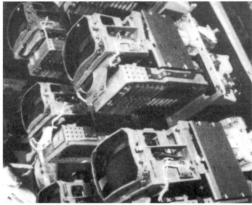

휴즈 AC제 TIS: 야간 최대탐지거리 약 4,000m, 저배율 3배 (시야각 22도)/고배율 10배(시야각 6도)의 가변배율 방식.

열영상조준경으로 본 전차의 영상: 전차의 피아식별거리는 1,500m 이하로 한정되었다.

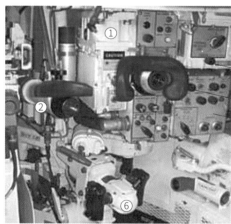

▲ M1A1 포수용 FCS(화기관제장치)의 배치

▲ ICU(Image Control Unit)
TIS의 영상제어장치

① ELRF
② 보조 조준장치 (8배율)
③ TIS의 배율 전환 레버
④ GPS 단안식 조준경
⑤ ICU
⑥ 캐딜락 핸들 그립 (주포 조종간)

▲ 리튼제 ELRF 레이저 측거기.
오차는 10m 이내.

진 3개 중대의 대열을 다시 '온라인(일렬횡대)'으로 재정비하도록 명령하면서 중대장들을 격려했다. 특히 신참 중대장인 C중대의 메닌 대위에게는 자신감을 잃지 않도록 격식을 차린 만찬에서나 쓸 법한 정중한 화법으로 말했다.

앞서나간 D중대의 피터드 대위에게는 "자네의 부대를 조금 뒤로 물려주게. 버스터 중대와 거리가 벌어져 상당히 위험한 상태일세. 아군 전차를 가운데 두고 포격전을 할 수는 없지 않나. 어쨌든 대대의 온라인에 복귀하도록. 모두들 자네의 활약을 기대하고 있네."라고 격려했다. 존경하는 다이어 중령의 배려에 피터드 대위는 감동했다.[8]

능선에 도착해 D중대와 합류한 B중대는 와디 안의 이라크군 진지를 포격했고, 10분 후 C중대도 능선 위에 도착했다. 다이어 중령은 3개 중대가 모이자 다시 일렬횡대로 재정비해 돌격하도록 명령을 내렸다. 능선을 내려가기 시작한 제37기갑연대 1대대(TF) 전차부대 앞에 T-72 전차와 BMP-1 보병전투차가 엄폐호에 전개중인 반사면진지가 드러났다. 이라크군의 제2열 반사면진지에 배치된 전투차량들은 3면 모래방벽 엄폐호 안에 숨어 포탑만 내밀고 있었다. T-72 전차용 엄폐호는 불도저를 동원해 적어도 길이 10, 폭 4.5m, 깊이 1.2m 이상으로 굴삭했다.

이라크군 지휘관은 제2열의 반사면진지를 세심하게 측량해 능선으로부터 1,000m 내에 진지를 조성했다. 따라서 제37기갑연대 1대대(TF)의 M1A1 전차가 능선 위에 올라서면 즉시 T-72 전차의 유효사거리 내에 진입하게 된다.

진지의 이라크군은 전차포, 기관총, RPG 등으로 격렬히 저항했다. 하지만 야시장비의 성능 부족으로 한발의 포탄도 미군 전차에 명중시키지 못했다.

오후 9시 15분, 대대 전차 대열의 중앙에서 전진하던 B중대가 T-72 전차 그룹과 교전중이라는 보고가 들어왔다. 이 교전으로 제2열 진지에 배치된 이라크군 장갑차량의 대부분이 격파되었고, 수십

대의 이라크군 차량이 불타면서 전장은 낮처럼 밝아지는 바람에 M1A1 전차의 열영상조준경에 '화이트 아웃' 현상이 일어나 전차부대의 움직임이 상당히 신중해졌다. 하지만 시야가 극단적으로 악화되자 최대한 주의를 기울였음에도 각 중대의 전차 대열이 흩어지기 시작했다. 이런 상황에서는 열영상 조준경에 관측되지 않도록 엔진을 끄고 매복 중인 이라크군 전차에게 역습을 당할 위험이 있었다. 사태의 심각성을 파악한 다이어 중령은 긴장했다. 다이어 중령은 '침착, 냉정'이라는 단어를 떠올리며 뒤쳐진 C중대에 대열 합류를 명령했다.

오후 9시 24분, 소속불명의 미군 AH-64 아파치 공격헬리콥터가 화염이 소용돌이치는 전장에 나타났다. 제37기갑연대 1대대 남쪽에 있는 제3기갑사단 소속인 이 아파치(제227항공연대 2대대)는 전장의 혼란으로 인해 목적지를 착각하고 말았다. 그리고 얼마 후 다이어 중령에 긴급무전이 들어왔다. 대열 중앙의 B중대 전차(B23)가 지뢰를 밟았다는 보고였다. 나쁜 소식은 끝나지 않았다. 잠시 후, D중대에서도 한 대가 고장으로 주저앉았고, C중대에서는 더욱 나쁜 소식이 날아들었다.

열영상조준경이 고장난 D24호 전차 T-72 전차의 포탄 직격

피터드 대위가 지휘하는 좌익의 D중대는 다행히 대열을 유지한 채 능선을 넘어 제2열 반사면진지에 돌입했다. 파괴된 적 장갑차량이 모닥불처럼 타올랐고, 근처를 지나가는 M1A1 전차의 모습이 어둠 속으로 흘러갔다.

D중대의 좌익에는 스티드 중사가 지휘하는 소대가 배치되었다. 중대 좌익은 대대의 좌측면 종단을 지키는 중요한 위치로, 이 소대의 좌측으로는 더 이상 아군이 없었다. 그런 상황에서 소대장차(D21)와 제프리 스미스 병장의 D23호차 M1A1 전차 2대가 고장을 일으켜 전장 한가운데서 멈춰 섰다(고장 차량은 수리 후 복귀했다). 고장의 원인은 에어클리너

야시능력이 떨어지는 T-72 전차의 소련제 FCS(화기관제장치)

L2 적외선 서치라이트
TPD-K1 레이저 거리측정기
TPN1-49-23 적외선야시조준장치

PNK-4S 전차장용 조준장치

TPD2-49 왼쪽에 설치된 단안식 TPN1-49-23 적외선 야시조준장치: 야시거리 800m, 배율 5.5배(시야각 6도). 능동탐지모드는 적외선 서치라이트로 목표를 비춰야 한다.

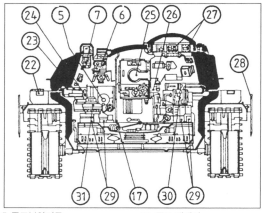

5. 주포부앙기구
6. TPD2-49 포수용 조준장치
7. TPN1-49-23 야시조준장치
17. 탄약운반 플렛폼
22. 외부 수납함
23. 수동 포탑선회장치
24. 포탑선회 각도표시기

25. 주포 폐쇄기
26. 7.62mm PKT 공축기관총
27. TKN3 전차장용 잠망경
28. 사이드 스커트
29. 기관총 탄약함
30. 통신기
31. 포탑선회 유압장치

2A46M 주포의 좌측에 설치된 TPD2-49 포수용 조준장치(레이저 측거기와 함께 설치)

큐폴라에 장비된 전방감시용 TKN3 전차장 잠망경

필터였다. 필터는 매일 청소해야 하지만 바쁜 진격 준비과정에서 기초정비를 미룬 결과 가스터빈 엔진에 여과된 공기를 공급하는 에어클리너의 필터가 모래먼지에 막혀버렸고, 엔진 블럭의 고장경보 센서가 작동하며 결정적인 순간에 시동이 꺼지고 말았다. 단순 정비불량으로 인한 고장이었지만, 이곳은 안전한 독일의 훈련장이 아닌 전장이었다. 비슷한 시각에 C중대와 B중대에서도 같은 고장이 발생해 M1A1 전차 2대가 추가로 낙오되었다. 전차 4대가 적의 공격이 아닌 고장으로 멈춰섰다.

이라크군 진지 돌입을 앞두고 소대장차를 포함한 2대의 전차가 고장난 D중대 2소대는 스티드 중사가 소대의 지휘권을 인수했다. 전력이 절반으로 줄어든 소대에서 전차 두 대로 소대의 임무를 수행하게 된 스티드 중사는 약해진 공격력보다 전장의 감시범위와 식별능력 감소를 우려했다.

스티드 중사의 D24호 전차는 좌측면에 매복한 적이 없나 살피기 위해 포탑을 돌렸다. 후방에 위치한 제6보병연대 7대대(TF)의 정면에 해당하는 지역 가운데 덤불이 무성한 곳이 주 감시 대상이었다. 그렇게 수색을 하던 중, 불타는 적 차량에 초점이 맞는 바람에 화이트 아웃 현상이 일어나 스크린이 새하얗게 물들면서 일시적으로 시야가 어두워졌다. 스티드 중사는 재빨리 기능을 회복시키기 위해 포탑을 어두운 정면을 향해 되돌렸다. 그런데 공교롭게도 D24호의 좌측면 덤불에 T-72 전차 한대가 숨어있었다. T-72 전차는 미군의 열영상조준경에 들키지 않기 위해 엔진을 끄고 덤불 뒤에 숨어 있어서, D24호 전차의 열영상조준경이 정상적으로 가동되었더라도 발견하기 어려웠을 가능성이 높다.

엔진을 끄고 매복한 이라크군의 전차병들은 겨울 사막에서 얼음장처럼 차가워진 전차에 탑승한 채 추위를 참으며 사냥감을 기다리고 있었다.

그때 스티드 중사는 피터드 중대장으로부터 항복하는 이라크군 병사가 있다는 무전을 듣고 확인을 위해 포탑을 오른쪽으로 돌렸다. 전방에 불타는

BMP-1 보병전투차 주변으로 30여명의 이라크군 병사들이 보였다. 리더로 보이는 병사가 앞에 나서서 무기 끝에 흰색 천을 달고 크게 흔들고 있었다.

해치에서 그 모습을 본 스티드 중사는 당황했다. 비무장 상태의 이라크군 병사들을 상정하고 접근했는데, 병사들의 손에 무기가 들려 있었다. 만일의 사태에 대비해 탄약수 존 브라운 상병은 포탑 좌측 해치의 7.62㎜ 기관총을 잡고 이라크군 병사들을 향해 겨냥했다. 탄약수용 기관총인 M240은 M1 전차 개발 책임자인 데소브리 장군이 적 보병을 상대할 근접방어무기 탑재를 강력히 주장하면서 채택된 무기였다.

"하워튼(조종수), 전차를 여기 세워. BMP의 불빛에 우리 위치를 노출시키고 싶지 않아. 그렇다고 오래 서 있지는 마. 표적이 되니까."

스티드 중사는 이라크군 병사들로부터 40~50m가량 떨어진 거리에서 전차를 세웠다.

귀찮은 임무를 맡아버린 스티드 중사는 내심 짜증을 냈다. 전차 한 대로는 30명의 포로를 감당할 수 없었다. 다이어 중령은 M1A1 전차부대만을 전진시켰으므로 적진의 포로를 수용하려면 브래들리 보병중대나 전투지원대를 기다려야 했다. 스티드 중사는 한시라도 빨리 포로를 처리하기 위해 무전으로 처리방법을 의논하고 있었다. 이때 스티드 중사의 D24호 전차는 불타는 BMP와 좌후방 덤불에 숨어 있는 T-72 전차 사이에 멈춰섰고, T-72 전차의 포수는 TPD2-49 조준경을 통해 빨갛게 불타는 BMP를 배경으로 미군 M1A1 전차의 검은 실루엣을 뚜렷이 볼수 있었다.

엔진을 끈 채 매복하고 있던 T-72는 수동으로 포탑을 선회해 조준하고, 수동으로 포탄을 장전해야 했다. T-72의 포수는 침착하게 조준선을 미군 전차의 포탑과 차체 사이의 틈(포탑링)에 맞췄다. 그 부위는 M1A1 전차도 어쩔 수 없는 급소였다. 그리고 TPD-K1 레이저 거리측정기(배터리 전원을 사용)로 D24호 전차와의 거리를 측정했다. 거리는 1,000m.

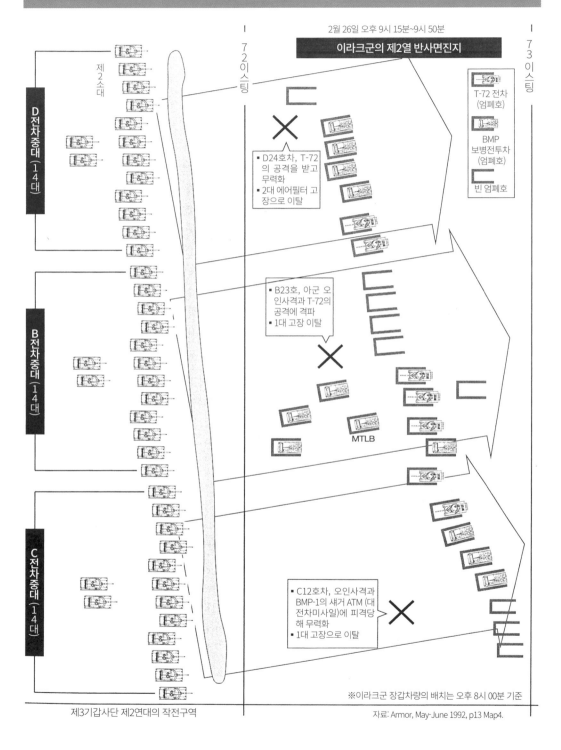

4대의 M1A1(HA) 전차가 제2열 이라크군 방어선 앞에서 멈췄다.

제2소대

2월 26일 오후 9시 15분~9시 50분

이라크군의 제2열 반사면진지

72 이스팅

73 이스팅

D전차중대(14대)

B전차중대(14대)

C전차중대(14대)

- D24호차, T-72의 공격을 받고 무력화
- 2대 에어필터 고장으로 이탈

- B23호, 아군 오인사격과 T-72의 공격에 격파
- 1대 고장 이탈

MTLB

- C12호차, 오인사격과 BMP-1의 섀거 ATM (대전차미사일)에 피격당해 무력화
- 1대 고장으로 이탈

T-72 전차 (엄폐호)

BMP 보병전투차 (엄폐호)

빈 엄폐호

※이라크군 장갑차량의 배치는 오후 8시 00분 기준

제3기갑사단 제2연대의 작전구역

자료: Armor, May-June 1992, p13 Map4.

포수는 탄도계산기에 수치를 입력해 조준을 미세 조정했다.

오후 9시 26분, T-72에서 발사된 포탄이 D24호 전차의 측면에 명중했다. 정확히 명중한 포탄은 그대로 포탑링을 관통했다. 그 충격으로 해치에 있던 스티드 중사와 브라운 상병은 샴페인 뚜껑처럼 날아갔다. T-72가 쏜 포탄의 탄종은 불분명하지만 BM9이나 BM15 철갑탄일 가능성이 높다. BM9 철갑탄이라면 중량 3.6kg의 강철제 관통자가 차내에 작렬했을 것이다.

스티드 중사는 포탑 우측 끝의 도구상자까지 날아가 기절했다. 잠시 후 정신을 차린 스티드 중사는 팔다리가 온전히 달려 있는지 확인했다. 다행히 몸의 통증도 심하지 않았다. 전차장석 해치까지 기어간 스티드 중사는 공격을 받았다는 사실은 알았지만, 어떤 공격인지는 파악하지 못했다. 브라운 상병은 포탑 좌측으로 날아가 땅바닥에 굴러 떨어졌고, 브라운 상병은 폭발 순간 파편에 맞아 다리 근육이 떨어져 나가는 중상을 입었다.

전차에서 발생한 화재는 할론 자동소화기 작동으로 크게 번지지 않았지만, 완전히 소화되지도 않아서 해치로 연기와 열기가 올라오고 있었다. 스티드 중사는 부하들의 상황을 확인하기 위해 차내로 기어들어갔다. 실내에 들어간 중사는 심한 연기에 재채기를 했다. 하나 남은 실내등의 푸른 빛에 의지해 내부를 살피자 철갑탄의 피탄 흔적이 보였다. 파편에 대부분의 장비들이 망가졌고, 탄약고의 도어도 열린 상태였다. 언제 이라크군 전차의 포탄이 날아들지 모르는데다 탄약 유폭이라도 일어나면 포탑 내부가 그대로 불바다가 될 수 있는 위험한 상황이었으므로 한시라도 빨리 부하를 구출해야 했다. 스티드 중사는 부상당한 채 기절해 있는 포수 제임스 쿠글러 병장을 발견했다.

"가자, 쿠글러. 우리는 해낼 수 있어."

스티드 중사는 쿠글러 병장에게 정신을 차리도록 말을 걸며 포탑 밖으로 끌어내고 쿠글러 병장이 다치지 않게 끌어 안은 채 지면으로 굴러떨어졌다. 부드러운 모래 지면 덕에 두 사람 모두 다치지 않았고, 오히려 충격으로 쿠글러 병장이 깨어났다. 스티드 중사는 처음으로 사막에 감사했다.

현명한 대처로 D24호 전차와 부하들을 구한 스티드 중사 [9]

스티드 중사는 아직 사용 가능한 중대무전으로 자신의 D24호 전차가 피탄해 부상자가 발생했다고 보고했다. 그리고 승무원들의 상태를 살폈다. 탄약수 브라운 상병은 전차의 무한궤도 옆에 누워 있었고, 조종수 스티브 하워튼 상병은 충격을 받은 상태였지만 부상은 없었다. 스티드 중사는 안전을 위해 하워튼 상병과 함께 부상을 입은 두 명을 전차에서 50m가량 떨어진 덤불로 운반했다.

"중사님. 전차를 지켜야 하지 않습니까?" 브라운 상병이 질문하자 중사가 답했다. "탄약고 도어가 망가진 채 열려 있어서 언제 유폭이 일어날지 모른다. 그보다 쿠글러의 상태는 어때?"

"다리의 출혈이 멈추지 않습니다. 통증도 심한 것 같습니다."[10]

조종수 하워튼 상병은 응급처치요원(Combat Lifesaver) 과정을 수료했다. 응급처치요원이란 전장에서 부상을 입은 병사를 한명이라도 많이 구하기 위해 위생병과는 별도로 응급처치기술을 익힌 일반병사*를 말한다. 이스라엘 국방군의 전술경험에서 탄생한 보직으로 40시간 훈련을 이수해야 자격을 인정받는다. 그러나 하워튼 상병에게는 구급약도 붕대도 없었고, 스티드 중사는 다시 전차로 달려가 구급상자를 가져왔다. 그 순간 전장에 소구경화기 사격소리가 들리며 주변의 모래가 튀어올랐다. 위기감을 느낀 전차병들은 바짝 긴장했다. 스티드 중사는 PVS-7 야간투시경으로 주변을 살폈다. 100m 정도 오른쪽에 불타는 이라크군 BMP가 보였고, 주변에 있어야 할 이라크 군 투항병 30명의

****
* 분대 당 한 명이 할당된다. (역자 주)

상황별 M1A1 전차와 T-72 전차의 야간·악천후 시의 전투능력비교

상황A	주간 전투능력 (유효사거리): M1A1 3,500m/T-72 1,800m

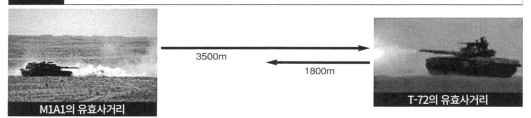

M1A1의 유효사거리

3500m

1800m

T-72의 유효사거리

상황B	야간·악천후 상황의 탐지거리: M1A1 4,000m/T-72 800m

▶ M1A1의 TIS (열영상 조준경)로 포착한 적 전차의 적외선 영상.

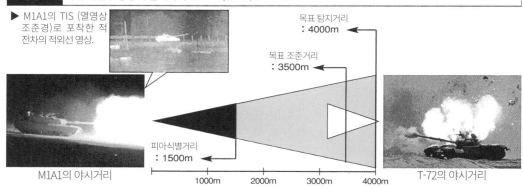

목표 탐지거리 : 4000m

목표 조준거리 : 3500m

피아식별거리 : 1500m

M1A1의 야시거리

1000m 2000m 3000m 4000m

T-72의 야시거리

상황C	T-72가 M1A1 (D24)를 격파한 상황: 배후에서 M1A1의 포탑링 저격

◆ 불타는 BMP-1 옆을 지나는 제1기갑사단의 M1A1 전차. (U.S Army/E.A Sitt)

◆ 화재가 발생한 이라크군 BMP-1의 불빛에 어둠 속에서 D24호 전차의 모습이 드러났다. 이때 매복중이던 T-72가 좌측 후방 1,000m에서 M1A1을 철갑탄으로 공격했다.

1000m

T-72 철갑탄 발사

◀ 제37기갑연대 1대대(TF)의 공격에 파괴된 타와칼나 사단 매복진지의 BMP-1.
▲ T-72에 섞여 있다 격파된 유일한 T-62 전차

B23호 전차 아군 아파치의 오인사격에 돈좌. T-72의 포격에 폭발

리트 병장의 B23호 전차는 타와칼나 사단의 방어진지 내에서 격파당했다. 포탑이 대파되고 화재로 차체가 주저 앉은 모습을 확인할 수 있다.

이라크 전차의 공격에 완파된 제1기갑사단 3여단 37연대 1대대 (TF)의 M1A1 전차 B23호. 후방으로 이동 후 수리불능 판정이 내려져 폐기되었다.

B23호 전차를 오인사격한 제3기갑여단 제227항공연대 2대대의 AH-64 공격헬리콥터.

모습은 보이지 않았다. 투항병들은 이제 백기 대신 무기를 들고 접근중임이 분명했다.

구조대가 바로 도착할 가능성은 높지 않았다. 제 37기갑연대 1대대(TF)의 전차부대는 이미 1㎞ 전방 까지 전진한 상태였고, 대대 전투지원대도 3㎞ 이 상 후방에 있었다. D24호 전차 승무원들은 전장에 고립되었고, 스티드 중사는 이 위기상황을 빠져나 가기 위해 전차로 돌아갔다. 어떻게든 전차에 시동 을 걸어 이 자리에서 탈출할 생각이었다.

조종석에 들어간 스티드 중사는 어둠 너머에 AK 소총과 RPG로 무장한 1개 소대의 이라크군 병 사들이 있다는 사실을 떠올리며 불안감에 홀스터 에서 45구경 M1911 콜트 거버먼트 권총을 뽑아 눈앞에 두었다.

스티드 중사는 시동을 걸기에 앞서 계기판을 확 인했다. 좌우로 늘어선 계기판에는 속도계, 출력계, 연료계, 전압계와 각종 상태표시등이 있었다. 20여 개에 이르는 상태표시등 가운데 주의가 필요한 경

고등은 연료경고, 연료온도경고, 엔진 고회전 경고, 차체 전원 경고, 유압경고, 화재경고, 할론 소화장 치 등이다.

어두운 조종석의 경고등 패널은 크리스마스트리 처럼 빨강과 황색으로 물들어 있었다. 사태는 생각 보다 심각했다. 빨강은 심각한 고장을 알리는 경고 등이었고, 황색은 기능고장 주의 표시였다. 하지만 스티드 중사는 포기할 수 없었다. 부하들을 구하기 위해서는 전차를 움직여야 했고, 그는 필사적으로 시동을 걸었다.

수집된 자료로는 D24호 전차의 자세한 피해상 황이나 스티드 중사가 시도한 시동 방법을 알 수 없지만, M1A1 전차의 매뉴얼 상의 시동방법은 다 음과 같다.

먼저 오른발로 파킹 브레이크 페달을 밟고, 조향 핸들 가운데 기어 레버가 중립(N)에 있는지 확인한 다. 조종석 좌측 아래의 주계기판의 전차 주전원 스 위치를 위로 올려 전원을 켠다. 각 시스템에 전원이

들어가 녹색등이 켜지는지 확인한다. 시동버튼을 1초 정도 누르면 시동모터가 터빈을 돌리고, 점화플러그가 연료를 점화시키면 터빈의 회전수가 급격히 올라간다. 25~60초 내에 엔진이 완전 시동상태가 되면 스타트 램프가 켜진다. 시동 초기의 공회전 엔진회전수는 약 13,000rpm으로 피스톤 엔진(1,500~2,000rpm)에 비해 매우 높다.

스티드 중사는 반복해서 시동버튼을 눌렀지만 D24호 전차의 AGT-1500 가스터빈 엔진은 꿈쩍도 하지 않았다. 주전원 램프에 불이 들어오지 않는 것을 보면 전기 계통 고장일 가능성이 높았다. 아무리 튼튼한 M1A1 에이브럼스 전차라도 급소에 명중탄을 맞고 무사할 수는 없었다. 스티드 중사가 시동을 걸기 위해 계속 노력했지만, 계기판의 녹색등은 켜지지 않았다. 결국 스티드 중사는 부하들이 있는 곳으로 돌아갈 수밖에 없었고, 이번에도 어김없이 이라크군 병사들의 소총탄이 날아들었다.

다행히도 참호에 있는 이라크군 병사들은 어둠 속에서 무작정 방아쇠만 당겼고, 덕분에 중사는 무사히 부하들에게 돌아갈 수 있었다. 그때 스티드 중사는 어디선가 가스터빈 엔진소리를 들었다. 소리가 나는 방향을 가늠해 야간투시경으로 바라보자 한 대의 M1A1 전차가 능선을 넘어 모래먼지를 일으키며 맹렬히 질주해 오는 모습이 보였다.

'살았다.' 안도한 스티드 중사는 팔을 크게 휘두르며 전차 쪽으로 걸어갔다. 스티드 중사를 발견한 아군 전차의 포탑이 그를 향해 돌아갔다. 그리고 황당하게도 공축기관총이 불을 뿜었다. 다행히 경고 사격이었는지 스티드 중사 주변의 모래가 튀어 올랐다. 스티드 중사는 사살당하지 않기 위해 이라크군 병사들이 항복하듯이 양 팔을 머리 위로 높게 들었다. 금방 의심은 풀렸지만, 열영상 야시장비의 한계를 알 수 있는 사건이었다. 적외선 화상은 윤곽만 보이는 녹색 화상으로, 컬러 TV처럼 선명하지 않기 때문에 스티드 중사가 아군인지 이라크군인지 구분할 수 없었다.

스티드 중사 앞에 나타난 전차는 1㎞ 정도 후방에서 에어필터가 막히는 바람에 멈춰 섰던 동료 스미스 중사의 D23호 전차로, 수리를 마치고 본대로 귀환하던 도중에 불타오르는 스티드 중사의 전차를 발견하고 접근해왔다.

스티드 중사는 전차 위로 올라갔다.

"여~. 정말 힘든 훈련이었어. 미리 말해 둘 게 있는데, 저쪽 덤불에 내 부하들이 숨어 있고, 항복한다던 30명쯤 되는 이라크 병사들이 주변에 어슬렁거리고 있을 거야. 전차의 서멀(열영상 야시장비)로 주변을 수색해 줘."

그리고 스티드 중사는 부상당한 부하들을 후송할 구급차를 요청했다. 스미스 중사의 도움을 받아 포탑 위에 올라 탄 스티드 중사의 눈에 400m 정도 떨어진 곳에서 불타오르는 T-72 전차가 들어왔다.

"스티드 중사. 저 T-72를 내가 잡기는 했는데, 아무래도 자네 전차를 쏜 놈인 모양이야."

스티드 중사는 네메시스(율법과 복수의 여신)의 벌을 받아 불타고 있는 T-72를 자세히 확인했다. 불타는 전차의 125㎜ 활강포 포구가 자신의 D24호 전차를 겨누고 있었다.

상황을 추측해 보자면 1,000m 거리에서 D24호 전차에 명중탄을 날린 T-72는 확인사살을 위해 엔진에 시동을 걸고 접근하던 중, 스미스 중사의 D23호 전차에 격파당했을 가능성이 높다. 스미스 중사가 때맞춰 도착한 덕분에 스티드 중사 일행은 살아남을 수 있었던 셈이다.

무전을 보내고 잠시 후 M113 장갑앰뷸런스가 도착했다. 중상을 입은 쿠글러 병장은 들것에 실려 갔고, 하워튼과 브라운도 같이 탑승했다. 스미스 중사는 스티드 중사도 같이 후방으로 가라고 권유했지만, 스티드 중사는 이대로 당한 채 전장을 떠날 수 없었다.

"안돼! 나는 지금 열 받았어. 지금부터 내가 이 전차를 지휘한다. 장갑앰뷸런스에는 자네 부하를 한 명 태워 보내."[11]

M1/M2 기갑부대를 엄호하는 M106 107㎜ 자주박격포

해치를 열고 사격태세를 갖춘 M106 107㎜ 자주박격포

제1기갑사단 소속 M106 107㎜ 자주박격포

🔫 M106A2

전투중량	12.2t	최대속도	64km/h
전장	4.93m	항속거리	483km
전폭	2.69m	주무장	107mm 박격포 (88발)
전고	2.22m		
엔진	6V-53 디젤 (212hp)	부무장	12.7mm 중기관총 (600발)
톤당 마력비	17.4hp/t	승무원	4명
연료탱크 용량	360리터		

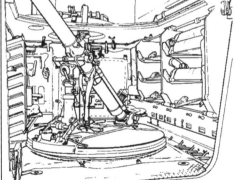

M106의 차내에 설치된 M30 107㎜ 박격포

🔫 M30 107㎜ 박격포

전장	1.524m
중량	305kg
사거리	770m~6,800m
최대발사속도	분당 18발
탄종	M329A2 고폭탄 (사거리 6.8km, 중량 10kg)

M30 107mm 박격포의 지속사격 속도는 분당 3발 가량이다.

스미스 중사는 거부했지만, 결국 임시소대장인 스티드 중사의 명령에 따를 수밖에 없었다. 임무에서 제외되어 낙담한 D23호 전차의 탄약수는 장갑앰뷸런스를 타고 전장을 떠났고, 탄약수는 스미스 중사가 대신 맡았다. 다시 전차장석에 앉은 스티드 중사는 동쪽으로 이동해 전투에 뛰어들었다.

아파치 공격헬리콥터와 이라크군 T-72 전차의 공격을 받은 M1A1 전차 B23호

오후 9시 20분, 대대 중앙에서 정렬한 B중대 전차는 이라크군 제2열 진지에 대한 포격을 멈추고 좌익의 D중대와 공조해 능선을 내려와 진지로 들어갔다. 파괴된 T-72 전차와 BMP-1 보병전투차들이 엄폐호 안에서 불타고 있었다.

10대의 M1A1 전차는 신중히 적 진지 사이를 지나갔고, 전장의 탁한 공기가 전차의 해치를 통해 흘러들어왔다. 전차병들은 연료와 화약이 타는 냄새에 뒤섞인 인간이 불타는 악취를 확실히 느꼈다. 전쟁은 순수한 살육의 현장이었고, 패배는 곧 죽음을 뜻한다. 그 현실을 강철의 관이 토해내는 악취가 알려주고 있었다. 다만 패배한 쪽이 이라크군이라는 사실에 전차병들은 일말의 안도감을 느꼈다.

전투 상황은 B중대나 D중대 모두 큰 차이가 없었다. B중대는 이라크군 진지 전방의 와디에 매설된 지뢰지대(이탈리아제 고성능 지뢰가 발견되었다)와 진지 내에서 불타는 장갑차량을 우회하는 과정에서 대열이 흐트러졌다. 스티드 중사의 D24호 전차처럼 강한 불빛에 열영상조준경이 일시적으로 마비된 전차도 있었다.

다이어 중령이 최초로 받은 피해보고는 B중대 크리스토퍼 리트 병장의 B23호 전차의 피탄 소식이었다. 다만 B23호 전차의 경우 지금도 석연치 않은 점이 많다. B23호 전차는 두 차례 공격당했는데, 야간전의 특성 상 어떤 공격을 받았는지 알 수 없었다. 최신 자료에 따르면 제1격은 미군 제3기갑사단 소속 AH-64 아파치 공격헬리콥터가 오인사격

한 헬파이어 대전차미사일(차체에 남은 대구경 대전차고폭탄 흔적과 높은 고도에서 미사일이 날아왔다는 증언에 근거)이었고, 제2격은 적 진지를 통과하다 놓친 타와칼나 사단의 T-72 전차가 배후에서 발사한 철갑탄(차체에서 방사선이 검출되지 않아 열화우라늄 관통자가 아니라는 결론이 났다)이었다.[12]

B23호 전차의 피격 상황은 다음과 같다. 오후 9시 27분, 스티드 중사의 D24호 전차가 피격당한 시각에 리트 병장의 B23호 전차도 차체 후부를 공격당했다. 곧바로 엔진이 멈추고 엔진의 힘으로 움직이는 모든 기능이 마비되었다.[13]

이때 B중대는 대대장 다이어 중령에게 B23호 전차가 지뢰를 밟아 엔진이 망가졌다고 보고했다. B중대의 동료 전차는 B23호 전차의 차체 후방 엔진 그릴에 직격한 헬파이어 미사일의 폭발을 지뢰 폭발로 오인해 보고했다. 포수인 트레이시 실즈 병장은 피격 순간 몸이 공중으로 떠오를 정도로 충격이 컸다고 증언했다. 폭발 충격으로 혼란스러운 상황에서 동료 전차가 지뢰에 당했다는 소식을 들은 승무원들은 자신들도 지뢰에 당했다고 생각할 수밖에 없었다. 다만 나중에 리트 병장은 "지뢰 폭발은 아니라고 생각했다. 확실히 포탄에 당한 느낌이었다."고 증언했다.

사실 B23호를 공격한 것은 제3기갑사단 2여단(제1기갑사단의 우익에 위치)을 지원하던 제227항공연대 2대대의 아파치 공격헬리콥터가 실수로 자신의 작전구역을 벗어나 북쪽의 제1기갑사단 소속 M1A1을 적 전차로 오인해 발사한 헬파이어 미사일이었다. 당시 제1기갑사단 3여단 37연대 1대대(TF)는 제3기갑사단의 부대들보다 앞서 전진중이었고, 아파치 공격헬리콥터는 자연스레 아군 전선보다 동쪽에 있는 M1A1 전차를 적 전차로 오판했다.

중량이 120㎜ 포탄의 두 배에 달하는 헬파이어 미사일은 전차의 엔진 그릴에 명중해 엔진까지 파괴했다. B23호 전차의 현장사진을 보면 격자 형상의 그릴 도어 안쪽으로 엔진 배기구와 변속기 냉각

이라크군 T-72 전차가 M1A1의 약점인 포탑 후면와 차체 측면을 근거리에서 공격한 결과 3대의 M1A1이 격파되었다.

M1A1 약점인 차체 후면

AH-64는 야간 전투 중 M1A1을 T-72로 오인해 헬파이어 미사일을 사격했다.

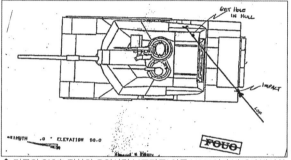

◆ 미군의 C12호 전차의 오인사격 보고자료: 아군 M1A1이 후방에서 발사한 120mm 열화우라늄탄이 C12호의 차체 좌후방에서 우측면으로 관통했다.

◆ 거친 모래바람 속에서 제37기갑연대 1대대(TF) 상공을 비행중인 AH-64 공격헬리콥터

73이스팅에서 격파된 제37기갑연대 1대대(TF)의 전차들

격파된 M1A1 전차	공격수단	피탄 부위 / 공격 수단	피해 상황	부상자
B23 (B중대)	▪ AH-64 헬리콥터 (미군) ▪ T-72 전차 (이라크군)	② 125mm 철갑탄 x 1 (T-72) ① 헬파이어 대전차미사일 x 1 (AH-64)	①차체 후방의 엔진실에 명중해 행동불능 ②포탑 후방에 명중해 탄약고 유폭 (수리불능)	부상 1명
B24 (D중대)	▪ T-72 전차 (이라크군)	① 125mm 철갑탄 x 1 (T-72)	① 포탑링 관통, 내부 손상	부상 2명
C12 (C중대)	▪ M1A1 전차 (미군) ▪ BMP-1 보병전투차 (이라크군)	①120mm 열화우라늄탄 x 1 (M1A1) ②섀거 대전차미사일 x 1 (BMP-1)	①차체 관통, 행동불능 상태가 되었다. ②포탑 후방 사물함에 명중, 화재 발생	부상자 없음
C66 (C중대)	▪ T-72 전차 혹은 BMP-1 보병전투차 (이라크군)	①,② T-72 또는 BMP 의 HEAT탄 x 2	① 차체 후방 좌측면 관통, 행동불능 ② 포탑에 명중	부상 3명

※자료: deploymentlink. osd. mil, wiki/m1 등

장치(오일 쿨러)가 보일 정도로 망가진 모습을 확인할 수 있다. 하지만 리트 병장은 돈좌된 B23호 전차를 버리지 않았다. 할론 자동소화장치가 엔진 화재를 즉시 진압했고, 포탑 구동에 필요한 차체 후방의 배터리 6개도 무사해서 대대 회수반 도착 전까지 전투 속행이 가능해 보였다. 리트 병장은 먼저 전방 좌측을 살피라고 지시를 내렸는데, 이 지시를 감안하면 리트 병장도 처음에는 지뢰 피격을 떠올린 듯하다. 본인의 증언대로 포격을 받았다고 판단했다면 차체 후방을 먼저 살폈어야 한다. 그리고 제2격이 B23호 전차를 덮쳤다. T-72 전차가 발사한 철갑탄이 B23호 전차의 포탑 후부에 명중해 탄약고에 불이 붙었다. 30발의 120㎜ 포탄이 유폭되자 포탑 상부의 블로우 오프 패널이 화염과 함께 날아갔다. 덕분에 폭발의 충격은 대부분 공중으로 흩어졌고, 승무원 구역은 25㎜ 두께의 방탄도어에 막혀 있어 폭발 화염이 실내까지 들어오지 않았다. M1 전차의 생존설계가 작동하여 승무원들의 목숨을 구했다.

B23호 전차의 전차병들은 할론 소화기가 작동하는 동안 탈출했다. 잠시 후 에이브럼스 전차는 2차 유폭을 일으키며 맹렬히 불타올랐다.

B23호 전차는 운이 없었다. 아파치에게 공격당해 엔진이 멈춰 움직이지 못하는 상황에서 이라크군 T-72 전차의 공격을 받아 폭발했다. B23호 전차의 승무원들은 즉시 D중대의 전차에 구조되었으며, 부상자도 한명 뿐이었다. 이 오인사격을 통해 역설적으로 M1A1 전차의 높은 생존성이 실전에서 증명되었다. 위력이 TOW 미사일의 두 배에 달하는 헬파이어 미사일과 T-72의 철갑탄에 연달아 피격당해 유폭까지 발생한 상황에서 승무원 전원 생존은 분명 대단한 일이다.

운이 없었던 젊은 중대장 메닌 대위[14]

대대장 다이어 중령은 아군 전차 2대의 피격 보고를 받고 자신의 탑승차량 '썬더볼트Ⅶ'의 큐폴라에서 T-72 전차가 배치된 벌집같은 반사면진지의 무서움을 실감하고 있었다. 피격된 차량의 안부가 걱정되었지만, 다이어 중령은 거기까지 신경 쓸 겨를이 없었다. 뒤쳐졌던 메닌 대위의 C(코브라)중대가 우익에서 적진으로 돌입하고 있었기 때문이었다.

다이어 중령의 M1A1 전차(HQ66)도 뒤따라 이라크군 진지로 돌입했는데, 그 순간 50m 정도 떨어진 곳에서 불타던 T-72 전차가 2차 유폭을 일으켰다. 폭발의 충격파가 다이어 중령을 덮쳤지만, 다행히 부상을 입지는 않았다. 뜨거운 열풍을 들이마시는 바람에 잠시 숨을 가다듬고 있던 다이어 중령에게 코브라6(메닌 대위의 콜사인)로부터 무전이 들어왔다.

"드래곤6(다이어 중령), 여기는 코브라6. 중대 C12호가 당했습니다. 지금 현장으로 가겠습니다."

"안돼! 앤디! 너무 멀다! 이쪽에서 구조하겠다. 코브라6는 피격된 전차에 접근하지 마라. 너까지 당할 수 있다. 오버."

하지만 우익 후방에 있던 메닌 대위의 응답이 없었다. 이미 다이어 중령이 지휘하는 모든 중대에 피해가 발생했고, 얼마 지나지 않아 중령의 우려대로 C중대 소대 선임중사로부터 메닌 대위의 C66호 전차가 적의 공격을 받아 격파되었다는 보고가 올라왔다. 중대 지휘관을 잃는 최악의 사태가 벌어졌다. 다이어 중령은 목에 걸고 있던 PVS-7 야간투시경으로 전장을 살폈지만, 다수의 적 장갑차량이 불타고 있어서 C66호 전차를 찾을 수 없었다.

제1소대장 엘바 소위의 활약[15]

대대의 우익에서 진격하던 C중대는 다른 두 중대보다 뒤쳐졌고, 기동 중에 고장으로 전차 한 대를 잃었다. 이런 악재가 겹치자 젊고 미숙했던 메닌 대위는 실수를 저지르고 말았다.

오후 9시 30분경, 대대 우익의 C중대 1소대의 C12호 전차가 적진에서 피탄당했다. 공격한 적의 정체는 알 수 없었다. 차체 후방을 공격당한 C12호 전차는 전투불능 상태가 되었다.

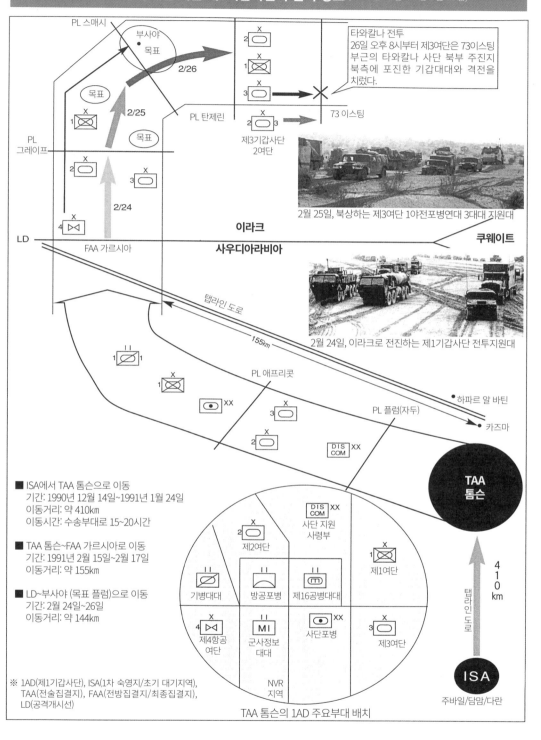

타와칼나 전투
26일 오후 8시부터 제3여단은 73이스팅 부근의 타와칼나 사단 북부 주진지 북측에 포진한 기갑대대와 격전을 치렀다.

PL 스매시

부사야
● 목표

2/26

목표

PL 탄제린

2/25

PL
그레이프

목표

2/24

제3기갑사단
2여단

73 이스팅

LD

FAA 가르시아

이라크
사우디아라비아

쿠웨이트

2월 25일, 북상하는 제3여단 1야전포병연대 3대대 지원대

2월 24일, 이라크로 전진하는 제1기갑사단 전투지원대

탭라인 도로

155km

PL 애프리콧

PL 플럼(자두)

● 하파르 알 바틴

● 카즈마

DIS
COM XX

TAA
톰슨

4
1
0
km

탭라인 도로

■ ISA에서 TAA 톰슨으로 이동
　기간: 1990년 12월 14일~1991년 1월 24일
　이동거리: 약 410km
　이동시간: 수송부대로 15~20시간

■ TAA 톰슨~FAA 가르시아로 이동
　기간: 1991년 2월 15일~2월 17일
　이동거리: 약 155km

■ LD~부사야 (목표 플럼)으로 이동
　기간: 2월 24일~26일
　이동거리: 약 144km

DIS
COM XX
사단 지원
사령부

제2여단

제1여단

기병대대

방공포병

제16공병대대

제4항공
여단

MI
군사정보
대대

사단포병

제3여단

NVR
지역

ISA
주바일/담맘/다란

TAA 톰슨의 1AD 주요부대 배치

※ 1AD(제1기갑사단), ISA(1차 숙영지/초기 대기지역),
　TAA(전술집결지), FAA(전방집결지/최종집결지),
　LD(공격개시선)

일반적으로 피탄을 당해도 승무원과 엔진이 살아 있으면 자력주행으로 전장을 이탈하거나 정지 상태에서 전투를 지속해야 한다. C12호 전차의 경우 부상자는 없었지만 전차병 전원이 하차해 전차의 전면(후방을 공격당했으므로) 아래로 숨었다. 엔진은 물론 배터리까지 파손당해 전차의 모든 기능이 정지되었을 가능성이 높다.

전후 조사 결과 C12호 전차는 후방에 두 발의 포탄을 맞았는데, 문제의 제1격은 좌후방(북서쪽)에 있던 M1A1 전차가 발사한 열화우라늄탄이었다.[16]

열화우라늄 관통자가 차체 후면을 왼쪽에서 오른쪽으로 관통하며 엔진을 파손시켰다. C12호 전차를 공격한 차량은 방향(좌후방, 북서쪽)을 감안하면 C중대를 엄호하던 제6보병연대 7대대(TF)의 M1A1 전차일 가능성이 높다. 우익(남쪽)의 제3기갑사단 2여단 18보병연대 4대대(TF)일 가능성도 있지만, 거리와 방향을 생각하면 가능성이 낮다.

제2격은 포탑 후방에 명중한 AT-3 섀거(Sagger) 대전차미사일로, 엄폐호에 숨어 있던 BMP-1 보병전투차에서 발사된 이 미사일은 야간에 수동조준으로 발사했음에도 정확히 명중했다. 섀거 미사일은 관통력이 400㎜에 달해서 취약지점에 명중하면 치명적이지만, 다행히 포탑 수납함에 직격해 탄약고까지 관통되지 않고 유폭도 없었다.

C12호 전차가 피탄당한 후, 중대장 메닌 대위의 C66호 전차가 부하를 구하기 위해 위험을 무릅쓰고 달려왔다. 하지만 메닌 대위는 너무 경솔했다. 적의 위협이 여전히 존재하는 상황에 C12호 전차에 접근했고, C66호는 매복중인 이라크군에게 절호의 표적이 되었다. 결국 C66호 전차도 차체 후방에 명중탄을 맞아 멈춰섰다. 곧바로 승무원들이 탈출을 시도했지만, 그 순간 이라크군의 제2탄이 포탑에 명중해 메닌 대위와 탄약수가 폭발에 휩쓸려 날아갔다.

C중대 1소대장 알버트 엘바 소위는 현장 근처에 있다 C12호 전차가 공격당하는 순간을 목격했고,

이어서 중대장차가 당했다는 무전을 들었다. 엘바 소위는 상관의 허가도 없이 동료를 구하기 위해 현장으로 달려갔다. 필리핀계 미국인인 엘바 소위는 웨스트포인트(육군 사관학교)를 졸업한 조용하고 겸손한 성격의 장교였다. 하지만 그의 아버지는 일본군을 상대로 용감히 싸운 게릴라 전사였고, 그 피를 이어받은 엘바 소위는 위험을 무릅쓰고 동료를 구하기 위해 달려갔다. 현장에 도착한 엘바 소위는 두 대의 에이브럼스 전차가 모두 차체 후면을 공격당했음을 확인하고, 이라크군이 매복중인 방향을 가늠했다. 엘바 소위는 사막 어딘가에 있을 전우들의 방패가 되기 위해 위험을 감수하고 이라크군의 매복지를 향해 전진했다. 엘바 소위는 침착한 성격과 행운 덕에 파괴된 아군 전차가 후방에서 공격을 받았음을 조기에 파악했고, 즉시 장갑이 두꺼운 전면을 이라크군이 매복한 방향으로 향하도록 전차를 돌려세웠다. 처음 달려온 메닌 대위의 경우 급한 마음에 주변 정찰을 태만히 한 결과 이라크군의 매복에 걸려들었다.

이라크군이 매복한 방향을 대략적으로 가늠한 엘바 소위의 C11호 전차는 곧바로 T-72 전차 한 대를 발견했다. T-72 전차는 엔진을 끄고 엄폐호에 들어가 있어, 열영상조준경으로도 일부밖에 보이지 않았다. 이라크군은 집중해서 관찰해야 발견이 가능할 정도로 꼭꼭 숨어서, C중대는 자신도 모르는 사이에 매복지 안으로 들어서고 말았다.

엘바 소위는 위치가 확인된 T-72 전차를 즉시 격파했다. 그리고 매복 확률이 높은 장소들을 공축기관총으로 공격했다. 잠시 후 엄폐호에 숨어 있던 BMP-1이 발견되자, 즉시 철갑탄으로 공격해 격파했다. C12호 전차를 공격했던 BMP-1이었다.

한편 C66호 전차는 차체와 포탑 좌측면에 각각 한 발씩 대전차고폭탄에 피격되었는데, M1A1의 장갑을 뚫고 엔진까지 파괴한 위력을 고려하면 BMP의 73㎜ PG-9 포탄(중량 3.2kg, 장갑관통력 335mm)보다는 T-72의 3BK14M 125㎜ 포탄(중량 19kg, 장갑

관통력 450mm)에 피탄되었을 가능성이 높다. 그리고 C66호 전차를 공격했던 T-72는 엘바 소위의 C11호 전차에 격파되었다.

이라크군의 기갑차량을 격파한 후, 탄약수 미첼 하몬스 일병이 피격당한 전차에서 내려 숨어있던 아군 전차병 8명을 전차 위에 올라타도록 도왔다. 6명이 부상자였고, 중상을 입은 두 명은 차체 후방과 포탑의 평평한 부분에 뉘었다.

전우들을 구한 이상 전장을 빨리 벗어나야 했다. 엘바 소위는 포탑 좌우에 각 6발씩 장비된 연막탄을 발사한 후, 대전차미사일 회피동작인 섀거 드릴(Sagger Drill: 불규칙하게 급선회와 급가속을 반복하는 대전차 미사일 회피 기동)로 전장을 벗어났다.

오후 9시 50분, 제37기갑연대 1대대(TF)는 예상 외로 강력했던 이라크군 매복진지 섬멸을 마쳤다. 오후 10시 08분, 야전병원으로 부상자들의 후송이 시작되었고, 오후 11시 00분에는 보병부대가 제압 작전을 완료했다.

다이어 중령은 지친 전차병들에게 탄약과 연료를 보급한 후 휴식을 취하게 했다. 하지만 휴식시간은 짧았다. 27일 오전 0시 50분, 제3여단장 자니니 대령은 부대를 재편성해 동쪽으로 진격하라고 명령했다. 그들이 앞으로 상대할 적은 공화국 수비대 메디나 기갑사단 제14기계화보병여단이었다.

제37기갑연대 1대대(TF)가 73이스팅 전역에서 치른 전투는 타와칼나 사단 주진지를 격파한 작전이므로 '타와칼나 전투(the Battle of the Tawakalna)'라 불린다. 제37기갑연대 1대대(TF)는 제2열의 반사면 진지와 그 주변 지역의 전투에서 T-72 전차 28대, T-62 전차 1대, BMP-1 보병전투차 46대, MTLB 장갑차 1대, 57mm 대공포 2문 격파했으며 (항공공격전과 포함) 포로도 100명 이상을 잡았다.

한편 이 전투에서는 미군 전차부대에서도 처음으로 피해가 발생했다. 격파된 M1A1 전차는 4대, 부상자는 6명이었다. 그 가운데 4명은 다음날 현장에 복귀할 수 있는 경상이었고, 전사자는 한 명도 없어서 M1A1 에이브럼스 전차의 생존성에 대한 평가는 더욱 높아졌다. 그리고 격파된 4대의 전차 중 3대는 피해가 경미해서 M88 구난전차로 회수된 2대는 현장에서 부품 교체 후 전장에 복귀했다. 완파는 B23호 전차 뿐이었다.

여담으로 동료들을 구한 엘바 소위는 그 공로를 인정받아 전후 은성훈장을 수여받았다.

참고문헌

(1) Thomas Houlahan, Gulf War: The Complete History (New london, New Hampshire: Schrenker Military Publishing, 1999), pp358-360.

(2) Tom Carhart, Iron soldiers (New York: Pocket Books, 1994), pp214-216, pp231-233, p239. and Houlahan, Gulf War, pp361-363.

(3) Richard M.Bohannon, "Dragon's Roar: 1-37 Armor in the Battle of 73 Easting", Armor (May-June 1992), pp11-17.

(4) Carhart, Iron solders, pp68-71. and Houlahan, Gulf War, p356.

(5) Carhart, Iron solders, pp242-243.

(6) Carhart, Iron solders, pp244-248. and Robert H. Scales, Certain Victory: The U.S.Army in the Gulf War (Newyork: Macmillan, 1994), pp267-269.

(7) Bohannon, ""Dragon's Roar, pp13-14.

(8) Carhart, Iron solders, pp246.

(9) Scales, Certain Victory, pp213-215.

(10) Carhart, Iron solders, pp252.

(11) Carhart, Iron solders, pp257-258.

(12) Depleted Uranium in the Gulf (II), TAB H-Friendly-Fire Incidents, Deploymentlink.osd.mil.

(13) George Forty, Tank Aces (U.K.: Sutton P.L., 1997), pp178-179.

(14) Scales, Certain Victory, p270. and Carhart, Iron solders, p258-260.

(15) Bohannon, Dragon's Roar, p15.

(16) Depleted Uranium in the Gulf.

제16장
강철의 롤러가 적진을 유린한
'노포크 전투'

프랭크스 군단장과 슈워츠코프 사령관의 모순된 대화 - 진격속도 문제[1]

2월 26일 저녁, 프랭크스 중장 예하 제7군단은 이라크군 알라위 사령관이 타와칼나 기계화보병사단을 중심으로 구축한 주방어선인 '전차의 벽'에 격돌했다. 프랭크스 중장은 이라크군 주방어선의 북부 주진지를 제3기갑사단과 제1기갑사단 3여단(제37기갑연대 1대대(TF))으로 공격하고, 남부 주진지(미군이 설정한 목표 노포크 일대)는 선도부대인 제2기갑기병연대 대신 제1보병사단이 공략하도록 명령했다. 하지만 악천후로 이동 속도가 느려지면서 밤이 되어도 제2기갑기병연대와 제1보병사단의 교대가 이뤄지지 않았다. 당시 프랭크스 중장은 제7군단 전술지휘소(TAC)를 전선에 가까운 제3기갑사단의 작전구역 내로 이동하고 있었다. 제7군단 전술지휘소는 약 150명의 스탭과 M1A1 전차를 포함한 50여대의 차량으로 구성되었으며, 프랭크스 중장은 5대의 M577 지휘장갑차와 천막을 연결한 지휘소에서 지

시를 내렸다. 하지만 프랭크스 중장에게는 적의 주방어선에 대한 군단 주력의 공격 개시에 앞서 먼저 해결할 문제가 있었다.

프랭크스 중장은 요삭 중부군 육군사령관에게 슈워츠코프 사령관에게 군단의 진격속도 문제와 작전계획에 관해 직접 설명하겠다고 요청했다. 다음날 오후 6시 30분에 위성통신전화로 연락했지만 정작 슈워츠코프 사령관이 부재중이었다. 오후 8시 00분에는 슈워츠코프 사령관이 프랭크스 중장의 전술지휘소로 연락했다.

슈워츠코프의 자서전에 의하면 당시 프랭크스 중장은 "요삭 장군에게 직접 보고하라고 들었습니다."라고 경직된 어조로 말했다. 여기서 양자의 말이 어긋나는데, 프랭크스는 자서전에 요삭 장군의 지시를 받은 것이 아니라, 자신이 슈워츠코프 사령관에게 면담을 요청했다고 썼다.

대화가 시작되기에 앞서 프랭크스는 슈워츠코프가 제7군단의 느린 진격속도에 대한 격노를 각오하고 있었다. 하지만 의외로 슈워츠코프는 진격

칠흑같은 전장에서 이동간 사격을 하고 있는 M1A1 전차 (사진은 노포크 전투중 제34기갑연대 2대대(TF) 소속으로 추정)

속도에 관해서는 아무 말도 하지 않았다. 슈워츠코프는 측근들에게 지속적으로 제7군단의 진격속도가 느리다고 말해왔지만, 정작 수화기를 들고 있는 프랭크스에게는 진격속도에 대해 한마디도 꺼내지 않았다.

슈워츠코프의 성격을 생각하면 이례적인 일이지만, 두 사람의 성격이 상이하다는 사실을 인식하고 있던 슈워츠코프가 결전을 앞둔 현장지휘관을 배려했을 가능성이 높다. 그러나 전선의 야전 지휘관과 후방의 사령관 사이에 인식 차이가 있다면 명확히 의견을 교환해야 했다. 진격속도 문제는 파월도 "제7군단이 좀 더 서두를 수는 없습니까?"라고 채근할 정도로 중요한 문제였다.

다음으로 프랭크스가 작전에 관해 이야기하던 중, 슈워츠코프가 "프레드"라고 말을 끊으며, "빌어먹을(for chrissakes) 남쪽으로 전진하지 말고 동쪽으로 가서 공화국 수비대를 공격해 주게."라고 요구했다.

프랭크스는 공화국 수비대 공격 이전에 7군단의 측면을 공격할 가능성이 있는 이라크군 잔존 부대를 격파하기 위해 부대를 남쪽으로 이동시킨다고 말했다. 물론 타와칼나 사단의 주진지에 전력을 집중해야 할 7군단 전체를 이동시킨다는 뜻은 아니었다. 프랭크스는 영국군 기갑사단으로 남쪽을 공격하겠다고 설명했지만, 슈워츠코프는 7군단 전체가 남쪽으로 이동한다고 착각한 듯 하다. 사실 프랭크스는 영국군 기갑사단도 주력부대와 같이 동쪽으로 이동한다는 제안을 내놓았고 슈워츠코프도 동의했지만, 두 지휘관은 자신의 생각에 빠져 상대방의 진의를 확인하기 전에 결론을 내리는 바람에 말이 앞서 나가고 있었다.

예상과 달리 온화한 태도를 보인 슈워츠코프에 안심한 프랭크스는 군단이 철야로 공화국 수비대를 공격할 예정이라며, 증원된 제1기병사단이 북쪽에서 전진해 적을 포위 공격하는 기동작전에 대해 설명했다. 작전을 들은 슈워츠코프는 "좋아, 프레드. 좋은 작전이네. 적을 계속 밀어붙이게. 7군단의 공세에 도망치는 적은 날씨가 허락하는 한 공군이 해치울 걸세. 행운을 비네." 라고 말하며 전화를 끊었다.

공세를 앞두고 프랭크스는 총사령부에서 공화국 수비대의 함무라비 기갑사단이 후퇴 중이라는 정보를 들었다. 하지만 제7군단은 즉시 대처할 수 없었다. 제7군단과 제18공수군단의 작전구역에 걸쳐 포진한 함무라비 사단은 북동쪽 100km 거리에 있었고, 그 사이에는 타와칼나 사단과 메디나 사단이 포진한 상태였다.

날이 어두워질 무렵, 73이스팅 전투로 지친 제2기갑기병연대와 교대할 제1보병사단이 도착했다. 이제 프랭크스 중장은 제1기갑사단, 제3기갑사단, 제1보병사단 소속 에이브럼스 전차 1,100대로 구성된 '기갑의 주먹(Armored Fist)'으로 '레프트 훅'을 날려 이라크군 주방어선인 '전차의 벽'을 격파할 준비를 마쳤다. 가장 남쪽에서 진군하던 제1보병사단은 26일 오후 10시에 초월교대 준비를 마치고 10시 30분부터 제2기갑기병연대를 추월해 명일 27일 오전 2시 00분에 교대를 마쳤다. 그리고 심야부터 아침까지 타와칼나 사단의 남부 주진지를 공격했다.

PL(통제선) 라임과 PL 밀포드 사이에 있는, 직경 15km의 원형 구역에 위치한 이 남부 주진지는 목표 노포크로 명명되었다. 악천후로 항공정찰이 제대로 이뤄지지 않는 바람에 이곳에 배치된 이라크군의 전력에 대한 정보는 3주 전을 마지막으로 갱신이 중단된 상황이었다. 다만 제2기갑기병연대의 전투보고에 근거해 추정하자면, 주력인 이라크 육군의 기갑사단(3개 대대, 대부분 구형 T-55 전차)에 T-72 전차부대가 일부 증원되었을 가능성이 높았다. 하지만 전후 조사결과에 의하면 미군 제1보병사단의 작전구역 정면(30km)에 배치된 이라크군의 실제 전력은 훨씬 강력했다. 주력인 공화국 수비대의 타와칼나 기계화보병사단은 예하 부대인 제9전차여단의 일부와 제18기계화보병여단, 이라크 육군 제12기갑사단 37여단으로 구성된 기갑부대로, 총 전력은 6개 전차대대, 4개 기계화보병대대, 그리고 화력지원을 위한 다수의 포병대대로 구성되었다. 최소 200대 이상의 전차와 100대 이상의 장갑차가 배치되었으며, 주력은 T-72 전차와 BMP 보병전투차였다. 보병 전력은 6개 진지에 배치된 300~400명의 수비 병력이었다.[2]

제1보병사단은 제1여단과 제3여단을 전방에, 제2여단은 예비대로 후방에 배치한 V자 대형으로 진격했다. 제1보병사단장 레임 소장은 이라크군의 전력이 예상보다 강력하다는 사실을 알지 못하는 상태에서 목표 노포크 공략의 주공을 마거트 대령의 제1(데빌)여단에 맡겼다. 레임 소장은 이라크군의 전력이 3개 대대 이상이라 해도 3개 대대의 기동타격부대로 구성된 제1여단의 전투력(M1A1 전차 143대)은 이라크군 여단의 2배에 달하므로 제1여단의 전력이면 충분하다고 판단했다. 그리고 보다 신속하게, 최소한의 희생으로 목표를 공략하기 위해 사단 직속 정찰부대인 제4기병연대 1대대와 화력지원을 위한 155mm 자주포대대(제5야전포병연대 1대대와 4대대), MLRS 다연장로켓(제6야전포병연대 B중대)포대가 증강 배치되었다.

야간전 중 아군 오사를 우려한 폰테넷 중령 1,500m 이하로 제한된 전차의 포격거리 [3]

26일 오후 10시 00분, 제1보병사단 1여단은 73이스팅 전투를 치르고 현장에서 대기하던 제2기갑기병연대와 만났다. 위치는 70이스팅 부근으로, 여기서 3km 동쪽의 73이스팅까지 진군하면 목표 노포크에 격돌하게 된다. 사단에서 내려온 명령은 간결했다. '목표 노포크의 이라크군 진지 공략, PL 밀포드까지 진군 후 정지.' 마거트 여단장은 영국군 제1기갑사단에 이어 제2기갑기병연대와 두 번째 초월교대를 하기 위한 최종준비에 돌입했다.

전장은 드문드문 내리는 비와 거친 모래바람, 불타는 유전의 매연이 뒤덮여 어두웠고, 때때로 떨어지는 번개가 칠흑같이 어두운 밤하늘에 번쩍였다. 천둥소리는 포병대의 공격준비포격 소리에 묻혀 들리지 않았다. 마거트 대령은 MLRS의 로켓이 날아간 후 지평선 위로 파괴된 이라크군 차량의 화염이 일렁이는 모습을 보며 전쟁영화의 한 장면을 보는 것 같다고 생각했다.

여단장 마거트 대령은 최대 화력을 이라크군 정면에 집중시키기 위해 2개 전차대대를 양익에 세우고 후방에 보병부대를 배치해 전차부대를 엄호하게 했다. 그리고 좌익의 제1기갑사단 3여단과 연계를 유지하면서 사단의 측면 경계를 위해 제4기병연대 1대대를 좌측면에 배치한 V자 돌격대형을 갖췄다. V자 대형은 전방으로 화력을 집중시킬 수 있으며, 대응범위가 넓어서 적을 놓칠 위험이 적었다. 여단의 작전구역은 남북으로 약 10㎞ 였으며, 좌익(북쪽)에 제34기갑연대 2대대(TF)(드레드노트), 우익(남쪽)에 제34기갑연대 1대대(TF)(센추리온)가 배치되고, 3㎞ 후방에는 제16보병연대 5대대(TF)(데빌 레인저스)가 전개했다.

그레고리 폰테넷 중령의 제34기갑연대 2대대는 M1A1 전차 58대만을 장비한 전차부대였지만, 보병진지 제압과 장애물 제거를 위해 다른 병과의 부대를 배속받아 태스크포스로 개편했다. 폰테넷 중령은 M1A1 전차 14대를 장비한 2개 전차중대를 제16보병연대 5대대(TF)에 보내고, 대신 2개 중대 규모의 브래들리 보병전투차(하차보병 6명) 13대를 빌려 혼성 4개 중대를 임시 편성했다. B전차중대전투조와 C전차중대전투조는 전차중시편제의 2개 M1A1 전차소대와 1개 브래들리 보병전투차 소대 편성이었고, A보병중대전투조와 D보병중대전투조는 보병중시편제의 2개 브래들리 보병전투차 소대와 1개 M1A1 전차소대 편성이었다. TF 드레드노트(제34기갑연대 2대대)는 M1A1 전차 30대와 브래들리 보병전투차 32대(정찰소대의 M3 6대 포함)의 균형 잡힌 편제가 되었다. 그리고 여단에서 공병중대, 방공, 연막소대가 배속되면서 대대 병력은 1,000명선으로 늘어났다.

편성을 완료한 대대는 전방에 정찰소대를 세우고, 본대는 전방에 전차중대전투조인 C중대와 B중대, 후위에 보병중대전투조인 D중대와 A중대를 배치한 상자 대형으로 진격했다. 폰테넷 중령은 상자 대형의 중심에 위치한 대대본부에서 지휘했다. 그리고 공병중대와 박격포소대, 대대 전투지원대(의무, 지원, 정비소대)의 차량 행렬이 본대의 뒤를 따랐다. 대대는 30㎞의 속도를 유지하며 이동했다.

이라크군 방어진지 공략을 위해 폰테넷 중령이 구상한 작전은 다음과 같다. 먼저 이라크군 정면을 향해 일렬횡대 대형으로 부대를 재배치한다. 이 공격진형은 이라크군을 저인망 어선처럼 일소하기 위한 진형이었다. M1A1 전차들을 횡으로 길게 전개하면 전 차량이 최대 화력을 발휘할 수 있고, 감시영역이 늘어나, 어둠에 숨어 있는 이라크군을 놓칠 가능성도 줄어든다. 횡대 대형에는 좌(북)에서 우(남)로 D, C, B중대를 100야드(약 90m) 간격으로 배치했는데, 5개 전차소대는 전방에, 브래들리 보병전투차와 보병소대는 후방에 배치했다. 전방의 M1A1 전차 24대는 화력집중을 위해 되도록 빈틈이 생기지 않도록 배치했고, 브래들리 17대에 분승한 후방의 4개 기계화보병 소대는 전차를 엄호하는 역할을 맡았다. 일렬횡대인 전차부대의 측면과 배후가 적에게 노출될 경우 매우 위험해지므로 후방 보병부대의 엄호가 절실했다. 보병부대는 아군 전차를 노리기 위해 매복한 이라크군 RPG 대전차팀을 제거하고, 벙커를 발견할 경우 보병분대를 보내 제압하는 임무를 부여받았다. 박격포소대, 공병중대는 전차부대가 벙커나 지뢰지대를 만날 경우에 대비해 후방에서 대기하고, 상황이 발생하면 출동해 전차부대를 지원하기로 했다. 정찰소대는 우익 끝에서 대대의 측면을 경계하면서 제34기갑연대 1대대와 연결을 유지하는 역할을 맡았다.

폰테넷 중령의 작전은 적절했다. 다만 상자 대형에서 횡대 대형으로 전환하는 과정이 상당히 복잡하다는 점은 분명한 불안요소였다. 참모들과 수행한 작전도상의 실내 모의훈련과 주간 연습에서는 문제가 없었지만, 실전에서는 칠흑같이 어두운 최전선의 전장 한가운데서 기동하며 대형을 변경해야 했다. 지휘관을 포함해 병사 태반이 첫 실전을 경험하게 되었다는 점도 불안요소였다.

공격에 앞서 폰테넷 중령은 예하 중대장들에게 교전수칙에 관해 몇 가지 주의사항을 전달했다. 첫 번째 수칙은 교전거리의 제한이었다. 폰테넷 중령은 아군 오인사격을 피하기 위해 피아식별이 가능한 1,500m 이내, 또는 보다 가까운 거리에서만 교전하도록 지시했다.

두 번째 수칙은 전진 중 일렬횡대 대형 유지였다. 아군 오인사격을 방지하는 동시에 이라크군을 놓치지 않기 위한 조치였다. 하지만 계획대로 공격을 진행하면 공격의 속도와 기세를 희생해야 했다.

마지막으로 혼전 중의 일대일 교전과 같은 예외적인 상황이 아닌 한 각 전차의 자유사격을 금지하고, 대신 제압효과가 우수한 전차소대(4대)단위 일제사격으로 전차부대의 공격 방식을 한정했다.

자체판단으로 3,000m 이상의 장거리 교전을 시도하던 해병대의 브라보 중대나 맥마스터 대위의 이글 중대와 달리 폰테넷 중령이 지시한 교전거리 제한은 '표적'을 발견하더라도 즉시 공격할 수 없어서 전차병들에게 상당한 인내심을 요구했다.

폰테넷 중령이 교전거리를 1,500m 이내로 설정한 근거는 M1A1 전차의 조준경으로 피아식별이 가능한 거리였다. T-72 전차의 야간사격능력을 고려하면 충분히 안전이 보장되는 거리기도 했다. 폰테넷 중령은 "사막에서 가장 위험한 것은 아군의 M1A1이다." 라고 덧붙였다.

당시 전달한 수칙들을 고려한다면 폰테넷 중령은 리더십을 앞세우고 주변의 조언을 무시하는 저돌적인 패튼 타입과는 상반된, 자신이 가진 지식과 경험을 바탕으로 심사숙고해 판단하는 참모형 지휘관에 가까워 보인다. 실제로 폰테넷 중령은 육군 지휘참모대학과 고등군사연구학교를 졸업했으며 문학 학위도 가지고 있었다.

GPS가 없는 2개 중대
전장에서 미아가 되다 [4]

26일 오후 10시 30분, 상자 대형을 구성한 제34기갑연대 2대대(TF 드레드노트)가 우익 전방의 제34기갑연대 1대대를 따라 제2기갑기병연대가 개설

한 70이스팅 부근의 통로를 빠져나오고 있었다. 포탑 큐폴라로 몸을 내민 폰테넷 대령은 통과지점 부근에서 기병연대의 M3 브래들리 2대를 발견했다. M3 브래들리 뒤편에서 T-72 전차가 불꽃과 연기를 뿜어내고 있었다. 적진을 향해 전진하는 폰테넷 중령의 부대를 본 M3 브래들리의 젊은 병사가 환호했다. 폰테넷 중령은 지나가면서 T-72 전차의 포탑 위에서 오싹한 광경을 목격했다. 불타는 이라크군 전차장의 시체였다. 통과지점 부근에는 또다른 T-72 전차가 기병연대의 급습을 받아 포탑이 날아간 상태로 불타오르는 모습이 보였다. 기름, 화약, 고무, 그리고 이라크군의 시체가 타면서 풍기는 악취가 코를 찔렀다.

오후 11시 30분, TF 드레드노트는 통로를 빠져나와 73이스팅을 넘어 전진했다. 부대가 73이스팅을 통과하자 폰테넷 중령은 대대의 각 부대에 상자 대형을 풀고 전개해 공격 대형을 갖추라고 명령했다. 계획상으로는 좌익(북쪽) C, D 중대가 전방으로 이동하고 우익(남쪽) B중대가 뒤따라 일렬횡대 대형을 갖출 예정이었다. 이때 제34기갑연대 1대대는 남쪽에서 이라크군과 교전 중이었다.

좌익의 로버드 번스 대위의 C중대는 명령에 따라 3개 소대의 종대를 풀고 2개 소대를 전진시켜 횡대로 전환했다. D중대는 종대의 바로 뒤에서 따라오고 있었다. 그런데 C중대는 선도하는 번스 대위가 진로를 착각한 것 같았다. 동쪽으로 전진해야 하는데 북쪽으로 가고 있었다. C중대에는 마젤란 GPS가 지급되지 않아, 부대의 진행 경로는 순전히 지휘관의 판단에 달려있었다.

각 중대는 전차 안테나에 식별용 발광스틱을 장착하고 있었지만 모래 언덕을 넘어가는 동안 선도 차량을 놓치고 말았다.

번스 대위가 진로를 착각한 직접적 원인은 전장에 깔린 어둠이었지만, 이라크군의 갑작스런 공격과 아군 브래들리가 피격당하며 겪은 혼란으로 인한 방향감각 상실도 크게 작용했다.

'노포크 전투' 제1보병사단 1여단의 타와칼나 남부 주진지 공격도 (2월 26일 심야부터 다음날 아침)

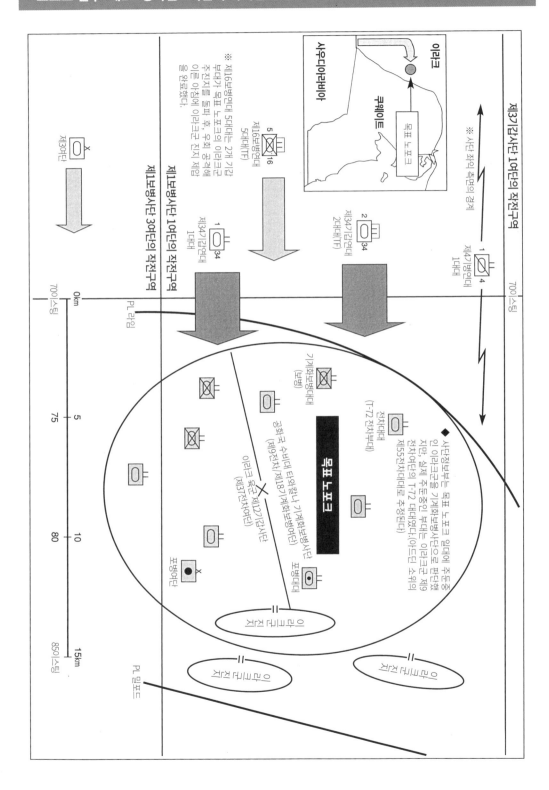

C중대는 이라크군의 기관총 공격을 받았고, 날아가는 예광탄의 섬광이 보였다. 번스 대위의 전차 안에서는 전차병들의 당황한 목소리가 울려퍼졌다. '사격이다, 사격! 뭐야, 무슨 일이야?' 번스 대위는 포수 미첼 영 상병에게 "포수! 포수! 스캐닝! 스캐닝!"하고 소리쳤다. 영 상병은 열영상조준경으로 어둠 속의 이라크군을 찾았다. 그 순간 남쪽 방향에서 폭발음이 들렸다. M3 브래들리 기병전투차 1대가 피탄당해 오렌지색 불기둥이 솟구쳤다.

"젠장! 사격중지(Ceasefire)! 아군 브래들리가 맞았다."

중대 무전에 들리는 소리를 듣고 폰테닛 중령은 아군 오인사격이라 판단해 4명의 중대장에게 "누가 저질렀나!" 라고 무전을 보냈다. 하지만 브래들리를 사격한 것이 아군인지 이라크군인지 알 수 없었다. 잠시 후 폰테닛 중령은 최소한 자신의 부하들은 오인사격을 하지 않았으며, 격파된 M3 브래들리도 다른 부대(제34기갑연대 1대대)의 차량임을 확인했다.

C중대는 대형을 바꾸기 위해 시속 8km의 저속으로 동쪽 방향으로 진로를 전환하려 했다. 이때 수상한 열원을 발견했다는 무전이 들어왔다. 번스 대위는 열원의 정체가 B중대의 차량이라고 생각했다. 하지만 B중대의 후미 차량 대열은 동쪽이 아닌 남쪽으로 꺾어 사우디 방면으로 향하고 있었다. 후방에 있던 폰테닛 중령은 무전을 듣고 B중대가 엉뚱한 방향으로 가고 있다고 판단해 B중대장 후안 토로 대위(칠레계 미국인)에게 무전을 보냈다.

"불독(B중대)! 도대체 뭘 하는 건가."

"무슨 의미입니까?"

"자네들은 지금 엉뚱한 방향으로 가고 있다."

"아닙니다. 저희는 틀림없이 동쪽으로 전진 중입니다."

확신에 찬 토로 대위가 캘리포니아 사투리로 답했다. 폰테닛 중령은 "잠시 대기." 라고 말한 후, 번스 대위에게 C중대가 동쪽으로 가고 있는지 확인

하라고 명령을 내렸다. 번스 대위는 폰테닛 중령의 명령을 듣고 깜짝 놀랐다. 자신의 진행 방향에 대한 확신이 없었던 것이다. GPS가 없어서 밤하늘의 별을 보고 방향을 확인하려 했지만, 하필 이날 밤은 별조차 보이지 않았다. 별 수 없이 번스 대위는 목에 걸고 있던 싸구려 나침반으로 방향을 확인하기로 했다. 자장의 영향을 피하기 위해 거대한 쇳덩이인 M1A1 전차에서 내려 15m가량 걸어간 후 방향을 확인했다. B중대의 토로 대위가 옳았다. C중대는 북쪽으로 가다 지금은 반대 방향인 서쪽으로 가고 있었다.

"중령님, 바른 방향으로 가고 있다고 생각했는데, 서쪽으로 가고 있었습니다."

연락을 받은 폰테닛 중령은 화를 내지 않고 차분히 대답했다. "알았다. 일단 그 장소에서 움직이지 말도록. 지금 이쪽도 혼란스럽다."

대형의 중심인 C중대가 엉뚱한 방향으로 움직인 이상 이대로는 공격 대형을 짤 수 없었다. 폰테닛 중령은 일단 정지하도록 지시한 후, 대책을 마련하기 위해 고심했다.

한편 토로 대위의 B중대는 바른 방향인 동쪽으로 이동하면서 일렬횡대 대형을 갖췄다. B중대의 M1A1 전차 10대는 거의 90㎝ 간격으로 밀착해 전차의 방패를 구성하여 후방의 M2 브래들리 보병전투차를 보호했다.

예정대로라면 C중대와 D중대가 동일한 대형으로 강철의 롤러를 형성해 이라크군 진지를 밀어버리려 했다. 하지만 C, D중대는 엉뚱하게도 북쪽 사막에서 헤메고 있었다.

M1A1 전차의 열영상조준경은 4km 이상 떨어져 있는 전차도 탐지할 수 있다. 하지만 사막은 일견 평탄해 보이지만 모래 언덕이 복잡하게 솟아오른 지형이 즐비해서, 각 중대가 대형을 전환하던 도중에 동료 전차를 시야에서 놓치는 경우가 빈번했다.

폰테닛 중령은 토로 대위에게 즉시 길을 헤매는 부대에게 B중대의 위치를 가르쳐주라고 지시했다.

토로 대위는 전차 대열의 좌측 끝에 있는 베테랑 전차장 존 맥킨 하사(47세)를 호출해 포탑의 안테나에 설치한 발광 스틱을 점등하라고 지시했다. 하지만 광량이 약해 C중대에서는 보이지 않았다.

폰테넷 중령은 이 사태를 여단장 마거트 대령에게 보고했다. 마거트 대령은 화가 났지만, 현장 지휘관을 비난하지는 않았다.

귀중한 시간이 흘러갔고, 폰테넷 중령은 토로 대위에게 C중대가 방향을 잡을 수 있도록 위험을 감수하고 조명탄을 쏘라고 명령했다. B중대가 조명탄을 쐈지만 C중대에서는 반응이 없었다. 대신 이라크군의 기관총이 B중대를 향해 불을 뿜었다. 결국 폰테넷 중령이 탑승한 HQ66호 전차에서도 조명탄을 쏘아 올렸다. "주의, 주의, 이쪽이 동쪽이다." 이번에도 이라크군의 중기관총이 날아들었다. 하지만 미아가 되었던 C중대가 본대의 위치를 확인하고 남동쪽으로 이동하기 시작했다.

번스 대위의 C중대가 본대에 합류하기까지 30분이 소요되었다. 그동안 토로 대위의 B중대는 BMP-1 보병전투차를 보유한 것으로 추정되는 이라크군 기계화보병 소대와 조우했다. 이라크군 보병은 사막에 판 참호에 산개해 소총, 중기관총, RPG 대전차로켓을 발사했다. 하지만 이라크군의 야간사격능력 부족으로 큰 위협이 되지는 않았다. B중대의 M1A1 전차 10대는 7.62mm 공축기관총과 120mm 주포로 이라크군 보병 몇 명을 사살하고 장갑차 1대를 격파했다. 그리고 대대장이 있는 본부를 향해 중기관총 사격을 가하던 장갑차와 트럭도 격파했다.

이라크군 대전차보병을 깔아뭉개라! [5]

27일 오전 0시 30분, C중대는 대대장인 폰테넷 중령이 위험을 무릅쓰고 조명탄을 쏘아 올린 덕분에 본대로 합류할 수 있었다. C중대는 번스 대위의 선도 하에 대대본부를 초월해 B중대 좌후방에 전개한 후, 이라크군 전위 거점과 조우했다. 일대에는

참호, 벙커, 개인호가 즐비하고, 미군 병사들이 러시안 바주카라 부르는 RPG 대전차로켓으로 무장한 이라크군 대전차팀들이 매복하고 있었다.

진격하던 번스 대위는 자신의 C66호 전차 50m 전방에 위치한 개인호를 발견했다. 2초 후, RPG를 든 이라크군 병사가 개인호에서 뛰쳐나왔다. 조종수 사무엘 앤더슨 상병은 깜짝 놀라 헛숨을 들이켰다. "적이 나타났다!" 포수 영 상병은 공축기관총의 방아쇠에 손가락을 걸고 발사명령을 기다렸다. 하지만 이라크군 병사 뒤쪽 300m에 B중대의 공병차량과 중대본부 소속 트럭이 보였다. 이대로 사격하면 아군이 맞을 수도 있었다. 번스 대위는 조종수에게 "그대로 밀어버려!" 라고 명령했다. "알겠습니다!" 조종수 앤더슨 상병은 스로틀 그립을 있는 힘껏 당겼다. 전투중량 60t의 거체가 돌진해 왔지만 타와칼나 사단의 RPG 대전차보병은 항복하지 않았다. 결국 M1A1 전차의 무한궤도가 보병을 그대로 밟고 지나갔다.

번스 대위는 "기분이 어떤가?" 라고 조종수 앤더슨 상병에게 물었다. 그러자 "죽도록 무서웠습니다."라는 대답이 돌아왔다.

하지만 이라크군 병사는 죽지 않고, 전차에 깔리기 직전 구멍 속으로 몸을 피했다. 다시 뛰쳐나온 이라크군 병사는 RPG를 들고 전차의 우측 후방을 노렸다. RPG는 탄두(중량 2.3kg)가 작지만, M1A1 전차가 아무리 튼튼해도 약점인 엔진 그릴에 직격당한다면 무사할 수 없었다. 죽은 줄 알았던 이라크군 보병을 눈치 챈 번스 대위는 중대 무전으로 소리쳤다. "내 전차의 그릴을 봐 줘!"

그 순간 RPG가 발사되었지만 그대로 빗나갔다. 전장에서 운은 강자의 편이고 약자에게는 죽음만을 선고하는 법이다. 결국 이 용감한 이라크군 병사는 전차를 엄호하는 제3보병소대의 브래들리가 발사한 부시마스터 25mm 기관포 사격에 산산조각나고 말았다. 깡마른 몸에 어울리지 않게 '싸움꾼 소위'라 불리는 소대장 미첼 호머 소위의 사격이었다.

'노포크 전투' 제34기갑연대 2대대(TF)의 전투 개요도 (2월 26일 오후 10시 30분~27일 오전 1시 30분)

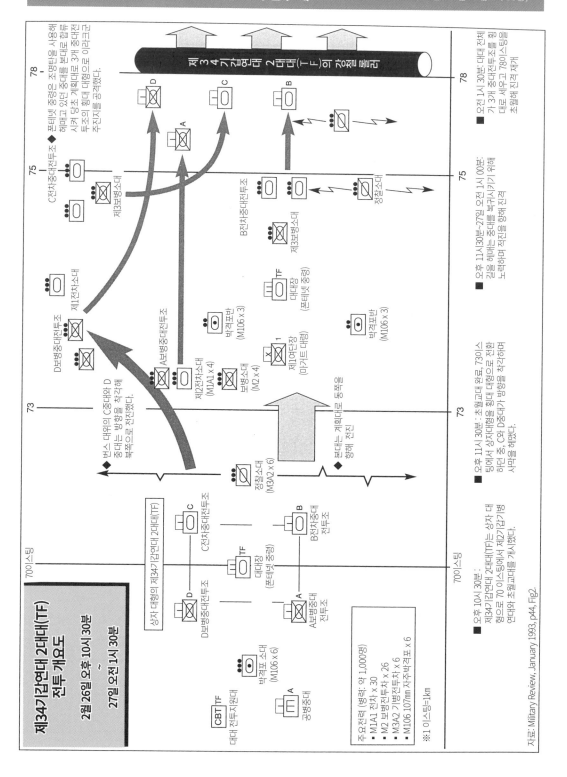

자료: Military Review, January 1993, p44, Fig2.

발사된 25㎜ 포탄(M792 예광고폭소이탄으로 추정)은 이라크군 병사만이 아니라 번스의 M1A1 전차에도 몇 발 맞았다.

차내에서 기관포탄이 튕기는 소리를 들은 번스 대위는 전차의 손상이 우려스러웠다. 그래서 탄약수 스콧 메딘 병장에게 "나가서 그릴을 확인해." 라고 명령했다. 예광탄 불빛이 전장을 가로질렀고 간혹 도탄이 하늘로 솟구쳐 오르기도 했지만 메딘 병장은 임무를 완수했다. "이상 없습니다." 매딘 병장은 쓴웃음을 지으며 보고했다.

"어느 놈이 쏜 거야!" 번스 대위는 무전으로 소리쳤다. 지휘관이 발포명령도 내리지 않았는데 멋대로 아군을 향해 발포한 미친 놈을 가만 둘 수는 없었다. 발사된 기관포탄이 토로 대위의 B중대까지 날아갔고, B중대에서는 긴급 무전으로 사격 방향을 바꾸라고 외쳐댔다. 번스 대위는 "이 멍청한 짓을 해명해 보게" 라고 호머 소위를 질책했다. 호머 소위는 "RPG를 든 이라크군 보병을 발견했고, 중대장님을 구하기 위해 발포했습니다." 라고 당당히 대답했다.

이런 지휘계통의 혼란은 C중대의 보병소대가 제16보병연대 5대대에서 임시 배속된 부대라는 점에 일차적 원인이 있었지만, 부대 내의 불화도 작용했다. 존 색의 「Company C」에 의하면 번스 대위는 '궁극의 관료주의자(the ultimate bureaucrat)'라는 별명으로 불릴 정도로 병사들이 싫어하는 장교였다. 수염을 기르고 무테안경을 낀 번스 대위는 외모만큼이나 깐깐한 성격이었는데, 부하들이 발포할 때도 반드시 목표의 거리·방위·목표의 종류를 보고하도록 했고, 확인이 끝나야 발포를 허가했다. 이런 지나친 '관료주의'는 병사들이 반감을 샀다.

그리고 호머 소위의 발포는 적 보병을 사살하려는 명확한 의도가 있었고, 중대장이 탑승한 전차도 몇 발을 맞았지만 피해를 입지는 않았다.

이후 C중대의 M1A1 전차들은 벙커 사이로 이동하는 이라크군 보병들을 보면 즉시 7.62㎜ 공축기관총으로 사살했다. 이라크군 진지에 대한 사격은 2분만에 멈췄다. 이번에는 제3보병소대의 차례였다. 브래들리 보병전투차 4대의 후방 램프가 열리고, 보병분대(각 차량 당 6명)가 전장으로 달려 나갔다. 보병분대의 무장은 M16A2 소총, 40㎜ 유탄발사기, M249 미니미 분대지원화기(5.56㎜ 경기관총), M60 7.62㎜ 기관총, 드래곤 대전차미사일 등이었다. 보병의 임무는 참호와 벙커의 제압이었다. 끝까지 저항하는 적병은 사살하고, 항복하는 병사들은 포획했다. 분대장 가운데 한 명이 번즈 대위가 타고 있는 C66호 전차위에 올라가 상황을 보고했다.

"주변에 이라크 보병의 시체들이 수없이 굴러다니고 있습니다!"

TF 드레드노트의 선두에서는 먼저 적진에 돌입한 B중대가 분투하고 있었다. 토로 대위의 B66호 전차에서는 포수가 열영상조준경으로 복수의 목표를 발견했고, 동시에 탄약수도 전차 좌측에 위치한 보병 거점을 발견했다. 조종수는 이라크군 지휘차량을 발견했다고 소리쳤다. 토로 대위 자신도 우측에서 이라크군 전차를 발견했지만, 가장 중요한 목표인 적 지휘차량(PC)를 우선 공격하기로 결정했다.

"포수, HEAT탄, 목표 PC 확인!" 토로 대위는 침착하게 명령을 내렸다.

탄약수는 HEAT탄을 장전하고 "완료!" 라고 외쳤다. 포수는 표적을 조준하고 거리를 측정한 후 방아쇠를 당겼다. 하지만 포가 발사되지 않았다. 토로 대위가 "오른쪽 방아쇠!"라 외치며 다시 방아쇠를 당겼지만 이번에도 발사되지 않았다. 아무래도 발사기구가 고장 난 듯했다. 토로 대위는 즉시 파워 컨트롤 핸들의 팜 스위치(화기조작 전환장치)를 누른 후 엄지로 발사 버튼을 눌렀다. '펑!' 겨우 포탄이 발사되고, 전차가 흔들리며, 차내에 콜다이트 무연화약의 역한 냄새가 퍼졌다.[6]

계속해서 B66호 전차에 고장이 발생했다. 이번에는 무전기의 주파수 도약장치(도청 방지를 위해 자동으로 주파수를 변조하는 장치) 고장이었다. 이대로는 무전으로 지시를 할 수가 없었다. 탄약수가 수리를 시도했지만, 신속한 수리가 불가능한 고장이라면 이대로 도청의 위험을 감수하고 무전기를 사용하거나 부대장의 전차로 옮겨 타야 했다. 하지만 토로 대위의 걱정은 기우에 지나지 않았다. B중대의 전차소대는 폰테넷 중령의 지시대로 이라크군 전차를 포착하면 M1A1 전차 4대의 일제사격으로 격파해 나갔다. B중대는 C중대와 달리 지휘관의 지시 없이도 제대로 통제되고 있었다. 예를 들어 횡대 대형의 좌측 끝에서 공격중이던 맥킨 중사의 M1A1 전차는 레이저 거리측정기에 트러블이 발생하는 바람에 일시적으로 혼란을 겪었지만, 베테랑인 맥킨 중사는 거리를 어림해 포격하는 대신 동료 전차에게 표적의 거리를 확인한 후 발포했다.

'강철의 롤러' 열화우라늄 방패와 120㎜ 창으로 무장한 팔랑크스의 돌격

마거트 대령은 목표 노포크를 향한 진군을 절반가량 진행한 상황에서 제1(데빌)여단을 정지시켰다. 좌익의 제34기갑연대 2대대, TF 드레드노트 소속 2개 중대(C, D)가 길을 잃어 공격 대형을 제대로 형성하지 못했고, C중대는 B중대를 향해 오인사격을 가했다. 또 우익의 제34기갑연대 1대대 센추리온에서 아군 오인사격이 의심되는 피해가 발생한 상황이었다. 마거트 대령은 양 부대에 정지 명령을 내리고, 제압지역의 확보, 사상자의 후송, 적 본진 공략을 위해 신속한 부대 재편성을 지시했다.

27일 오전 1시, 양 대대는 40분만에 재편성을 끝내고 다시 전진했다. TF 드레드노트는 폰테넷 중령의 구상대로 D, C, B 3개 중대를 90m 간격으로 분할해 북에서 남쪽으로 일렬횡대 대형을 전개했다. 1열은 밀착 정렬한 24대의 M1A1 에이브럼스 전차를, 2열에는 브래들리 보병전투차 17대를 배치했다. 번스 대위는 전차와 보병전투차가 사막에 일렬로 늘어선 광경이 엄청난 장관이었다고 회고했다.

이제 41대의 장갑차량으로 구성된 「강철 롤러」가 이라크군 방어선을 압살할 준비를 마쳤다.

오전 1시 30분, 78이스팅을 넘어설 무렵, 폰테넷 중령이 돌격 명령을 내렸다. 폰테넷 중령은 공격 직전에 여단 전술작전본부(TOC)에서 파견된 마이크 슐츠 중사로부터 이라크군의 부대 배치에 관한 최신 정보를 얻었다. 전방에 이라크 육군 제17기갑사단에서 증원된 전차대대(T-55 전차)와 기계화보병대대(BMP 보병전투차)가 있을지도 모른다는 애매한 정보였다. 공격을 목전에 두고 있음에도 이라크군 전력에 대해서는 전혀 모르는 것이나 다름없는 상황이었다.

전후 조사 결과 제34기갑연대 2대대와 교전한 이라크군 주력은 육군 사단이 아닌 공화국 수비대 타와칼나 사단의 2개 전차대대(제9전차여단의 제55대대로 추정)였고, 이 부대는 중대 단위의 진지를 길게 구축하고 각 진지를 참호로 연결해 보병중대를 배치하고 있었다. 실제로 각 중대가 조우한 이라크군 가운데 D중대가 위치한 좌익(북쪽)에는 복수의 전차중대(T-72 전차와 BMP-1 보병전투차의 혼성부대)가, C중대가 담당한 중앙에는 2개소의 보병진지와 전차중대가, B중대가 전개한 우익(남쪽)에는 대대 규모의 기갑부대가 배치되어 있었다.

제34기갑연대 2대대는 이라크군 전차의 2,000m까지 접근했고, 폰테넷 중령은 이라크군 진지를 대략적이나마 망원경으로 살필 수 있었다. 적진을 확인한 폰테넷 중령은 3개 중대에 각각 목표를 할당하고, 적을 발견하면 1,500m부터 일제사격을 하도록 교전수칙을 정했다.

번스 대위의 C중대는 또다시 대열이 흐트러지지 않도록 각 전차의 차간거리를 좁혔다. 10대의 전차들은 훈련받은 대로 1야드(약 90㎝) 간격을 유지했다. 전폭 3.6m 의 M1A1 전차 10대가 나란히 늘어선 중대 횡대대형의 폭은 44m에 달했다. 그야말로 120㎜ 활강포 장창과 열화우라늄 방패를 든 현대의 팔랑크스(고대 그리스의 장창보병 밀집 방진)였다.

타와칼나 남부 주진지를 공격한 제1보병사단 34기갑연대 2대대 TF 드레드노트의 편제와 전력

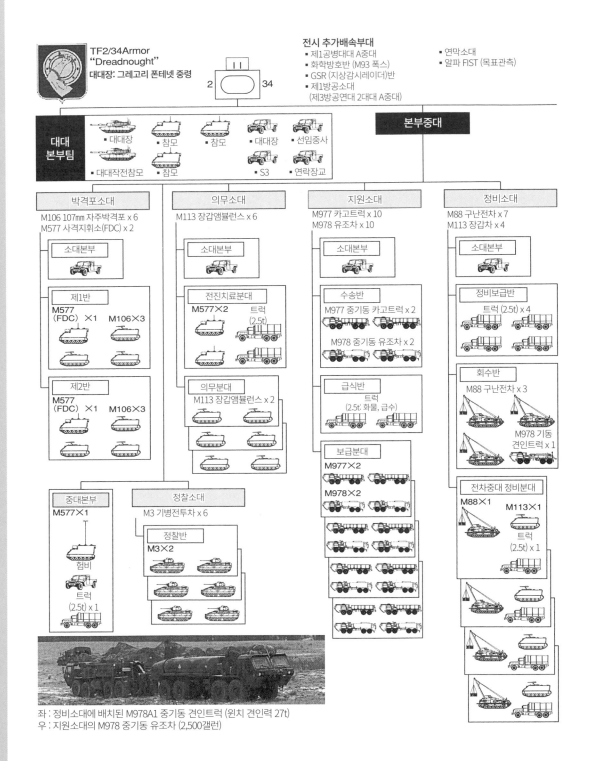

TF2/34Armor
"Dreadnought"
대대장: 그레고리 폰테넷 중령

전시 추가배속부대
- 제1공병대대 A중대
- 화학방호반 (M93 폭스)
- GSR (지상감시레이더)반
- 제1방공소대
  (제3방공연대 2대대 A중대)

- 연막소대
- 알파 FIST (목표관측)

본부중대

대대 본부팀
- 대대장
- 참모
- 참모
- 대대장
- 선임중사
- 대대작전참모
- 참모
- S3
- 연락장교

박격포소대
M106 107mm 자주박격포 x 6
M577 사격지휘소(FDC) x 2

소대본부

제1반
M577 (FDC) ×1   M106×3

제2반
M577 (FDC) ×1   M106×3

중대본부
M577×1
험비
트럭 (2.5t) x 1

의무소대
M113 장갑앰뷸런스 x 6

소대본부

전진치료분대
M577×2   트럭 (2.5t)

의무분대
M113 장갑앰뷸런스 x 2

정찰소대
M3 기병전투차 x 6

정찰반
M3×2

지원소대
M977 카고트럭 x 10
M978 유조차 x 10

소대본부

수송반
M977 중기동 카고트럭 x 2
M978 중기동 유조차 x 2

급식반
트럭 (2.5t: 화물, 급수)

보급분대
M977×2
M978×2

정비소대
M88 구난전차 x 7
M113 장갑차 x 4

소대본부

정비보급반
트럭 (2.5t) x 4

회수반
M88 구난전차 x 3
M978 기동 견인트럭 x 1

전차중대 정비분대
M88×1   M113×1
트럭 (2.5t) x 1

좌 : 정비소대에 배치된 M978A1 중기동 견인트럭 (윈치 견인력 27t)
우 : 지원소대의 M978 중기동 유조차 (2,500갤런)

🪖 제34기갑연대 2대대(TF)의 전력

병력	약 1,000명
M1A1 전차	30대
M2 보병전투차	26대
M3A2 기병전투차	6대
지원차량	약 85대 (M977 x 10, M978 x 10)

M106A2 107mm 자주박격포	6대
M577 지휘장갑차	8대
M3A2 기병전투차	10대
M88 구난전차	7대

🪖 배속부대의 주장비

M728 전투공병전차	2대
M9 장갑전투도저	5대
M60 MICLIC 지뢰제거전차	3대
M60 교량전차(AVLB)	1대
D7 도저	2대
M93 NBC 정찰차	2대
M113 GSR	1대

B전차중대전투조
(토로 대위)
M1A1×10，M2×4

중대본부

트럭
(2.5t)

M1A1   험비

제1전차소대

제3전차소대

제3보병소대

※ 제16보병연대 5대대
A중대에서 배속

C전차중대전투조
(번스 대위)
M1A1×10，M2×4

중대본부

보급
(급수)

중대장   중대장

부중대장   선임중사

제2전차소대

제3전차소대

제3보병소대

※ 제16보병연대 5대대
D중대에서 배속

A보병중대전투조
(워맥 대위)
M2×9，M1A1×4
※ 제16보병연대 5대대

중대본부

M2
보병전투차   험비

제1보병소대

제2보병소대

제2전차소대

※ B전차중대에서 배속

D보병중대전투조
(부시헤드 대위)
M2×9，M1A1×4
※ 제16보병연대 5대대

중대본부

제1보병소대

제2보병소대

제1전차소대

※ C전차중대에서 배속

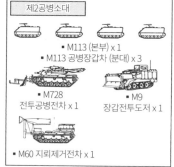

제2공병소대

- M113 (본부) x 1
- M113 공병장갑차 (분대) x 3
- M728 전투공병전차 x 1
- M9 장갑전투도저 x 1
- M60 지뢰제거전차 x 1

※ 제1공병대대 A중대에서 배속
(2월 24일 돌파작전 기준)

제3공병소대

- M113 (본부) x 1
- M113 공병장갑차 (분대) x 3
- M728 전투공병전차 x 1
- M60 지뢰제거전차 x 1
- M9 장갑전투도저 x 1

※ 제1공병대대 A중대에서 배속
(2월 24일 돌파작전 기준)

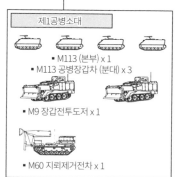

제1공병소대

- M113 (본부) x 1
- M113 공병장갑차 (분대) x 3
- M9 장갑전투도저 x 1
- M60 지뢰제거전차 x 1

※ 제1공병대대 A중대에서 배속
(2월 24일 돌파작전 기준)

C중대가 이라크군 보병진지에 돌입하자 참호와 개인호에서 일제히 RPG가 발사되었다. 하지만 RPG 정도는 정면에 몇 발을 맞더라도 M1A1 전차에 그을린 자국만 남길 뿐이었다.

교전거리까지 접근한 각 전차소대가 일제사격을 실시하자 적진은 폭염과 굉음으로 가득 찼다. M1A1 전차로 구성된 팔랑크스는 가스터빈의 날카로운 엔진음을 울리며 일제히 적진을 짓밟고 지나갔다. 그리고 그 뒤에서 보병소대의 브래들리 보병전투차와 보병이 참호로 육박해 들어갔다. 브래들리는 25mm 기관포로 제압사격을 실시하며 참호에 접근했고, 저항하는 이라크군 보병은 위치가 확인되는 즉시 25mm 고폭소이탄과 공축기관총 사격으로 침묵시켰다.

C중대의 좌측에는 존 부시헤드 대위(체로키 미국원주민)의 D중대가 이라크군 기갑부대와 조우했다. 부시헤드 대위는 중대 무전으로 외쳤다. "전원 공격! 전원 공격!" 부시헤드 대위는 번스 대위와는 반대로 부하들이 각자 판단해 자유롭게 발포하도록 허가했다.[7]

보병중심 편제인 D중대의 공격은 4대의 M1A1 전차가 아닌 9대의 브래들리 보병전투차가 중심이 되었다. D중대는 교전 대상인 이라크군 기갑차량이 장갑이 얇은 소련제 BMP-1 보병전투차와 장갑차라 판단해 TOW 대전차미사일을 쓰지 않고 부시마스터 기관포로 공격했다. 발사된 25mm 철갑소이탄의 텅스텐 관통자가 빨간 꼬리를 길게 늘어뜨리며 날아갔다. 어둠 속에서 하얀 섬광이 솟구치는 모습을 보고 이라크군 장갑차량에 명중해 관통했다고 판단했지만, 10-15발을 사격하면 격파당해 불타오르던 일반적인 BMP와 달리 이 표적은 쉽게 격파되지 않았다. 30분 가까이 지속된 전투로 대량의 25mm 기관포탄이 소모되었다. 걸프전 당시 M2는 구형 전차의 장갑도 관통할 수 있는 신형 M919 25mm 열화우라늄 철갑탄도 일부 사용했다.

오전 2시 00분, D중대 제1전차소대도 전투에 가세했다. 1소대 M1A1 전차 4대의 지휘관은 데이비드 러셀 소위였다.

M1A1 전차 중 한대가 모래 엄폐호에 숨은 BMP를 발견했다. BMP를 발견한 M1A1 전차의 포수는 "벼락이나 맞아라!"라고 외치며 주포를 발사했다. 새빨간 불꽃의 창이 그대로 BMP를 격파했다. 격파된 BMP는 형형색색의 불길이 넘실대는 불덩어리가 되었다. 주황, 노랑, 녹색, 파랑의 색색으로 빛나는 불길을 본 포수는 무지개 같다고 말했고, 전차장도 강렬한 불길을 보며 "대낮처럼 밝구만." 하고 중얼거렸다. 이 강한 불빛으로 인해 열영상조준경에 화이트 아웃 현상이 일어났다. 포수는 즉시 야간 모드를 주간 모드로 전환했다.

BMP를 격파한 D중대 전차소대는 사기가 올랐다. "다음 놈을 잡자고! 이예!" 전차소대는 환호를 울리며 전진했다. 러셀 소위는 포수용 열영상조준경이 화이트 아웃 현상이 일어나 기능이 저하되자 큐폴라 밖으로 몸을 내놓고 AN/PVS7 야간투시경으로 전장을 살폈다.

기묘한 슈팅 게임
야간투시경에 보이지 않는 T-72 전차 [8]

C11호 전차가 모래언덕을 넘어서자 러셀 소위는 전방 100m에 이라크군 벙커로 보이는 물체를 발견했다. "뭔가 보이나?" 러셀 소위는 포수에게 말을 걸었다.

"아무것도 안 보입니다." 아직 열영상조준경의 기능이 회복되지 않았다.

러셀 소위는 벙커에 위치한 이라크군 보병 2명을 발견했다. 거리는 40m에 불과했다.

"공축! 쏴!"

"안 보입니다, 소위님!"

러셀 소위가 쏘라고 소리치는 사이에 거리는 10m까지 좁혀졌다. 이때 근처에서 불타던 소련제 트럭의 연료탱크가 폭발했고, 일순간 주변이 밝아졌다. 그 순간 러셀 소위는 눈앞의 벙커라 생각했던 물체의 정체를 알 수 있었다. 엄폐호 안에 있는 T-72 전차였다. T-72 전차의 120㎜ 라피라 주포가 자신을 노려보고 있었다. 그야말로 '바빌론의 사자'의 입에 머리를 디민 격이었다.

"적 전차다! 후진! 후진!"

레셀 소위는 열영상조준경이 제 기능을 할 수 없는 상황이어서 포수의 주포 사격은 포기했다. 어느 정도 거리를 확보한 러셀 소위는 전차를 세우고 전차장석으로 뛰어들었다. 그리고 서둘러 사격통제를 전차장석으로 전환해 M256 120㎜ 활강포를 T-72 전차를 향해 선회시켰다. 거리를 측정할 필요도 없는 근거리여서 곧바로 발사 버튼을 눌렀다. 발사된 포탄이 명중하고 T-72 전차가 불타올랐다. 러셀 소위는 아무 역할도 하지 못한 포수에게 "다들 토스트가 될 뻔 했어!"라고 퉁명스레 말했다.

러셀 소위의 옆에 있던 M1A1 전차도 이 기묘한 슈팅 게임 같은 상황을 겪었다. 눈앞에 갑자기 나타난 T-72 전차를 본 전차장은 "후퇴!"라고 소리쳤고, 조종수는 후진기어를 넣고 액셀 그립을 있는 힘껏 당겼다. AGT-1500 가스터빈 엔진의 가속력 덕분에 M1A1 전차는 순식간에 시속 32㎞로 가속했다. 포를 쏠 간격이 생기자마자 주포가 불을 뿜었고, 격파된 T-72 전차는 유폭이 일어나 포탑이 날아갔다. 10m 이상 솟구쳐 올라간 포탑은 M1A1 전차 근처에 떨어졌다.

교전이 계속되자 전장은 불타는 이라크군 차량들로 인해 대낮처럼 밝아졌다. 교전 중 이라크군 BMP는 거의 응전을 하지 않았다. 공격을 멈춘 D중대는 이라크군 진지 옆을 지나가며 6대의 차량 잔해를 목격했다. 그런데 파괴된 차량들은 BMP 보병전투차가 아니라 T-72 전차였다. D중대의 브래들리 보병전투차가 T-72 전차를 BMP로 오인해 25㎜ 기관포로만 공격했던 것이다. 당연히 T-72 전차는 격파되지 않았으나, 반격도 하지 않았다.

러셀 소위의 경우 야간투시경을 사용했음에도 T-72 전차를 벙커로 오인했는데, 100m 이내의 근

거리까지 접근할 동안 T-72 전차를 식별하지 못했다. T-72 전차가 엄폐호에 깊숙이 숨고, 이라크군 전차병들이 그 위에 위장망까지 씌운데다 엔진도 끄고 있어서 열영상에 발견되지 않았다. 하지만 그렇게 철저히 매복한 T-72 전차는 정작 러셀 소위의 전차가 가까이 접근하는 동안 공격을 하지 않았다. 러셀 소위가 목격한 벙커(엄폐호에 있는 T-72 전차)에서 본 두 명의 이라크군 병사가 대전차보병이 아닌 도주하던 전차 승무원들이었기 때문이다. 당연히 사람이 타지 않은 전차는 공격을 할 수 없었다.

전후 조사결과에 따르면, 당시 이라크군 전차병들은 다국적군 공군의 레이저유도폭탄 정밀폭격을 피해 전차의 엔진을 끄고 전차에서 떨어진 참호로 피신한 상태였다. 결국 러셀 소위 앞에 갑자기 나타난 T-72 전차는 처음부터 승무원이 없었다.

TF 드레드노트는 목표 노포크 공격 개시 후 한 시간만에 이라크군 전차중대나 보병중대의 진지를 차례차례 격파해 전차와 장갑차 35대, 트럭 10대를 파괴하고 포로 100명을 잡았다. 또 기관총으로 공격하거나 무한궤도로 압살한 이라크군 보병도 다수 있었지만, 사살 통계는 발표되지 않았다. 그리고 공격개시 두 시간 후인 오전 4시 30분까지 목표 일대에서 저항하는 잔적 제압과 도주하는 적 전차의 추격, 방치된 차량과 탄약 폭파, 포로 수용 등의 후속조치가 진행되었다.

B중대의 토로 대위는 제압을 끝낸 이라크군 진지로 걸어갔다. 진지 안에서 불타고 있는 이라크군 전차의 우측으로 돌아서자 끔찍한 장면이 보였다. 포탑 큐폴라 위에서 이라크군 전차 지휘관의 시체가 불타고 있었다. 자신도 같은 처지가 될 수 있다고 생각하니 매우 불쾌했다. 맥킨 중사도 결코 잊지 못할 광경을 보고 있었다. 어느 이라크군 병사가 전투의 충격에 "알라시여. 알라시여."라며 울부짖는 소리가 기분 나쁘게 전장에 울려 퍼졌다. 중대원들은 지친 와중에도 방황하는 이라크군 포로들을 모아 후속하는 공병부대에 인도했다.

폰테넷 중령의 제34기갑연대 2대대의 '강철 롤러 작전'

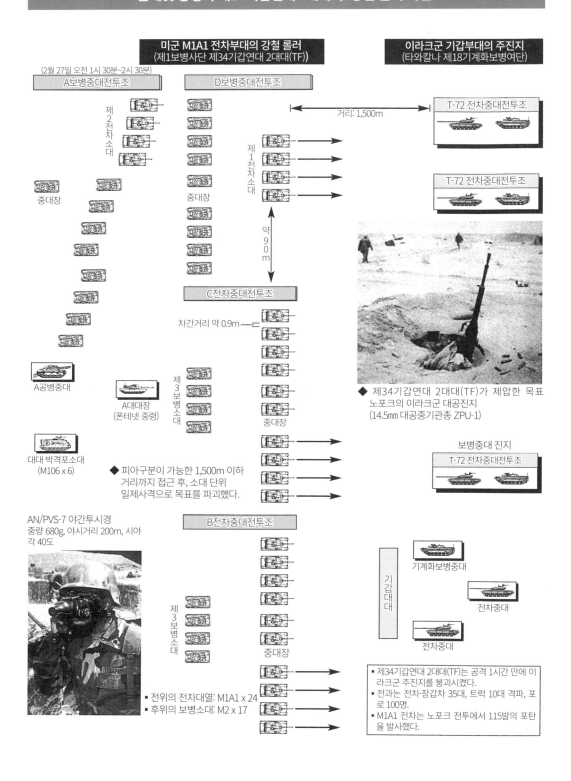

미군 M1A1 전차부대의 강철 롤러
(제1보병사단 제34기갑연대 2대대(TF))

(2월 27일 오전 1시 30분~2시 30분)

A보병중대전투조

D보병중대전투조

제2전차소대

중대장

중대장

제1전차소대

약 90m

C전차중대전투조

차간거리 약 0.9m

중대장

A공병중대

A대대장
(폰테넷 중령)

제3보병소대

대대 박격포소대
(M106 x 6)

◆ 피아구분이 가능한 1,500m 이하 거리까지 접근 후, 소대 단위 일제사격으로 목표를 파괴했다.

AN/PVS-7 야간투시경
중량 680g, 야시거리 200m, 시야 각 40도

B전차중대전투조

제3보병소대

중대장

- 전위의 전차대열: M1A1 x 24
- 후위의 보병소대: M2 x 17

이라크군 기갑부대의 주진지
(타와칼나 제18기계화보병여단)

거리: 1,500m

T-72 전차중대전투조

T-72 전차중대전투조

◆ 제34기갑연대 2대대(TF)가 제압한 목표 노포크의 이라크군 대공진지
(14.5mm 대공중기관총 ZPU-1)

보병중대 진지

T-72 전차중대전투조

기갑대대

기계화보병중대

전차중대

전차중대

- 제34기갑연대 2대대(TF)는 공격 1시간 만에 이라크군 주진지를 붕괴시켰다.
- 전과는 전차·장갑차 35대, 트럭 10대 격파, 포로 100명.
- M1A1 전차는 노포크 전투에서 115발의 포탄을 발사했다.

오전 6시 30분, TF 드레드노트는 전진한계선인 PL 밀포드에 이르는 약 10㎞ 구간을 제압하고 정지했다. 대대의 피해는 없었다.

하지만 피해가 발생할 뻔 했던 위험한 순간은 있었다. 우익의 D중대 배후에서 이라크군 BMP-1 보병전투차 2대가 어둠을 뚫고 나타났다. BMP의 무장인 섀거 대전차미사일과 2A28 73㎜ 저압 활강포는 장갑이 얇은 브래들리나 M113 장갑차에게 매우 치명적이었다. 다행히 D중대의 후방에 있던 A중대 제2전차소대의 M1A1 전차가 BMP-1을 발견하자마자 격파하면서 위기는 곧바로 해소되었지만, 제2전차소대 지휘관이 A중대장 조니 위맥 대위의 사격 허가 없이 발포하는 바람에 문제가 되었다. 위맥 대위는 긴급상황이라고 해도 부하가 허가 없이 D중대 후방을 향해 발포했으며, 오인사격이 아니라고 대대본부에 보고해야 했다. 하지만 사격허가를 받으며 시간을 지체했다면 D중대에 피해가 발생했을 가능성이 높다.

우익의 제34기갑연대 1대대 센추리온과 브래들리 피탄(9)

한편 제34전차연대 1대대 센추리온(고대 로마의 백인장)은 TF 드레드노트의 우익에서 목표 노포크의 이라크군 주진지를 공격하고 있었다. 대대의 임무는 목표 노포크 남쪽 절반의 제압이었다.

제34전차연대 1대대의 지휘관은 패트릭 리터 중령(42세)으로 미국 육군 최연소 전차대대 지휘관이었다. 리터 중령은 옆은 갈색머리에 무테안경을 끼고, 담배파이프를 입에서 떼지 않는 애연가였다. 대대원 450명의 운명을 책임진 리터 중령은 전장을 제대로 파악하기 위해 비가 섞인 차가운 바람을 맞으면서 M1A1 전차(HQ66)의 큐폴라에 서 있었다.

센추리온 대대는 TF 드레드노트와 달리 태스크포스로 개편되지 않은 순수한 전차대대였다. 대대는 본부, 전차중대 4개, 정찰소대, 박격포소대로 구성되었고, M1A1 전차 58대를 보유했을 뿐, 전차를

엄호하는 M2 브래들리 보병전투차와 보병은 배치되지 않았다.

리터 중령은 70이스팅에서 기병연대와 초월교대 후, 목표 노포크를 공략하기 위해 이동하며 다이아몬드 대형(Diamond Formation)을 유지했다. 새로운 대형으로 변환하며 혼란이 발생하는 상황을 막기 위한 조치였다. 대대는 다이아몬드 대형으로 전방에 C중대, 좌익(북쪽)에 B중대, 우익(남쪽)에 A중대, 후방에 D중대를 배치했다. 그리고 최전방에(야전교범 기준 4~5㎞) 정찰소대를 앞세웠다.

대대장 리터 중령은 선두에 서서 '나를 따르라!'고 외치는 성향의 지휘관으로, 다이아몬드 대형의 중심이 아닌 전방의 C중대에서 부대를 지휘했다.

리터 중령이 다이아몬드 대형을 고수한 또다른 이유는 다이아몬드 대형이 다양한 상황에 효과적으로 대처할 수 있고, 공격과 방어를 위해 사방 어느 방향으로도 화력을 투사할 수 있는 대형이기 때문이다. 방어력이 우수한 순수 전차대대인 센추리온은 이런 다이아몬드 대형의 장점을 쉽게 활용할 수 있었다.

악천후로 어두워진 전장은 불빛 한 점 없었고, 적외선 야간투시경 없이는 손끝조차 보이지 않을 정도로 어두웠다. 리터 중령의 HQ66호 전차의 수백m 앞에서 전진하고 있던 C중대장 제임스 벨 대위(30세)는 상당히 화가 나 있었다.

"확실히 명령은 명령이다. 하지만 무전이 아니라 중대장들을 직접 불러서 공격계획 회의를 할 수도 있었잖아. 어째서 주간공격을 하지 않는 거지? 이라크군은 도대체 어디 있는 거야!"

이라크군 전력에 대한 정보부족과 악천후로 악화된 시계에 불안해진 것은 벨 대위뿐만 아니라 다른 대대원들도 마찬가지였을 것이다.

이날 밤, 그렌 번햄 중위의 센추리온(Centurions) 대대 정찰소대 M3A2 브래들리 기병전투차 6대는 본대 전방에서 정찰 임무를 수행 중이었다. 정찰소대는 이라크군이 매복해 있을 법한 수상한 곳

을 향해 기관총 사격을 가해 반응을 살피는 화력수색(Reconnaissance-by-fire)을 실시했다. 하지만 최초로 이라크군을 발견한 부대는 정찰소대가 아닌 벨 대위의 C중대였다. C중대는 엄폐호에 숨어있는 BMP 보병전투차 2대를 발견했다고 보고했지만, 포착 거리가 3,600m에 달했다. 그 거리에서는 M1A1 전차의 열영상조준경으로도 장갑차가 점으로밖에 보이지 않아 피아식별은 무리였다. 공격 목표가 위치한 동쪽에 있으니 이라크군이라고 추측했을 뿐이다. 같은 시각, 우익의 A중대는 3,000m 거리에서 BMP를 발견, 곧바로 공격했다.

C중대 제3소대의 랄프 마틴 중사(35세)는 앞서 가고 있는 정찰소대를 엄호하고 있었는데, 갑자기 정찰소대의 브래들리가 폭발했다. 마틴 중사의 C31호 전차의 승무원들은 깜짝 놀랐고, 곧바로 포탑을 좌우로 선회해 아군을 공격한 이라크군을 필사적으로 찾았다.

"어디야! 어디야! 어디야!"

눈에 불을 켜고 찾았지만 아무것도 보이지 않았다. 그런데 열영상조준경으로 불타는 브래들리를 보고 있던 포수는 믿기 힘든 광경을 목격했다. 불타는 브래들리의 해치가 열리면서 승무원들이 비틀거리며 나오기 시작했다.

잠시 후 정찰소대장 번햄 중위가 리터 중령에게 무전으로 피해상황을 보고했다. 번햄 중위는 피탄된 차량은 정찰소대의 M3 브래들리 기병전투차(HQ232)로 지금 부하들을 구하러 가고 있다고 말했다. 보고를 들은 리터 중령은 좌익의 B중대도 구조에 나서게 했다. 그 순간 리터 중령이 탑승한 전차의 포수가 "중령님! 적 BMP 포착!"이라고 외치며 팔꿈치로 리터 중령을 꾹꾹 찔렀다. 아군을 구출하기 위해 불타는 브래들리에 접근한 번햄 중위의 차량이 어둠 속에서 선명히 드러났고, 번햄 중위의 브래들리를 포착한 이라크군의 BMP 보병전투차가 공격을 위해 엄폐호에서 빠져나왔다. 삼면이 모래 방벽으로 둘러싸인 엄폐호 안에서는 사격 각도를

확보하지 못했기 때문이다.

"BMP, 확인, 쏴!" 리터 중령은 주저 없이 사격 명령을 내렸다. 발사된 HEAT탄은 번햄 중위를 노리던 BMP에 명중했고, BMP는 곧바로 불타올랐다. 여기저기 포성이 들렸다. 이라크군을 향해 자유사격을 시작한 M1A1 전차들의 포성이었다. TF 드레드노트처럼 소대 단위의 일제사격은 실시하지 않았다.

번햄 중위가 승무원을 구조하기 위해 HQ232호차에 도착할 무렵, 이라크군의 중기관총탄이 번햄 중위의 HQ231호차 포탑에 직격했다. 탄은 후방 좌측 장갑을 관통해 포수석에 앉아있던 데이비드 도셋 하사(24세)의 목부터 가슴까지 뚫고 나갔다. 관통 후에도 탄은 위력이 그리 줄지 않았고, 도탄된 탄이 번햄 중위의 다리에 맞았다. 그 자리에서 즉사한 도셋 하사는 알레스카 출신의 모터사이클 더트 레이스 챔피언이었다. 입대 5년차에 아내 제시카와 결혼하여 반년 밖에 지나지 않은 신혼이었다. 번햄 중위는 부상에도 불구하고 구조에 나선 B중대를 현장까지 유도하고, 마지막 부상자가 구조될 때까지 자리를 지켰다.

리터 중령도 현장에 가려 했지만, 그 전에 B중대로부터 구조를 완료했다는 보고를 받았다. 폭발 규모를 생각하면 전원 사망이었어도 이상하지 않았지만, 놀랍게도 HQ232호차의 승무원 전원이 생존했고, 모두 경상이었다.

"한 번 더 보고하라. 한 번 더." 뜻밖의 보고에 리터 중령은 믿을 수 없다는 듯이 몇 번이나 되물었다. 보고된 정찰소대의 피해는 M3A2 브래들리 기병전투차 2대, 전사 1명, 부상 5명이었다.

피탄된 2대의 브래들리 가운데 HQ232호차는 강력한 폭발에 비해 피해가 경미했던 점을 고려하면 BMP-1 보병전투차의 73mm 포탄을 맞았을 가능성이 높다. 번햄 중위의 M3를 공격한 무기는 T-72 전차의 대공기관총인 소련제 NSVT 12.7mm 중기관총으로 추정되었다. NSVT 중기관총에서 철

갑탄을 사용한다면 500m에서 20㎜ 장갑판을 관통할 수 있었다.

하지만 전후 조사결과 피해의 원인은 아군 오인사격으로 밝혀졌다. 27일 오전 0시 8분, HQ232호차를 공격한 것은 제34기갑연대 1대대 B중대(존 티벳 대위 지휘)의 M1A1 전차였다. B중대는 아군의 브래들리를 이라크군의 ZSU-23-4 자주대공포로 오인해 공격했다. 하지만 포격거리가 3㎞ 이상으로 그 거리에서는 화면에 작은 점으로 밖에 보이지 않아 피아식별이 불가능했다. 포격한 전차 승무원은 전방에 아군이 있을 리 없다고 판단해 포격했다고 증언했다. 아이러니하게도 피격된 정찰소대를 구조한 부대도 1대대 B중대였다.

번햄 중위가 탑승한 HQ231호차의 경우 불타는 HQ232호차에 200m가량 접근했을 때, 좌익의 폰테넷 중령의 제34기갑연대 2대대(TF) 소속의 M2 브래들리로부터 오인사격을 당했다. 제34기갑연대 2대대의 M2가 방위를 착각해 불타는 브래들리와 번햄 중위의 HQ231호차를 이라크군 차량으로 오인, 25㎜ 기관포로 공격했다.(10)

리터 중령은 서둘러 사상자를 수습하는 한편, 정찰소대를 보호하는데 전력을 기울였다. 여단장 마거트 대령도 2개 중대가 길을 헤맨 좌익의 TF 드레드노트와 피해가 발생한 센추리온에 공격 정지 명령을 내렸다. 양 대대는 40분 가량 멈춰 사상자 후송과 부대 재편을 실시했다. 그리고 27일 오전 1시 00분, 다시 목표 노포크를 향해 공격을 재개했다.

경악의 밤: 리터 중령의 이동간 사격 돌파 명령(11)

리터 중령은 피해를 입은 정찰소대를 후방으로 보내고 다시 공격에 나섰다. 동료가 당하는 모습을 보고 복수심에 불타는 센추리온 대대의 전차병들은 적진을 향해 맹렬히 돌진하며 이라크군을 보이는 대로 격파했다. 그 광경을 본 여단장 마거트 대령은 전차부대가 칠흑처럼 어두운 사막을 달려나

가며 이라크군을 격파하는 모습이 '스타트랙'에서 클링온 함대를 격파하는 엔터프라이즈를 보는 것 같았다고 평했다.

센추리온 대대의 작전구역은 우연히도 타와칼나 기계화보병사단 제18여단과 이라크 육군 제12기갑사단 37여단이 포진한 진지 한가운데를 가로지는 형태로 설정되었다. 그래서 좌익의 B중대는 공화국 수비대의 T-72 전차와 BMP 보병전투차를, 우익의 A중대는 이라크 육군의 T-55 전차(중국제 59식)를 확인했다. 그 결과 양익의 A, B중대는 보다 많은 이라크군 기갑부대와 조우해 큰 전과를 거뒀다. 조사결과 밝혀진 양 중대의 전과는 전차 15대, 장갑차 11대, 대공포 1문, 트럭 4대였다.

전장이 매우 어두워서 전차장들은 야간투시경을 쓰고 있었는데, 끊임없이 날아다니는 예광탄 불빛과 폭발의 강렬한 섬광에 화이트 아웃 현상이 반복되자 야간투시경도 제 역할을 하지 못했다. 그리고 이라크군의 탄약집적소가 폭발하면서 발생한 강렬한 화염으로 열에 민감한 전차의 열영상조준경도 일시적으로 기능을 상실했다. 리터 중령의 M1A1 전차(HQ66)도 시계불량 상태로 C중대와 함께 이라크군 기갑부대 진지에 돌입했고, T-72 전차가 매복한 엄폐호를 발견하지 못한 채 지나쳐 버렸다. 이라크군의 T-72는 M1A1 전차를 확실히 격파 가능한 후방을 포착했고 거리도 250m에 불과했다. 하지만 T-72의 행운은 거기서 끝났다. 후속하는 A중대가 이 T-72 전차를 포착해 그대로 격파했다. 사주경계에 유리한 다이아몬드 대형의 효과였다.

센추리온 대대는 이라크군 진지 중앙으로 돌입하며 섬멸전을 실시했다. 후위의 D중대는 전방의 3개 중대를 엄호하며 잔적 유무를 확인하고 적진에 새겨진 아군의 궤도 흔적을 따라갔다. 전진 중 D중대장은 참호에 숨어 있던 이라크군 병사 두 명이 전방의 아군 전차에 기어오르는 모습을 발견하고 공축기관총으로 사살했다. 도움을 받은 전차는 대대장 리터 중령의 전차였다. 최전방으로 나선 대대

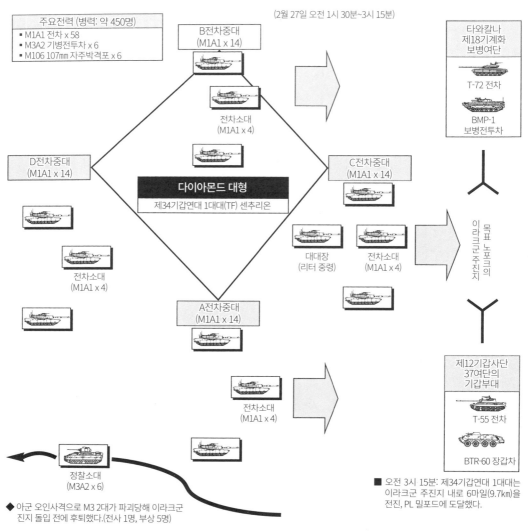

주요전력 (병력: 약 450명)
- M1A1 전차 x 58
- M3A2 기병전투차 x 6
- M106 107mm 자주박격포 x 6

(2월 27일 오전 1시 30분~3시 15분)

B전차중대
(M1A1 x 14)

전차소대
(M1A1 x 4)

타와칼나
제18기계화
보병여단

T-72 전차

BMP-1
보병전투차

D전차중대
(M1A1 x 14)

다이아몬드 대형
제34기갑연대 1대대(TF) 센추리온

C전차중대
(M1A1 x 14)

전차소대
(M1A1 x 4)

대대장
(리터 중령)

전차소대
(M1A1 x 4)

목표 노포크의
이라크군 주진지

A전차중대
(M1A1 x 14)

전차소대
(M1A1 x 4)

제12기갑사단
37여단의
기갑부대

T-55 전차

BTR-60 장갑차

정찰소대
(M3A2 x 6)

■ 오전 3시 15분: 제34기갑연대 1대대는
이라크군 주진지 내로 6마일(9.7km)을
전진, PL 밀포드에 도달했다.

◆ 아군 오인사격으로 M3 2대가 파괴당해 이라크군
진지 돌입 전에 후퇴했다.(전사 1명, 부상 5명)

제1보병사단 1여단의 노포크 전투 전과

제34기갑연대 1대대	제34기갑연대 2대대(TF)
전차 약 40대	전차 약 50대
장갑차 50대	장갑차 10대
트럭 수 대	트럭 20대
합계 90대 이상	합계 80대

좌측 끝이 제34기갑연대 1대대장 리터 중령.
우측 끝이 제34기갑연대 2대대장 폰테넷 중령.

장차는 벌써 두 번이나 심각한 위기를 겪었다.

한편, 60t급 중(重)전차 대군의 습격을 받은 이라크군 보병진지에는 한편의 지옥도가 펼쳐졌다. 흥분한 미군 전차병들은 이라크군 보병이 참호에서 고개만 내밀어도 RPG의 유무에 상관없이 무조건 공격했다. 이라크군 보병이 살아남는 방법은 참호에서 나와 항복하는 것이 아니라 얌전히 참호 안에서 공포에 떨며 가만히 기다리는 것이었다.

이라크군 진지에 돌입한 각 중대의 M1A1 전차는 이라크군 병사가 공축기관총으로 사살할 수 없을 정도로 가까우면 무한궤도로 뭉개버렸다. D중대의 전차가 이라크군 병사를 발견해 공축기관총으로 공격했지만 적 보병은 총격을 피해 수풀로 숨었고, 그 모습을 본 좌측 B중대의 전차가 궤도로 수풀을 뭉갰다. 열영상조준경에는 궤도 위로 띠처럼 이어지는 광원이 보였는데, '띠'의 정체는 뭉개진 보병의 육편과 피였다.

오전 3시 15분, 센추리온 대대는 목표 노포크의 진지지대를 돌파했다. 전차로 제압하기 힘든 벙커지대는 우회한 후 제16보병연대 5대대(TF)에 맡겼다. 그리고 오전 6시 무렵에 전진한계선 PL 밀포드 일대를 확보했다. 리터 중령은 이곳에서 부하들이 건넨 샵스(Sharp's) 무알콜 맥주*로 목을 축였다. 승리의 축배여서인지 인생 최고의 맥주 같았다. 하지만 나쁜 소식도 있었다. 수개월 후 밝혀진 일이지만 우익의 A중대 전차가 이웃한 제3여단의 브래들리 2대를 이라크군 T-62 전차로 오인해 공격하고 말았다. 3여단의 브래들리도 작전구역을 이탈하는 실수를 저지르는 바람에 벌어진 오인사격이었다.

M1A1 전차의 이동간 사격에 전멸한 타와칼나 사단 제55전차대대

이 「노포크 전투」에서 이라크군은 많은 전력을 배치했지만, 반격은 제한적이었고 유효한 공격도

---

* 술이 금지된 사우디인 관계로 가벼운 도수의 맥주나 무알콜 음료만 허용되었다 (역자 주)

거의 하지 못했다. 가장 큰 원인은 다이어 중령의 제37기갑연대 1대대(TF)가 돌입한 반사면진지를 완벽하게 구축하지 못한 데 있었다. 이라크군은 서둘러 서쪽으로 전개하는 바람에 진지를 제때 완성하지 못했다. 그리고 야시장비의 유무에서도 승패가 갈렸다. 미군 M1A1 전차의 압도적으로 우세한 장거리-야간 전투능력 앞에 위장을 하지 못한 T-72 전차는 효과적으로 대항할 수단이 없었다. 그 결과 TF 드레드노트의 M1A1 전차 30대는 이라크군 전차, 장갑차에 115발의 포탄을 발사해 대부분 명중시킨 반면, 이라크군 전차는 수십 발을 응사하는데 그쳤고, 한 발도 명중시키지 못했다.

불완전한 진지, 야시장비의 유무 외에도 전투가 일방적으로 흘러간 원인이 있지만 자세한 내용은 후술하기로 하고, 여기서는 미국 육군 공식 간행 전사 「확실한 승리(Certain Victory)」에 실린 이라크군 전차장의 체험을 소개하려 한다.[12]

공화국 수비대 타와칼나 기계화보병사단 내에서도 엘리트 부대인 제9전차여단 55대대 1중대 3소대장 사이프 앗딘 소위의 소대는 T-72M1 전차 3대를 장비하고 있었다. T-72M1 전차는 다른 이라크군 전차와 달리 적외선 야시조준경과 레이저 거리측정기가 장착되어 있었는데, 특히 적외선 조준경은 유럽제 수입품으로 야간에도 2,000m 이상의 원거리에서 M1A1 전차를 탐지-공격할 수 있었다.

이라크군 제55전차대대는 미군 기갑부대의 공격으로부터 진지를 수비하고 가능하면 반격하는 임무를 부여받았다. 중요 전력인 T-72 전차는 다국적군의 폭격에 대비해 모래로 된 엄폐호에 숨겨졌고, 주위에 목제 위장 전차를 설치했다. 전투 전날 앗딘 소위와 8명의 부하들은 미군과의 전투를 앞두고 불안해 했지만, 이란-이라크 전훈을 바탕으로 (미군 상대로 쓸모가 있을지는 의심스러운) 기갑 전술을 훈련해 온 만큼 자신감과 투지는 충분했다. 하지만 미군의 야간전투 능력은 상상을 초월했다. 처음에는 미군 포병의 준비포격으로 수천발의 자탄이 진

지에 작렬했다. 그리고 미군 전차의 직접사격이 시작되자 엄폐호에 있던 대부분의 차량이 좌에서 우로 차례차례 격파되며 불길에 휩싸였다. 잠시 후, 미군의 M1A1 전차가 앗딘 소위가 있는 진지로 돌진하자 이라크군은 순식간에 괴멸되고 말았다. 결국 앗딘 소위는 TF 드레드노트의 포로가 되었다.

27일 아침이 되자 앗딘 소위는 이라크군의 불타는 전차, 장갑차, 망가진 AK-47 소총과 RPG, 피투성이 군복, 그리고 산산조각난 사체들을 볼 수 있었다. 대부분 진지가 유린당해 가망이 없는 상황에서도 끝까지 저항한 대전차반의 흔적이었다.

여기서 문제는 앗딘 소위가 T-72M1의 적외선 야시조준경을 활용해 반격하지 않았다는 점이다. 명확한 이유로 보기는 어렵지만, 미군은 보고서 등을 분석한 결과 이라크군 사령부가 미군 제1보병사단의 공격이 임박했을 무렵 전투태세 해제를 명령했다는 결론을 내렸다. 이라크군은 악천후로 시계가 좋지 않은 상황에서 미군이 공격하지 않을 것이라고 판단했으나, 이는 심각한 오판이었다. 명령을 받은 이라크군 전차부대의 전차병들은 평소처럼 폭격에 대비해 전차의 엔진을 끄고 피난호에 숨어 있었고, 무방비 상태로 미군의 전차부대의 공격을 받았다. 실제로 미군 전차병들은 엔진이 꺼진 채 엄폐호에 들어가 있는 T-72 전차와 미군 전차가 들이닥치자 서둘러 전차에 탑승하는 이라크군 전차병들 목격했다. 이라크군 전차들은 엔진 시동을 걸고 야시장비를 가동시킬 시간적 여유가 없었다. 결과적으로 이라크군의 매복진지는 이라크군 사령부의 방심으로 본연의 역할을 하지 못했고, 알라위 사령관이 구상한 「전차의 벽」은 맥없이 붕괴되고 말았다.

목표 노포크의 이라크군 진지를 파괴한 제1(데빌)여단의 전과는 전차 92대 이상, 장갑차 89대, 트럭 30대 이상이었다. 포로는 TF 드레드노트에서만 308명이었다. 이날 새벽의 야간전투를 언론에서는 「노포크 전투(the Battle of Norfolk)」라 이름 붙였지만, 병사들은 「경악의 밤(Fright night)」, 또는 지명을 따 「카마인 전투(the Battle of Qarnain)」라 불렀다.

참고문헌

(1) H. Norman Schwarzkopf Jr. and Peter Petre, It Doesn't Take a Hero (New York: Bantam Books, 1992), pp463-464. and Tom Clancy and Fred Franks Jr.(Ret.), Into the Storm: A study in Command (New York: G.P.Putnam's Sons, 1997), PP365-368.

(2) Gregory Fontenot, "Fright Night: Task Force 2/34 Armor", Military Review (January 1993), pp38-52.

(3) Lon E. Maggart, "A Leap of Faith", Armor (January-February 1992), pp24-32.

(4) John Sack, ComPany C: The Real War in Iraq (New York: William Morrow and Company, 1995) pp140-142.

(5) Ibid. pp143-152.

(6) U.S. New & World Report, Triumph without Victory: The History of the Persian Gulf War (NewYork: Random House, 1992), pp367.

(7) Sack, COMPANY C, p152.

(8) Ibid. pp153-155.

(9) U.S. News & Wolrd Report, Triumph Without Victory , pp362-368.

(10) Thomas Houlahan, Gulf War: the Complete History (New London, New Hampshire: Schrenker Military Publishing, 1999), pp338-339.

(11) Ibd. pp362-370.

(12) Robert H.Scales, Certain Victory: The U.S.Army in the Gulf War (NewYork: Macmillan, 1994), p291.

제17장
최악의 오인사격과 아파치의 야간공격

'전차의 벽' 남단 주진지를 공격한 제1보병사단 3여단 [1]

26일 밤, 데이비드 와이즈맨 대령의 제1보병사단 3(블랙하트)여단은 좌익의 제1여단과 함께 타와칼나 사단이 방어하는 주방어선 타와칼나 라인, 별칭 「전차의 벽」 남부 주진지에 돌입했다. 다만 제1여단과 달리 제 3여단이 대치한 이라크군의 주력은 공화국 수비대가 아닌 장비가 열악한 이라크 육군 제12기갑사단 소속의 제37대대였다.

제3여단의 작전구역은 목표 노포크(이라크군 남부 주진지)의 남쪽 끝으로, 장비가 열악한 이라크 육군이 상대라 해도 결코 공격하기 쉬운 곳이 아니었다. 이라크군 수비대는 미군의 공격에 대비해 진지 전방에 대전차호를 설치하고 대전차호 뒤로는 차례대로 RPG로 무장한 보병진지와 T-72 전차, BMP 보병전투차로 증강된 기갑부대의 엄폐호 진지를 구축하고 있었다.

오후 9시 18분, 제3여단은 사막에서 대기중인 제2기갑기병연대 1대대와 합류했다. 제2기갑기병연대 1대대는 야간에 초월교대하는 제3여단이 이동하기 쉽도록 부대의 차량을 정렬하고 6개의 통로를 개설했다. 통로의 입구는 70이스팅 부근으로, 통로의 길이는 1km 가량이었으며 출구는 71이스팅이었다. 와이즈맨 대령은 각 대대에 2개의 통로를 할당해 신속히 통과하도록 했다. 좌익(북쪽)부터 G. 테일러 존스 중령의 제66기갑연대 3대대(TF: 2개 전차중대, 2개 보병중대), 중앙은 존 S. 브라운 중령의 제66기갑연대 2대대(4개 전차중대), 우익(남쪽)은 제임스 L. 힐맨 중령의 제41보병연대 1대대(TF: 2개 보병중대, 2개 전차중대)였다. 와이즈맨 대령은 M113 장갑차에 타고 중앙에 위치했다. 와이즈맨 대령은 각 대대를 남북으로 길게 배치한 상태로 공격을 실시했다. 대령은 일렬횡대로 부대를 배치한 이유는 다음과 같이 설명했다.

"가장 큰 과제는 각 대대가 일렬횡대를 유지하며 이동하는 것이다. 이는 각 대대 간 오인사격 위험을 피하기 위해서다."

아파치 공격헬리콥터 대대는 30분 내에 전차 100대를 파괴할 수 있었다. 사진은 AH-64A 아파치와 OH-58D 카이오와 워리어 정찰헬리콥터.

하지만 이런 와이즈맨 대령의 노력에도 불구하고 제3여단은 첫 실전을 겪으며 시작부터 시련에 직면했다.

기병대대가 개설한 좌익과 중앙의 통로 4개는 제3여단의 각 대대가 통로를 빠져나온 후 전진할 수 있도록 각 구획(폭 3~4km)이 남쪽으로 치우쳤다. 특히 좌익의 제66기갑연대 3대대(TF)의 통로는 중앙의 2대대의 작전구역 내에 있었다. 나란히 이동하는 두 대대는 통로를 빠져나오면 방향을 북쪽으로 바꾸는 동시에 공격대형을 갖춰야 했다.

제3여단 우익-아군의 오인사격으로 격파된 3대의 브래들리[(2)]

작전구역의 우익을 담당하는 힐맨 중령의 제41보병연대 1대대(TF)는 A, B전차중대를 전방에 세우고 후방에 보병중대를 배치한 상태로 통로에 진입했다. 북측 통로를 빠져나온 윌리엄 해지스 대위의 B전차중대는 2km를 전진해 73이스팅 부근에서 대규모로 포진한 이라크군 기갑부대와 조우했다. 이라크군 진지는 북동쪽 3km지점 사방 2km 구역에 포진해 있었다. B중대는 이라크군을 차례차례 격파

하며 T-55 전차 16대, MTLB 장갑차 9대의 전과를 올렸다. B중대가 공격하는 동안 이라크군의 반격은 전무했는데, 아마도 저녁까지 계속된 미군의 공격에 이라크군 방어부대가 진지를 방치한 채 도주했을 가능성이 높아 보였다.

남측 통로를 빠져나온 개리 비숍 대위의 A전차중대도 이라크군 벙커 지대에 돌입했지만 저항은 없었다. A중대는 2개소의 보급거점에서 버려진 트럭 20대를 파괴하고 동쪽으로 전진했다. 27일 오전 0시 30분, 해지스 대위의 B전차중대를 따라가야 할 리 윌슨 대위의 B보병중대가 동쪽이 아닌 남쪽으로 향했다. 윌슨 대위가 탑승한 M2 브래들리 보병전투차가 통로에서 고장을 일으켜 대신 B26호차에 탑승하는데, B26호차에는 GPS가 탑재되지 않아 어두운 사막에서 길을 잃고 말았던 것이다. 윌슨 대위는 앞서간 B전차중대를 따라잡기 위해 해지스 대위와 무전으로 방향을 확인하며 북쪽으로 이동했다. 중대를 선도하는 윌슨 대위의 B26호차 뒤로 제3소대 짐 세지윅 중사의 B32호차와 동료의 B33호차, 그리고 나머지 3소대의 브래들리 두 대와 제2소대가 뒤따랐다.

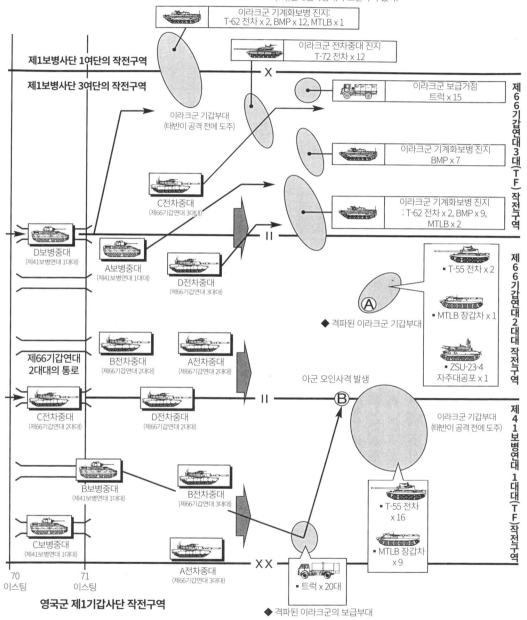

목표 노포크

ⓐ대대본부의 콘웨이 주임원사의 부대원들이 수류탄으로 T-55 전차와 거점을 파괴
ⓑ방향을 착각해 북쪽으로 전진 중인 B보병중대(제41보병연대 1대대 (TF))를 C전차중대가 오인사격 했다.

이라크군 기계화보병 진지:
T-62 전차 x 2, BMP x 12, MTLB x 1

이라크군 전차중대 진지
T-72 전차 x 12

제1보병사단 1여단의 작전구역

제1보병사단 3여단의 작전구역

이라크군 보급거점
트럭 x 15

이라크군 기갑부대
(태반이 공격 전에 도주)

이라크군 기계화보병 진지
BMP x 7

C전차중대
(제66기갑연대 3대대)

이라크군 기계화보병 진지
: T-62 전차 x 2, BMP x 9,
MTLB x 2

D보병중대
(제41보병연대 1대대)

A보병중대
(제41보병연대 1대대)

D전차중대
(제66기갑연대 3대대)

Ⓐ

T-55 전차 x 2

MTLB 장갑차 x 1

◆ 격파된 이라크군 기갑부대

ZSU-23-4
자주대공포 x 1

제66기갑연대
2대대의 통로

B전차중대
(제66기갑연대 2대대)

A전차중대
(제66기갑연대 2대대)

아군 오인사격 발생

Ⓑ

C전차중대
(제66기갑연대 2대대)

D전차중대
(제66기갑연대 2대대)

이라크군 기갑부대
(태반이 공격 전에 도주)

B보병중대
(제41보병연대 1대대)

B전차중대
(제66기갑연대 3대대)

T-55 전차
x 16

C보병중대
(제41보병연대 1대대)

MTLB 장갑차
x 9

70
이스팅

71
이스팅

A전차중대
(제66기갑연대 3대대)

트럭 x 20대

◆ 격파된 이라크군의 보급부대

영국군 제1기갑사단 작전구역

제66기갑연대 3대(TF) 작전구역

제66기갑연대 2대대 작전구역

제41보병연대 1대대(TF)작전구역

자료: Houlahan, Gulf War, p343 등.

이때 B보병중대의 왼쪽(북쪽) 구역에서는 제66기갑연대 2대대 C중대가 월슨 대위의 B중대 뒤에서 동쪽을 향해 진격 중이었다. 로버트 매닝 대위의 C전차중대는 제1소대가 선두에 서고 좌우에 2, 3소대를 배치한 쐐기대형이었다.

잠시 후 매닝 대위는 선두의 제1소대장으로부터 "정면, 이동 중인 T-55 전차 1대 발견."이라는 보고를 받았다. 최종적으로 1소대는 적으로 보이는 3대의 차량을 열영상조준경으로 포착했다. 1소대는 아군 차량이라면 이동 방향이 서쪽에서 동쪽이어야 하는데, 1소대 시점에서 본 차량들은 남동쪽에서 북동쪽으로 이동중이라는 점을 근거로 표적을 적으로 규정했다. 게다가 주변의 이라크군 진지에는 보병대대(TF)의 B전차중대가 격파한 T-55 전차 3대가 불타고 있었으며, 이라크군 보병의 RPG가 산발적으로 날아드는 교전 상황에서 이동하는 차량을 발견했으니 의심을 피할 수 없었다. 매닝 대위는 만약에 대비해 1소대장에게 표적을 재확인하도록 명령했다. 1소대장의 보고는 변함이 없었고 매닝 대위는 사격 허가를 내렸다. 하지만 1소대장이 적이라 의심치 않았던 3대의 차량은 B중대의 브래들리였다.

북쪽으로 이동 중이던 월슨 대위의 브래들리 B26호차는 차체 좌측면에 좌측 후방(북동쪽)에서 날아온 120㎜ 철갑탄에 피격되었다. 철갑탄의 열화우라늄 관통자가 차체를 관통해 후방 램프로 빠져나갔다. 피탄 충격으로 월슨 대위는 차 밖으로 튕겨나갔지만, 포수 조셉 딘스탁 병장은 무사했다.

부상을 입지 않은 딘스탁 병장과 조종수 데니스 스캑스 일병은 곧바로 후방 램프를 열고 연기로 가득 찬 차내로 들어가 동료들을 구출했다. 응급처치요원(Combat Lifesaver)이기도 한 스캑스 일병은 부상자에 정맥주사를 놓고 압박붕대를 감는 등 응급처치를 했다(치명상을 입은 앤서니 키드 상병은 3일 후 사망했다). 부상자를 구하는 동안 주변은 이라크군 보병의 총성과 아군 전차와 브래들리의 포성이 오가고, 불타

는 차량이 보이는 위험한 상황이었다. 스캑스 일병은 철갑탄이 세 발 정도 날아왔다고 증언했다. 다행히 두 발은 빗나갔다는 의미다.

또다른 증언에 의하면 B26호차가 오인사격을 당하기 직전에 이라크군 진지(좌측)에서 발사된 기관총탄과 RPG 로켓이 B26호차 전방에서 작렬했는데, 이때 발생한 화염을 C전차중대가 T-55 전차의 발포로 오인했을 가능성이 높다.[3]

오인사격을 당한 B26호차의 후방에 있던 세지윅 중사의 B32호차도 구조에 나섰다. 세지윅 중사는 좌측면 이라크군 진지의 발포를 보고 B26호차를 방패삼아 오른쪽에 B32호차를 세웠다. 그 순간 B32호차의 포탑 우측에서 폭발이 일어났고, 세지윅 중사는 얼굴에 부상을 입었다. 이번에는 아군의 오인사격이 아니라 우측의 이라크군 진지에서 발사된 RPG였다. 다행히 B32호차는 이동에 지장이 없었고, 월슨 대위를 포함한 부상자와 야간투시경 같은 주요 장비를 수거할 수 있었다.

다음으로 오인사격을 당한 차량은 B33호차였는데, B32호차가 RPG에 피격당하며 발생한 폭발을 C전차중대가 이라크군 전차의 발사광으로 오인했을 가능성이 높다. B33호차는 차체 정면 좌측 부분에 명중한 철갑탄이 우측면으로 관통하며 3명이 부상을 입었다. 오인사격을 한 것은 C전차중대 3소대 소속 M1A1 전차였다. B33호차 승무원들은 이라크군의 공격으로 여겼지만, 철갑탄의 발사 궤적을 목격한 200m 후방의 제3소대장 존 빌처 소위(B31호차)는 좌측의 아군에게 공격을 받았다고 확신하고 장갑이 두꺼운 차체 정면을 왼쪽으로 돌리라고 조종수에게 명령했다. 빌처 소위의 빠른 대처 덕분에 B31호차는 공격을 받지 않았지만, 뒤따라오던 2소대장 미키 윌리엄스 소위의 B21호차는 오인사격을 당했다. HEAT탄이 포탑 정면 좌측에 명중하자 윌리엄스 소위는 차 밖으로 튕겨나가며 다리가 부러졌고, 포탑 안의 포수 데이비드 클렘바이어 병장이 머리에 치명상을 입었으며(후에 사망했다), 하

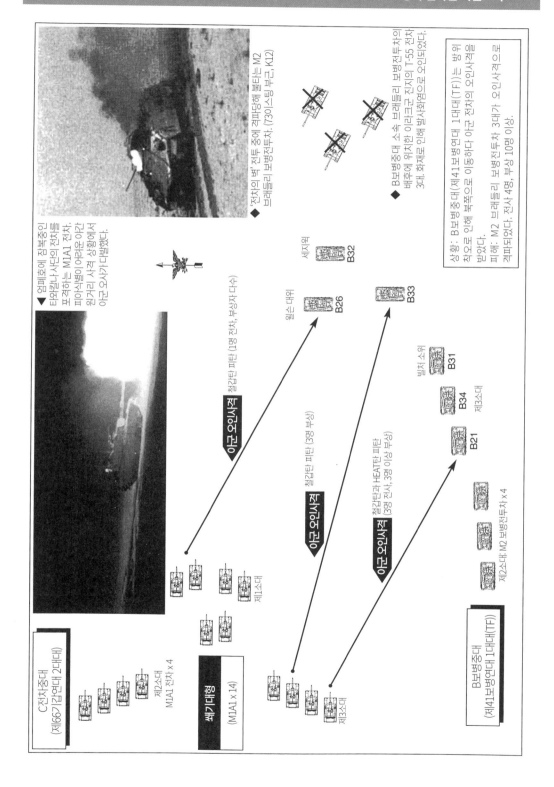

상황: B보병중대(제41보병연대 1대대(TF))는 밤의 착오로 인해 북쪽으로 이동하다 아군 전차의 오인사격을 받았다.
피해: M2 브래들리 보병전투차 3대가 오인사격으로 격파되었다. 전사 4명, 부상 10명 이상.

◆ B보병중대 소속 브래들리 보병전투차의 배후에 위치한 이라크군 전차의 T-55 전차 3대. 화재로 인해 발사화염으로 오인되었다.

◆ '전차의 벽' 전투 중에 격파당해 불타는 M2 브래들리 보병전투차. (730[스팅그 부근, K12)

▲ 엄폐호에 잠복 중인 타와칼나 사단의 전차를 포격하는 M1A1 전차. 피아식별이 어려운 야간 원거리 사격 상황에서 아군 오사가 다발했다.

아군 오인사격 철갑탄 피탄 (1명 전사, 부상자 다수)

아군 오인사격 철갑탄 피탄 (3명 부상)

아군 오인사격 철갑탄과 HEAT탄 피탄 (3명 전사, 3명 이상 부상)

세지역
B32

윌슨 대위
B26

B33

밴치 소위
B31

B34
제3소대

B21

제2소대 M2 브래들리 보병전투차 x4

B보병중대
(제41보병연대 1대대(TF))

C전차중대
(제66기갑연대 2대대)

제2소대
M1A1 전차 x4

제3소대

쐐기대형
(M1A1 x 14)

제3소대

차보병 데이비드 클레머 일병과 마니엘 다비라 상병이 즉사했다. B21호차는 격렬히 불타올랐고, 빌처 소위의 B31호차가 달려와 생존자를 구조했다. 오인사격은 철갑탄 한 발이 후방 램프를 관통할 때까지 계속되었다. 잠시 후, C전차중대가 대대 무전망을 통해 자신들이 오인사격을 했음을 파악했는지 사격이 멈췄다.

큰 피해를 입은 B보병중대는 전장에서 멈춰섰지만, 힐맨 중령은 나머지 3개 중대를 지휘해 공격을 계속했다.

제3여단 좌익-제66기갑연대 3대대의 이라크군 기갑대대 격파와 오인사격 (4)

존스 중령의 제66기갑연대 3대대(TF)가 담당한 좌익 구역은 북서쪽에서 남동쪽에 걸쳐 이라크군 기갑대대가 전개중이었다. 이라크군 진지의 전력은 3개 중대 규모로, 양익에 BMP로 무장한 기계화보병 진지를, 중앙에는 예비대인 T-72 전차부대의 엄폐 진지를 배치했다.

존스 중령은 C, D전차중대를 전방에, 기계화보병 중대를 후방에 위치시킨 상자 대형을 택했다. 다만 앞서 서술했듯이 통로가 남쪽으로 치우쳐 있어서 크레이그 벨 대위의 C전차중대의 경우 동쪽이 아닌 북동쪽으로 이동해야 했다. 즉시 북쪽으로 이동하지 않은 것은 이라크군에 장갑이 약한 측면을 노출시키지 않기 위한 선택이었다.

C전차중대는 북쪽에 이라크군 기계화보병 진지를 발견했지만, 공격하지 않고 지나쳐 갔다. 벨 대위는 열영상조준경으로 확인 가능한 열원이 없으므로 눈앞의 진지가 기병연대의 오후 공격에 이미 파괴되었고 진지 내의 차량(T-62 2대, BMP 12대, BTLB 1대)은 버려진 장비라고 판단했다. 하지만 전진 중 발견한 또다른 이라크군 전차부대는 위협이 될 수 있다고 판단하여 T-72 전차 12대 중 11대를 격파했다. 살아남은 1대는 도주했다. 이어서 C중대는 이

라크군 전차부대 배후에 있던 보급트럭(15대) 거점과 기계화보병 진지(BMP 7대)도 격파했다.

27일 오전 0시 45분, 팀 라이언 대위가 지휘하는 우익의 D전차중대는 정면 1,900m 지점에서 이라크군 기계화보병 진지를 발견했다. 하지만 라이언 대위는 곧바로 공격하지 않았다. 이라크군의 야간 전투 능력은 거의 전무한 만큼, 피아식별을 실시하고 엔진을 끈 채 매복한 이라크군 전차를 확실히 포착하기 위해 가능한 접근해 공격하기로 했다.

오전 1시 00분, D전차중대는 직사거리(point-blank range)인 1,300m까지 접근해 일제사격을 실시했다. 최초의 일제사격으로 이라크군 진지 내의 T-62 전차 2대, BMP 보병전투차 7대, 트럭 2대를 격파했고, 두 번째 일제사격으로 BMP 2대와 MTLB 2대를 격파했다. 단 두 번의 일제사격에 이라크군 진지는 불바다가 되었다. 라이언 대위는 이날 전투의 감상을 다음과 같이 말했다.

"표적을 쏘면 다음 표적이 나타나서 계속 전진해도 목표에 도달하지 못하는 느낌이었다."(5)

하지만 보병 진지의 경우 상황이 달랐다. D전차중대에는 이라크군 보병을 제압할 브래들리와 기계화보병이 없었기 때문에 진내에 돌입한 미군 전차들은 이라크군 보병의 격렬한 저항에 직면했다. 이라크군 보병은 참호에 설치한 섀거 대전차미사일과 S-60 57mm 대공포로 반격했다.

존스 중령은 대대 정찰소대 소속 M3 기병전투차 3대와 공병의 지뢰제거쟁기 장착 M1A1 전차를 지원해 D전차중대 방면의 이라크군 보병 진지를 제압하도록 했다. 특히 M3 기병전투차가 활약했는데, 25mm 부시마스터 기관포로 대공포를, TOW 미사일로 반격해 오는 T-55 소대를 격파했다. 벙커의 경우 기관포의 고폭탄 사격으로 무력화시켰고, 참호에 몸을 숨긴 보병은 항복하지 않고 저항할 경우 전차의 지뢰제거쟁기로 파묻어 버렸다.

오전 2시 00분, 존스 중령의 대대는 좌우에 C, D 전차중대를 배치하고 후방에 A보병중대를 둔 V자

제3여단 우익 (27일 오전 3시 00분): 아군의 오인사격을 받은 5대의 M1A1

상황 : D전차/A전차중대(제66기갑연대 2대대)가 방위 착오로 동쪽이 아닌 남동쪽을 향해 전진 중 제41보병연대 1대대(TF)의 M1A1 전차중대를 적 전차로 착각해 사격을 가했다.

피해 : M1A1 전차 5대 피탄. 사망 1명, 부상 9명.

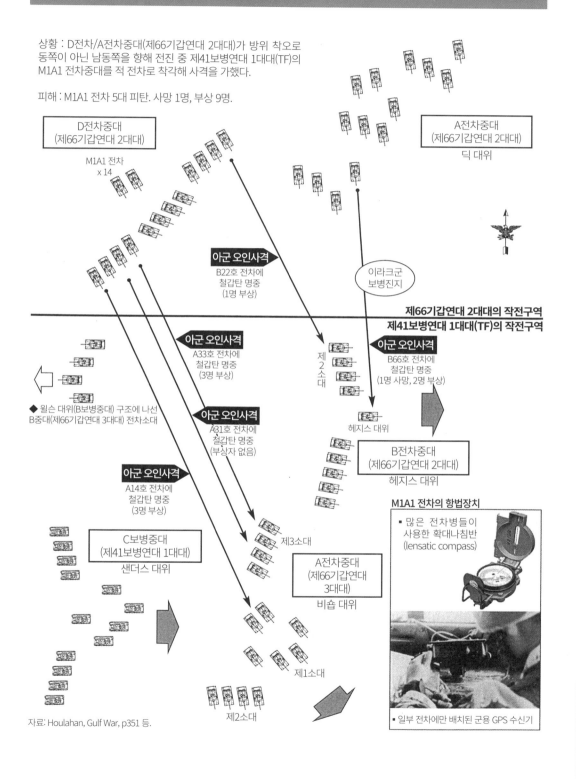

D전차중대
(제66기갑연대 2대대)

M1A1 전차
x 14

A전차중대
(제66기갑연대 2대대)
딕 대위

아군 오인사격
B22호 전차에
철갑탄 명중
(1명 부상)

이라크군
보병진지

제66기갑연대 2대대의 작전구역
제41보병연대 1대대(TF)의 작전구역

아군 오인사격
A33호 전차에
철갑탄 명중
(3명 부상)

아군 오인사격
B66호 전차에
철갑탄 명중
(1명 사망, 2명 부상)

제2소대

◆ 윌슨 대위(B보병중대) 구조에 나선
B중대(제66기갑연대 3대대) 전차소대

헤지스 대위

아군 오인사격
A31호 전차에
철갑탄 명중
(부상자 없음)

B전차중대
(제66기갑연대 2대대)
헤지스 대위

아군 오인사격
A14호 전차에
철갑탄 명중
(3명 부상)

M1A1 전차의 항법장치

■ 많은 전차병들이
사용한 확대나침반
(lensatic compass)

C보병중대
(제41보병연대 1대대)
샌더스 대위

제3소대

A전차중대
(제66기갑연대
3대대)
비숍 대위

제1소대

제2소대

자료: Houlahan, Gulf War, p351 등.

■ 일부 전차에만 배치된 군용 GPS 수신기

걸프전 사상 최대규모의 오인전투 : 전사 6명, 부상자 30명

공격당한 M1A1전차	오인사격 수단	피탄 부위/무장의 종류	피해 상황	승무원 피해
B66 제66기갑연대 3대대 B중대 소속	M1A1 전차 / 제66기갑연대 2대대 A중대 소속	철갑탄 3발	① 차체 좌측면을 관통 ② 포탑링 관통	전사 1명 부상 3명
B22 제66기갑연대 3대대 B중대 소속	M1A1 전차 / 제66기갑연대 2대대 D중대 소속	철갑탄 1발	① 차체정면 명중, 손상 경미	부상 1명
A33 제66기갑연대 3대대 A중대 소속	M1A1 전차 / 제66기갑연대 2대대 D중대 소속	철갑탄 2발	①, ② 차체 좌측면 관통 ※ M2가 발사한 TOW에 후방공격을 받았다는 정보도 있다.	부상 3명
A31 제66기갑연대 3대대 A중대 소속	M1A1 전차 / 제66기갑연대 2대대 D중대 소속	철갑탄 1발	① A33을 뚫고나온 관통자에 명중. 손상 경미.	없음
A14 제66기갑연대 3대대 A중대 소속	M1A1 전차 / 제66기갑연대 2대대 D중대 소속	철갑탄 2발	① 포탑 좌측면 관통 ② 엔진부에 피탄, 화재 발생	부상 3명
오인사격 당한 M2 브래들리	오인사격 수단	피탄 부위/무장의 종류	피해 상황	승무원 피해
B26 제41보병연대 1대대 B중대 소속	M1A1 전차 / 제66기갑연대 2대대 C중대 소속	철갑탄 1발	① 차체 측면에서 후방으로 관통	전사 1명 부상 수 명
B33 제41보병연대 1대대 B중대 소속	M1A1 전차 / 제66기갑연대 2대대 C중대 소속	철갑탄 1발	① 차체 정면 좌측에서 우측으로 관통	부상 3명
B21 제41보병연대 1대대 B중대 소속	M1A1 전차 / 제66기갑연대 2대대 C중대 소속	HEAT탄 1발 철갑탄 1발	① 포탑 좌측면에 HEAT 피탄 ② 차체 후방에 철갑탄 피탄	전사 3명 부상 3명 이상
D21 제41보병연대 1대대 D중대 소속	M1A1 전차 / 제34기갑연대 1대대 소속	철갑탄 3발	① 차체 정면 좌측에 피탄 ②, ③ 차체 좌측에 피탄, 관통 후 우측 6m 지점에 위치한 D26의 좌측면에 충돌	전사 1명 부상 3명
D26 제41보병연대 1대대 D중대	M1A1 전차 / 제34기갑연대 1대대 소속	철갑탄 2발 ③ HEAT탄 1발	① HEAT 피탄으로 화재 발생 (승무원들은 하차중) ②, ③, D21을 뚫고 나온 관통자와 충돌	부상 다수

자료: Deploymentlink. osd. mil, wiki/m1 등.

대형으로 동쪽을 향해 전진하며 이라크군 진지를 제압했다. 그리고 전진 중 발견한 보급거점과 차량도 파괴했다. 대대는 그렇게 계속 전진하다 대대 규모의 이라크군 포병진지를 일소하고 오전 3시 30분 전진한계선 PL 밀포드에 도착한 후 정지했다.

제66기갑연대 3대대(TF)는 만족할 만한 성과를 거두었지만, 그 과정에서 아군 오인사격에 의한 피해가 발생했다. 이라크군 진지를 제압하던 D보병중대(제41보병연대 1대대 소속)의 브래들리 두 대가 방향을 착각해 북쪽 제1여단의 전투구역으로 800m가량 진입하는 바람에 오인사격을 당했다. GPS가 장착되지 않은 차량이 전투구역을 침범한데다, 이탈차량이 이라크군 진지를 사격하던 도중에 빗나간 고폭탄이 북쪽에 있던 제1여단 34기갑연대 1대대까지 날아들자 이를 이라크군의 공격으로 여긴 1대대 A중대 전차가 반격했고, 포로를 잡기 위해 정차하고 있던 브래들리 D26호차는 포탄 3발을 맞고 대파되었다. 다행히 승무원들이 차 밖으로 나와 있어서 사망자 없이 부상자만 발생했지만, 구조하러 달려오던 D21호차는 차체 측면에 철갑탄 세 발을 피격당해 조종수 제임스 뮤레이 일병이 전사하고 3명의 부상자가 발생했다.

제3여단 중앙-가장 견고한 이라크군 진지와 충돌한 제66기갑연대 2대대

중앙에 위치한 브라운 중령의 제66기갑연대 2대대는 통로를 빠져나와 브레드 딕 대위의 A중대(M1A1 14대)가 나머지 3개 중대를 선도하며 전진했다. 중대는 북동쪽 3㎞ 지점에 이라크군 기갑부대를 발견하고 곧바로 공격해 T-55 전차 2대, 쉴카 자주대공포 1대, MTLB 장갑차 1대를 격파했다.

대대의 전차부대가 적진으로 진격한 후, 대대 전투지원대의 보급차량들이 도착하자 이라크군 보병부대가 이 보급차량들을 노리고 기관총과 RPG로 공격을 시도했다. 대대본부와 함께 이동하던 빈센트 콘웨이 주임원사는 후방에서 날아오는 이라크군의 총격을 보고 보급차량을 지키기 위해 3명의 부하를 대동하고 적을 찾아 나섰다.

콘웨이 원사는 이라크군 보병 RPG팀을 M16 소총사격으로 사살했다. 그 순간 근처에 있던 T-55 전차의 포탑이 자신들을 향해 선회하는 모습이 보였다. 콘웨이 원사는 반사적으로 T-55 전차의 포탑에 뛰어올라 해치 안으로 수류탄 두 발을 던져 넣었다. 이라크군 전차병들의 비명이 들리고 잠시 후 수류탄이 폭발했다. 그리고 전차 내부의 탄약이 유폭해 대폭발이 일어나는 바람에 콘웨이 원사도 폭발에 휘말려 날아갔다. 다행히 큰 부상을 입지 않은 콘웨이 원사는 계속해서 잔적을 소탕해 나가며 기관총좌 등을 해치웠다.

오전 2시 00분 무렵, 브라운 중령의 제66기갑연대 2대대는 여단 작전구역에서 가장 견고한 이라크군 진지와 조우했다. 참호에 매복한 이라크군 RPG 대전차팀은 전의가 왕성했고, 전차들도 엔진을 끄고 엄폐호에 숨어 있어 M1A1 전차의 열영상조준경이나 야간투시경으로도 잘 보이지 않았다. 이 시점에서 쌍방의 전차병들은 서로를 볼 수 없다는 점에서 동등한 조건이 되었다. 결국 전투는 격렬한 근접전이 되었다. 브라운 중령은 전투의 양상을 다음과 같이 설명했다.

"우리 전차부대가 적진 사이를 가로질러 가는 동안 적 병사들이 전차와 벙커 사이로 불쑥 튀어나왔고, 그 병사들을 향해 쉴 새 없이 공축기관총을 사격해야 했다. 쌍방의 사격이 마구 교차하는 아주 위험한 전장이었다."

그리고 브라운 중령은 자신의 전차 HQ66호차의 포수 매튜 시트를 칭찬했다. "시트는 아군 전차 6대를 확실히 구했다. 그가 이라크군 RPG팀 6개를 소탕했다."[6]

전투 돌입 한 시간 후, 대대는 교묘히 설치된 대전차호에 막혀 더이상 전진할 수 없었다. 보유한 M1A1 전차 58대 중 16대가 대전차호에 떨어지거나 벙커 위를 지나다 천정이 무너져 움직일 수 없게 되었다. 구멍에 떨어져 움직일 수 없게 된 전차 중에는 브라운 중령의 HQ66호차도 있었다. 하지만 현장의 이라크군에게는 함정에 빠진 미군 전차를 격파할 대전차무기가 없어서, 그 이상의 피해는 발생하지 않았다.

오전 3시, 브라운 중령은 대전차호가 설치된 지점에서 후퇴하도록 명령을 내렸다.

다시 여단의 우익 - 5대의 M1A1이 아군 전차에 오인사격을 당하다 [7]

오전 3시 무렵, 우익에서는 힐맨 중령의 제41보병연대 1대대(TF)가 동쪽으로 전진을 계속하고 있었다. 대형은 좌측(북쪽)에 헤지스 대위의 B전차중대, 우측에 비숍 대위의 A전차중대, 후방에 샌더스 대위의 C보병중대가 위치했다. 윌슨 대위의 B보병중대는 아군 오인사격을 받은 피격 현장에서 정지한 상태였다. 이때, 북쪽으로 이동중이던 B전차중대는 B보병중대 구조를 위해 1개 소대를 분리하고 헤지스 대위의 B66호차를 중심으로 2개 소대 규모의 전차(10대)가 쐐기 대형으로 전진했다. 그렇게 이동하던 헤지스 대위의 B66호 전차가 모래 언덕을 넘어선 순간 철갑탄이 차체 좌측면에 명중했다. 아군 전차의 오인사격으로 명중한 열화우라늄 관통자가 측면 장갑을 관통해 주포의 포미를 부수고 반대편으로 관통하면서 포수 토니 R. 에플리게이트 하사(28세, 유족은 아내 리사와 두명의 아이)가 사망했다. 이어 명중한 차탄은 포탑링에 명중해 헤지스 대위와 탄약수, 조종수가 부상을 입었다. 연속 피탄으로 헤지스 대위의 전차는 대파되었다.

헤지스 대위의 전차를 오인사격한 차량은 좌익의 제66기갑연대 2대대 A중대(지휘관 딕 대위)소속 전차였다. 당시 A중대는 이라크군 진지 내에서 혼전을 벌인 후 -딕 대위는 GPS를 가지고 있었지만 볼 틈이 없었다- 진로를 착각해 동쪽이 아닌 남동쪽으로 전진하고 있었다. 그래서 A중대는 전방(남쪽)에 나타난 헤지스 대위의 전차중대를 동쪽에

서 반격해 오는 이라크군 전차로 오인해 공격하고 말았다. 잠시 후 딕 대위는 목표의 형상이 아군의 M1A1임을 눈치 채고 즉시 포격중지 명령을 내렸다. 하지만 불행히도 A중대처럼 남동쪽으로 전진하던 D중대에는 이 명령이 전달되지 않았고, B중대의 B22호차가 오인사격을 당했다. 다행히 B22호차는 지뢰제거쟁기를 장착한 차량으로, 철갑탄이 지뢰제거쟁기에 먼저 맞아 차체의 손상은 경미했다. 하지만 장시간 야간 전투의 피로로 인해 D중대는 자신들이 잘못된 방향으로 가고 있다는 사실을 눈치채지 못하고 다시 아군 전차를 향해 발포했다. 이번에 오인사격을 당한 차량은 비숍 대위의 A중대(제66기갑연대 3대대)소속 전차 3대였다.

오전 4시 30분, 헤지스 대위의 B중대가 공격을 받는 모습을 본 비숍 대위는 가장 가까이 있는 제3소대를 구조에 투입했다. 그런데 3소대가 북쪽으로 방향을 전환한 순간 선두의 A33호 전차가 피탄당했다. 어처구니없게도 아군의 TOW 대전차미사일 공격이었다. 미사일은 차체 후방에 명중했는데, 방향을 고려하면 A중대 후방에 위치한 C보병중대의 브래들리에서 발사되었을 가능성이 높다. 게다가 움직이지 못하는 A33호 전차에 두 발의 철갑탄이 날아와 차체 좌측에 명중했다. 이 공격은 D중대 소속 전차의 착오였다. TOW 미사일의 폭발 화염을 적 전차의 발사광으로 착각해 공격을 시도했을 확률이 높다. 이어서 착탄한 철갑탄은 A33호 전차를 관통해 옆에 있던 3소대장이 탑승한 A31호 전차에 명중했지만 피해는 경미했다. 마지막으로 피탄당한 전차는 1소대의 A14호 전차로, 포탑에 철갑탄을 맞아 3명이 부상을 입었다. [8]

비숍 대위는 처음에 이라크군의 RPG 공격으로 여겨졌지만 포탄이 아군이 위치한 후방에서 날아왔음을 눈치채고 무전으로 "공격중지!"라고 외쳤다. 공격중지를 요청하는 동안 두 발의 포탄이 더 날아와 비숍 대위의 머리 50cm 위를 아슬아슬하게 스쳐 갔다. 여단장 와이즈맨 대령은 예상외로 이라크군

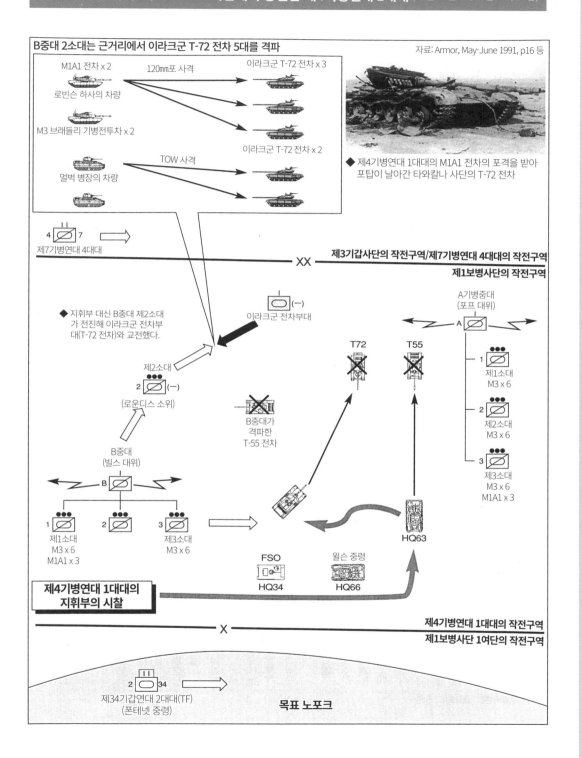

B중대 2소대는 근거리에서 이라크군 T-72 전차 5대를 격파

M1A1 전차 x 2
로빈슨 하사의 차량

120mm포 사격

이라크군 T-72 전차 x 3

M3 브래들리 기병전투차 x 2

이라크군 T-72 전차 x 2

멀벅 병장의 차량

TOW 사격

자료: Armor, May-June 1991, p16 등

◆ 제4기병연대 1대대의 M1A1 전차의 포격을 받아 포탑이 날아간 타와칼나 사단의 T-72 전차

4 ☒ 7
제7기병연대 4대대

제3기갑사단의 작전구역/제7기병연대 4대대의 작전구역
XX
제1보병사단의 작전구역

◆ 지휘부 대신 B중대 제2소대가 전진해 이라크군 전차부대(T-72 전차)와 교전했다.

이라크군 전차부대

A기병중대
(포프 대위)

제2소대
2 ☒ (─)
(로운디스 소위)

T72

T55

A

1 ☒
제1소대
M3 x 6

B중대
(빌스 대위)

B중대가
격파한
T-55 전차

2 ☒
제2소대
M3 x 6

B ☒

1 ☒   2 ☒   3 ☒
제1소대   제3소대
M3 x 6   M3 x 6
M1A1 x 3

3 ☒
제3소대
M3 x 6
M1A1 x 3

HQ63

FSO
HQ34

윌슨 중령
HQ66

제4기병연대 1대대의
지휘부의 시찰

제4기병연대 1대대의 작전구역
X
제1보병사단 1여단의 작전구역

2 ☐ 34
제34기갑연대 2대대(TF)
(폰테넷 중령)

목표 노포크

'전차의 벽'를 돌파해 이라크군 보급간선도로에 도달한 제1보병사단 제4기병연대 1대대

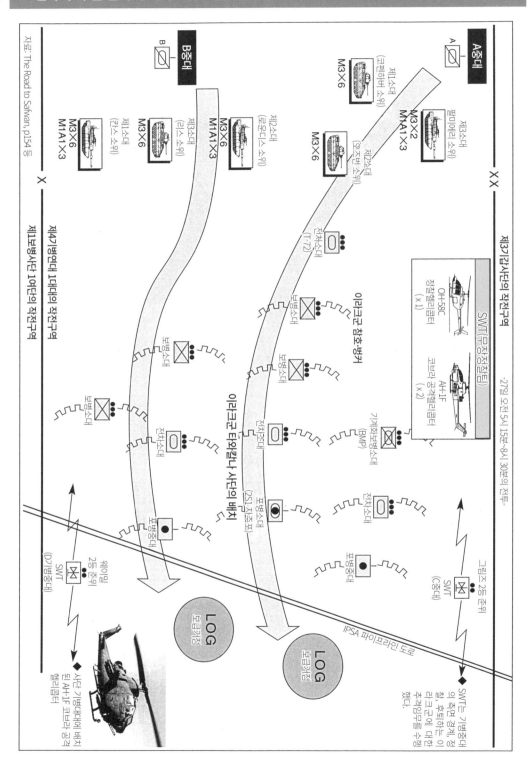

자료: The Road to Safwan, p154 등

의 방어선이 두터운데다 아군 오인사격까지 발생하자 더이상 전투를 지속하기 어렵다고 판단해 전대대에 후퇴 명령을 내렸다. 와이즈맨 대령은 재보급 후, 날이 밝으면 공격을 재개하기로 결정했다.

아군 오인사격에 가장 큰 피해를 입은 제41보병연대 1대대(TF)의 힐맨 중령은 이날 전투에 대해 다음과 같이 말했다.

"우리들은 적진의 중심에서 전방위의 적을 상대해야 했다. 이 전쟁에서 가장 힘든 전투였고, 밤새도록 벙커에 숨은 적병을 사살하거나 포로로 잡았다. 파괴된 차량들이 불타는 전장에 항복하는 적병, 숨어있는 적병, 도망치는 적병, 그리고 투항하거나 공격하기 위해 아군 전투차량에 올라오는 적병이 뒤엉켜 있었다."

윌슨 대위의 B보병중대는 전사 4명, 부상 18명으로, 걸프전 중 단일 전투에서 가장 큰 피해를 입은 부대가 되었다. B중대 제3소대의 세지윅 중사는 이 전투에 대해 다음과 같이 말했다.

"우리는 1개 소대에 가까운 병력을 잃었다. 그것이 아군의 오인사격이건 적의 공격이건 상관없이 뼈아픈 손실이었다. 그리고 그날 밤, 어려운 상황 속에서 동료들을 위해 최선을 다한 진정한 영웅들이 탄생했다."[9]

단단히 준비를 갖춘 이라크군 진지를 정면공격하는 작전에서는 희생을 피하기 어려웠다. 참호가 전혀 보이지 않는 야간 전투라면 말할 것도 없다. 와이즈맨 대령은 일출 후 제압작전을 실시하려 했으나 슈워츠코프 사령관은 제7군단을 포함한 각 사단의 공격 지체를 용납하지 않았다. 한시라도 빨리 전진하지 않으면 공화국수비대와 이라크군 주력이 도망칠 수 있기 때문이다.

결국 제1보병사단 3여단은 타와칼나 남부 주진지 남단(목표 노포크 남부)에 대한 야간공격으로 이라크군 진지를 대부분 제압했다. 격파한 적 전차(유기된 전차 제외)는 36대 이상, 장갑차도 27대 이상이고, 사살하거나 포로로 잡은 병사도 450명 이상

이었다. 오인사격을 포함한 미군의 피해는 M1A1 전차 5대, 브래들리 보병전투차 5대, 전사 6명, 부상 30명이었다. 일출 후 전진을 시작한 제3여단은 IPSA(Iraqi Pump Station, Arabia) 파이프라인 도로 배후에 집결한 이라크군의 대규모 보급집단과 조우, 공격해 600대 이상의 트럭을 파괴 또는 포획했다.

제4기병연대 1대대, 노포크 북단을 돌파하여 이라크군 보급간선도로 도달 [10]

오전 3시 30분, 제1여단과 제3여단이 목표 노포크의 이라크군 남부 주진지 공략을 끝낼 무렵, 제4기병연대 1대대 '쿼터호스'는 목표 노포크 북단을 돌파해 동쪽으로 진격했다. 사단 직할 정찰전력인 제4기병연대 1대대는 M3 기병전투차를 장비한 A, B중대, AH-1F 코브라 공격헬리콥터를 장비한 C, D중대, 그리고 E정비중대로 편성되었다.

대대장 로버트 윌슨 중령은 사단의 좌익 측면을 경계하기 위해 지상부대인 B중대를 좌익에, 항공부대인 A중대를 우익에 폭넓게 배치했다. 하지만 윌슨 중령은 양 부대의 간격 사이로 이라크군이 침입할 가능성이 있다고 보았다. 그래서 윌슨 중령(M3, HQ66)은 작전참모 존 부르단 소령(M3, HQ63)과 화력지원장교(FSO: Fire Support Officer) 개리 라메이어 대위(M113, HQ34)와 현장 시찰에 나섰다. 시찰에 앞서 윌슨 중령 일행은 오인사격을 방지하기 위해 지휘부의 방문 사실과 현재 위치를 양 중대에 알렸다.

지휘부가 B중대의 우익 끝에서 양 부대 사이로 들어간 순간, 부르단 소령의 HQ63호차의 조종수 롤랜드 베이커 상병이 소리쳤다.

"소령님, 왼쪽 모래언덕에 뭔가 있습니다."

야간투시경으로 왼쪽을 살핀 부르단 소령은 T-72 전차에 탑승하는 이라크군 전차병을 발견했다. 포수 브레드 카펜터 병장도 엄폐호에 숨은 BMP와 T-55를 발견했다. 윌슨 중령 일행은 우연히 이라크군 매복진지와 조우했다.

부르단 소령은 50m가량 후퇴해 거리를 벌렸다.

그리고 주변을 살피자 처음 발견한 전차 엄폐호 주변에 십여개 이상의 벙커가 보였다.

윌슨 중령은 상대할 만한 전력이라 판단해 B중대장 마이크 빌스 대위에 응원 요청을 했다. 명령을 받은 빌스 대위도 이라크군을 발견해 T-55 전차를 한 대 격파하고, 적이 매복한 벙커도 확인했다.

B중대의 M1A1 한 대가 도착하자 부르단 소령은 M1A1 전차로 T-72를 처리한 후, M3의 기관포로 T-55를 격파했다. 윌슨 중령의 M3도 BMP를 격파하고 벙커의 이라크군 보병을 향해 제압사격을 가했다.

이라크군 벙커에 어느 정도 타격을 가한 윌슨 중령은 일단 지휘부를 안전한 곳으로 후퇴시키고, 대신 아드리안 론디스 소위의 B중대 2소대(M1A1 2대, M3 2대)를 전진시켰다. 2소대는 이라크군 진지에 배치된 전차부대의 공격을 받았지만 곧바로 반격을 가해 로빈슨 하사의 M1A1이 T-72 세 대를, 멀벅 병장의 M3가 TOW로 T-72 두 대를 격파했다.

전투를 지켜본 윌슨 중령은 전방의 이라크군 전력을 대대 규모로 판단하고 위험을 감수한 야간전보다 날이 밝은 후 제압작전을 실시하는 편이 유리하다는 판단 하에 부대를 후퇴시켰다.

오전 6시 15분, 윌슨 중령은 A, B중대와 헬리콥터부대 SWT(Scout Weapon Team, 무장정찰팀)의 OH-58 정찰헬리콥터 1대, AH-1F 공격헬리콥터 2대를 증강해 공세에 나섰다. 켄 포프 대위의 A중대(M3 20대, M1A1 3대)가 좌익에서 적진에 돌입했다. 이라크군은 보병진지(참호와 벙커)와 전차-장갑차가 배치된 엄폐호를 조합한 다중 방어선을 구축하고 있었다.

중대는 M1A1 전차를 방패삼아 전진하며 선두열의 T-72 전차 두 대를 격파했다. 그러나 진지내로 진입하자 이라크군 보병의 사격이 쏟아져 전차장들은 큐폴라에서 전장을 살필 수 없게 되었다. 시야는 좁아졌지만, M1A1 전차들은 이라크군 장갑차와 참호를 차례차례 격파하며 전진했다. 그리고 하늘에서는 코브라 공격헬리콥터가 지상부대의 측면과 전방을 오가며 엄호하면서 지상부대가 놓친 표적을 공격했다.

27일 오전 7시 15분, A, B중대는 이라크군의 장갑차량 11대, 야포, 대량의 트럭을 파괴하고 전진 한계선에 도달했다. 양 중대가 돌파한 이라크군 주진지는 종심 5㎞로 상당히 두터웠으며, 전차와 장갑차 진지와 보병진지를 조합한 전투진지, 후방의 포병진지(야포, 2S1 자주포), 보급소(트럭과 유조차, 탄약·연료 보급거점) 등으로 구성되어 있었다.

제4기병연대 1대대는 이라크군 진지의 가장 깊숙한 곳에 위치한 보급소까지 공격해 들어갔다. 보급소는 이라크군이 이라크 남부의 보급부대와 쿠웨이트 점령부대 보급을 위해 구축한 시설로, 보급 간선도로인 IPSA 파이프라인 도로 부근의 후방 지원지역에 설치되었다. 기병대대의 작전지도에는 IPSA 도로가 기재되어 있지 않아서 1대대는 의도치 않게 이 지역에 들어서게 되었다.

26일 심야: 이라크군 기갑차량 180대를 격파한 공격헬리콥터 대대의 야간공격[11]

26일 밤, 프랭크스 중장의 「기갑의 주먹」인 3개 중사단은 드디어 타와칼나 사단의 「전차의 벽」를 격파했다. 이후 프랭크스 중장이 생각한 최우선 목표는 쿠웨이트에 전개중인 이라크군 예비대 격파였다. 이라크군 예비대는 '목표 민덴'에 집결한 지하드 군단 소속 제10기갑사단(3개 여단)으로, 이 전력을 무력화시키면 주변 공화국 수비대의 전력 증강을 막을 수 있고 제7군단의 쿠웨이트 진격도 용이해진다. 하지만 목표 민덴은 제1보병사단이 공격중인 목표 노포크에서 동쪽으로 50~80㎞가량 떨어져 있었다. 7군단의 위치에서 목표 민덴까지 원거리 공격을 실시할 수 있는 수단은 군단포병이 보유한 사거리 150㎞급 ATACMS 지대지미사일과 제11항공여단의 아파치 공격헬리콥터뿐이었고, 이 가운데 ATACMS 미사일은 이라크군의 미사일 기지, 지휘·통신시설, 보급기지 등의 주요 목표에 우

180대의 이라크군 기갑차량을 고철로 만든 AH-64 대대의 야간공격

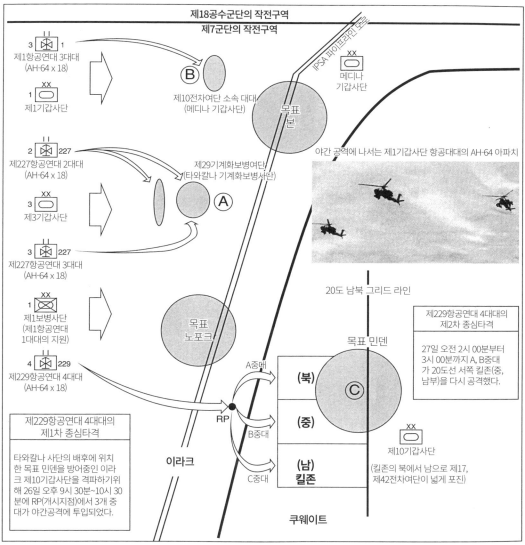

야간 공격에 나서는 제1기갑사단 항공대대의 AH-64 아파치

제7군단/중사단의 진격을 지원한 AH-64 공격헬리콥터 대대의 주요 작전·전과

공격 지점	공격시간	아파치부대 (소속)	투입규모 (AH-64)	공격목표 (소속)	파괴한 전투차량
Ⓐ	2월 26일 오후 8시경	▪ 제227항공연대 2대대 (제3기갑사단)	18대	기갑부대 진지 (타와칼나 사단)	T-72 전차 x 2 BMP 보병전투차 x 14
	2월 26일 오후 11시경	▪ 제227항공연대 2대대, 3대대 (제3기갑사단)	24대	기동중인 기갑부대 (타와칼나 사단)	T-72 전차 x 8 BMP 보병전투차 x 19
Ⓑ	2월 26일 오후 10시경 2월 27일 오전 2시경	▪ 제1항공연대 3 대대 (제1기갑사단)	12대*	기갑대대 진지 (메디나 사단)	T-72 전차 x 38 BMP 보병전투차 x 19
Ⓒ	2월 26일 오후 9시경 2월 27일 오전 2시경	▪ 제229항공연대 4대대 (제11항공여단) ※ 제1보병사단 지원	18대	기갑부대 진지 기동중의 기갑부대 (제10기갑사단)	전차 (T-62, T-55) x 53 BMP 보병전투차 x 19 MTLB 장갑차 x 16

* 공격에 참가한 기체는 2개 중대 규모 총 12대

걸프전에서 높은 공격력과 생존성을 보여준 AH-64 아파치

AH-64 아파치 공격헬리콥터는 총 274대 (15개 대대)가 배치되어 이라크 전차 278대를 격파했다. 휴대용 지대공미사일에 피격된 기체 1대가 격추되었지만, 격추된 기체의 조종사는 무사했다.

아파치의 방탄 조종석은 23mm 기관포탄의 직격에서도 조종사를 보호했다.

AH-64A			
전장	17.73m	엔진	T700-GE-701 터보샤프트 엔진 (1,690hp) x 2
로터 직경	14.63m	최대속도	293km/h
동체길이	15.06m	항속거리	480km
전고	4.64m	무장	M230 30mm 기관포 (발사속도 625발/분, 탄약 1,200발) 헬파이어 대전차미사일 x 8 70mm 로켓 x 38
중량	5,165kg		
최대이륙중량	9,500kg	승무원	2명

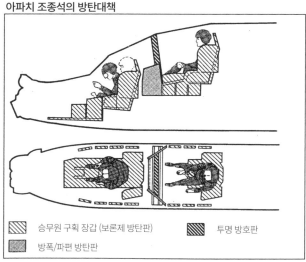

아파치 조종석의 방탄대책

	승무원 구획 장갑 (보론제 방탄판)		투명 방호판
	방폭/파편 방탄판		

아파치는 최대 16발의 헬파이어 대전차미사일 또는 76발의 로켓을 무장할 수 있다.

아파치 공격헬리콥터 대대의 전선기지 (좌측부터 OH-58D 카이오와, AH-64A, M978 2,500갤런 유조차)

이라크군 기갑차량 약 800대를 파괴한 AH-64의 무장과 야간공격전술

◀ 적진지 제압에 위력을 발휘한 70mm 로켓의 일제사격

▲ 주무장은 최대 16발 탑재가 가능한 세미 액티브 레이저 유도방식의 AGM-114A 헬파이어 대전차미사일이다. (중량 45kg)

AH-64(제3기갑사단 227항공연대 2대대)의 헬파이어 미사일 공격에 완파된 엄폐호 내의 2S1 자주포

기본무장: 헬파이어 대전차미사일(4발) x 2, 히드라 70 로켓(19발) x 2

AH-64 공격헬리콥터 중대의 이라크군 기갑부대 엄폐진지에 대한 야간 제압 개요도

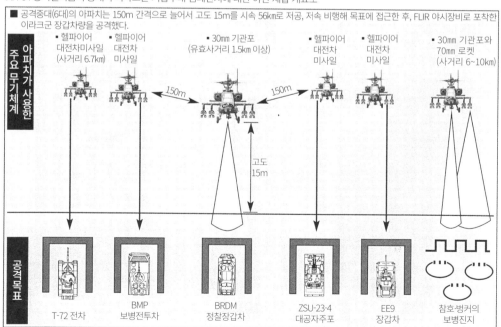

■ 공격중대(6대)의 아파치는 150m 간격으로 늘어서 고도 15m를 시속 56km로 저공, 저속 비행해 목표에 접근한 후, FLIR 야시장비로 포착한 이라크군 장갑차량을 공격했다.

아파치가 사용한 주요 무기체계

- 헬파이어 대전차미사일 (사거리 6.7km)
- 헬파이어 대전차 미사일
- 30mm 기관포 (유효사거리 1.5km 이상)
- 헬파이어 대전차 미사일
- 헬파이어 대전차 미사일
- 30mm 기관포와 70mm 로켓 (사거리 6~10km)

150m

150m

고도 15m

공격목표

T-72 전차

BMP 보병전투차

BRDM 정찰장갑차

ZSU-23-4 대공자주포

EE9 장갑차

참호·벙커의 보병진지

선적으로 임무가 배정되어 있었다. 결국 목표 민덴의 이라크군 제10기갑사단에 대한 공격은 조니 힛 대령의 제11항공여단이 맡았다.

각 중사단에 배치된 아파치 공격헬리콥터는 기동여단을 엄호하며 전차의 벽에 포진한 이라크군 기갑부대를 섬멸하는데 큰 위력을 발휘했다. 그 가운데 가장 크게 활약한 부대는 제3기갑사단 소속 2개 항공대대(공격헬리콥터)였다. 하지만 이전의 활약은 비행거리가 짧고 전장 가까이 아군이 위치한 상황에서 수행한 작전으로 위험부담이 크지 않았다. 그러나 목표 민덴에 대한 공격은 적진 깊숙이 들어가 공격하는 종심전투(deep battle)였다. 아파치 부대는 시계가 불량한 야간에 저공비행으로 목표까지 장거리 비행을 해야 했고, 당연히 사고의 위험뿐만 아니라 이라크군과 아군의 대공사격에 노출될 위험도 높았다. 그리고 공군이나 포병과 작전시간대의 공역 활용에 대한 사전 조율도 진행해야 했다. 이렇듯 종심전투는 통상적인 근접항공지원에 비해 월등히 힘든 작전이었지만, 아파치 부대는 26일에 야간공격작전을 훌륭히 완수해 이라크군 장갑차량 180대를 격파했다. 이는 1개 기계화보병사단 괴멸에 필적하는 전과였다.

제11항공여단의 종심타격(Deep strike) 설명에 앞서 제1기갑사단의 아파치부대를 예시로 26일 밤에 실시한 이라크군 기갑부대를 목표로 한 근접항공지원에 대해 알아보자. 제1기갑사단의 작전구역 우익에서 다이어 중령의 제37기갑연대 1대대(TF)가 타와칼나 사단의 매복진지를 제압할 무렵, 중앙의 제1여단은 사단 직할인 제1기병연대 1대대를 50km 전방으로 투입하여 이라크군을 탐색했고, 정찰대의 브래들리가 이라크군 기갑대대(메디나 사단 제10전차여단)를 발견했다. 그리피스 여단장은 제4항공단 3연대 1대대 '나이트 이글'의 AH-64 아파치 공격헬리콥터에게 야간공격을 명령했다.[12]

26일 오후 10시 00분, 제1진은 릭 스톡하우젠 대위의 A중대(AH-64 6대, OH-58C 2대가 출격)로, 대대장 빌 하치 중령이 직접 출격했다. 아파치의 기본 무장은 헬파이어 대전차미사일 8발과 히드라70 로켓포드(2.75인치 로켓 19발) 2개, 30㎜ 기관포 등이었다.

각 아파치는 야간에 이라크군 전차를 확실히 포착-섬멸하기 위해 지상 15m의 초저고도를 150m 간격의 횡대대형으로 비행하며 기수 아래 장비된 FLIR(전방적외선영상장치)로 지상을 살폈다. 작전 당일 비가 내려 시계가 나빴지만, 고성능 FLIR은 30~40개의 열원을 탐지했다. 공격에 앞서 스톡하우젠 대위는 표적을 놓치거나 중복사격하는 상황을 막기 위해 각 아파치에 킬존을 할당했다. 공격 명령을 받은 6대의 아파치는 이라크군 진지를 향해 헬파이어 미사일을 발사했다. 새까만 하늘에서 운석이 떨어지듯이 쏟아지는 미사일 공격에 이라크군은 혼란에 빠졌고, 자신들이 어떤 공격에 당하는지도 알지 못한 채 차례차례 파괴되었다. 저공으로 날아가는 아파치를 알아보고 소총 사격을 가한 이라크군 병사도 있었지만, 아파치의 30㎜ 기관포 공격에 곧바로 분쇄되었다. A중대는 전장 상공에서 45분간 체공하며 이라크군 기갑부대의 매복진지를 향해 4~6km 거리에서는 헬파이어 미사일과 로켓으로, 근접한 뒤에는 기관포로 공격했다. A중대가 재보급을 위해 귀환한 후, 27일 오전 2시 15분에는 제2진인 C중대가 진지 제압을 실시해 이라크군 진지는 완전히 파괴되었다. 제1항공연대 1대대도 북쪽에 포진한 아드난 사단 소속 여단을 공격했다.

공격이 끝난 후 전장에는 T-72 전차 38대, BMP 보병전투차 14대, 트럭 70대가 불타고 있었다. 아파치 공격헬리콥터 대대는 하루만에 이라크군 기갑대대를 섬멸했다.

공군에 사냥감을 빼앗긴 제11항공여단[13]

제11항공여단의 야간 종심타격도 제1항공연대 3대대와 같은 시기에 실시되었다. 제11항공여단은 병력 1,773명, 치누크 수송헬리콥터를 포함해 총 147대의 헬리콥터를 보유한 대부대였지만, 공격헬

제4항공여단의 AH-64 대대의 적 주진지 야간공격 (2월 26일 밤)

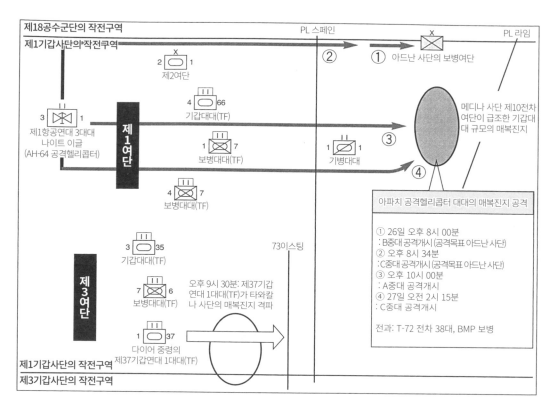

제18공수군단의 작전구역

제1기갑사단의 작전구역

PL 스페인 | PL 라임

제2여단

제1항공연대 3대대
나이트 이글
(AH-64 공격헬리콥터)

제1여단

기갑대대(TF)

보병대대(TF)

보병대대(TF)

기병대대

① 아드난 사단의 보병여단
②
③
④

메디나 사단 제10전차
여단이 급조한 기갑대
대 규모의 매복진지

제3여단

기갑대대(TF)

보병대대(TF)

오후 9시 30분: 제37기갑
연대 1대대(TF)가 타와칼
나 사단의 매복진지 격파

다이어 중령의
제37기갑연대 1대대(TF)

73이스팅

제1기갑사단의 작전구역

제3기갑사단의 작전구역

아파치 공격헬리콥터 대대의 매복진지 공격

① 26일 오후 8시 00분
 : B중대 공격개시 (공격목표 아드난 사단)
② 오후 8시 34분
 : C중대 공격개시 (공격목표 아드난 사단)
③ 오후 10시 00분
 : A중대 공격개시
④ 27일 오전 2시 15분
 : C중대 공격개시

전과: T-72 전차 38대, BMP 보병

제1기갑사단 4항공여단 아이언 이글의 헬리콥터 전력과 지상전시의 비행시간

부대 \ 기종	AH-64 (공격)	AH-1 (공격)	OH-58 (정찰)	UH-60 (다목적)	UH-1 (후송)	EH-60 (전자전)	합계
제1기병연대 1대대		8 (84h)	12 (224h)				20 (308h)
제1항공연대 2대대	18 (237h)		13 (163h)	3 (40h)			34 (440h)
제1항공연대 3대대	18 (252h)		13 (200h)	3 (42h)			34 (494h)
TF 피닉스			6 (120h)	24 (246h)	3 (62h)	4 (52h)	37 (480h)
합계 (비행시간/h)	36h (489h)	8 (84h)	44 (707h)	30 (328h)	3 (62h)	4 (52h)	125 (1722h)

※TF 피닉스의 헬리콥터 숫자는 추정치 포함. 제1항공연대 2대대는 2월 27일 오전 중까지 제2기갑기병연대에 배속.

제4항공여단 공격헬리콥터의 탄약 소모량

기종 \ 탄약	헬파이어	TOW	로켓	30mm탄	20mm탄
AH-1 코브라 (제1기병연대 1대대)		1	22		100
AH-64 아파치 (제1항공연대 2대대)	49		691	18,088	
AH-64 아파치 (제1항공연대 3대대)	144		542	13,094	
합계	193	1	1,255	31,182	100

아파치는 기수 하부의 30mm 체인건과 기관
포와 스터브 윙에 장착되는 파일런에 헬파
이어 대전차 미사일 및 로켓을 장비한다.

자료: U.S.Army Aviation Digest, September-Octtober 1991, p63.

리콥터 대대는 2개에 불과한데다 그중 1개 대대(제6기병연대 2대대)가 제3기갑사단 지원에 차출되는 바람에 공격헬리콥터 전력은 로저 맥컬리 중령의 제229항공연대 4대대(3개 중대, AH-64 18대)만 남았다.

26일 오후 9시 15분, 맥컬리 중령의 대대는 후방지역에 있는 전방집결지 스킵에서 이륙했다. 이때 A중대(6대, 여단 작전참모 샘 허버드 소령도 탑승)는 비행경로 선도를 위해 선두에 섰고, 양익에 B, C중대를 배치해 대대 전체가 쐐기대형을 구성했다. 그리고 후방에는 부여단장 테리 존슨 중령이 탄 UH-60 지휘헬리콥터가 뒤따랐다.

아파치 부대는 고도 30m 이하의 저공에서 시속 222km의 속도로 비행했다. A중대가 아군 전선에 가까워질 무렵, 아파치의 전방 사수석에 앉은 허버드 소령은 목표 노포크 남부에서 진행중인 제3여단의 전차전을 볼 수 있었다. 하지만 야간전의 특성상 영화처럼 멋진 장면이 아니라 양군 전차가 쏘는 포격의 섬광과 예광탄의 빛줄기, 전차와 장갑차가 폭발하는 화염만 보였다.

여기서 대대는 약간 남쪽으로 진로를 수정하고 사전에 설정한 RP(Release Point, 개시지점)에 도착한 후, 쐐기대형을 일렬횡대 대형으로 전환했다. 북쪽에서 남쪽으로 배치된 A, B, C중대는 RP에서 지정된 3개 구획(킬박스)으로 날아가 공격을 실시했다.

킬박스는 목표 민덴을 북부, 중앙부, 남부로 3등분한 구획으로, 20도 남북 그리드 라인(20 north-south Grid line) 서쪽에 위치했다. 20도선은 지도상에 그어진 작전구획 분할선으로 이날 밤 라인 동쪽은 공군 F-111F 전폭기의 폭격이 예정된 상태였다.

그렉 바렛 대위의 A중대는 RP를 지나서 진로를 동쪽으로 변경한 후 쿠웨이트 영내에 진입했다.

오후 10시 00분, 목표 민덴에 도착한 바렛 대위는 공격에 앞서 아파치 6대의 기체간 간격을 150m로 넓히고 비행속도를 시속 56km로 낮춰 신중히 전진했다. FLIR(전방감시 적외선 야시장비)에 비친 사막은 낮은 기복이 반복되는 단조로운 지형이었지만, 잠

시 후 이라크군 전차를 의미하는 복수의 열원이 감지되었다. 4~5km 전방에 T-55, T-62 전차, BMP, MTLB 장갑차가 대기중이었다. 목표를 포착한 아파치는 적절한 공격위치로 이동한 후 급상승해 헬파이어 미사일을 발사했다. 아파치들은 계속해서 위치를 옮기며 이라크군을 제압해 나갔다.[14]

A중대에 이어 벤 윌리엄스 대위의 B중대와 스티브 월터 대위의 C중대도 공격을 실시했다. 양 중대는 30분간의 공격으로 T-62, T-55, BMP, MTLB, 쉴카 대공자주포 등으로 구성된 혼성부대를 격파했다. 추가로 이라크군 부대를 발견하기는 했지만, 20도선 동쪽의 공군 작전영역에 있어서 공격하지 않았다. B중대 아파치의 포수석에 앉아있던 대대장 맥컬리 중령은 20도선의 동쪽에서 바스라를 향해 북쪽으로 이동하는 수백 대의 이라크군 차량 행렬을 발견했다. 맥컬리 중령은 눈앞에 있는 커다란 사냥감을 공격할 수 없다며 아쉬워했다. 그래서 UH-60에 타고 있는 존슨 대령에게 20도선 동쪽에 있는 이라크군에 대한 공격을 요청하고, 최종적으로 총사령부까지 20도선 동쪽에 대한 공격허가를 건의했지만, 공군은 F-111F 전폭기 3대가 20분 후 폭격을 실시할 예정이라는 이유로 공격 요청을 허가하지 않았다. 절호의 기회를 놓친 맥컬리 중령은 분개했다. 공군의 F-111F(GBU-12 레이저유도폭탄 4발 탑재) 3대의 폭격은 운이 좋아도 12대의 전차 격파가 한계지만 아파치 공격헬리콥터 18대는 100대가 넘는 전차를 파괴할 수 있었다. 하지만 공격허가가 떨어지지 않은 이상 어쩔 수 없는 일이었다. 여단장 힛 대령은 20도선 서쪽의 이라크군만 A, B중대를 동원해 2차 공격하기로 했다.

오전 1시 30분, 재무장을 끝낸 대대는 전방집결지 스킵에서 출격했다. '노포크 전투'의 불길을 보면서 목표에 도착한 대대는 2차 공격에서는 B중대가 중앙, A중대가 남부의 킬박스를 맡아 오전 2시부터 3시까지 공격을 진행했다. A중대의 바렛 대위는 간선도로를 따라 북쪽으로 이동하는 새로운 이

프랭크스 군단장이 이라크군 예비전력 섬멸에 동원한 제11항공여단

11th Aviation Brigade
여단장 : 조니 힛 대령

11 X

제11항공여단의 전력
병력: 1,476명 (증강시 1,773명)
헬리콥터 총수: 147대 (AH-64 공격헬리콥터 36대 외 CH-47, UH-60, OH-58)
총 차량 수: 325대

여단본부	제229항공연대 4대대	제6기병연대 2대대	전반지원헬리콥터 대대	▪ 중(重)공수헬리콥터 중대
	(아파치 공격헬리콥터)	(아파치 공격헬리콥터)	(CH-47 치누크 대형 헬리콥터 등)	▪ 중(中)공수헬리콥터 중대
				▪ 항공관제부대
				▪ 제11화학중대

걸프전 당시
제11항공여단의 전과
▪ 전차 x 90
▪ 장갑차 x 86
▪ 트럭 x 69
▪ 야포 x 8
▪ 대공포 x 11
※ Houlahan, Gulf War, p386.

◀ 사막의 전진기지에 집결한 항공여단 소속 CH-47 대형 수송헬리콥터와 업무중대의 M978 중기동 유조차

이라크군 제10기갑사단을 반파한 제229항공연대 4대대(공격헬리콥터)의 편성·전력

4/229th Aviation Battalion "Fling Tigers"
대대장: 로저 맥컬리 중령

4 X 229

대대본부

제229항공연대 4대대의 전력

병력: 정원 229명
(사관 22명, 부사관·병사 231명)

▪ AH-64A 공격헬리콥터 x 18
▪ OH-58C/D 정찰헬리콥터 x 13
▪ UH-60A 다목적헬리콥터 x 3
▪ 차량 45대 (유조차 x 7대)

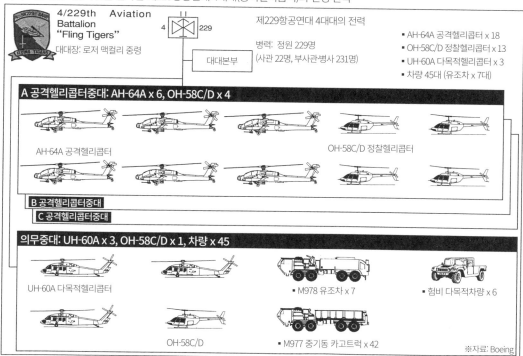

A 공격헬리콥터중대: AH-64A x 6, OH-58C/D x 4

AH-64A 공격헬리콥터   OH-58C/D 정찰헬리콥터

B 공격헬리콥터중대
C 공격헬리콥터중대

의무중대: UH-60A x 3, OH-58C/D x 1, 차량 x 45

UH-60A 다목적헬리콥터   ▪ M978 유조차 x 7   ▪ 험비 다목적차량 x 6

OH-58C/D   ▪ M977 중기동 카고트럭 x 42

※자료: Boeing

라크군 차량행렬을 발견했다. 바렛 대위는 선두의 T-62 전차와 후미 차량을 헬파이어 미사일과 로켓으로 공격해 차량 행렬을 멈춰 세운 후, 나머지 차량을 기관포로 공격해 파괴했다.

맥컬리 중령의 제229항공연대 4대대는 목표 민덴에 대한 2차 공격을 성공적으로 마치고, 전차 53대, BMP 19대, MTLB 16대 격파, 보병 40명 사살 전과를 올렸다. 아파치의 공격을 받은 이라크군은 목표 민덴 북쪽에 배치된 제10기갑사단 소속 제17여단과 남쪽에 포진한 제42여단이었다. 이후 이라크군 제10기갑사단은 M1A1 전차부대의 공격을 받기도 전에 제3기갑사단과 제11항공여단 소속 아파치 대대의 추가 공격을 받고 사단 단위의 전투능력을 상실했다.[15]

참고문헌

(1) Tom Clancy and Fred Franks Jr.(Ret.), Into the Storm: A Study in Command (New York: G.P.Putnam's Sons, 1997), pp395-397.

(2) Thomas Houlahan, Gulf War: The Complete History (New London, New Hampshire: Schrenker Military Publishing, 1999), pp342-346.

(3) Robert H. Scales, Certain Victory: The U.S.Army in the Gulf WAR (NewYork: Macmillan, 1994). p285. and Clancy and Franks, into the Storm, p396.

(4) Houlahan, Gulf War, pp347-349.

(5) Clancy and Franks, Into the Storm, p396.

(6) Ibid, pp395-396.

(7) Houlahan, Gulf War, pp350-354.

(8) Deploymentlink. osd. Mil, "Depleted Uranium in the Gulf (ii) TAB H-Friendly-fire Incidents".

(9) Clancy and Franks, Into the Storm, pp395-396.

(10) Stephen A. Bourque and John W. Burdan III, The Road to Safwan: The 1st Squadron, 4th Cavalry in the 1991 Persian Gulf War (Denton, Texas: UNT Press, 2007). pp151-157.

(11) Scales, Certain Victory, pp270-271.

(12) Ibid, pp270-271.

(13) Ibid, pp287-291.

(14) Stdephen A. Bourque, JAYHAWK! The VII Corps in the Persian Gulf War (Washington, D.C: Departmant of the Army, 2002), pp311-313.

(15) Houlahan, Gulf War, p386.

제18장
'메디나 능선 전투' ①
연료가 떨어진 최전선의 전차부대

지상전 3일째(2월26일)의 전황
동서 양익의 최종목표 도달

27일 오전 6시 30분, 군단장 프랭크스 중장은 UH-60 블랙호크 지휘관용 헬리콥터를 타고 제1보병사단의 전술지휘소(TAC)에 도착했다.

헬리콥터를 타고 오는 도중에 프랭크스 중장은 포탑이 날아간 전차, 불타는 BMP 보병전투차, 뒤집힌 트럭, 전장에 남아 있는 이라크군 병사들의 시체를 보았다. 그리고 격파된 이라크군 차량과 시체로 발 디딜 틈도 없는 곳을 밥 쉐들리 대령의 사단지원사령부 소속 유조차들이 통과하고 있었다. 유조차는 거침없이 장애물을 해치며 전진했지만, 이라크군 차량의 잔해는 도착지인 전술지휘소까지 널려 있었다.

두 대의 M577 지휘장갑차를 연결해 설치된 전술지휘소에 들어선 프랭크스 중장은 원래 만날 예정이었던 사단장 레임 소장의 부재(전차를 타고 전선에 나가 있었다)로 인해 대신 빌 카터 부사단장으로부터

상황을 설명받았다. 프랭크스 중장은 지난 밤 전투에서 전사 8명, 부상 30명의 피해가 발생했다는 말을 듣고 약간 동요하는 듯했지만, 전선에 나가있던 레임 사단장이 무전으로 알린 최신 근황 보고를 듣고 기운을 차렸다. 레임 소장은 "저희 사단은 어제 힘든 전투를 치렀지만 적을 섬멸했습니다. 대략 일몰까지는 (목표)덴버에 도달할 수 있습니다."라며 긍정적인 내용의 보고를 했다. 의욕을 다진 프랭크스 중장은 지도를 두들기며 "동쪽으로 공격하여 페르시아만을 향해 전진한다. 고국으로 돌아갈 배가 기다리고 있는 바다를 향한 전진이다." 라고 말했다. 프랭크스 중장의 작전은 순조롭게 진행되었고, 중부 방면의 제1보병사단은 목표 노포크를 돌파한 후, 멈추지 않고 쿠웨이트로 진격했다.[1]

다만 7군단에 이웃한 럭 중장의 제18공수군단의 진격이 늦어지는 바람에 문제가 발생했다. 공수군단의 주공인 제24보병사단은 군단 좌익의 제1기갑사단 후방 60km 지점에 있었고, 북쪽 지역에 아군이 없는 커다란 공백지대가 형성되었다. 이 공백지

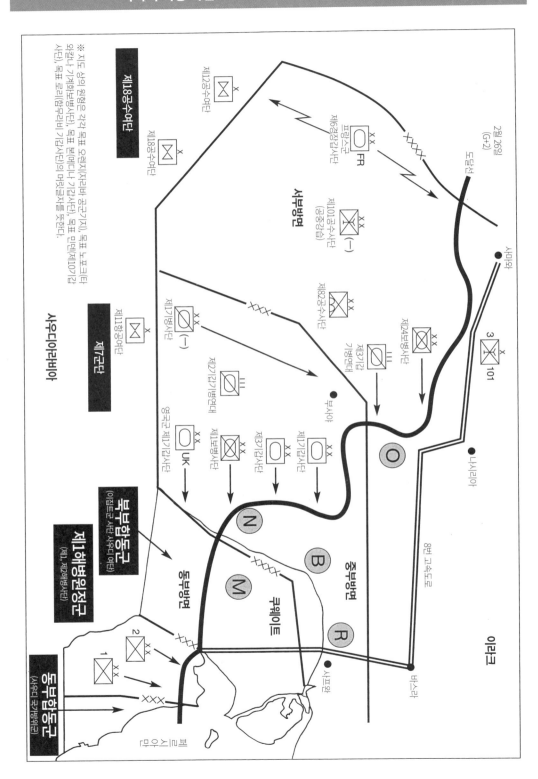

사막에서 급유중인 제3기갑기병연대의 M1A1 전차 중대

대는 중부군 사령부가 사전에 설정한 18공수군단
의 작전구역으로, 앞서 전진한 제1기갑사단이 이라
크군을 발견하더라도 포병의 아군 오인사격과 같
은 위험을 감수하지 않는 한 진입할 수 없었다. 군
단 단위의 작전구역 변경은 사실상 불가능했고, 프
랭크스 중장은 북쪽에 불안요소를 안은 채 작전을
진행해야 했다.

2월 26일, 지상전 3일차의 미국 육군은 각 방면
에서 주요 목표에 도달하고, 다음 단계로 이라크군
과 교전을 벌였다. 서부 방면에서는 프랑스군 제6
경장갑사단과 미군 제82공수사단이 사우디 국경
북동쪽 120㎞지점의 살만시와 비행장을 점령해 군
단 주력이 동쪽을 향해 전진하는데 필요한 서쪽 방
벽을 구축했다. 다만 이웃한 제101공수사단이 갑
자기 불어온 '샤말'이라 불리는 모래폭풍과 폭우로
헬리콥터 부대를 제대로 운용하지 못하는 바람에
전방기지에 대한 보급물자 수송과 8번 고속도로
봉쇄에 차질이 발생했다. 주력인 제24보병사단의
전진이 늦어진 이유도 폭우였다. 폭우로 사막이 습
지대가 되는 바람에, 제24보병사단은 25일 밤부터

다음날 낮까지 부대이동에만 집중했다.

이라크군의 강한 저항도 장애물로 작용했다. 제
24보병사단이 8번 고속도로 근처(국경에서 240㎞)의
전략목표인 이라크 공군의 탈릴, 잘리바 공군기
지 공략에 나선 시각은 오후 2시였다. 유프라테스
강 변에 해당하는 공격지역 일대에는 습지대와 암
석지대가 넓게 펼쳐져 있었다. 제24보병사단은 우
익에 제3기갑기병연대를 배치해 측면 방어를 맡기
고 공격에 나섰지만, 시작부터 이라크군의 강한 저
항에 직면했다. 이곳에 포진한 이라크군은 육군 제
47, 49보병사단과 공화국 수비대 네브카드네자르
보병사단, 제26코만도여단이었다. 이라크군은 지
형의 이점을 살려 암석지대의 경사면에 구축한 매
복진지를 거점 삼아 전차와 자동화기를 배치하고
격렬히 저항했다. 제24보병사단 1여단은 4시간 가
까이 이라크군의 저항을 뚫지 못했다.

M1A1 에이브럼스 전차와 포병대가 곤경에 처
한 1여단을 구원했다. 에이브럼스 전차는 장거리
사격으로 이라크군 전차를 격파해 나갔고, 여단의
야전포병은 대포병 레이더와 물량공세로 이라크군

포병을 섬멸했다. 특히 포병의 AN/TPQ36 대포병 레이더가 활약했다. 대포병 레이더는 이라크군의 포격을 역탐지해 이라크군 진지의 위치를 찾아냈고, 제1여단의 포병이 대포병 레이더의 정보로 이라크군 포병이 한 발을 쏠 때 마다 3~6발로 반격해 이라크군의 6개 포병대대를 무력화시켰다.

제24보병사단의 3개 기동여단은 포병대와 공격헬리콥터의 지원을 받은 기갑부대의 돌격으로 이라크군 진지를 제압했다. 8번 고속도로 부근의 이라크군 공군기지 제압을 완료한 시각은 27일 일출 무렵이었다. 상대가 보병부대였으므로 이라크군 전차 격파는 24대에 그쳤다. 만약 제24보병사단이 보병부대가 아닌 기갑사단과 조우했다면 위험했을지도 모른다. 당시 24보병사단의 전차들은 진격을 서두르는 동안 수송부대가 제대로 따라오지 못하는 바람에 대규모 전차전을 수행할 연료가 없었다. 특히 선두의 M1A1 전차들은 연료잔량이 100갤런(378리터)에 불과해서 정지한 채 유조차를 기다려야 했다. 연료 100갤런이라면 전투는커녕 후퇴에만 집중해도 60㎞ 이상 달릴 수 없었다.

한편 동부방면에서는 미 해병대 2개 사단이 이라크군의 격렬한 반격에 직면했다. 오전 6시 30분, 제1해병사단은 중요 작전목표인 쿠웨이트 국제공항을 향해 북동쪽으로 진군중이었다. 전장은 악천후와 불타는 유전이 토해내는 매연으로 인해 낮인데도 한밤중처럼 어두웠다. 부르간 유전지대를 지나가는 병사들은 매연과 악취에 목의 통증을 호소했다. 이라크군 기갑부대가 매연에 몸을 숨기고 반격해 왔지만 병력만 잃은 채 후퇴했다. 다만 이 전투로 진격이 지체된 제1해병사단은 한밤중이 되어서야 공항에 도착할수 있었고, 결국 작전 당일 공항을 점령하지는 못했다.

한편 제2해병사단은 쿠웨이트시에서 자하라를 경유해 바스라, 바그다드로 연결되는 간선 고속도로를 점령하기 위해 북쪽으로 전진했다. 특히 주공인 타이거 여단은 무트라 계곡을 목표로 달려갔다.

무트라 계곡은 고속도로 교차점으로, 이곳을 점령하면 쿠웨이트에서 탈출하는 이라크군의 퇴로를 차단할 수 있었다. 26일 오후 12시, 타이거 여단은 2개 전차대대를 앞세워 무트라 계곡을 향해 시속 20㎞로 전진했다. 지뢰지대에 통로를 개척하며 전진한 타이거 여단은 T-55 전차가 배치된 이라크군 진지와 조우하자 전차부대의 주포 일제사격과 브래들리의 TOW 미사일로 공격해 T-55 전차 20대를 격파했다. 이라크군 전차를 격파한 기갑부대는 기세를 살려 무트라 계곡의 이라크군 수비대를 분쇄하고 고속도로와 주변 고지대를 점령했다.

바스라로 통하는 도로는 야간에 실시된 다국적군 공군의 집중폭격에 파괴되었는데, 도로에는 2,000여 대가 넘는 이라크군과 민간차량의 잔해로 가득 차 있었다. 이 도로는 훗날 '죽음의 고속도로'라 불렸으며, 민간차량을 약탈해 북쪽으로 도주하던 이라크군 수비대는 이곳에서 전멸했다. 그리고 이곳의 참상이 영상을 통해 세계에 알려지면서 미군이 학살이나 다름없는 행위를 자행했다는 비난 여론이 터져 나왔다.

타이거 여단 양익의 아랍합동군 2개 기갑집단은 해병대의 엄호를 받으며 쿠웨이트시를 포위했다. 간선도로는 대부분 봉쇄했지만, 일몰까지 쿠웨이트시를 완전히 포위하지는 못했다.

27일(G+3), 타와칼나 사단의 '전차의 벽'을 분쇄한 제7군단

27일 이른 아침, 프랭크스 중장은 헬리콥터를 타고 각 사단장을 방문하며 마지막 단계만 남은 '사막의 기병도 작전'에 대해 새로운 지시를 전달했다. 제7군단은 잠시 후 이라크에서 쿠웨이트로 진격할 예정이었고, 작전의 최우선 목표는 북쪽에 포진한 공화국 수비대 주력의 퇴로 차단이었다. 프랭크스 중장은 이를 위해 남북 양익에서 중사단으로 이라크군을 포위공격하기로 했다. 북쪽 공격을 담당하는 부대는 프랭크스 중장이 지상전 개시 전부터 슈워츠코프 사령관에 요청했던 제1기병사단, 남쪽은 26일 전차의 벽(타와칼나 라인)을 돌파한 제1보병사단이었다. 북상한 제1보병사단은 오전 11시에 제1기갑사단 후방에 설정된 AA(집결지) 호스에 도착했다. 다만 군단은 2개 사단의 전진 이전에 당면한 적을 섬멸해야 했다. 타와칼나 라인 배후에 구축된 두 번째 전차의 벽, 메디나 라인이었다.

메디나 라인에 배치된 이라크군은 공화국 수비대 메디나 기갑사단과 작전 예비대인 지하드 군단으로 추정되었다. 당시 제7군단은 북쪽에서 남쪽으로 전개한 4개 중사단으로 구성된 기갑의 주먹으로 이라크군이 구성한 전차의 벽을 공격하고 있었다. 군단은 북쪽부터 제1기갑사단, 제3기갑사단, 제1보병사단, 영국군 제1기갑사단을 차례로 전개했다. 적진에 돌입하는 각 사단의 전차부대 엄호를 위해 사단과 군단의 공격헬리콥터 대대와 군단 야전포병(FA) 여단을 배치해 후방지원 체제도 갖췄다.

제1기갑사단에는 제75야전포병여단 (M109 155㎜ 자주포 18대, M110 203㎜ 자주포 24대, MLRS 9대, ATACMS MLRS 9대), 제3기갑사단에는 제42야전포병여단 (M109 48대, MLRS 27대), 제1보병사단에는 제210야전포병여단(M109 48대, MLRS 27대), 영국군 제1기갑사단에는 제142야전포병여단(M110 24대, MLRS 9대)이 배속되었고, 직접지원은 자주포가, 장거리 광역제압은 MLRS 로켓이 담당했다. 몰리 보이드 대령이 지휘하는 제42야전포병여단은 26일부터 제3기갑사단을 도와 이라크군 진지지대를 포격하면서 압도적인 제압 능력을 보여주었고 '강철의 비(Iron Rain)'라 불리며 두려움의 대상이 되었다. 제42야전포병여단은 전쟁 중 121회의 포격 임무를 수행해 155㎜ 포탄 2,854발, MLRS 로켓 555발을 발사했다.[2]

알라위의 방어 구상에 따라 급조된 메디나 라인[3]

이라크군은 다국적군의 지상작전이 시작된 24일 밤부터 25일까지, 극히 짧은 시간 내에 '전차의 벽'을 구축했다. 이 방어선에는 미군 기갑부대에 맞서 타와칼나 기계화보병사단과 제12기갑사단의 예하부대들이 중점적으로 배치되었다.

당시 이라크군이 입수할 수 있는 정보로는 미군의 주공이 남쪽과 서쪽 중 어느 쪽에서 돌입할지 알 수 없었다. 따라서 작전 예비대인 제2군단과 메디나 사단, 함무라비 기갑사단은 배치를 바꾸지 않았다. 하지만 26일 오후에 미군이 서쪽에서 공격해 올 것이 확실해지자, 알라위 공화국 수비대 사령관은 서둘러 메디나 기갑사단을 중심으로 타와칼나 라인과 같은 '전차의 벽'을 구축했다. 서쪽 전선에는 보급간선도로(보급로, 군부대의 이동로, 퇴각로)인 IPSA 파이프라인 도로와 7개소의 보급기지, 그리고 루마일라 유전 등의 요충지가 있어서, 미군의 공격으로부터 반드시 지켜내야 했다. 이라크는 쿠웨이트 북부 요충지에 대한 방어선도 추가로 강화했다.

알라위 사령관은 메디나 라인에 주 전력인 메디나 사단이 방어하는 북부주진지와 제10기갑사단(지하드 군단 소속)이 방어하는 남부주진지 건설을 계획하고 제10기갑사단의 3개 여단(제24기계화보병, 제17전차, 제42전차)도 타와칼나 라인 후방에 전개했다. 하지만 주전력인 메디나 기갑사단은 24일부터 쿠웨이트 북부 국경선과 접한 이라크 영내에 배치되어 있었다. 게다가 제10전차여단은 타와칼나 라인 강화를 위해 대부분의 기갑전력이 이탈한 결과 북부주진지에 배치할 전력이 부족해졌다. 함무라비 기갑사단도 바스라 방어를 위해 현 위치에서 주력 9개 대대를 북쪽으로 이동하는 계획을 확정한 상태여서 전환배치가 불가능했고, 제51기계화보병사단처럼 쿠웨이트 동부에 전개한 부대는 이동에 시간이 필요했으며, 이동 중 다국적군 공군의 폭격을 당할 위험이 높아 섣불리 이동할 수도 없었다.

결국 알라위 사령관은 제10기갑사단 후방의 예비진지에 전개한 제17기갑사단의 주력(5개 전차대대, 1개 기계화보병대대, 제59전차여단으로 추정)을 메디나 사단에 증강 배치하도록 했다. 메디나 라인에서 가장 견

이라크군 포병의 주력 중거리 야포: 소련제 M46(59식) 130mm 야포

사진은 사거리 27.5km의 소련제 M46 52구경장 130mm 야포를 중국이 카피 생산한 59식 야포로, 사거리가 미군 M109 자주포 보다 10km 가까이 길었기 때문에 상당한 위협이 되었다. 이라크군의 견인차량은 소련제 우랄 375D 5t 야전트럭(6X6). 혹은 ZIL, 타트라, IFA 트럭을 사용했다.

◀ 견인포는 진지에 설치한 엄폐호에 배치하고, 위장망을 씌워 은폐했다. 이 포진지는 포격 중에 미군의 공격을 받아 방치된 상태로 보인다.

M46 130mm 야포	
구경장	52구경장
중량	8.45t
전장	11.73m(이동시)
전폭	2.45m
전고	2.55m
최대 발사속도	8발/분 (버스트)
지속 발사속도	5발/분
최대사거리	27.5km (고폭탄: 33.4kg)
조작인원	8명

미 해병대가 포획한 이라크군의 130mm 야포(59식). 포병대대에 18문이 배치되었다.

공화국 수비대의 종심타격무기: FROG-7 대형 로켓 자주발사기

이라크 공화국 수비대 로켓 대대에 배치된 FROG-7 로켓 자주발사차량. 소련제 ZIL135 트럭(8 x 8)에 기립식 단발 발사대를 탑재했다.

로켓대대의 편제

로켓대대   FROG-7 x 6

제1로켓중대 (ZIL135 개량형 자주발사기 x 2)
제2로켓중대 (상동)
제3로켓중대 (상동)

🔫 FROG-7 대형 로켓 자주발사기

■ 자주발사기 (ZIL135 개량형)		■ FROG-7 대형 로켓	
최대중량	20t	중량	2.5t
차제중량	17.56t	탄두중량	457kg
전장	10.69m	전장	9.4m
전폭	2.8m	직경	0.54m
전고	3.35m	사거리	12~70km
엔진	Ural375 (180hp) x 2	CEP	500~700m
최대속도	65km/h	속도	1,200m/s
항속거리	400km	CEP : Circular Error Probability: 원형공산	
승무원	7명	오차. 발사체의 반수가 명중하는 원의 반경	

FROG-7 대형 로켓(9K52 Luna-M: FROG-7B)은 무유도식 무기체계로 정밀도는 낮았다.
하지만 탄두는 HE(고폭탄)에서 화학탄두로 교체할 경우 광역 공격이 가능했다. (사진은 이라크 전쟁 당시 촬영된 발사차량)

최대사거리 40㎞, 미군이 가장 경계한 이라크군의 장사정 중포 GHN-45

공화국 수비대의 장거리 견인포 대대에 배치된 GHN-45 155mm 곡사포

GHN-45 155mm 장사정 중포

포신장	45구경장(7.046m)
중량	10.07t
전장	9.73m (이동시)
전폭	2.49m
전고	2.26m
최대발사속도	7발/분
지속발사속도	2발/분
최대사거리	39.6km(ERFB-BB 사거리 연장탄)
조작인원	8명

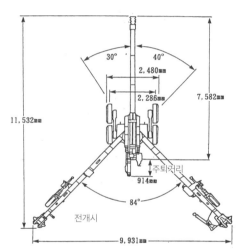

전개시

견인시

선회지지부

포신 수평위치

이라크군 포병대대 (견인포/자주포)의 편제와 전력

※포병대대의 편성은 기본적으로 견인포, 자주포, 포의 종류에 관계없이 같다.

포병대대

본부	관리중대	정비중대	업무중대	포병중대

- GHN-45 155mm 곡사포 x 18
(공화국 수비대의 장사정 중포대대)

GHN-45 x 6
M1974 ACRV (관측) x 1
2.5t 트럭 (탄약) x 12~13
5t 트럭 x 1

제1사격소대 (GHN-45 155mm 곡사포 x 3문)

제2사격소대

미군이 포획한 GHN-45 (Sturmvogel66)

격했다. 아마도 PL 스페인 일대는 이라크군 포병이 사전에 설정한 화력격멸지역으로 추정된다. 통상적인 포병부대의 경우 해당 지역을 관측할 경계부대를 전방에 배치하지만, 이 경우 해당 부대가 사령부나 포대에 연락하기 전에 미군의 공격에 격파되거나 도주했을 가능성이 높다.[10]

PL 스페인은 제2여단의 선도부대가 오전 6시 50분에 통과한 통제선으로, 메디나 능선의 PL 라임보다 10km이상 서쪽이다. 여단은 이곳을 지나며 이라크군 기갑 중대(전차 8대, BMP 11대, BRDM 3대)가 방어하는 보급거점(트럭 34대)을 제압했다. 제1여단을 앞서 가던 제1기병연대 1대대도 오전 4시 40분에 PL 스페인 부근에서 BMP부대(7대)를 격파했다.

메익스 대령은 대담하게도 이라크군의 포격을 무시했지만, 사단 포병은 임무상 이라크군의 포격에 민감하게 반응했다. 제25야전포병 B중대(목표관측)가 장비한 TPQ-37 대포병 레이더는 레이더 안테나를 진격방향인 남동쪽으로 향하고 있어서 북동쪽에서 날아든 포격의 방향을 탐지하지 못했다. B중대는 곧바로 레이더 방향을 수정해 이라크군 포병의 위치를 포착했다. 문제는 공화국 수비대의 여단급 포병대가 위치한 지점이 공수군단의 작전구역이었다는 점이다. 미군 포병대는 7군단을 경유해 공수군단에 포격 허가를 요청했다. 이전에는 쉽게 허가가 나왔지만 이번에는 39분이나 기다려야 했다. 공수군단은 아침에 발생한 아군 오인사격과 같은 상황을 우려해 신중히 제3기갑기병연대의 위치를 확인했다. 이라크군이 도주하기에 충분한 시간이었지만, 다행히 이라크군은 움직이지 않았다.

오전 10시 09분, 사단포병(제94야전포병 A중대)휘하 MLRS 9대가 제2여단 후방에서 이라크군 포병 장거리 야포를 목표로 사격을 개시했다. 30분간 발사된 M26 로켓 42발에서 분리된 27,000발의 M77 자탄이 우박처럼 쏟아져 이라크군 2개 포병대대의 D-20 122mm 곡사포 15문, GHN-45 155mm 장거리포 13문을 파괴했다.[11]

이 공격으로 알라위 사령관이 메디나 라인 북쪽에 배치한 여단 규모의 포병은 대부분 무력화 되었다. 제1기갑사단에 배속된 제75야전포병여단의 MLRS 9대(제27야전포병연대 6대대 A중대 소속)도 대포병 사격으로 신무기인 ATACMS(최대사거리 165km, 중량 1.65t) 지대지미사일을 발사해 이라크군의 2개 로켓 대대(FROG-7)와 1개 장거리중포 대대를 제압했다. 제압 이전까지 이라크군 포병은 1,000여 발의 포탄을 사격했지만, 포격관측능력 부족으로 인해 미군에 거의 피해를 입히지 못했다.[12]

오전 10시, 공수군단과의 경계 부근에서 윌리엄 C. 페이크 중령의 제70기갑연대 4대대(TF)가 정지했다. 전차 급유가 준비되는 동안 전차병들은 엔진 필터를 청소했다. 이때 서쪽으로 향하는 수상한 픽업트럭이 포착되었다. 차에는 3명의 이라크군 장교가 타고 있었고, 그중 한 명은 공화국 수비대 아드난 사단의 칼릴 소령이었다. 칼릴 소령은 2,500m 전방에 아드난 사단의 대대 규모 진지가 있으며, 그곳에 주둔한 부대는 항복할 의사가 있다고 말했다. 칼릴 소령이 말한 진지는 공수군단의 작전구역 내에 있었지만, 페이크 중령은 D전차중대에게 북상을 지시했다. 공수군단의 측면부대(65km 후방에 있었다)와 무전연락이 되지 않았고, 항복 의향이 있다 해도 대대 규모의 이라크군 주둔지역에 대대 전투지원대의 트럭 대열이 지나가야 했기 때문이다.

패트릭 베스 대위의 D중대는 조심스레 공수군단의 작전구역으로 진입해 이라크군 진지를 찾았다. 2,300m까지 접근하자 엔진을 시동하고 엄폐호로 숨는 여러 대의 T-72 전차가 보였고, 보병들은 참호에서 양손을 들고 나왔다. 그러자 GAZ-66로 보이는 야전트럭이 나타나 항복하는 이라크군 보병들을 향해 사격하기 시작했다. 미군은 즉시 M1A1 전차의 기관총 사격으로 트럭을 제압했다. 그러자 이라크군 전차들이 포신을 돌려 장전을 시작했고, 그 모습을 본 D중대는 곧바로 진지에 일제 사격을 실시해 T-72 3대와 쿠웨이트군에서 노획

고한 방어태세를 구축한 북부주진지는 북쪽부터 메디나 제2전차여단, 제14기계화보병여단, 제17기갑사단 주력과 제10여단 잔존부대를 배치했다.

27일 아침, 주진지 북측을 담당한 메디나 제2기갑여단은 북서쪽으로 7㎞ 이동해 이후 메디나 능선(Medina Ridge)이라 불리게 될 와디 지역에 포진했다. 제2전차여단은 갑작스레 내려진 명령을 수행할 시간이 부족해 전차를 숨기기에 충분한 엄폐호를 구축하지 못했다(이 준비부족 문제는 전투 중 치명적인 약점으로 작용했다). 반면 중앙의 제14기계화보병여단의 4개 대대는 남서쪽으로 이동해 적절한 진지를 구축했다. 제14기계화보병여단은 이동거리가 짧아 진지를 구축할 여유가 있었고, 우수한 지휘관 덕에 적절한 진지를 구축했다. 여단 후방의 보급기지에는 이 지역에 있는 야포에 보급할 모든 탄약이 집적되어 있었으므로 보급기지 방어를 위해 대전차반이 배치되었다. 야간에 이동을 시작한 남쪽의 제17기갑사단 주력은 27일 아침에 도착했고, 전선으로 이동한 제10기갑사단이 구축한 진지에 전개되었다.

알라위 사령관은 메디나 라인의 방어력을 강화하기 위해 북면의 공화국 수비대 아드난 사단에서 기동성이 우수한 1개 보병여단을 차출하고, 추가로 군단 포병과 로켓 대대를 배치했다. 이라크군 포병의 야포는 미군 포병이 보유한 야포보다 사거리가 길어서 미군 제7군단에게 매우 위협적이었다.

배치된 여단 규모의 포병에는 적어도 2개 FROG-7 로켓 대대와 남아프리카제 G5 또는 오스트리아제 GHN-45 155㎜ 곡사포를 장비한 2개 장사정 중포 대대가 확인되었다. FROG-7 로켓은 사거리 70㎞의 대형 로켓(2.5t)을 ZIL135 8륜구동 트럭 기반 이동식 발사대에 탑재한 장비로, 정밀도는 떨어지지만 위력이 강하고 이동식 발사대를 사전에 포착하기도 어려웠다. GHN-45 장거리 야포도 ERFB(Extended Range Full-Bore)-BB(Base Bleed) 사거리 연장탄을 사용할 경우 최대 사거리가 미군의 M109 자주포의 2배인 39.6㎞에 달했다.

제1기갑사단의 전진과 아군 오인사격

메디나 라인의 북부주진지를 공격한 부대는 그리피스 장군의 제7군단 1기갑사단 '올드 아이언사이드'였다. 제1기갑사단은 북쪽에서 남쪽으로 제2여단, 제1여단, 제3여단을 전개하고 밤사이 동쪽으로 진격했다. 하지만 전장에 유기되거나 파괴된 차량과 불발탄 등 수많은 장애물로 인해 진격속도가 크게 느려졌다.

그리고 수천 대의 사단 지원차량들이 여단 전투부대 후방 30㎞에 걸쳐 따라오고 있었고, 전진 도중 고장으로 주저앉은 차량도 수십 대에 달했다. 연료와 보급물자를 가득 적재한 수송차량집단과 호위부대에는 GPS가 거의 지급되지 않아서 야간 이동시 조금씩 경로를 이탈하곤 했다. 사단에서 이동 경로를 지시했지만, 길도 없는 사막에서는 정상적인 경로 유지가 매우 어려웠다. 결국 제2여단은 공병의 힘을 빌려 경로 상에 표지판을 세우기로 결정하고, 부사야에서 메디나 능선까지 400m 간격으로 나무 말뚝을 세워 경로를 표시했다.[4]

오전 3시 00분, 군단의 북쪽 끝에서 전진하던 제2여단의 후방 20㎞ 지점에 차량 3대가 어둠 속에 정지해 있었다. 여단에 배속된 제54공병대대 C중대 소속으로, 엔진이 고장난 탄약트럭과 소형 공병작업차(SEE), 험비였다. 그들이 서 있는 장소는 제18공수군단의 작전구역 남쪽 200m 지점으로 미묘한 위치였다. 후방서 접근한 제3기갑기병연대 정찰부대 소속 브래들리 소대는 차체 전후방에 도저와 짐칸을 부착한 공병작업차의 생소한 외양을 보고 아군 차량을 적으로 착각해 기관포 사격을 하고 말았다. 이 오인사격으로 레인저 대원을 지망하던 더글러스 L. 필더 상병(22세)이 사망했다.[5]

거의 같은 시각인 오전 3시 10분, 중앙의 제1여단 작전구역에서도 아군 오인사격이 발생했다. 제1여단 전방에서 전진중이던 빌 리즈 중령의 제1기병연대 1대대에 DPICM(확산탄)자탄 5발이 떨어져 대

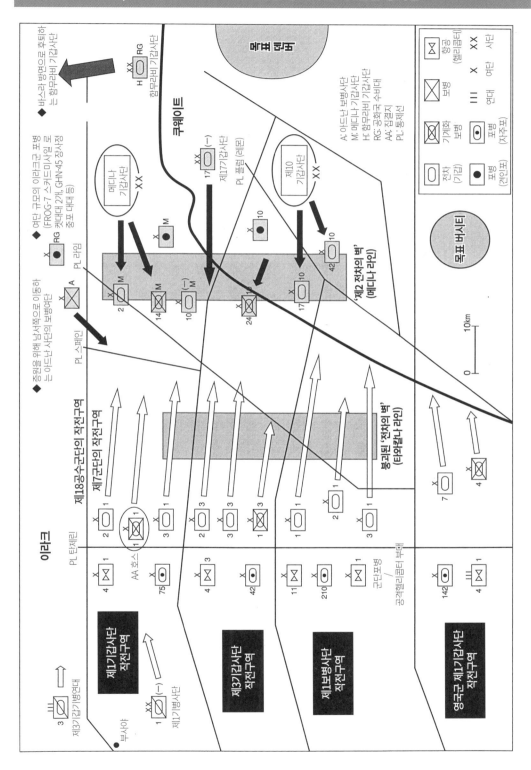

대 전술작전본부와 B중대에 피해가 발생했다. 차량 8대가 손상되고, 23명의 부상자가 발생했지만 다행히 전사자는 없었다.

당시에는 이 포격이 공수군단 작전구역 내에 있는 이라크군 아드난 사단의 포격이나 FROG-7 로켓 공격으로 여겨졌으나, FROG-7로 보기에는 위력이 너무 약했다. 그리고 DPICM 자탄에 당했다는 병사들의 증언과 리즈 중령이 여단에 포격중지를 외치자 포격이 멈춘 점 등을 고려하면 오인사격이 분명했다. 사격을 한 부대는 제1기갑사단에 26일 밤에 배속된 제75야전포병여단으로, 적진으로 포격한 포탄 중 일부가 아군 머리 위에 떨어졌을 가능성이 높다.[6]

연료가 없다!
사막에서 멈춘 제1기갑사단 [7]

오전 8시 15분, 프랭크스 중장은 제1기병, 제1보병사단의 남북 양익의 포위공격 계획을 확실히 하기 위해 그리피스 소장의 제1기갑사단 전투지휘소로 지휘관용 헬리콥터를 타고 날아갔다. 프랭크스 중장은 헬리콥터를 타고 가는 동안 진격중인 제1기갑사단의 전차나 브래들리를 볼 수 있을 것이라고 생각했지만, 정작 제1기갑사단의 차량들은 전장에 멈춰 있었다.

프랭크스 중장이 도착하자 그리피스 소장은 즉시 다음과 같이 말했다. "진격을 계속하길 원하시는 것은 압니다만, 저희 사단은 연료가 떨어지기 직전입니다. 두 시간 후면 사단 전체가 멈춰야 할지도 모릅니다. 제75야전포병여단에도 연료를 보급해야 했기 때문입니다."

제리 L. 로우즈 대령의 제75야전포병여단은 26일 밤에 제1기갑사단으로 배속되었다. 포병여단에는 60대의 자주포·MLRS를 포함한 궤도차량 154대, 차량 480대, 트레일러 195대 등 연비가 나쁜 대형차량이 즐비했다. 제1기갑사단은 이 부대의 연료소모를 예상치 못했고, 이 문제는 결국 사단 전체

의 연료보급에도 영향을 끼쳤다. 프랭크스 중장은 이대로 제1기갑사단이 정지하고 포위공격 계획이 수포로 돌아가도록 방치할 수 없었고, 그리피스 소장에게 진격을 계속하도록 명령하는 동시에 군단 군수사령부에 연락해 "제1기갑사단에 연료를 보내도록. 최우선 사항이다."라고 명령했다. 하지만 아무리 프랭크스 중장이라도 연료가 없는 상태에서 사단을 전진시킬 수는 없었다. 결국 프랭크스도 두 시간 후 도착할 연료를 기다리는 데는 합의했다.

프랭크스 중장에게는 제1기갑사단에 공격 속행을 명령하는 대신 제1기병사단을 대신 전진시키는 방법도 있었지만, 이 경우 제1기병사단이 이라크군에 공세를 취할 때까지 12시간의 공백이 발생하여 적의 방어태세가 견고해질 위험이 있었고, 이는 제7군단 전체의 전력 집중과 각 사단 간 공조 붕괴로 이어질 가능성이 높았다.

제7군단은 3일 동안 700만 갤런이 넘는 연료를 소모했는데, 그 가운데 9,175대(궤도차량 약 2,000대)의 차량으로 군단 작전구역 외곽을 220km 가량 주파한 제1기갑사단은 1일 연료 소요량이 75만 갤런(1갤런=3.8리터)에 달했다. 제1기갑사단에서도 제2여단은 M1A1 전차 166대, 브래들리 보병전투차 92대를 포함해 약 3,000대의 차량을 장비한 최대 규모의 기갑여단으로 1일 연료 소요가 10만 갤런에 달했다. 2차 세계대전 당시 1개 사단의 연료소비량은 1일 당 5만 갤런이었는데, 제2여단은 두 배나 많은 연료를 사용했다. 가장 연료소모가 심한 차량은 166대의 M1A1 전차로, 모든 전차의 500갤런 연료탱크를 채우려면 83,000갤런의 연료가 필요했다. M1A1은 작전행동 8시간마다 연료가 떨어졌다.

하지만 이라크 영내 깊숙이 진군한 제1기갑사단에 연료를 수송하기란 쉽지 않았다. 연료를 보급하기 위해서는 일단 유조차로 사우디 국경의 돌파구를 통해 이라크 영내 60km 지점에 설치한 보급기지 네리젠까지 왕복할 필요가 있었다. 보급부대는 왕복 320km나 되는 사막을, 야간에 주파해야만 했다.

360대의 M1A1 전차를 움직이기 위해 제1기갑사단은 하루 세 번 급유했다.

▲▲ 전장에서 M978 유조차에게 연료를 보급 받는 M1A1 전차. M1A1의 연료탱크는 500갤런의 연료를 채울 수 있지만, 작전행동시 8시간마다 연료를 전부 소진하므로, 하루에 세 번씩 급유를 실시할 필요가 있었다. 제1기갑사단의 경우 27일 아침 당시 선두 전차들의 연료 잔량이 2시간 주행 분량밖에 남지 않아서 정지가 불가피했다.

전장에 설치된 보급거점(LRP)에서 실시하는 전차중대전투조의 긴급 재보급 개념도

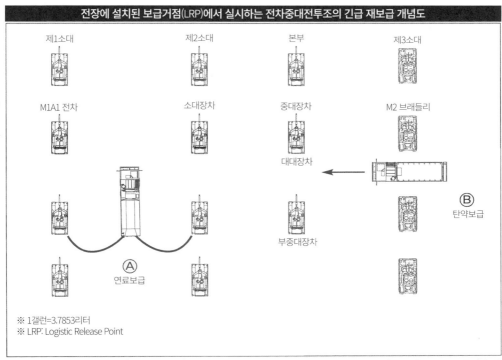

※ 1갤런=3.7853리터
※ LRP: Logistic Release Point

■ 전장에서 실시하는 긴급 재보급(Hasty Resupply)은 대대 지원소대가 보유한 2,500갤런 M978 중기동 유조차로 급유를, 10t M977 중기동트럭으로는 탄약을 보급하는 방식으로 진행된다. 야간에도 실행절차는 동일하다.

다행히 여단 소속 전방지원대대와 기갑대대 지원소대의 유조차는 지상전 개시 이전에 둔중한 5,000갤런 유조차에서 험지 기동성이 우수한 오시코시 M978 2,500갤런 유조차로 교체한 상태였다.

HEMTT라 불리는 10t 중기동트럭(고기동성 대형 전술트럭, Heavy Expanded Mobility Tactical Truck)은 미군 기갑부대 전반의 보급을 책임졌다. 탄약수송용 M977도 기갑부대에 필요한 각종 탄약을 LOGPAC(Logistic Package)으로 적재해 수송했다. LOGPAC은 8개의 팔레트에 M1A1 전차용 120mm 포탄 240발, M106 자주박격포용 107mm 포탄 352발, 브래들리용 25mm 기관포탄 12,000발, TOW 미사일 72발을 적재할 수 있어, 한 번의 운행으로 대대 규모의 전투차량에 탄약 보급이 가능했다.[8]

프랭크스 중장이 제1기갑사단에 연료를 수송하라고 명령을 내리기는 했지만, 유조차가 네리젠 보급기지까지 연료를 싣고 오는 데만 24시간이 걸렸다. 제2여단의 전차부대는 새벽녘(오전 6시 00분)에 마지막 연료보급을 받았지만, 보급량은 대당 50갤런에 불과했다. 다행히 펑크 소장이 지휘하는 제3기갑사단 보급대가 이 위기상황을 해결해주었다. 제3기갑사단은 상황을 파악한 후 즉시 20대의 M978 유조차를 동원해 4만 갤런의 연료를 제공했다.

오전 10시 30분, 제2(아이언)여단이 급유를 위해 정지하자 전차병들도 잠시 쉴 수 있었다. 그러나 보급받은 연료를 합산해도 M1A1 전차 166대의 작전행동시간은 4시간에 불과해서, 전차병들은 연료 잔량에 주의하며 작전에 임해야 했다.

전차의 급유는 통상 연료잔량이 절반 이하가 되기 전에 실시한다. 연료소모가 빠른 사막에서는 하루에 3번은 급유해야 했다. 제24보병사단 선두의 M1A1 전차는 연료잔량이 100갤런(20%)이 될 때까지 전진한 경우도 있었지만, 이는 도주하는 함무라비 기갑사단을 추격하는 예외적인 경우였다.

프랭크스 소장이 내린 최우선명령(연료 보급)을 수행해야 하는 부대는 제2군단지원사령부(제임스 S. 맥)

팔렌드 소장) 소속 제7군단지원단 지휘관 척 매헨 대령이었다. 매헨 대령은 제1기갑사단에서 헬리콥터를 타고 네리젠 보급기지까지 가는 동안 군단의 예비연료를 실은 46대의 M978 중기동 유조차를 모아 밤까지 약 9만 갤런의 연료를 사단에 보냈다.[9]

기동작전을 위한 연료보급에서 가장 중요한 요소는 '속도'였다. 적시에 보급을 하지 못하면 전차는 전장에서 멈춰서고 만다. 여기서 445hp의 V8 디젤 엔진을 장착한 M978 유조차의 기동성이 빛을 발했다. M978 유조차로 구성된 보급대는 사우디 국경 근처에 건설된 네리젠 보급기지에서 2,500갤런(9,500리터) 탱크에 연료를 가득 싣고 이정표도 없는 사막을 시속 80km로 달렸다. 와디에 빠져 전복되거나 전장에 남은 불발탄과 지뢰에 당한 트럭들도 있었지만, 보급대의 희생 덕분에 제7군단의 기갑부대는 이라크군 수비대가 예상치 못한 빠른 속도로 사막을 가로질러 그들 앞에 나타났다.

공수군단의 작전구역 문제로 사격허가를 기다렸던 포병

오전 9시 30분, 제1기갑사단의 좌익(북쪽)을 담당하는 제2여단의 3,000대의 차량이 정지해 급유를 기다리고 있었다. 여단장 몽고메리 C. 메익스 4세 대령은 브래들리 보병전투차 안에서 선잠을 자다 갑작스런 폭발음에 깨어났다.

"이봐, 무슨 일이야?" 메익스 대령의 물음에 여단 작전참모 마크 칼리 소령이 "이라크군의 포격입니다."라고 대답했다. "어째서 이동하지 않아?"라고 질문하자 칼리 소령은 그럴 필요 없다고 대답했다. 포탄은 여단 후방의 일정한 지점에만 착탄했으니 이라크군 포병에게 탄착 수정 능력이 없다고 판단했다는 것이었다. 메익스 대령은 뼛속까지 지쳐 있었기 때문에 소령의 대답을 듣자마자 다시 잠에 빠져들었다.

실제로 이라크군 포병은 PL 스페인 주변의 아무것도 없는 사막을 향해 20분간 200발의 포탄을 사

제7군단에 연료를 보급한 2,500갤런급 M978 유조차

M978 유조차			
차체중량	17.3t	엔진	디트로이트 디젤 8V-92TA (445hp)
최대중량	26.69t		
적재능력	2,500갤런	자체연료용량	589리터
전장	10.173m	최대속도	88km/h
전폭	2.438m	항속거리	483km
전고	2.565m	승무원	1+1명

445hp급 엔진을 탑재해 사막에서도 안정적인 주행이 가능한 M978 유조차의 보급 능력은 M1A1 전차를 동원한 신속한 진격에 크게 기여했다. 사진은 사우디로 해상수송하기 위해 미국 본토 기지에서 화물열차로 수송중인 M978 중기동 유조차

M978은 연료 2,500갤런(9,500리터)를 적재할 수 있고, 차체 후방에 설치된 두 개의 급유호스로 동시에 2대의 전차에 급유할 수 있다.

사우디의 담맘항에 도착해 차량수송함에서 하역중인 M978 유조차(제3기갑사단 82야전포병여단 4대대 소속). 제7군단의 사단 연대에 550대 이상이 증강 배치되었다.

된 M901 TOW 미사일 장갑차를 파괴했다.

M1A1 전차의 일제사격에도 불구하고 200여명의 이라크군 보병들은 사기가 꺾이지 않고 격렬히 저항했다. M1A1 전차가 500m 내로 접근하자 이라크군 보병은 RPG 로켓을 난사했다. 그러나 50발 이상 발사된 로켓 가운데 전차에 명중한 로켓은 5발뿐이었고, 그나마도 신관 불량인지 폭발하지 않았다. 이라크군 진지 제압 후, 포로를 접수하고 도주하는 적은 추격하지 않았다. 처음에 손을 들고 참호에서 나온 이라크군 보병이 미군을 속이기 위한 미끼였는지, 실제로 항복 의향이 있었는지 알 수 없었다. 이후 페이크 중령의 대대는 2대의 유조차로 연료보급을 받고 출격준비를 했다.[13]

오전 11시, 제2(아이언)여단 전진 재개

프랭크스 중장은 연료 문제가 해결된 제1기갑사단을 다시 진격시키려 했지만, 악천후로 메디나 라인의 규모는 물론 위치조차 파악되지 않는 바람에 다시 진격을 멈춰야 했다. 제7군단은 전방지역에 대한 근접항공지원을 요청했지만 공군의 A-10 썬더볼트Ⅱ 지상공격기 편대도 전장 상공에 낮게 깔린 구름과 소나기의 방해로 아무것도 발견하지 못했다. 사실 메디나 기갑사단의 거대한 전차의 벽은 제1기갑사단 바로 정면에 있었지만, 이라크군 전차들은 위장 상태로 사막 여기저기 흩어져 있어서 높은 고도에서 발견하기는 어려웠다.(저고도에서 비행했다면 방공망에 격추당했을 가능성이 높다)

제1기갑사단의 사전분석에 따르면 메디나 기갑사단의 진지는 쿠웨이트 북서부 국경선 부근에 있을 가능성이 높았다. 그리피스 소장은 사단 정면에 압도적 화력을 집중해, 단숨에 메디나 기갑사단의 방어선을 돌파하는 계획을 수립했다. 3개 중사단, 10개 대대, 360대의 M1A1 전차를 일렬종대로 전개해 이라크군을 섬멸하는 계획이었다. 다소 차이가 있지만 제1보병사단 1여단이 목표 노포크 공략 당시 사용한 '강철 롤러'와 같은 전법이었다.

브래들리 보병전투차는 M1A1 전차의 후방에 배치해 이라크군 전차의 공격에 노출되지 않은 채로 전차부대를 엄호했다. 만에 하나 전차부대의 대형이 붕괴되더라도 아군 전차의 오인 사격을 피하기 위한 조치였다. 수백 문의 120㎜ 활강포가 일렬 횡대로 늘어선 '전차의 전열(the Line of the Tank-Guns)'은 이름에 걸맞는 장관이었다. 그리피스 소장은 알라위 장군의 '전차의 벽'을 M1A1 전차로 구성된 '전차의 전열'로 분쇄하려 했다.

그리피스 소장이 가장 기대한 전차부대는 좌익(북쪽)의 제2여단, 통칭 '아이언 여단(the Iron Brigade)'이었다. 최대 목표인 공화국 수비대 메디나, 함무라비 기갑사단을 상대하기 위해, 가장 강력한 2여단이 좌익(북쪽)에 전개되었다.

아이언 여단의 지휘관은 메익스 대령이었다. 190㎝가 넘는 키에 근육질 체구가 특징적인 대령은 위스콘신 대학 박사 학위를 가진 역사학자기도 했다. 그는 제1기갑사단의 지휘관(장성 및 대령) 9명 가운데 유일한 육군 사관학교 출신이었다. 메익스 대령은 유명한 군인 가문* 출신으로 자연스럽게 육군 사관학교에 입학했다. 증조부 메익스 1세는 남북전쟁 시절 육군 경리·공병총감으로 그랜트 장군과 같이 싸웠고, 아버지인 메익스 3세는 M4 셔먼 전차대대 지휘관으로 2차 세계대전에 참전해 독일군과 전투 중 전사했다. 메익스 대령의 다소 거만한 성격도 가문의 대한 자부심에 영향을 받았다.

메익스 대령의 제2(아이언)여단은 일반적인 여단에 비해 1개 전차대대가 증강 배치되어 3개 전차중대 및 1개 기계화보병대대로 편제된 전차 중심의 기동여단이다. 이라크군 주력부대를 상대로 한 대규모 전투에 대비해 사단에서 제1야전포병연대 2대대(M109 155㎜ 자주포), 제1항공연대 3대대(2개 아파치 공격헬리콥터 중대), 제47지원대대(유조차 등의 수송차량)가 배속되었고, 군단에서도 제75야전포병여단의

---
* 남북전쟁에 참전한 선대 이후 4대가 몽고메리 C. 메익스라는 이름을 썼고 모두 군 복무를 했다.

MLRS와 M110 203㎜ 자주포가 넘어왔다.

오전 11시, 메익스 대령은 그리피스 소장에게 공격 재개 명령을 받았다. 대령은 3개 기갑대대(TF)를 일렬횡대로 배치해 '전차의 전열'을 갖추도록 지시했다. 3개 기갑대대는 북에서 남으로 제70기갑연대 1대대(TF), 제70기갑연대 2대대(TF), 제35기갑연대 1대대(TF)순으로 배치되었으며, 나머지 제6보병연대 6대대(TF)는 여단 예비전력으로 남았다.

오전 11시 40분, 아이언 여단이 진군을 시작했다. 비는 그쳤지만 습한 바람이 불고, 하늘에도 구름이 낮게 깔려서 주간에도 어두웠다. 시계는 쌍안경 기준 1,500m 정도로 그리 좋지 않았다. '전차의 전열' 정면에는 9개 중대의 M1A1 전차 126대를 전개하고, 전차를 엄호하는 3개 중대의 M2 보병전투차 39대는 후방에 배치했다. 전차간 간격을 100m 단위로 조절해서 부대의 폭은 남북으로 10㎞에 달했다. 물론 전장에서는 완전한 일렬횡대 배치가 어려워 각 전차중대 단위로 일렬횡대를 구성했고, 전열에는 약간씩 요철이 생겼다. 아이언 여단은 대열이 흩어지지 않게 주의하며 동쪽으로 진군을 시작했다. 진격속도는 시속 8~16㎞의 저속이었다.

숙련된 전차병이 탑승한 M1A1 전차가 3,000m에서 분당 10발의 포탄을 발사한다고 가정하면 아이언 여단의 '전열'은 분당 1,260발의 M829 120㎜ 열화우라늄 철갑탄을 발사하게 된다. 메디나 기갑사단의 T-72 전차가 100m 간격으로 포진했다고 가정하면 1㎞ 당 10대가 되므로 T-72 한 대에 1분간 평균 12.6발(5초당 한 발)을 사격하는 셈이다.

반면 메디나 사단이 장비한 T-72 전차의 유효사거리는 1,800m, 발사속도는 분당 4발에 사격정밀도도 낮았다. 주간에 수적으로 우세를 점한 채 정면충돌한다 해도 전차의 성능과 전차병의 기량차를 감안하면 이라크군의 승산은 희박했다. 그나마 승산이 있는 상황은 단단히 구축된 매복진지에 미군을 유인해 포병의 엄호사격으로 방어전을 시도하는 경우 뿐이다.

압도적인 전력을 보유한 아이언 여단이었지만, 불안요소가 없지는 않았다. 진군을 재개할 무렵 각 대대의 지휘관들은 이라크군의 위치조차 모르고 있었고, 총사령부도 사정은 다르지 않았다. 다만 사단 정보부는 전방 20~40㎞ 사이에 이라크군이 있다고 추측했지만 '전차의 벽'을 구축한 메디나 기갑사단 제2여단은 불과 7,000m 전방에 있었다.

참고문헌

(1) Tom Clancy and Fred Franks Jr.(Ret.), Into the Storm: A Study in Command (New Tork: G. P. Putnam's Sons, 1997), pp405-407.

(2) Ibid, pp399-401.

(3) Thomas Houlahan, Gulf War: The Complete History (New London, New Hampshire: Schrenker Military Publishing, 1999), pp398-399. and Clancy and Franks, Into the Storm, pp403-404.

(4) Stephen A. Bourque, JAYHAWK! The Corps in the Persian Gulf War (Washington, D.C: Departmant of the Army, 2002), pp349-350.

(5) Tom Carhart, Iron soldiers (New York; Pocket Books, 1994), p282.

(6) Houlahan, Gulf War, p367. and Bourque, JAYHAEWK, p351.

(7) Clancy and Franks, Into the storm, pp412-413.

(8) Paul J. Cancelliere and Edwin B. Hinzmann "Command and Control of LOGPAC Resupply", INFANTRY (March-April 1992), pp25-29.

(9) Houlahan, Gulf War, p367. p400.

(10) Tom Donnelly and Sean Naylor, Clash of Chariots: the Great Tank Battles (New York: Berkley, 1996), pp266-267.

(11) BourQue, JAYHAWK, P352.

(12) Operation Desert Storm The 1st AD Story, geocitise.com.

(13) Carhart, Iron soldiers, pp285-286

전선의 전차부대에 LOGPAC을 긴급수송한 M977 중기동 트럭

전차용 포탄 팔레트를 보급중인 대대 지원 소대의 M977 중형트럭. 사진은 걸프전쟁 파병 직전의 제24보병사단 소속이다. 화물을 싣고 내릴 때는 차체 후방에 설치된 Grove제 신축식 크레인을 사용한다. 크레인은 전장 5.8m, 인양하중 1,134kg급.

걸프전에 사용된 각종 포탄을 포장한 탄약 LOGPAC(보급팩)

LOGPAC
(포탄 적재량)
- 120mm탄 x 240
- 107mm탄 x 352
- 25mm탄 x 12,000
- TOW x 72

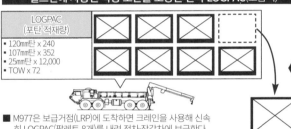

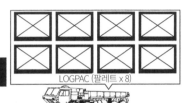

LOGPAC (팔레트 x 8)

전장
수송

■ M977은 보급거점(LRP)에 도착하면 크레인을 사용해 신속히 LOGPAC(팔레트 8개)를 내려 전차·장갑차에 보급한다.

■ M977 중기동 트럭은 짐칸에 대대 규모에 사용될 각종 탄약을 LOGPAC에 탑재해 아군 전선으로 향한다.

M977의 크레인으로 내린 팔레트의 내용물

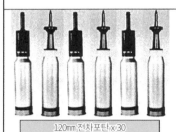

120mm 전차포탄 x 30
M1A1 전차에 40발 탑재

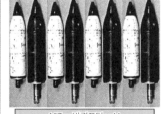

107mm 박격포탄 x 44
M106 자주박격포에 88발 탑재

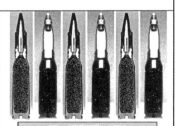

25mm 기관포탄 x 1,500
M2 보병전투차에 900발 탑재

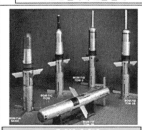

TOW 대전차미사일 x 9
M2 보병전투차 (예비탄 포함) 2+5발 탑재

드래곤 대전차미사일 x 12
M2 보병전투차에 1발 탑재 (하차보병용)

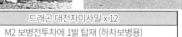

팔레트 1개 : 120mm x 30, 107mm x 44, 25mm x 1,500, TOW x 9

지상전 승리의 숨은 주역 8륜 구동 HEMTT 중기동 트럭 패밀리

전차급의 험지주행능력을 갖춰, 최전선의 기갑부대에 탄약과 식량 등을 운반하는 8륜구동 M977 중기동트럭(적재량 10t, 크레인 장비). 걸프전 당시 4,410대의 HEMTT 중기동트럭(파생형 포함)이 배치되었다.

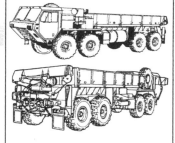

🚚 M977 중기동 트럭

차체중량	17.6t	엔진	디트로이트 디젤 8V-92TA (445hp)
최대중량	27.08t	연료탱크	589리터
적재능력	10t	최대속도	88km/h
전장	10.173m	항속거리	483km
전폭	2.438m	승무원	1+1명
전고	2.565m		

M977 HEMTT (고기동 대형 전술트럭)의 파생형

M985 보급지원트럭(Cargo): MLRS의 탄약수송차로 M977보다 탑재량이 약간 많고, 서스펜션, 크레인(전장 4.95m, 인양하중 2.45t)도 강화되었다.

M978 유조차(Tanker): 연료 2,500갤런(9,500리터) 탑재

▲ M983 중기동 트럭(Tractor): 플랫베드 등의 트레일러 견인용으로 6.63t의 견인력을 자진 크레인을 장비했다.

▶ M984 중기동 트럭(Wrecker): 회수용 윈치(견인력 27.216t)와 크레인(인양하중 6.35t)을 장비했다.

미 제1기갑사단의 주력부대 「제2(아이언)여단」의 전시편제·보급부대

제2여단의 전력
병력: 약 4,000명
총차량수: 약 3,000대
- M1A1 전차 x 166
- M2/M3 전투차 x 92
- M109 155mm 자주포 x 24
- M106 107mm 자주박격포 x 24
- M163 발칸 자주대공포 x 18
- M730 채퍼럴 지대공미사일 x 9

여단장: 대령
몽고메리 C. 메익스 IV

여단본부

제54공병대대
C중대

제3방공포병연대
6대대 B중대

발칸소대 x 2
채퍼럴소대 x 1
스팅어소대(3반) x 1

M163 발칸
자주대공포 x 18

M730 채퍼럴
자주대공미사일 x 9

스팅어
휴대용 대공미사일팀 x 15

제7기갑연대 4대대(TF)
(페이크 중령)

전차중대 x 3
보병중대 x 1

제70기갑연대 2대대(TF)
(위컴 중령)

전차중대 x 3
보병중대 x 1

제35기갑연대 1대대(TF)
(비데비치 중령)

전차중대 x 3
보병중대 x 1

제6보병연대 6대대
(맥기 중령)

전차중대 x 2
보병중대 x 2

메익스 대령: 사진은 나토군 사령관(대장)으로 보스니아 사태(98년) 당시 촬영되었다.

제1야전포병연대 2대대(FA)

포병중대 x 3

M109 155mm 자주포 x 24

기갑연대의 전력 구성

M1A1 주력전차 x44

M3 브래들리 기병전투차 x 19

M106 107mm 자주박격포 x 3

기갑/보병대대의 지원차량

- M978 중기동 유조차 x 12
(연료 3만 갤런)
- M977 중기동 카고트럭 x 10
(탄약 100t)
- M88 구난전차 x 7
(M1A1 전차 구난용)

공격을 준비하기 위해 사막에 집결하는 제7군단 예하 기갑부대

47th Support Battalion
(Forward)
"Modern Pioneers"

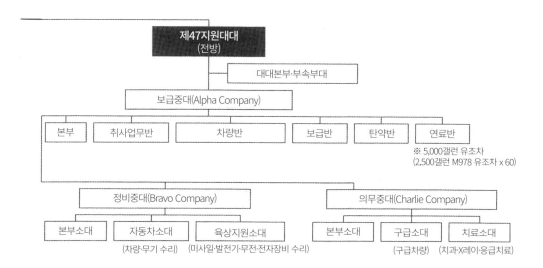

```
                        제47지원대대
                          (전방)
                             │
                             ├───── 대대본부·부속부대
                             │
                      보급중대(Alpha Company)
    ┌────────┬──────────┼──────────┬──────────┬──────────┐
   본부    취사업무반    차량반      보급반     탄약반     연료반
```

※ 5,000갤런 유조차
(2,500갤런 M978 유조차 x 60)

```
           정비중대(Bravo Company)              의무중대(Charlie Company)
      ┌─────────┬──────────┐            ┌──────────┬──────────┐
    본부소대  자동차소대  육상지원소대    본부소대    구급소대    치료소대
```

(차량·무기 수리) (미사일·발전기·무전·전자장비 수리)　　(구급차량)　(치과·X레이·응급치료)

제47지원대대의 전력

병력	600명 이상
총차량수	약 500대
5t급 수송견인트럭	약 80대 (추정)
5,000갤런 유조차	29대

※ 29대는 제3기갑사단의 제45지원대대의 배치수 기준.
제1기갑사단은 지상전을 대비해 5,000갤런 유조차 1대를
2,500갤런 M978 중기동 유조차 2대와 교환했다.

M818(6X6) 트럭

차체중량	9.2t
견인능력	24.9t(도로)/17t(험지)
전장	6.71m
전폭	2.46m
전고	2.94m
엔진	NHC-250 6기통 디젤 (240hp)
연료탱크 용량	295리터
최대속도	84km/h
항속거리	563km
승무원	1+2명

아이언 여단의 연료보급을 담당한 제47지원대대는 당초 5,000갤런 유조차(M818 사진)/M932 트럭을 장비했지만, 사막에서 기동성이
떨어져 M978 유조차로 교환하거나 추가배속을 받았다.

제19장
'메디나 능선 전투' ②
43분만에 괴멸된 이라크군 전차여단

낚시바늘형 방어선을 능선에 구축한
메디나 사단 제2전차여단

메디나 기갑사단의 지휘관은 미군이 장비한 최신예 M1A1 전차와 이라크군이 장비한 T-72 전차의 우열은 어느정도 인지하고 있었지만, 구체적인 정보는 알지 못했다. 따라서 메디나 기갑사단의 지휘관은 공화국 수비대 사령관 알라위 중장의 계획대로 와디의 능선과 능선의 배후에 반사면진지를 구축하고 모든 T-72 전차와 BMP 보병전투차를 엄폐호에 매복시켰다. 이런 전술은 압도적인 M1A1의 공격력을 어떻게든 경감시키기 위한 대책이었다. 진군하는 M1A1 전차가 능선을 넘어서는 순간 반대 경사면에 매복한 T-72 전차로 요격하는 전술은 사실상 주간전투에서 T-72 전차가 M1A1 전차를 격파할 수 있는 유일한 방법이었다.

알라위 중장이 타와칼나 라인과 메디나 라인에 채용한 반사면방어(Reverse slope defense) 전술은 영국군이 최초로 개발한 전술로, 아군보다 사거리가 긴 무기를 보유한 적을 상대로 방어 측이 구사할 수 있는 효율적인 매복전술이다. 이라크군 기갑부대는 이 전술을 활용해 와디의 모래 능선 반대편 경사면에 진지를 구축했다.

미군의 선봉 전차부대가 능선을 넘어서는 순간, 반사면진지에 매복한 이라크군 T-72 전차에게는 절호의 표적이 된다. 능선의 후방에 위치한 전차들은 전방의 아군 전차를 엄호할 수 없다. 이라크군의 T-72의 주포 유효사거리를 감안하면 반사면진지의는 능선에서 1,800m 이내에 설치되어야 하지만 야간전투나 악천후 전투를 고려한다면 800m 이내가 이상적이었다.

하지만 반사면방어 전술은 어디까지나 미군이 이라크군이 매복한 지점에 정확히 들어와 줄 경우에만 통용되는 전술이었다. 그래서 알라위 중장은 반사면진지를 능선을 따라 끊임없이 이어지도록 배치하고 진지 전방에 미끼가 될 부대를 배치했다. 이라크군은 각 여단에서 1개 중대 규모의 전차와 BMP 보병전투차를 차출해 미끼 역할을 위해 매복

능선을 넘어선 아이언 여단 M1A1 전차부대는 일렬횡대로 메디나 여단의 반사면진지를 포격했다.(사진은 해병대의 사막연습 장면)

진지 전방에 배치했다. 이 전술에서는 미군 기갑부대의 접근을 경보하는 역할과 미군을 반사면진지로 유인하는 역할을 동시에 수행해야 하는 미끼부대의 비중이 매우 컸다. 이라크군 포병도 사전에 능선 좌표를 획득하여 전투가 시작되면 즉시 화력을 집중할 수 있도록 준비했다.(1)

메디나 사단 제2전차여단은 이라크군의 퇴로가 될 요충지의 수비 임무를 맡아 메디나 라인의 북부 주진지 북쪽에 배치되었다. 제2전차여단의 작전구역에는 북서에서 남동 방향으로 커다란 와디가 가로지르고 있었다. 이라크 남부 사막은 5㎞ 이상의 원거리를 관측할 수 있는 평탄한 지형이지만, 와디의 능선은 높이 10m의 고저차로 인해 능선 위에 올라서지 않고는 건너편을 볼 수 없었다.

메디나 제2전차여단이 구축한 반사면진지는 능선 배후에 가늘고 긴 띠 형태로 구축되었는데, 이 일대는 후일 메디나 능선이라 불렸다. 능선 배후에 구축된 10㎞에 달하는 반사면진지에는 엄폐호에 차체를 숨긴 T-72 전차, T-55 전차, BMP-1 보병전투차(소수의 BMP-2), MTLB 장갑차 등이 100~150m 간격으로 배치되었다. 프랭크스 중장의 자서전을 포함한 여러 자료를 보면 메디나 제2전차여단의 벽은 2열 반사면진지로 전체적인 형태는 낚시바늘형 방어선(fish-hook-shaped defensive line)이었다.(2)

이 낚시바늘형 방어선의 구체적인 형태나 전력은 자료 부족으로 정확히 알 수 없다. 낚시바늘형 방어선으로는 미국 남북전쟁 당시 '게티스버그 전투(1863년)'에서 북군의 윈필드 S. 핸콕 장군이 도시 남쪽의 낚시바늘 형태로 이어진 능선(고지대)에 수비대를 배치해 로버트 E. 리 장군이 지휘하는 남군의 공세를 막아낸 사례가 유명하지만, 이라크군이 메디나 능선에 구축한 진지는 능선 위가 아닌 능선의 배후에 구축된 전차 매복진지(반사면진지)였다.

전차 매복진지는 2열 구성으로, 1열은 능선의 굴곡을 따라 북서에서 남동으로 길게 이어져 낚시바늘의 몸통이 되었으며 2열의 진지가 낚시바늘의 미늘처럼 연결되었다. 2열 진지는 악천후에도 T-72 전차가 정확히 조준사격을 하도록 능선 기준 600~800m 지점에 전개했다. 2열 매복진지의 역할

'메디나 능선 전투' 이라크군 메디나 사단 제2전차여단의 낚시바늘형 방어선

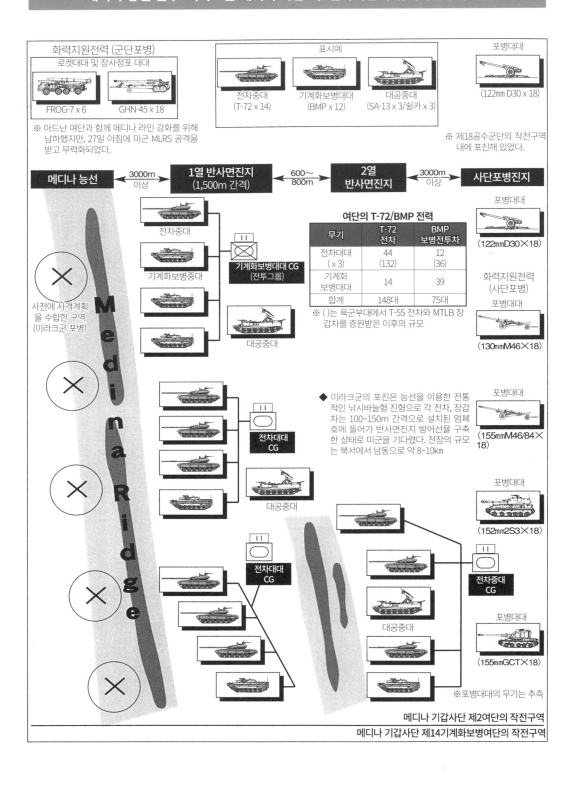

화력지원전력 (군단포병)
로켓대대 및 장사정포 대대
FROG-7 x 6
GHN-45 x 18

※ 아드난 여단과 함께 메디나 라인 강화를 위해 남하했지만, 27일 아침에 미군 MLRS 공격을 받고 무력화되었다.

표시예
전차중대 (T-72 x 14)
기계화보병대대 (BMP x 12)
대공중대 (SA-13 x 3/쉴카 x 3)

포병대대
(122mm D30 x 18)

※ 제18공수군단의 작전구역 내에 포진해 있었다.

메디나 능선 ←3000m 이상→ 1열 반사면진지 (1,500m 간격) ←600~800m→ 2열 반사면진지 ←3000m 이상→ 사단포병진지

사전에 사격계획을 수립한 구역 (이라크군 포병)

Medina Ridge

전차중대
기계화보병중대
대공중대
기계화보병대대 CG (전투그룹)

여단의 T-72/BMP 전력

무기	T-72 전차	BMP 보병전투차
전차대대 (x 3)	44 (132)	12 (36)
기계화보병대대	14	39
합계	148대	75대

※ ( )는 육군부대에서 T-55 전차와 MTLB 장갑차를 증원받은 이후의 규모

포병대대 (122mmD30×18)

화력지원전력 (사단포병)
포병대대 (130mmM46×18)

◆ 이라크군의 포진은 능선을 이용한 전통적인 낚시바늘형 진형으로 각 전차, 장갑차는 100~150m 간격으로 설치된 엄폐호에 들어가 반사면진지 방어선을 구축한 상태로 미군을 기다렸다. 전장의 규모는 북서에서 남동으로 약 8~10km

전차대대 CG
대공중대

포병대대 (155mmM46/84×18)

전차대대 CG

전차중대 CG
대공중대

포병대대 (152mm2S3×18)

포병대대 (155mmGCT×18)

※ 포병대대의 무기는 추측

메디나 기갑사단 제2여단의 작전구역
메디나 기갑사단 제14기계화보병여단의 작전구역

공화국 수비대 중사단의 화력지원 무기: 152㎜ 자주포 2S3

미군이 포획한 이라크군의 152㎜ 자주포 2S3. 사단의 지원포병전력으로 적 포병 제압(대포병 사격)이 주임무다. D20 견인포를 차량용으로 개조한 2A33을 궤도 차체에 얹는 형식으로 개발했다. 최대사거리는 24㎞로 미군의 M109와 동급이었다.

근거리의 전차부대에 직접화력지원을 제공하는 122㎜ 자주포 2S1. 뒤쪽이 2S3. 차체는 소형화한 SA-4 가네프 자주대공미사일 차체와 동형이다. 상대적으로 소형인 2S1의 베이스 차량은 MTLB 장갑차다.

2S3 자주포 아카시아	
전투중량	27.5t
전장	8.4m
차체장	7.765m
전폭	3.254m
전고	3.05m
엔진	V-59 12기통 디젤 (520hp)
톤당 마력비	18.9hp/t
연료탱크 용량	830리터
최대속도	60km/h(도로)
항속거리	500km(도로)
주포	152mm 34구경장 곡사포2A33 (46발)
최대발사속도	4발/분(3연사)
최대사거리	17.4km (중량 43.5kg 고폭탄), 24km (RAP)
승무원	4명

2S3가 탑재한 152mm 곡사포의 베이스가 된 D20 견인포(5.7t)

은 1열 진지의 엄호 및 미군의 측면공격 대비, 그리고 1열 진지에서 피해를 입은 미군 부대를 타격할 예비대 임무로 추정된다.

메디나 기갑사단은 제2, 제10전차여단과 제14기계화보병여단 등 총 3개 기동여단으로 구성되었다. 특히 전차여단은 3개 전차대대와 1개 기계화보병대대 편제로 T-72 전차 134대와 BMP-1 보병전투차 39대 등 강력한 기갑전력을 보유했다. 제2전차여단은 낚시바늘형 방어선의 제1열에 2개 전차대대와 1개 기계화보병대대(북쪽)를 배치했고, 2열에는 1개 전차대대를 배치했다. 그리고 여단의 방어지점이 요충지임을 감안해 메디나 사단과 다른 육군사단에서 여러 부대를 차출했다. 여단 예하의 4개 대대는 대대당 1개 중대 이상의 전력을 추가로 배속시켜 대대전투그룹으로 임시편성했다. 전차대대(3개 전차중대, T-72 전차 44대)의 경우 1개 전차중대(T-55 전차 14대)가 추가로 합류했다. 이런 방식을 통해 각 여단은 최소 전차 148대, 장갑차 75대 이상으로 증강되었다. 다만 메디나 능선에 전개중인 전력은 균일하지 않았다. 2열의 매복진지 중앙부에서 남쪽으로 전력이 두텁게 배치되었다. 물론 북쪽에도 2열 진지가 있었지만 밀도는 낮았다. 그리고 진지에는 다국적군 항공기의 폭격에 대비해 메디나 기갑사단의 방공포병이 배치되었다.

다국적군 항공부대에게 저공 요격능력이 우수한 SA-13 고퍼 자주대공미사일(차체는 MTLB 장갑차)과 ZSU-24-4 쉴카 자주대공포로 구성된 이라크군의 대공중대(각 3대 배치)는 매우 위협적이었다. 특히 고퍼는 적외선 유도방식의 4연장 대공미사일(사거리 10㎞, 유효고도 5,000m)을 적재하고 있었는데, 무연추진제를 쓰는 이 미사일은 조종사들이 발사순간을 포착하기 어렵고, 4연장 발사기로 동시에 여러 발을 발사해 회피하기도 힘들었다. 실제로 주간에 메디나 기갑사단을 공격한 A-10 공격기 비행대(OA-10 포함)는 작전 중 3대가 격추당했다. '메디나 능선 전투'에서도 근접항공지원 임무를 수행하던 A-10 한

대가 쉴카 대공포의 공격을 받아 추락했다. A-10의 조종사는 탈출 후 제1기갑사단에 구출되었다.

메디나 능선 방어선의 후방에는 알라위 중장이 수배한 군단포병 외에 D30 122㎜ 곡사포 등 108문 이상의 야포를 보유한 메디나 기갑사단 소속 6개 포병대대가 추가 배치되었다. 정확히 파악되지는 않았지만, D30 외에도 사거리 30㎞의 소련제 M46 130㎜ 야포나 유고제 M46/84 155㎜ 야포, 소련제 2S3 152㎜ 자주포, 혹은 프랑스제 GCT 155㎜ 자주포가 배치되었을 가능성이 높다.

이렇게 메디나 사단 제2전차여단의 방어선은 반사면진지에는 기갑부대를, 후방에는 화력지원을 담당할 포병을 집중 배치했다.

오후 12시 17분: 아이언 여단과 메디나 사단의 정면 충돌

오후 12시경, 능선의 배후에 전개를 마친 메디나 제2전차여단의 공화국 수비대 병사들은 닭고기, 토마토, 쌀로 조리한 따뜻한 음식으로 점심 식사를 시작했다. 빵조차 제대로 먹지 못하는 국경선의 보병들에 비하면 호화로운 점심 메뉴였다.

공화국 수비대 전차병들은 전차 내에서 대기하지도 않았고, 경계태세도 제대로 갖추지 않았다. 전차를 노리는 다국적군 공군의 빈번한 폭격으로 인해 대다수 병사들은 전차나 BMP에 탑승하지 않았고, 기상이 악화되자 저공에서 공격해 오는 A-10 지상공격기에 대한 경계도 느슨해졌다. 전방에 배치된 경계부대도 별다른 보고를 하지 않아서, 공화국 수비대 병사들은 미군의 공세를 예상하지 못하고 느긋하게 점심식사를 즐겼다.

메익스 대령이 지휘하는 아이언 여단은 와디에 진입했다. 와디에는 낮은 모래언덕이 완만한 경사로 길게 이어져 몇 개의 능선을 이루고 있었다. 비가 내리자 작은 수풀이 여기저기 자라났고, 지면은 사우디의 부드러운 모래땅과 달리 비에 젖은 진흙탕이 되어 곳곳에 물이 고이고 흘러내렸다.

이라크군이 보유한 사거리 39km의 유고제 M46/84 155mm 야포

M46/84 155mm 야포	
포신	45구경장(6.975m)
중량	8.428t(이동시)
전장	11.17m(이동시)
전폭	2.4m(이동시)
최대사격속도	6발/분
지속사격속도	4발/분
최대사거리	39km(ERFB-BB) 30km(ERFB) 17.85km(M107 고폭탄)
조작인원	9명

전장을 촬영한 사진을 통해 보유 여부가 최초로 확인된 유고제 M46/84 야포. 소련제 M46 130mm 야포를 155mm 45구경장 포신으로 교체한 야포로, GHN-45와 같이 ERFB-BB 사거리연장탄을 사용하면 최대사거리가 39km에 달한다. 사진의 M46/84 야포는 메디나 사단 포병 소속이며(도어에 메디나 사단 마크가 보인다), 견인차량은 우랄 375D 야전트럭이다.

미군이 포획한 중국제 59식 130mm 야포. 소련제 M46과 달리 머즐 브레이크가 더블 버블식이다.

파괴된 소련제 M46 130mm 야포. 머즐 브레이크가 페퍼포드식 (다공형)이다.

M1A1 에이브럼스 전차 126대와 M2 브래들리 보병전투차 39대가 늘어선 전열은 해일처럼 이라크군을 덮칠 준비를 하고 있었다. 미군 병사들은 길게 늘어선 기갑차량을 보며 이 구동성으로 이런 장관은 본 적이 없다고 말했다. 구름이 끼고 강풍이 불어 육안 가시거리는 1,500m도 되지 않았다. 포수들은 열영상조준경에 비친 녹색 화면에 열원이 보이기를 기다렸다. 각 대대의 선두 전차부대가 와디의 가장 높은 능선에 도달했을 때, M1A1 전차의 열영상조준경에는 이라크군 기갑부대를 의미하는 열원이 연달아 나타났다. 악천후로 영상이 선명하지 않았지만 이라크군은 동쪽 3,500~3,800m 선상에 있었다. 이라크군을 발견한 대대장들은 전투준비와 동시에 여단 본부에 교전허가를 요청했다.

갑작스레 이라크군을 발견했지만, 메익스 대령은 실수 없이 전투를 치르기 위해 먼저 각 대대를 정지시키고 능선에서 '전차의 전열'을 갖추도록 했다. 메익스 대령은 두 가지 결정을 내렸다. 먼저 적의 기습에 대비해 비어 있는 좌익(제7군단의 좌익)에 맥기 중령의 여단 예비대인 제6보병연대 6대대(TF) (M1A1 전차 28대, 브래들리 보병전투차 34대)를 배치했다. 이후 공군에 근접항공지원을 포함한 항공지원을 요청했다. 공군이 오기 전에는 여단에 배속된 제1항공연대 3대대 B중대(지휘관 짐 알프 대위)의 아파치 공격헬리콥터가 공중엄호를 맡았다.

B중대의 아파치 공격헬리콥터는 '전차의 전열' 좌익에 전개한 페이크 중령의 제70기갑연대 4대대(TF) 상공에서 대기했다. 아파치 공격헬리콥터의 파일런에는 중량 45kg의 헬파이어 대전차미사일 8발과 히드라 로켓(19발) 발사기 2개가 장착되어 있었다. 튼튼한 아파치도 이라크군의 대공미사일과 대공포의 위협을 고려하여 고도 9m 이하의 초저공에서 호버링하며 경계를 소홀히 하지 않았다.

능선에 늘어선 아이언 여단의 M1A1 전차는 피아 위치관계를 대조해 탐지된 수백 개의 열원이 이

라크군의 T-72 전차와 BMP 보병전투차임을 확인했다. 이라크군 조우를 확신한 메익스 대령은 각 대대지휘관들에게 교전을 허가했다.

오후 12시 17분, 아이언 여단은 3개 기갑대대로 구성된 '전차의 전열'로 진격을 시작했다. 전열은 좌익부터 제70기갑연대 4대대, 제70기갑연대 2대대, 제35기갑연대 1대대 순으로 배치되었다. 아이언 여단의 진격 장면은 육군 헬리콥터에서 촬영되어 영국 BBC에서 '최전선: 걸프 전쟁(Eamonn Matthews Front Line: The Gulf War. BBC, 1996.)'이라는 제목으로 방영되었다. 영상에는 기갑부대가 헐리우드 서부극에서 용감히 돌격하는 기병대처럼 등장한다. M1A1 전차들은 시속 10마일(시속 16km)로 달리며 모래먼지를 일으키고 120mm 주포를 일제히 사격했다. 일제사격의 섬광은 마치 경기장의 관중이 일제히 카메라 플레시를 터프리는 장면처럼 보였다. 안개가 낀 전장에 섬광이 끊임없이 번쩍였다. 이 맹렬한 포격은 점심식사를 하던 메디나 사단 제2여단을 덮쳤다.

좌익의 제70기갑연대 4대대(TF) "훈련을 떠올리며 포격했다"[3]

메디나 사단 제2전차여단은 북서에서 남동 방향으로 배치되어 있었다. 따라서 최초로 메디나 사단 제2여단과 교전한 부대는 북쪽에서 전진하던 좌익의 제70기갑연대 4대대(TF)였다. 대대는 북에서 남으로 D, C, A중대순으로 배치한 일렬횡대였고, 각 중대의 M1A1 전차 14대는 100m 간격으로 늘어섰다. 상공에서 본 중대는 대열이 지그재그로 어긋난 채 이라크군 진지로 돌입했다. 전차중대 후방에는 D보병중대의 브래들리 보병전투차가 뒤따랐다.

오후 12시 17분, 페이크 중령의 제70기갑연대 4대대 C중대가 이동중인 이라크군 기갑차량 4대를 포착했다. 거리는 3,500m였다. 훈련에서는 2,400m가 표준거리였지만, 전차장은 주저 없이 사격명령을 내렸다. M1A1 조준경의 최대배율로도

미 제7군단 포병에 48대 배치된 8인치 자주포 M110A2

M110A2 자주포는 오픈탑 방식의 구식 자주포지만, 파괴력이 강하고 사거리가 길어서(30㎞) 군단화력지원(대포병 사격)을 위해 각 사단에 증강 배치되었다. 제1기갑사단에는 제75야전포병여단 18연대 5대대(TF)(24대)가 '메디나 능선 전투'에서 화력지원을 담당했다.
(사진은 영국군 제1기갑사단을 지원하는 제14야전포병연대 2대대 소속 M110A2)

🚜 M110A2 자주포

전투중량	28.4t	최대속도	54.7㎞/h(도로)
전장	10.73m	항속거리	523㎞(도로)
전폭	3.149m	주포	203mm(8인치) 37구경장 곡사포 M201
전고	3.143m	최대발사속도	2발/분
엔진	디트로이트 디젤 8V-71T 디젤 (405hp)	최대사거리	22.9㎞ (M106 고폭탄), 30㎞ (RAP)
톤당 마력비	14.26hp/t	조작인원	5명
연료탱크 용량	984리터		

▶ 미 해병대가 걸프전 당시 주력 자주포로 활용한 M110A2 자주포. 오른쪽의 M900 계열 야전트럭은 탄약보급용 차량.

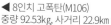

◀ 8인치 고폭탄(M106)
중량 92.53㎏, 사거리 22.9㎞

25구경장 8인치 M2A2 곡사포를 탑재한 초기형 M110 자주포

포신을 37구경장 M201 곡사포로 교체한 M110A2 자주포
(사진은 독일의 항구에 집결한 M110A2)

피아식별이 불가능한 거리였지만, 전방에 아군이 존재할 가능성은 없었으므로 즉시 사격허가가 떨어졌다. 곧바로 2대의 이라크군 기갑차량이 격파되고, 나머지 2대도 이웃한 D중대가 격파했다.

C중대 2소대 C21호 전차의 조종수 미첼 라일리 일병(20세)은 해치의 관측창을 통해 본 전투를 "지평선 위로 11대의 적 차량이 불타는 모습이 마치 지옥과도 같았다."고 말했다.

제프리 조던 하사의 C24호 전차의 포수 샤논 볼드맨 상병(22세)은 조준경에 보이는 수많은 표적에 명중탄을 날리고 있었다. 차내의 전차병들은 '적 전차, 진로 앞. 발사! 발사! 언제든 죽일 준비가 되어 있다고!'라고 소리치며 눈에 띄는 목표를 차례차례 격파해 나갔다.

볼드맨 상병은 독일 그라펜뵈어 사격장에서 진행하던 훈련을 떠올리며 포격을 계속했다. "내가 주포의 방아쇠를 당기자 적 전차에 명중해 포탑이 공중으로 6m나 치솟았다. 그 모습을 본 조종수가 '저거 네가 맞춘 거냐?'라고 물었고 그렇다고 답하자 '와우! 굉장한데!'라는 환호가 돌아왔다. 좌에서 우로 목표가 보이는 대로 조준, 사격을 반복하고 폭음과 함께 적 전차를 격파했다."[4]

C24호 전차의 전차병들은 온몸에 아드레날린이 넘칠 정도로 흥분한 상태에서도 전차장 조던 하사의 지휘에 따라 일사불란하게 전투를 계속했다. 포수는 조준경에 T-72 전차를 포착하면 곧바로 사격 제원을 입력했고, 탄약수는 전차장의 지시에 따라 철갑탄을 장전하고 '업(완료)!'이라 외쳤다. 전차장의 "파이어(사격)!"라는 명령과 동시에 포수는 방아쇠를 당겼고 굉음과 함께 주포가 발사되었다. 차탄을 장전하기 위해 포미가 열리자 차내는 무연화약의 역한 냄새로 가득 찼다. 열화우라늄 관통자에 관통된 적 전차는 곧바로 유폭되지 않고 5~10초 후, 해치에 불꽃이 치솟으며 포탑이 날아갔다.

제70기갑연대 4대대(TF)는 2,600~2,800m에서 메디나 여단 기계화보병대대의 반사면진지를 완전

히 포착했다. 미군 전차병들은 잔인할 정도로 기계적이고 정확하게 엄폐호의 이라크군 전차들을 파괴해 나갔다. 지휘관 페이크 중령은 전투를 보며 "평생 잊을 수 없는 통쾌한 장면이다."라고 평했다.

중앙의 제70기갑연대 2대대(TF) 미군 전차를 보지도, 공격하지도 못하는 T-72

전열 중앙의 로이 스티브 위컴 중령의 제70기갑연대 2대대(TF)는 북쪽에서부터 A, B, D중대순으로 전력을 배치했고, 후방에는 B보병중대의 M2 브래들리 보병전투차 13대를 전개한 상태로 전진했다. 전차중대는 M1A1 전차를 14대씩 장비해 대대 전체의 전차는 42대에 달했다. 각 전차의 간격은 100m 전후로, 전열의 폭은 약 4km였다. 대대의 전차병들은 평균적으로 분당 10발의 발사속도를 발휘하도록 훈련받아, 대대 전체의 분당 발사속도는 분당 420발에 달했다.

위컴 중령은 옆에서 전진하고 있는 제35기갑연대 1대대 사이에 빈틈이 생기지 않도록 정찰소대(M3 기병전투차 6대)를 남쪽에 배치했다.

에릭 윌리엄스 대위의 A중대와 마크 거기스 대위의 B중대가 최초로 메디나 사단 2여단의 T-72 전차와 BMP 보병전투차를 포착했다. 그들은 적을 발견했지만 바로 공격하지 않고 신중하게 행동했다. 일단 부대를 약간 후퇴시켜 엄폐물 뒤에 배치하고 이라크군의 진영을 살폈다. 그리고 오인사격을 방지하기 위해 아군의 위치와 이라크군 진지 간의 거리(2,800~3,600m)를 확인한 후 포격을 시작했다. 이라크군 반사면진지가 와디의 굴곡을 따라 경사지게 배치되었으므로 제70기갑연대 휘하 각 부대와 목표 간 거리는 어느 정도 편차가 있었다.

위컴 중령은 기갑대대의 M1A1 전차가 이라크군 전차를 차례차례 섬멸하는 모습을 볼 수 있었다. 철갑탄의 직격을 받아 파괴된 T-72 전차는 오렌지색 불덩어리가 되어 검은 연기를 품어내며 지평선위의 하늘을 검게 물들였다.

미군 기갑부대의 빠른 진격과 배치를 지원한 SEE 소형공병차

SEE(Small Emplacement Excavator) 소형 공병작업차는 다임러 벤츠의 우니목 U900(4x4)의 차체에 작업기재를 탑재한 고기동 공병장비로, 육군과 해병대의 공병부대가 2,200대 이상을 운용했다. 사진은 이라크에서 버킷 암을 사용해 진지 굴착작업을 진행중인 SEE.

SEE의 전면부/후면부 작업기구

 SEE 소형 공병작업차

최대중량	7.25t
전장	6.35m
전폭	2.44m
전고	2.58m
엔진	OM352 디젤(110hp)
연료탱크	용량 114리터
최대속도	80km/h(도로)
장비	로더 버킷, 백호우, 굴삭기
승무원	2명

로더 버킷
버킷 용량 0.57㎥
폭 2.07m
운반하중 1,497kg
지상고 2.5m

백호우
버킷 용량 0.2㎥
굴삭깊이 4.26m
굴삭반경 5.39m
선회범위 180도
하적높이 3.35m

▲ 차체 전면부 로더 버킷의 출력은 2,722kg이다.

◀◀, ◀ 소형 차체 전후로 로더 버킷, 백호우를 장착해 다양한 작업에 대응한다.

M1A1 전차가 발포하면 잠시 후 T-72 전차도 반격했는데, 그때마다 안개 사이로 보이는 포격의 발사광이 플래시 불빛처럼 보였다. 포로가 된 이라크군 전차병의 증언에 따르면, 이라크군 전차병들은 미군 전차의 발사광을 보고 대략적인 방향을 파악했지만 구체적 위치를 파악하지 못해서 어림짐작으로 사격할 수밖에 없었다.

그리고 메디나 사단 2여단이 전개중인 반사면지와 능선의 거리는 3,000m 이상 떨어져 있어서, 이라크군 전차가 쏜 포탄은 미군의 M1A1 전차에 닿지 않았다.(T-72 전차의 125㎜ 주포는 최대사거리가 10㎞ 이상이지만, 3,000m 이상에서 위력과 정밀도를 기대하기 어려웠다)

아이언 여단 전차병들의 증언에 따르면 이라크군 전차가 쏜 포탄은 M1A1 전차의 1,000m 전방에 착탄했다. 하탄을 고려하면 T-72 전차들은 사전에 주포의 영점을 유효사거리인 1,800m에 맞춘 채 대기중이었을 가능성도 있다. M1A1 전차를 상대한 이라크군 전차병들 가운데 이 극복할 수 없는 기술 격차를 인지한 인물은 거의 없었을 것이다.

이라크군 전차들은 서쪽에서 기습해 온 미군 전차부대를 향해 필사적으로 125㎜ 활강포를 사격했다. 엄폐호 안에서 격파된 T-72 전차 주변에는 탄피바닥이 3~4개씩 떨어져 있었다. T-72 전차가 사용하는 카세트형 자동장전장치는 사격 후 탄피바닥을 포탑 후부의 해치로 배출하는데, 주포 발사속도를 기준으로 추측해 보면 이라크군 전차는 전투 개시 후 평균 1분가량 생존했음을 알 수 있다.

대대지휘관인 위컴 중령은 "사격연습 같은 전투라고 말하고 싶지는 않지만, 정말 사격연습 같은 전투였다. 중대장들은 진정 모범적으로 사격지휘를 해냈다."라고 전투 소감을 말했다.[5]

위컴 중령의 '전차의 전열' 후방 50피트(15m)에는 브래들리 보병전투차에 탑승한 메익스 대령이 아이언 여단을 지휘하고 있었다. 메익스 대령은 브래들리의 열영상조준경이 고장나자 포탑 위에 서서 쌍안경으로 전장을 살폈다.

메익스 대령이 사단사령부에 보낸 이라크군 주 진지와의 첫 전투보고는 다음과 같다. "정면에 T-72, BMP 등이 100대 이상 있는 것 같다. 아군 전차부대는 공격 중. 적 포병의 포격을 받고 있다."

쌍안경으로 전투 경과를 지켜보던 메익스 대령은 여단의 공격에 파괴된 이라크군 차량의 검은 연기를 보며 "검은 연기 기둥이 18개에서 36개로 늘었다."고 전과를 보고했다.

전황은 일방적으로 우세했지만 메익스 대령은 신중함을 유지했다. "매복에 주의하며 신중히 전진하도록. 그리고 놈들을 전부 해치워."[6]

우익의 제35기갑연대 1대대(TF) 스칼리오네 중사의 활약 [7]

전열의 우익에 위치한 제리 비데비치 중령의 제35기갑연대 1대대(TF)는 D, C, B중대 순으로 전차부대를 일렬횡대로 배치하고 후방에 D보병중대의 브래들리를 전개했다. 1대대가 최초로 발견한 이라크군은 와디(건천)에 조성된 엄폐진지 안의 BMP였다. 거리는 3,400m. 대대 좌익의 D중대는 즉시 공격해 2대의 BMP 보병전투차를 격파했다. 상대가 BMP였으므로 귀중한 열화우라늄탄 대신 HEAT탄을 사용했다. 다만 D중대의 M1A1 전차 14대가 전부 포격을 하는 바람에 탄약을 낭비했다.

제35기갑연대 1대대(TF)의 전열은 시속 16㎞로 전진하며 메디나 사단 2여단의 전차와 장갑차를 가리지 않고 곧바로 포격했다. 그 와중에 격파되지 않은 표적이 있었다. 자세히 보니 BMP가 아니라 장갑이 두꺼운 T-72 전차였다. 25㎜ 기관포로는 철갑탄을 사용해도 T-72 전차 격파는 불가능했다. 피터스 하사는 서둘러 TOW 미사일을 발사했지만, 미사일이 적 전차에 명중하기까지 몇 초 되지 않는 시간이 마치 1시간처럼 느껴졌다고 말했다.

전황은 미군의 일방적 우세였지만, 결코 쉬운 전투는 아니었다. 이라크 진지 중 1열에 있던 T-72 전차 중에는 M1A1 전차부대가 지나가기를 기다

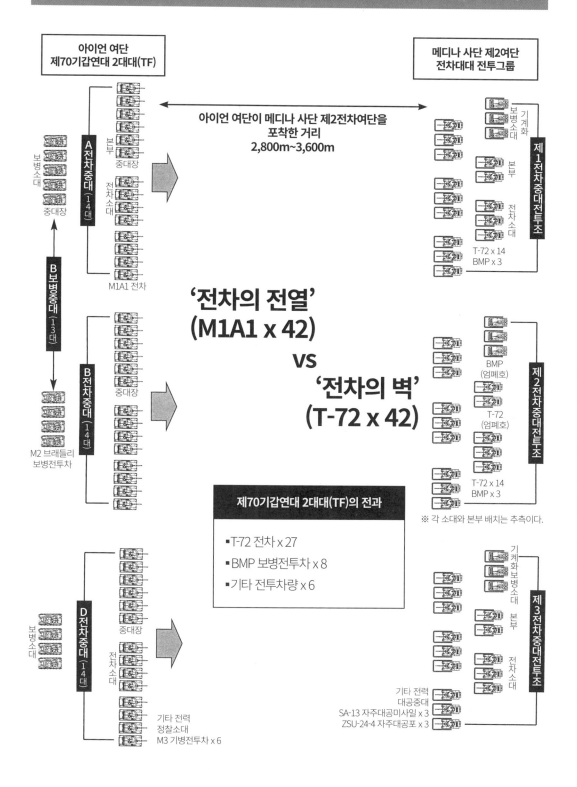

‘메디나 능선 전투’ 전차의 전열 vs 전차의 벽(반사면진지) (2월 27일 오후 12시 17분부터 1시 00분)

아이언 여단
제70기갑연대 2대대(TF)

메디나 사단 제2여단
전차대대 전투그룹

아이언 여단이 메디나 사단 제2전차여단을
포착한 거리
2,800m~3,600m

보병소대
중대장

A 전차중대
(14대)
본부
중대장
전차소대
M1A1 전차

B 보병중대
(13대)

M2 브래들리
보병전투차

B 전차중대
(14대)
중대장

‘전차의 전열’
(M1A1 x 42)
vs
‘전차의 벽’
(T-72 x 42)

제1전차중대전투조
기계화보병소대
본부
전차소대
T-72 x 14
BMP x 3

제2전차중대전투조
BMP
(엄폐호)
T-72
(엄폐호)
T-72 x 14
BMP x 3

제70기갑연대 2대대(TF)의 전과

- T-72 전차 x 27
- BMP 보병전투차 x 8
- 기타 전투차량 x 6

※ 각 소대와 본부 배치는 추측이다.

보병소대

D 전차중대
(14대)
중대장
전차소대

기타 전력
정찰소대
M3 기병전투차 x 6

제3전차중대전투조
기계화보병소대
본부
전차소대

기타 전력
대공중대
SA-13 자주대공미사일 x 3
ZSU-24-4 자주대공포 x 3

렸다 후방의 브래들리 보병전투차를 노리기도 했다. 노련한 전차병이 탄 T-72 전차는 주포를 쏠 때만 모습을 드러냈는데, 한 발을 쏘고 바로 엄폐호로 숨었다. 브래들리의 25㎜ 기관포와 TOW 미사일로는 엄폐호의 모래방벽을 뚫고 T-72 전차를 격파하기 어려워서, 사로스키 대위는 M1A1 전차를 호출하고 브래들리의 25㎜ 기관포로 예광탄을 사격해 이라크군 전차가 숨어있는 위치를 알렸다. M792 고폭소이탄의 빨간 궤적을 쫓아 M1A1 전차가 철갑탄을 발사했다. 열화우라늄 관통자가 모래방벽을 뚫고 들어가 T-72에 명중했다. 잠시 후 폭발과 함께 T-72 전차의 포탑이 튀어올랐다.[8]

버치 키비너 대위의 D중대는 대대 전열의 좌익에서 T-72 전차가 잠복한 반사면진지 1열과 2,800m부터 교전을 시작했다. 소대 선임중사인 존 스칼리오네는 철갑탄에 피격당한 T-72 전차가 유폭을 일으키며 포탑이 40피트(12m)나 치솟는 광경을 보고 깜짝 놀랐다. 스칼리오네 중사는 전쟁영화에서나 보던 광경을 직접, 전장에서 보게 되었다며 평생 잊을 수 없는 경험이라고 회상했다.

순조롭게 진격하던 D중대는 자신들이 너무 돌출되었음을 깨달았다. 우익의 2대대 D중대가 이라크군을 찾기 위해 일시 정지하는 바람에 이라크군과 교전 중 여단 중앙부 진형이 무너져 있었다. 키비너 대위의 D중대는 1㎞가량 앞서 나간 상태에서 비데비치 중령의 정지명령을 듣고 상황을 파악했다. D중대의 정지 지점과 이라크군 진지 간의 거리가 800m로, T-72 전차의 유효사거리 내에 있었다. 특히 스칼리오네 중사의 전차소대(4대)는 D중대를 선도하는 역할을 맡아 이라크군 진지 정면을 마주보고 돌출된 상태가 되었다. 그 상황에서 소대 장차와 소대장 윙맨 차량의 포탄 재고마저 '크로스 레벨(cross-level)'까지 떨어져 후퇴가 불가피해졌다. 크로스 레벨이란 즉각 사격할 수 있는 탄약수가 '0'인 상태를 말한다. M1A1 전차의 120㎜ 포탄 적재량은 포탑 후방 탄약고 34발과 차내 6발로 합계 40발(고속철갑탄 15발, HEAT탄 25발)이지만, 그 가운데 즉각 사격 가능한 탄은 17발이고, 나머지 23발을 사용하기 위해서는 일단 안전한 장소로 후퇴해야 했다.[9]

M1A1 전차의 포탑 후방 탄약고는 좌우 2분할이 되어 있으며, 좌측이 바로 사용할 수 있는 즉응탄 탄약고, 우측은 재장전용 탄약고다. 크로스 레벨은 즉응탄을 전부 사용한 상태를 의미한다.

우측의 보조탄약고에 17발의 포탄이 있지만, 탄약수가 전차의 좁은 포탑 안에서 전투 중에 전차장석 뒤에 있는 탄약고에서 포탄을 꺼내기는 어렵다. 따라서 탄약을 재배치하려면 일단 안전지대까지 후퇴한 후, 재장전용 탄약고의 포탄을 탄약수 쪽의 즉응탄 탄약고로 옮겨야 한다.

재분배 작업은 전차장이 보조탄약고에서 포탄을 빼내 탄약수에 건네주는 완전 수작업으로 진행되며, 이 순간만은 하이테크 전차라는 이름도 무색해진다. 그러나 아무리 최신 전차라도 포탄이 떨어지면 싸울 수 없는 법이다. 즉응탄 17발을 사격하면 재분배를 위해 일시 후퇴할 수밖에 없다.(차체에 적재되는 예비탄 6발을 사용하는 경우는 긴급사태 뿐이다)

돌출된 미군 전차를 발견한 이라크군은 박격포를 쏘기 시작했다. 조금씩 탄착점이 가까워지자 스칼리오네 중사는 포탄을 재분배중인 동료 전차를 지키기 위해 앞으로 나섰다. 포수가 포탑을 돌리며 전장을 살피는 동안 스칼리오네 중사는 주변에 박격포탄이 떨어지는 상황에서도 큐폴라에서 쌍안경으로 전장을 살폈다. 짧은 머리에 밤색 수염을 기른 칼리오네 중사는 외모만큼이나 용감한 전사였다.

스칼리오네 중사의 무모하지만 용감한 행동 덕에 즉시 T-72 전차를 포착했다. T-72 전차의 포신은 포탄을 재분배하기 위해 정차한 키비너 대위의 M1A1 전차를 향하고 있었다. 탄약을 재분배중인 키비너 대위는 T-72 전차를 눈치채지 못했다.

스칼리오네 중사는 서둘러 차장석에 앉아 차장용 컨트롤 레버로 포수보다 먼저 사격을 준비했다. 조준경에는 발포 직전의 T-72 전차가 보였다.

아이언 여단의 포격에 파괴된 메디나 능선의 T-72 전차부대

곳곳에 보이는 메디나 사단 제2전차여단 소속의 T-72 전차의 엄폐호. 이라크군의 전차진지는 3,000m 서쪽 (사진의 우측)의 메디나 능선까지 일렬횡대로 이어져 있었다.

▲ T-72 전차의 엄폐호는 굴착 시간 부족으로 사진과 같이 3면을 겨우 가리는 허술한 형태로 급조되었다.

▶ 사진은 비데비치 중령의 제35 기갑연대 1대대(TF)가 메디나 능선의 반사면진지 돌입 순간에 촬영되었다. M1A1의 사격을 받아 6대의 T-72가 불타고 있다. 오른쪽 끝의 T-72가 폭발하며 포탑이 날아가는 모습이 보인다.
(U.S.Army/Wiedwitsh's TF1-35th Armor)

메디나 능선에 포진한 메디나 기갑사단 제2여단의 증강편제와 전력

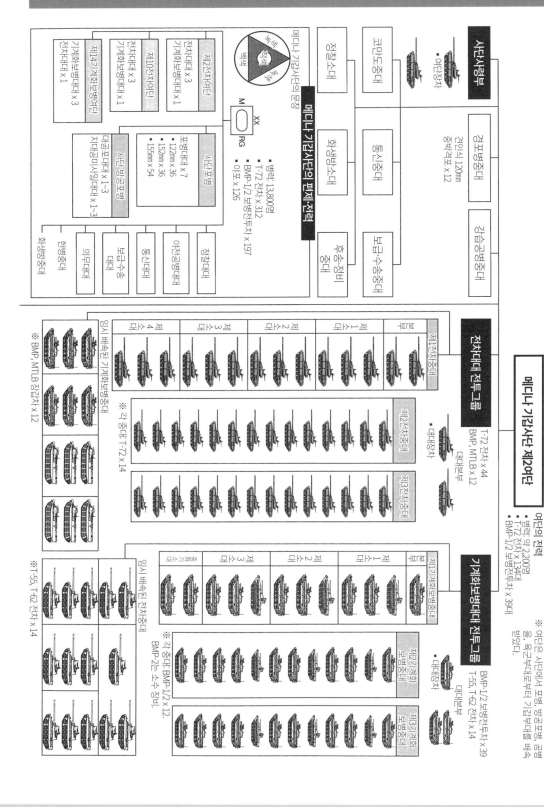

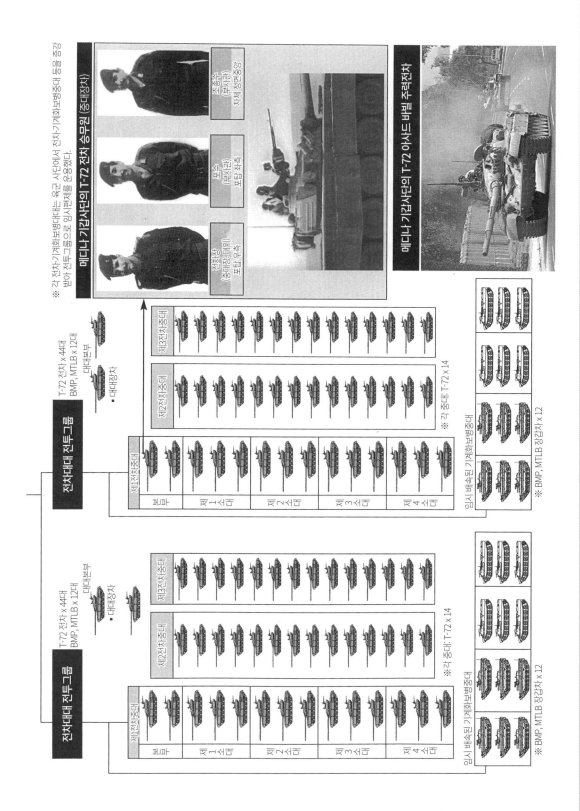

※ 각 전차기계화보병대대는 육군 사단에서 전차기계화보병중대 등을 증강 받아 전투그룹으로 임시편제를 운용했다.

메디나 기갑사단의 T-72 전차 승무원 (중대장차)

전차장 (중대장겸위) 포탑 우측

포수 (부사관) 포탑 좌측

조종수 (부사관) 차체 정면중앙

메디나 기갑사단의 T-72 아시드 비밀 주력전차

전차대대 전투그룹

T-72 전차 x44대
BMP, MTLB x 12대

대대본부

■ 대대장차

제1전차중대

본부

제1소대

제2소대

제3소대

제4소대

제2전차중대

제3전차중대

※ 각 중대: T-72 x 14

임시 배속된 기계화보병중대

※ BMP, MTLB 장갑차 x12

전차대대 전투그룹

T-72 전차 x44대
BMP, MTLB x 12대

대대본부

■ 대대장차

제1전차중대

본부

제1소대

제2소대

제3소대

제4소대

제2전차중대

제3전차중대

※ 각 중대: T-72 x 14

임시 배속된 기계화보병중대

※ BMP, MTLB 장갑차 x 12

표적은 거리측정을 할 필요도 없는 근거리에 있었으므로 조준십자선을 T-72 전차의 포구보다 약간 아래에 맞췄다. 곧바로 방아쇠를 당기자 잠시 후 폭음과 함께 T-72 전차의 포탑이 튀어올랐다.

스칼리오네 중사는 다시 큐폴라에 올라가 적진을 살폈다. 포수도 같은 방향을 열영상조준경으로 확인하며 연속으로 3대의 T-72 전차를 격파했다. 점유한 지형이나 짧은 교전거리를 감안하면 T-72 전차도 충분히 교전이 가능했지만, 신속하게 대응하지 못한 이라크군은 결국 목숨을 잃게 되었다. 다만 스칼리오네 중사의 전차와 동료 전차도 즉응탄이 떨어져 후퇴해야 했다. 비데비치 중령은 D중대에 500m 후퇴를 명령했다. 스칼리오네 중사의 소대는 장갑이 두꺼운 차체 정면을 적진을 향해 고정한 상태로 천천히 후진했다.

교전 개시 후 10여분 동안 아이언 여단은 탄약수가 휴식할 틈도 없이 포격을 계속하며 메디나 사단 2여단의 '전차의 벽'을 타격했다.

지근거리 근접전도 압승한 미군
매복진지 2열 제압과 공지합동공격(10)

아이언 여단의 후방에 있던 그리피스 사단장은 전투를 직접 시찰하기 위해 참모인 케이스 로빈슨 대위와 함께 험비를 타고 우익의 제35기갑연대 1대대로 향했다. 사단장 일행은 대대의 후방 1km 지점의 고지대에 올라갔다. 두 명의 중사가 M16 소총을 들고 경비를 섰고, 언제든 움직일 수 있도록 험비의 엔진을 켜둔 상태였다. 그리피스 소장은 그곳에서 전차부대의 일제사격 광경을 바라보았다. 잠시 후 이라크군 포병의 반격탄이 떨어지기 시작했지만, 포탄은 미군 전차부대 전방 600~800m 지점에만 떨어졌고, 사단장 일행은 긴장을 풀었다.(11)

아이언 여단의 전차병들에게는 포탄이 닿지 않는 T-72 전차의 존재보다 부정확하지만 활발하게 사격을 계속하는 메디나 사단의 포병이 위협적이었다. 전차지휘관들은 여단 직속의 제1야전포병연대 2대대에 상대 포병 제압을 재촉했다.

포병대대 지휘관은 메익스 대령의 화력지원장교를 겸임하는 제임스 운터제어 중령이었다. 포병대대의 관측대는 TPQ-37 대포병레이더로 북동 방향에서 사격중인 메디나 사단 포병의 위치를 탐지해 냈다. 이라크군 포병이 같은 좌표에서 사격을 지속한 덕에 즉시 원점을 탐지할 수 있었다. 소련제 D-30 122mm 곡사포중대였다. M109 155mm 자주포 24대를 장비한 제1야전포병연대 2대대는 이라크군 포병을 섬멸을 목표로 대포병 사격을 개시했다. DPICM 다목적고폭탄의 일제사격으로 이라크군 곡사포중대는 즉시 제압되었다. 하지만 메디나 라인 일대에 방열중인 이라크군 포병의 숫자가 매우 많아서 간헐적인 포격이 몇 시간이나 계속되었다.

양군 주력전차 간에 수십 분간 벌어진 사격전은 미군 아이언 여단의 파괴력을 여실히 보여주었다. 다만 '전차의 전열'도 메디나 여단의 빈틈없는 제1열 매복진지와 격돌하는 동안 일렬횡대 대형에 혼란이 발생했다. 메익스 대령은 이라크군 제1열 진지가 붕괴되었지만, 아군 오인사격 위험이 있는 난전 상황을 피하기 위해 돌출된 부대에 후퇴명령을 내렸다. 그리고 제2열 진지 공격을 위해 서둘러 부대 재정비에 들어갔다.

오후 12시 38분, 메익스 대령은 전투일지에 '첫 교전은 종료. 현재 적을 제압 중. 600~800m 앞에 다른 적 부대 확인.'이라고 기록했다. 2열의 이라크군 진지는 능선에서 800m 거리에 구축되어 있었다. T-72 전차의 유효사거리였으며 전술상 이상적인 위치였다.

좌익에서 제70기갑연대 4대대(TF)의 선도부대인 C중대가 진지에 돌입해 양군 전차들의 근거리 난타전이 시작되었다.

C중대의 앤서니 와이드너 병장(28세)은 능선을 넘어서자마자 1열과는 상황이 달라졌음을 직감했다. 마주한 적은 1열과 같은 T-72 전차였지만, 700m 남짓한 근거리라면 아무리 튼튼한 M1A1 전

차라도 위험했다. 마치 서부극에 나오는 총잡이들의 결투처럼 먼저 쏘는 쪽이 살아남는 상황이었다. 와이드너 병장은 길이 5.6m, 무게 1.9t의 강철제 120㎜ 활강포를 좌우로 돌리며 T-72 전차가 보이면 곧바로 포격했다.(M1A1 전차의 포탑선회속도는 초당 42도다) 전투 중 전차의 차내 통신이 혼선을 일으켜 승무원들은 서로 소리를 질러서 의사소통을 했다. 조종수는 "왼쪽에 한 놈 있다! 오른쪽에도 있다!"라고 소리쳤고, 탄약수는 "저놈을 쏴! 한 번 더 쏴!"하며 비명을 질러 댔다.

같은 C중대 소속 C21호 전차가 능선을 넘어선 순간, 조종수 라일리 일병은 550m의 지근거리에서 T-72 전차를 발견했다. 이정도 근거리라면 누가 먼저 쏴도 빗나갈 수 없었다. 포수가 "전차인가?"라고 소리쳤다. 하지만 라일리 일병이 대답할 틈도 없이 적 전차의 주포가 불을 뿜었다. 라일리 일병은 그 당시 상황을 다음과 같이 말했다.

"포탄이 스쳐지나가면서 주변 일대가 불타는 것만 같고, 불을 뿜은 125㎜포의 포구는 지옥의 아가리처럼 보였다. 나는 겁쟁이처럼 소리를 지르면서 해치 밖으로 뛰쳐나갈 뻔 했다. 정말 무서운 체험이었다."

T-72 전차에 탑재된 125㎜ 활강포의 명중률은 2,000m에서는 50% 정도로 좋지 않았지만, 500m의 근거리에서는 98%로 높아진다. C21호 전차는 운 좋게 '2%의 빗나갈 확률'에 당첨되었고 포탄이 종이 한 장 차이로 빗나갔다. 이제 C21호 전차가 반격할 차례였다. 라일리 일병은 "저 녀석을 쏴! 쏘라고!"라고 소리쳤지만, 사정을 모르는 동료 전차가 전진하면서 C21호 전차의 사선을 가로막아 쏠 수가 없었다. 이때 대열이 흐트러지며 뒤쳐진 다른 M1A1 전차가 C21호차를 공격했던 T-72 전차의 포탑 측면을 HEAT탄으로 격파했다.

오후 12시 50분, 메익스 대령이 요청했던 항공지원이 도착했다. 미 공군의 F-16 전투기와 A-10 지상공격기는 아이언 여단이 교전 중인 적진지보다 동쪽에 있는 진지와 도주하는 차량부대를 공격했다. 그리고 그리피스 사단장의 명령을 받고 출격한 제1항공연대 3대대 A중대 소속 아파치 공격헬리콥터 6대도 전장에 도착했다.

아파치 공격헬리콥터 부대는 '전차의 전열' 중앙의 제70기갑연대 2대대(TF) 상공에서 머무르며 헬파이어 대전차미사일을 발사했다. 근접 항공지원을 위해 출격한 아파치 부대였지만, 제2열 진지에서 교전중인 아이언 여단이 적과 너무 가까웠다. 게다가 전장 상공은 모래먼지와 매연으로 뒤덮여 시계가 나빴고, 지상의 M1A1 전차와의 교신에서도 문제가 발생해 아군 오인사격의 위험이 있었다. 그래서 아파치 부대는 멀리 떨어진 후방의 메디나 사단 예비대를 공격했다. 8㎞나 되는 헬파이어 미사일의 사거리 덕분에 가능한 임기응변이었다. 이때 위컴 중령은 B보병중대의 브래들리 보병전투차도 전차부대에 합류시키려 했지만, 아파치 공격헬리콥터의 돌입을 보고 포기했다.

이렇게 메디나 능선에 구축된 '전차의 벽'은 아이언 여단의 '전차의 전열'에 의해 유린되었다. 불타는 유전에서 뿜어내는 매연을 배경으로 메디나 능선에는 파괴된 이라크군 전차와 장갑차가 길게 늘어서서 불타고 있었고, 하늘에는 천둥번개 소리와 포성이 뒤섞였다.[12]

오후 1시 00분, 제1기갑사단 2(아이언) 여단은 대략 45분간의 전투로 이라크군 메디나 기갑사단 제2여단의 반사면진지를 제압했다. 전차의 전열 중앙 제70기갑연대 2대대(TF)의 위컴 중령은 다음과 같이 전과보고를 했다.

"지평선에는 70개가 넘는 연기 기둥이 피어 올랐다. 45분 만에 공화국 수비대 메디나 기갑사단 제2여단은 전멸했다. 제70기갑연대 2대대는 T-72 전차 27대, BMP 보병전투차 8대, 방공지휘관제차 6대 격파. 여단 전체의 전과는 T-72전차 55대, T-55 전차 6대, 장갑차 35대, SA-13 자주대공미사일 5대를 격파했다."

격렬한 전투를 치른 메디나 기갑사단 제2여단의 병력 피해는 전사 340명, 포로 55명이었다. 포로는 적고, 대조적으로 전사자는 포로의 6배에 달했다. 이라크 육군부대와 싸운 국경선 부근의 전투에 비하면 전사자 비율이 높았다. 반면 미군 아이언 여단의 피해는 전무했다.[13]

치명적인 실수를 범한 메디나 사단 / 능선에서 너무 떨어진 반사면 진지 / 부실한 엄폐호 / 전달되지 못한 정보

'메디나 능선 전투'는 미군 제1기갑사단 제2(아이언)여단의 완벽하고 일방적인 승리로 끝났다. 무기의 성능, 병력의 숙련도와 함께 승패에 결정적으로 작용한 또다른 요소는 공화국 수비대가 반사면진지 위치 선정 과정에서 저지른 치명적인 실수였다.

메디나 기갑사단 제2여단의 제1열 매복진지는 메디나 능선에서 2,500~3,500m 사이에 구축되어 있었다. T-72 전차의 유효사거리가 1,800m임을 감안하면 너무 멀었다. 야간이나 악천후라면 조준은 고사하고 미군 전차를 발견하지도 못할 거리였다. 애써 '매복진지'를 구축한 의미가 없는 것이나 다름없었다.

게다가 메디나 기갑사단 제2여단의 배치를 서둘러 변경하는 바람에 반사면진지를 최적의 위치에 구축할 시간 여유가 없었다. 그래서 메디나 능선의 반사면진지는 매복에 필수적인 지뢰나 대전차호 같은 장애물이 거의 설치되지 않았다. 기본적인 전차엄폐호도 땅을 깊게 파내지 못하고 불도저로 모래를 쌓아 올려 3면을 가렸을 뿐이었다. 그나마도 높고 두껍게 쌓지 못해 T-72 전차가 쉽게 노출되었다. 실제로 능선에 올라선 M1A1 전차들은 열영상조준경으로 T-72 전차를 쉽게 발견했다.

그리고 부실한 모래방벽은 열화우라늄 관통자를 막아내지 못하고 관통되었다. 만약 이라크군이 제대로 된 엄폐호를 구축했다면 미군에게 별다른 저항도 하지 못하고 일방적 패배를 당하지는 않았

을 가능성이 높다. 차체를 충분히 숨길 수 있는 깊이로 전차엄폐호를 구축하고 위장망까지 설치해 미군에게 상당한 위험을 강요한 타와칼나 라인의 사례가 그 증거다.

메디나 사단 제2여단의 지휘관에게 엄폐진지를 구축할 시간이 주어졌음을 감안하면 진지의 위치 선정에 실수를 저지른 점은 이해하기 어렵다. 아마도 지휘관이나 참모진의 태만이나 방심이 불러온 결과일 가능성이 높아 보인다.

포로의 증언에 의하면 메디나 사단 2여단의 계획은 반사면진에서 미군 기갑부대를 저지, 반격해 능선까지 밀어내고 사단 포병의 사격으로 섬멸하는데 초점을 맞췄다. 하지만 매복진지의 위치가 능선에서 3km나 떨어져 T-72 전차는 미군 전차를 공격조차 하지 못했다. 그리고 전투가 시작되자 이라크군 포병부대는 와디에 진입한 미군 전차가 아닌 능선 주변의 좌표 5개소에만 포격을 가했다. 그리고 탄착을 수정해야 할 전방부대는 미군의 빠른 진격과 장거리 포격에 분쇄당했고, 반사면진지의 본대는 미군의 기습에 노출되었다.

메디나 사단 2여단의 패배는 전차의 성능과 전차병의 기량 격차 못지않게 지휘관의 전술적 실수도 큰 요인이었다. 미군의 움직임을 알려줄 경계부대나 정찰부대의 전력이 너무 부족했다.

가장 근본적인 문제는 이라크군의 극단적으로 계열화된 지휘체계로 인해 귀중한 전장 정보가 소속부대 이외에는 전달되지 않았다는 점이다. 예를 들어 미군 제2(아이언)여단이 '메디나 능선 전투'를 시작하기 4시간 전에 아드난 여단과 전면적인 교전에 돌입했을 때, 해당 정보가 아드난 여단 사령부에 전달되었지만, 메디나 사단에는 전달되지 않았다. 그 결과 메디나 기갑사단 제2여단의 전차병들은 미군이 능선을 넘어 공격해 올 때까지 느긋하게 점심 식사 준비를 하며 담배를 피우고 있었다. 만약 미군의 공격 정보가 제때 전달되었다면, 적어도 일방적인 기습공격만은 피할 수 있었다.

두 가지 패인, 어째서 메디나 전차여단은 일방적으로 괴멸되었나?

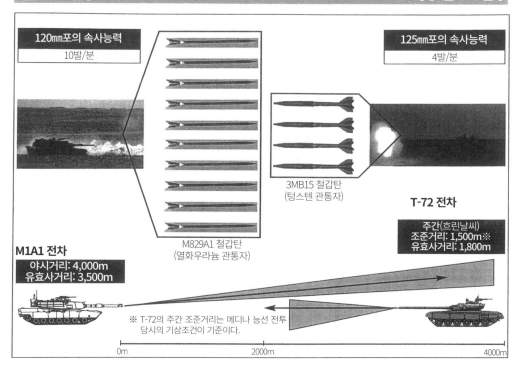

미군 M1A1 전차

120mm포의 속사능력
10발/분

M1A1 전차
야시거리: 4,000m
유효사거리: 3,500m

M829A1 철갑탄
(열화우라늄 관통자)

※ T-72의 주간 조준거리는 메디나 능선 전투
당시의 기상조건이 기준이다.

0m   2000m   4000m

이라크군 T-72 전차

125mm포의 속사능력
4발/분

3MB15 철갑탄
(텅스텐 관통자)

T-72 전차

주간(흐린날씨)
조준거리: 1,500m※
유효사거리: 1,800m

메디나 능선의 T-72 전차 엄폐호. 모래를 삼면에 쌓아올려 급조한 엄폐호로, 엄폐능력뿐만 아니라 방어력도 약해서 포탄이 쉽게 관통했다.

타와칼나 라인의 T-72 엄폐호. 메디나 능선과 대조적으로 깊게 판 엄폐호에 차체를 숨기고 위장망을 덮어 발견하기 힘들었다.

미군 제2(아이언)여단의 '메디나 능선 전투'에서 거둔 전과

T-72	55대
T-55	6대
장갑차	35대
SA-13 자주대공미사일	5대

※ 총 43분간 진행된 전투 기준

메디나 전차여단의 두 가지 패인

성능 : M1A1의 종합적인 사격성능이 T-72를 압도함
전술: 능선에서 3km 거리에 급조된 부실한 엄폐진지

제1기갑사단에 공간 형성을 지시한 프랭크스 [14]

메익스 대령의 제2(아이언)여단은 메디나 능선에서 압승을 거두었지만, 나머지 제1기갑의 2개 여단은 메디나 라인 북부주진지의 중앙과 남쪽을 지키는 이라크군 기갑부대의 끈질긴 저항에 직면했다. 중앙의 제1(팬텀)여단(지휘관 제임스 C. 라일리 대령) 정면에는 메디나 사단 제14기계화보병여단과 이라크 육군 제12, 제17기갑사단 소속 6개 대대 규모의 기갑부대가, 남쪽의 제3(불독)여단(지휘관 다니엘 자니니 대령)의 정면에는 이라크 육군 제17기갑사단의 2개 대대를 주력으로 구성된 기갑부대가 보병 벙커와 전차·장갑차 엄폐호에 배치되어 있었다.

라일리 대령의 제1(팬텀)여단은 좌익의 제2여단과 함께 메디나 라인에 돌입했다. 제1여단은 북에서 남으로 제66기갑연대 4대대(TF)(M1A1 46대, 브래들리 16대), 제7보병연대 1대대(TF)(M1A1 14대, 브래들리 47대), 제7보병연대 4대대(TF)(M1A1 14대, 브래들리 48대)를 횡대로 배치했다. 여단 전력은 M1A1 전차 74대와 M2/M3 브래들리 전투차 111대였다. [15]

오후 1시, 적진을 향해 전진하는 제7보병연대 1대대와 4대대에 이라크군 포병의 포격이 시작되었다. 스테판 S. 스미스 중령은 이라크군의 1차 사격이 제7보병연대 1대대 후방에, 2차 사격이 전방에 집중되는 장면을 목격했다. 스미스 중령은 이 포격이 적 관측병의 유도를 받은 협차사격(bracket fire)이라 판단했다. 가만히 있으면 머리 위로 포탄이 떨어질 상황이었고, 스미스 중령은 1대대에 즉시 100m 후퇴를 지시한 후, 아군 포병에 대포병 사격을 요청했다. 스미스 중령의 예상대로 이라크군의 다음 포격은 부대가 후퇴하기 전 위치에 정확히 떨어졌다. 우익의 제7보병연대 4대대에도 이라크군의 포격이 지근거리에 떨어졌다. 이전과는 달리 정확한 포격을 받게 되자 에드워드 P. 이건 중령도 대대에 후퇴 명령을 내렸다.

대포병사격 요청을 받은 제41야전포병연대 2대대는 대포병 레이더로 이라크군 포병의 위치를 관측했다. 한편 스미스 중령도 이라크의 포병 관측반을 제거하기 위해 대대의 전차와 브래들리로 능선의 수상해 보이는 지점마다 제압사격을 실시하도록 지시했다. 잠시 후 대포병사격으로 이라크군 포병이 제거되자 1대대는 진격을 재개해 이라크군 기갑부대를 섬멸했다.

그리피스 사단장은 각 대대의 메디나 라인 공격을 엄호하기 위해 사단 포병과 제1항공연대 2대대의 아파치 공격헬리콥터로 이라크군 포병과 후방 부대에 종심타격을 실시했다. 특히 제75야전포병연대는 오후 2시부터 MLRS와 203㎜ 중포로 로켓 288발, 203㎜ 포탄 480발을 메디나 능선 후방에 포진한 적 포병진지에 사격해 포병 4개 대대, 야포 72문을 파괴하는 전과를 올렸다. 이후 사단포병 지휘관 보르네이 B. 콘 대령은 포격현장에서 이라크군 사격진지 주변에 로켓의 로켓모터, 신관, 탄두 잔해 등이 흩어져 있는 모습을 보고 적어도 3개소에 전개된 D-30 122㎜ 곡사포 13문이 MLRS공격에 파괴되었음을 확인했다. 아파치 공격헬리콥터도 최소 15문의 야포를 격파했다. [16]

오후 2시경, 프랭크스 군단장은 자신이 직접 입안한 양익포위작전을 위해 헬리콥터를 타고 최전선의 제1기갑사단 전투지휘소로 이동했다. 지휘소에는 구체적인 기동작전 조율을 위해 제1기병사단 작전참모 짐 건릭스 중령과 제1기갑사단 작전참모 토미 스트라우스 중령도 동석했다. 프랭크스 중장은 제1기갑사단장 그리피스 소장에게 지시했다.

"나는 제1기병사단이 동쪽의 목표 로리를 공격해 함무라비 기갑사단을 격파하기를 바라네. 그러자면 제1기갑사단의 작전구역 북쪽에 제1기병사단이 이동할 공간을 만들 필요가 있네. 그리고 존은 일몰 전에 제1기병사단의 이동을 끝내 주게."

명령을 받은 그리피스 소장은 "알겠습니다."라고 대답했다. [17]

이라크 육군 기갑부대의 주력전차 T-55(69식)과 개량형: 총수 약 3,000대

▶ 이라크 육군은 T-55 전차의 방어력 향상을 위해 차체와 포탑 전면 및 측면에 이니그마 증가장갑 추가를 진행했다.

▲ 포획된 이라크군의 중국제 69식 전차(타입 Ⅱ). 소련제 T-55의 개량형으로, 공격력 강화를 위해 주포 포방패 위에 레이저 거리측정기를 장착하고 탄도계산기를 도입했다.

궤도 측면에 사이드스커트를 추가해 방어력을 높였다.

T-55

전투중량	36t (69식: 37t)
전장	9.1m
차체길이	6.2m
전폭	3.27m
전고	2.35m
엔진	V-55 V12 수냉 디젤 (580hp)
톤당 마력비	16.1hp/t
연료탱크 용량	960리터
최대속도	50km/h
항속거리	460km
장갑	차체정면 97mm/포탑정면 203mm
주포	100mm포 D-10 (43발)
부무장	7.62mm 공축기관총 (3,500발)
승무원	4명

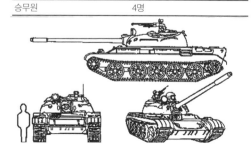

중국제 69식 전차 (DShK 12.7mm 중기관총 탑재)

이라크군의 끈질긴 저항에 진격속도가 느려진 제1여단 [18]

그리피스 소장은 군단 경계선을 북쪽으로 변경해 제1기병사단을 이동시키는 편이 보다 효과적이라고 건의했다. 이 경우 제1기병사단이 이동할 공간을 만들기 위해 제1기갑사단의 공세를 멈추는 일도 없고, 아군 오인사격의 위험도 줄일 수 있다는 주장이었다. 그러나 건의는 수용되지 않았고, 그리피스 소장은 명령에 따라 북측에 제1기병사단이 이동할 공간을 만들도록 각 여단에 지시를 내렸다. 중앙의 제1여단은 동쪽으로 전진시키고, 북쪽의 제2여단을 남하시켜 제1기병사단이 이동할 공간을 확보했다.

제1여단에 부여된 공격 목표는 동쪽에 설치된 이라크군의 대규모 벙커지대(목표 본)와 보급간선로인 IPSA 파이프라인 도로였다. 제1여단은 공격에 앞서 좌익(북측)의 제66기갑연대 4대대 휘하 정찰소대를 측면에 배치해 이웃한 제2여단 우익(남측)의 제35기갑연대 1대대와 연결을 유지하며 전진했다. 아군 오인사격을 방지하고 전방에 길게 뻗어 있는 도로를 제압할 때 협력하기 위한 조치였다. 하지만 톰 고드코프 중령의 제66기갑연대 4대대가 상대할 이라크군 진지는 거친 사막지형에 벌집 형태의 모래방벽 거점(mound)과 벙커로 구성되어 비데비치 중령의 제35기갑연대 1대대가 상대한 이라크군 진지보다 강고한 방어태세를 구축하고 있었다.

전진을 시작한 제66기갑연대 4대대는 잠시 후 도로를 지키고 있는 이라크군 보병과 전차부대를 발견했다. M1A1 전차는 곧바로 이라크군 전차를 격파했다. 좌익에서는 정찰소대의 M3 브래들리 기병전투차 6대가 잠시 정차한 순간 이라크군의 공격을 받았다. 사격은 200m의 근거리에서 날아왔는데, 탄약고를 수비하던 이라크군 보병부대의 공격이었다. 이렇게 가까이 접근할 동안 정찰소대가 이라크군을 발견하지 못한 이유는 불명이다.

교전이 시작된지 몇 분 지나지 않아 북쪽 끝에 있던 HQ55호차가 이라크군 보병이 발사한 RPG에 맞았다. 기관부에 피탄당한 HQ55호차는 행동불능 상태가 되었다. 동료를 구하기 위해 프레드릭 윗키스 소대 선임중사의 브래들리가 움직였다. 윗키스 중사는 자신의 브래들리를 HQ55호차 앞에 세워 아군 차량을 보호하는 동시에, 적진을 향해 기관포를 사격해 동료들이 차내에서 탈출할 동안 엄호했다. 탈출한 동료들이 가장 가까이 있는 차량으로 피신하자 윗키스 중사는 조종수 클라랜스 A. 캐시 상병(20세)에게 후퇴 명령을 내렸다. 그 순간 RPG 한 발이 차체 정면에 명중했다. 캐시 상병이 즉사했고, 거의 동시에 차탄도 명중했다.

하지만 두 번째 명중한 탄은 RPG가 아니라 아군의 M1A1 전차가 후방에서 사격한 철갑탄이었다. 열화우라늄 관통자는 브래들리의 차체 후방 우측으로 들어가 조종석이 있는 차체 정면 좌측으로 뚫고 나갔다. 해당 전차는 정찰소대의 우측 후방에서 전진하던 전차중대 소속 차량으로, 전방에 있던 브래들리를 적 전차로 오인해 공격했다. 이 때 윗키스 중사의 브래들리는 대대 전방에 있던 격파된 이라크군 전차소대 진지를 지나쳐 북상중이었으므로 M1A1의 포수의 시점에서는 적 전차부대의 일부처럼 보였다. 혹은 브래들리에 명중한 RPG의 폭발 화염이 적 전차의 포격으로 보였을지도 모른다.

두 발의 명중탄으로 캐시 상병이 전사했다. 아군 전차가 오인사격한 포탄은 캐시 상병의 가슴을 관통했는데, 동료들은 캐시 상병이 오인사격 이전인 적 RPG 피격 직후에 사망했다고 증언했다. 캐시 상병은 숙부의 권유로 입대해 군대에서 출세하려 했다. 윗키스 중사(이후 다리를 절단했다)와 리처드 나이트 상병이 중상을, 두 명이 경상을 입었다.

정찰소대장 로버트 미치노윅 중위는 피격된 브래들리의 생존자 구출과 주변 이라크군 제압을 지시했다. HQ53호차는 대파된 윗키스 중사의 브래들리의 좌측으로 접근해 부상자 두 명을 구출했다.

그리고 로버트 헤거 하사의 HQ52호차의 하차보병 두 명도 구조에 나섰다. 티모시 라이트 이등병과 매슈 미스킬 이등병이 윗키스 중사와 나이트 상병을 구조하는 동안, 포수 데이비드 스미스 병장은 자신을 노리는 이라크군 RPG팀을 25㎜ 기관포로 제압했다. HQ56호차도 다른 RPG팀을 사살했다.

미치노윅 중위는 피해가 발생했음에도, 정찰임무를 속행해 좌측에 있는 제35기갑연대 1대대 B중대와 접촉을 유지했다. 여기서 '접촉'이란 밀접한 무선연결이 아니라 위치와 진행방향을 상호 판별할 수 있는 상태를 말한다. 정찰소대의 좌익에 있는 데이비드 에릭슨 대위의 B전차중대(제35기갑연대 1대대(TF))는 이라크군 벙커의 소화기 공격을 받고 있었다. 각 전차의 전차장들은 큐폴라에 몸을 내놓고 사막에 숨어있는 이라크군 진지를 찾았는데, 소화기 사격이 시작되자 실내로 대피해야 했다. 에릭슨 대위는 이대로는 적진을 파악하기 힘들다고 판단해 중대에 200m 후퇴 명령을 내렸다.

명령에 따라 14대의 M1A1 전차가 전속력으로 후퇴했다. 이 모습을 본 제66기갑연대 4대대의 정찰소대는 제35기갑연대 1대대 전체의 후퇴로 오인해 보고했다. 보고를 받은 고드코프 중령은 라일리 대령에게 제35기갑연대 1대대가 갑자기 후퇴해 좌익이 돌출된 위험한 상황이라는 긴급 무전을 보냈고, 라일리 대령이 그리피스 사단장에게 제1여단의 브래들리가 큰 피해를 입었고, 제35기갑연대 1대대가 후퇴해 여단 좌익이 위험에 노출되었다고 보고했다. 하지만 제35기갑연대 1대대에서는 후퇴하지 않았다는 답변이 왔다.

이라크군 공화국 수비대의 매복진지를 앞두고 전장에서 이웃한 대대 간에 혼선이 일어나고, 이미 사상자까지 발생한데다 날까지 어두워지고 있었다. 그리피스 소장은 이대로는 사단 전체가 위험한 상황에 빠질지도 모른다고 판단해 동쪽으로 전진하던 제1여단을 정지시켰다.

좌절된 프랭크스 중장의 양익포위작전 전진하지 못한 제1기병사단

오후 5시 00분경, 그리피스 소장은 프랭크스 중장에게 연락을 했다.

"제3여단이 적과 교전중입니다. 그 뒤로도 적이 포진해 있습니다. 그리고 아군에도 사상자가 발생했습니다. 제1기병사단이 북쪽으로 이동하는 기동작전을 일몰까지 끝내기는 불가능합니다. 적과 교전 중에 기동작전을 수행하면 저희 사단이 위험에 노출됩니다."

여기까지 들은 것만으로도 프랭크스 중장은 크게 화가 났다. 그가 지금까지 위험을 무릅쓰고 직접 헬리콥터를 타고 돌아다니며 준비한 2개 사단의 양익(또는 이중)포위(Double envelopment)작전이 막판에 좌절되었기 때문이었다. 훗날 프랭크스 중장은 남쪽의 제1보병사단이 순조롭게 진격하고 있어 북쪽의 제1기병사단만 전진하면 최종목표인 함무라비 사단 포위가 가능한 상황에서 그리피스 소장의 보고는 군 생활 중 가장 실망스러운 보고였다고 회상했다.

작전에 차질이 생겼지만, 프랭크스 중장은 아직 시간적 여유가 있다고 생각해 "상황은 알겠다. 내일 일출까지는 제1기병사단이 전진할 수 있도록 하라."라고 그리피스 소장의 의견을 수용해 응답했다. 그리고 제1기병사단장 존 티렐리 소장에게는 날이 밝은 후 공격을 재개하라고 지시를 내렸다. 당시 티렐리 소장은 목소리만으로도 프랭크스 중장이 얼마나 낙담했는지 알 수 있었다고 증언했다.[19]

그리피스 소장은 제3여단이 대규모 이라크군 부대와 조우했다고 말했지만, 실제로는 라일리 대령의 제1여단이 대규모 이라크군 부대와 조우했다. 태세를 정비해 동쪽으로 진격을 재개한 제1여단은 27일 심야까지 메디나 라인 부근의 이라크군 저항을 분쇄하고 IPSA 파이프라인 도로 동쪽까지 제압하는데 성공했다.

희생자가 발생한 고드코프 중령의 제64기갑연대 4대대는 이라크군의 항복을 기다리며 싸우는 미지근한 전투를 할 마음이 없었다. 대대는 이라크군 진지지대로 돌격해 인정사정없이 공격했다. 그 결과 27일에만 T-55 전차 66대, PT-76 경전차 1대, 장갑차 23대(BMP 11대), 쉴카 자주대공포 3대를 격파하는 등, 메디나 능선 전투 당시 제2(아이언)여단의 전체 격파기록인 61대보다 32대나 많은 총 93대의 기갑차량을 격파했다. 다른 부대의 전과는 제1여단 7보병연대 1대대(TF) 전차 25대(T-72 8대, T-62 1대, T-55 16대), 장갑차 39대(BMP 25대). 제7보병연대 4대대(TF) 전차 10대(T-72 1대, T-62 1대, T-55 8대), 장갑차 20대(BMP 13대)였다.

제1기갑사단 우익에서 전진하던 자니니 대령의 제3(불독)여단은 오후 3시 00분, 목표 본에서 8개소의 보급거점을 발견했다. 그곳을 지키는 이라크군 기갑부대를 상대로 교전에 돌입한 M1A1 전차는 시속 10km의 저속으로 이동하며 이라크군 전차를 격파해 나갔다.

제3여단 좌익의 제35기갑연대 3대대(TF) B중대 1소대 테리 베너 중사의 전차가 능선을 넘어선 순간 매복해 있던 이라크군 기갑부대와 조우했다. 베너 중사는 먼저 가장 가까이 보이는 BMP을 공격했다. 명중탄을 맞은 BMP가 폭발하자 엄폐호에 숨어있던 T-72 전차 한 대가 갑자기 튀어나와 발포했다. 100m의 지근거리였지만 다행히 빗어갔다. 아마 적 전차도 당황해 조준도 제대로 하지 않고 발사한 듯했다. 베너 중사를 공격한 T-72 전차는 곧바로 격파되었다. 설명은 길지만 교전시간이 7초 남짓한 짧은 전투였다.

자니니 대령은 진격하는 동안 포병에 포격지원을 요청하지 않았다. 먼저 포병의 엄호가 무의미할 정도로 M1A1 전차의 성능이 우월했고, 포병의 포격 중에는 전차부대가 전진할 수 없어 공세의 속도가 떨어지므로 의미가 없었다. 그리고 포병이 포격한 전장에는 상당수의 불발탄이 남아 전차의 전진에 방해가 되곤 했다. 포격지원 없이 제3여단이 27일 밤까지 올린 전과는 전차 41대(대부분 T-55), 장갑차 35대, 야포 8문, 트럭 43대, 포로 503명이었다.

제1기갑사단의 3개 기동여단은 27일 하루만에 메디나 라인 북부주진지를 괴멸시켰다. 제1기갑사단의 전과는 전차 204대, 장갑차 152대 이상이었다. 다소 차이가 있지만 제7군단 자료에 따르면 제1기갑사단의 전과는 전차 186대, 장갑차 127대, 야포 38문, 방공시스템 5대, 트럭 118대, 포로 839명이었다. 미군의 피해는 전사 1명, 부상 30명이었다.

한편, 제1기갑사단과 함께 '기갑의 주먹'에서 일익을 담당한 제3기갑사단과 제1보병사단은 제1기갑사단과 달리 예정대로 동쪽으로 진격을 계속했다. 양 사단 앞에는 메디나 라인의 남부주진지가 있었지만, 그곳에 배치된 이라크군 제10기갑사단은 26일 밤부터 27일 아침까지 실시된 아파치 공격헬리콥터의 야간 종심타격과 항공폭격에 괴멸적인 피해를 입었고, 살아남은 이라크군 전력은 여단 규모로 결집하지 못하고 대대나 중대 단위로 쪼개져 더 이상 미군 기갑부대를 저지할 힘이 남아있지 않았다. 펑크 소장의 보고에 따르면 제3기갑사단은 오후 5시 00분까지 쿠웨이트 영내로 10km 전진했다.

메디나 라인의 이라크군 공화국 수비대와 육군 정예부대는 미군 제7군단의 '기갑의 주먹'의 공격을 받고 하루만에 붕괴되었다. 하지만 이라크군의 끈질긴 저항으로 프랭크스 중장이 구상한 이중포위작전은 실행되지 못했다. 그 결과 함무라비 기갑사단을 포함한 이라크군 부대에게는 도주에 필요한 12시간 이상의 여유를 허용하고 말았다.

메디나 라인을 분쇄한 제1기갑사단 각 여단의 전과 (2월 27일)

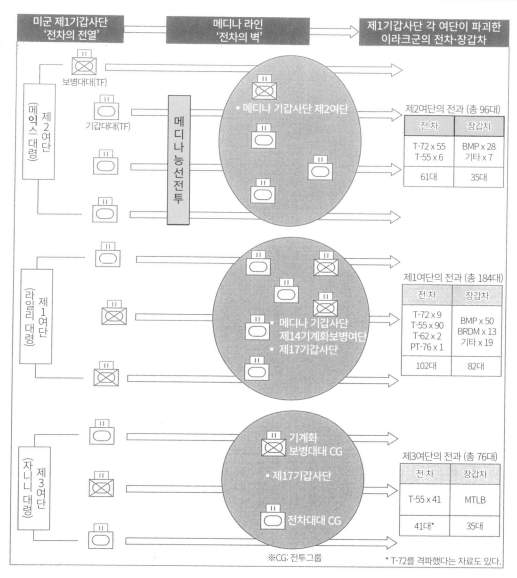

미군 제1기갑사단 '전차의 전열'	메디나 라인 '전차의 벽'	제1기갑사단 각 여단이 파괴한 이라크군의 전차·장갑차

보병대대(TF)

기갑대대(TF)

제2여단 (메익스 대령)

메디나 능선전투

• 메디나 기갑사단 제2여단

제2여단의 전과 (총 96대)

전차	장갑차
T-72 x 55 T-55 x 6	BMP x 28 기타 x 7
61대	35대

제1여단 (라일리 대령)

• 메디나 기갑사단
제14기계화보병여단
• 제17기갑사단

제1여단의 전과 (총 184대)

전차	장갑차
T-72 x 9 T-55 x 90 T-62 x 2 PT-76 x 1	BMP x 50 BRDM x 13 기타 x 19
102대	82대

제3여단 (자니니 대령)

기계화
보병대대 CG

• 제17기갑사단

전차대대 CG

제3여단의 전과 (총 76대)

전차	장갑차
T-55 x 41	MTLB
41대*	35대

※CG: 전투그룹

* T-72를 격파했다는 자료도 있다.

미군 제1기갑사단이 2월 27일 전투 중에 격파한 이라크 육군 및 공화국수비대 소속 전차/장갑차 통계

T-72	64대
T-55	137대
BMP 보병전투차	78대
기타 장갑차·전차	77대
합계	356대

메디나 능선에서 파괴된 SA-13

참고문헌

(1) Robert H. Scales, Certain Victory: The U.S.Army in the Gulf War (NewYork: Macmillan, 1994),

(2) Tom Clancy and Fred Franks Jr.(Ret.), Into the Storm: A Study in Command (New York: G.P.Putnam's Sons, 1997), p422. and Tom Donnelly and Sean Naylor, Clash of Chariot: the Great Tank Battles (New York: Berkly, 1996), p268.

(3) Scales, Certain Victory, pp292-297. and U.S.News&World Report, Triumph without Victory: The History of the Persian Gulf War (NewYork: Random House, 1992), pp380-383.

(4) U.S.News&World Report, Triumph without Victory, p383.

(5) Donnelly and Naylor, Chariots, p269.

(6) Rick Atkinson, The Crusade: The Untold Story of the Persian Gulf War (Boston: HoughtonMifflin, 1993), p466.

(7) Tom Carhart, Iron Soldiers (New York: Pocket Books, 1994), pp289-297.

(8) ibid, p293.

(9) Scales, Certain Victory, p294.

(10) U.S.News&World Report, triumph without Victory, pp384-385.

(11) Carhart, Iron soldiers, p294.

(12) Donnelly and Naylor, Chariots, pp269-270.

(13) U.S.News&World Report, triumph without Victory, pp386.

(14) Thomas Houlahan, Gulf War: The Complete History (New London, New Hampshire: Schrenker Military Publishing, 1999), pp404-405.

(15) Edgar A.Stitt, 100-Days, 100-Hours "Phantom Brigade" in the Gulf War (CONCORD: Hong Kong, 1991)

(16) Scales, Certain Victory, p299, and Holahan, Gulf War, p403.

(17) Clancy and Franks, Into the Storm, p423.

(18) Scales, Certain Victory, p300, and Holahan, Gulf War, p406-408.

(19) Clancy and Franks, Into the Storm, pp426-428.

제20장
해병대 '무트라 고개 전투'와 '국제공항 점령전'

타이거 여단의 '무트라 고개 전투' 제67기갑연대 1대대(TF)의 진격 [1]

동부방면에서는 미 해병사단이 2월 26일부터 27일에 걸쳐 작전목표 공략을 완료했다. 좌익의 제2해병사단에 부여된 임무는 쿠웨이트 동부 자하라 근방의 무트라 고개를 관통하는 6번 고속도로 봉쇄를 통한 쿠웨이트 주둔 이라크군 점령부대의 퇴로를 차단이었고, 우익에 위치한 제1해병사단의 임무는 쿠웨이트 국제공항의 점령과 쿠웨이트시 포위였다(수도 탈환 임무는 미군이 아닌 아랍군이 맡았다). 25일 사우디에 상륙한 미 제5해병원정여단은 쿠웨이트 영내로 이동해 제1, 2해병사단의 보급선 유지와 대량 발생한 이라크군 포로를 수용하는 임무를 맡았다. 후방지원체계가 정비된 양 사단은 쿠웨이트시로 진격을 개시했다.

26일, 제2해병사단은 좌익에 타이거 여단, 중앙에 제6해병연대, 우익에 제8해병연대를 배치해 북상하기 시작했다. 최대 목표인 무트라 고개 공략은 가장 기갑전력이 충실한 타이거 여단이 맡았다. 무트라 고개는 북쪽의 자하라에서 남서쪽의 사렘 공군기지에 걸쳐 이어진 능선의 고지대로, 해발 90m 가량의 고개를 4~6차선의 6번 고속도로가 관통하고 있었다.

키스 소장은 우익 측면에서 이라크군 기갑부대의 반격을 예상하며 사단을 천천히 전진시켰다. 정보부에서는 이라크군 제6기갑사단이 사단 작전구역 내에 있다고 판단했지만, 정보부의 예상과 달리 실제 이라크군은 전력이 감소한 주요 부대를 증원하기 위해 다른 곳으로 이동한 상태였다.

동부방면에서 가장 위험한 이라크군 부대는 최신무기가 중점 배치된 제3기갑사단 '살라딘'이었다. 산하 부대의 구성은 제12여단이 2개 T-62 전차대대, 1개 T-72 전차대대와 1개 BMP대대, 제6여단이 3개 T-62 전차대대와 1개 BMP대대, 제8기계화보병여단이 1개 T-72 전차대대와 3개 BMP대대였다. 분명 충실한 전력이기는 했지만, 지상전 개시 3일차에는 이미 절반으로 줄어 있었다.[2]

매연으로 시계가 불량한 전장을 가로질러 쿠웨이트 국제공항을 향해 진격하는 TF 파파베어의 AAV7 상륙장갑차 부대.
상공의 AH-1W 코브라가 엄호중이다.

사단 작전참모인 리처드 대령은 키스 소장에게 이라크군이 약체화되었고, 아군 예비전력(제2전차대대와 코브라, 해리어 공격기)이 도착했으니 적극적인 공세에 나서야 한다고 주장했다. 키스 소장도 그 의견에 동의해 타이거 여단에 신속한 진격을 주문했다. 명령을 받은 존 B. 실베스타 대령은 시속 20km로 타이거 여단을 전진시켜 전방 20km 지점에 설정된 공격개시선 PL 호스에 도착했다.

오후 12시 00분, 타이거 여단은 3개 대대를 V자 대형으로 배치해 전진했다. 좌익에 제67기갑연대 3대대(TF)(지휘관 더글러스 타이스테드 중령), 우익에 제67기갑연대 1대대(TF)(지휘관 마이클 T. 존슨 중령), 후방에 제41보병연대 3대대(TF)(지휘관 월터 부다코브스키 중령), 그 밖에 제3야전포병연대 1대대가 화력지원을 위해 배치되었다. 타이거 여단의 임무는 사렘 공군기지와 무트라 고개 주변의 이라크군 진지 장악. 그리고 2개의 클로버형 입체교차로를 포함한 6번 고속도로의 제압과 봉쇄였다.

우익의 제67기갑연대 1대대는 M3 브래들리 6대로 구성된 정찰소대를 본대 3km 전방에 배치해 경계를 맡겼다. 3km는 정찰소대가 적과 교전을 할 경우 15분 내에 대처가 가능한 거리다. 본대는 상자 대형으로 중대를 배치하고, 후방에 대대 전투지원대(유조차와 탄약수송차량, 장갑앰뷸런스, 구난전차 등)가 뒤따랐다. 존슨 중령은 "우리들의 임무는 교차점 탈취다. 이 전투는 우리들의 것이다!"라고 외치며 부하들의 사기를 고양시켰다.

하지만 진격 초반부터 문제가 발생했다. 선도한 2개 중대 M1A1 전차 20대와 브래들리 15대가 이라크군의 교묘히 위장된 엄폐진지를 눈치채지 못하고 지나쳐 버렸다. 다행히 뒤따라오던 B전차중대의 중대장차가 매복한 T-72 전차를 발견했다. T-72 전차 포탑에 전차병 한 명이 보였고, 나머지 두 명은 전차에 올라타고 있었다. 그리고 포탑에 있던 전차병이 12.7mm 중기관총으로 미군 유조차를 향해 사격하기 시작했다.

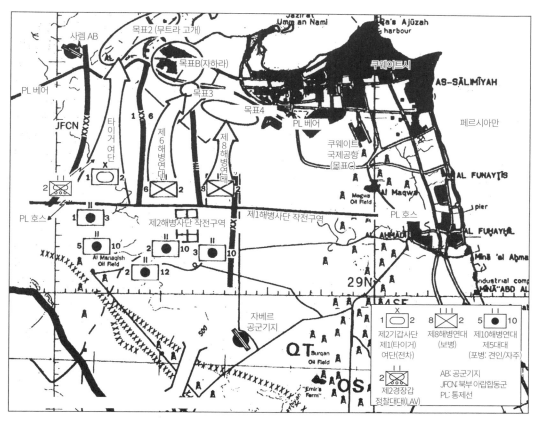

범례:

1 ✕ 2	8 ✕ 2	5 ● 10
제2기갑사단 제1(타이거) 여단(전차)	제8해병연대 (보병)	제10해병연대 제5대대 (포병: 견인/자주)

2 ▨	
제2경장갑 정찰대대(LAV)	AB: 공군기지 JFCN: 북부 아랍합동군 PL: 통제선

자하라 근방에 진출한 타이거 여단 제67기갑연대 1대대(TF)의 M1A1과 M2 브래들리.
좌측 뒤에는 파괴된 이라크군 제3기갑사단의 T-72가 보인다.

오른쪽부터 제2해병사단장 키스 소장,
제1해병사단장 마이엇 소장, 그밖의
장교들은 모두 참모들이다.

사우디의 사막지대에서 기동훈련중인
타이거 여단의 M1A1 전차부대

그 모습을 본 중대장은 T-72 전차와 가장 가까이 있는 브래들리에 공격명령을 내렸다. 표적과의 거리가 400m에 불과해서 브래들리의 포수는 사격 모드를 TOW 미사일 대신 25mm 기관포의 철갑탄으로 설정했다. 그리고 전차의 약점인 포탑링을 노려 사격했다. 철갑탄에 관통당한 T-72 전차는 폭발해 불덩어리가 되었다. 다행히도 격파한 T-72 전차는 승무원들이 전부 탑승한 상태가 아니어서 주포를 쏘지 못했다.

한편, 전방의 정찰소대에서 긴급무전이 날아왔다. "중령님, 적 전차 10대를 포착했습니다."

존슨 중령은 선두의 2개 중대에 신속히 전진해 정찰소대와 합류하라고 명령했다. 북쪽으로 전진한 2개 중대는 우측에 출현한 이라크군 기갑부대를 발견했다. 이라크군은 적어도 20대의 전차를 보유한 대대 규모의 부대였다. 좌측에도 참호에 배치된 보병대대가 있었다. 존슨 중령은 실베스터 대령에게 상황을 보고했다.

"동쪽에서 서쪽으로 이동하는 적 전차 20대를 발견했습니다. 전부 시야 내에 있습니다."

"전부 해치워 버려(Kill them)."라고 실베스터 대령이 응답했다.

"물론입니다(It would be my pleasure)."존슨 중령의 응신이 돌아왔다.[3]

대대에서 A전차중대(M1A1 10대, M2 4대)가 이라크군 기갑부대 공격에 나섰다. 포격전은 20분간 계속되었고, 이라크군 T-55 전차 20대와 장갑차 십 수 대를 격파했다. 교전한 이라크군 부대가 반격부대인지 철수하던 부대인지는 알 수 없었다. 좌익에서는 F보병중대(M1A1 8대, M2 5대)가 공격에 나섰다. F중대가 T-55 전차를 5대째 격파한 순간 이라크군 보병들이 항복하면서 전투는 싱겁게 끝났다. 2개소의 이라크군 진지를 제압한 제67기갑연대 1대대는 시속 25km의 속도로 자하라 서쪽에 있는 입체교차로를 향해 전진했다.

오후 3시 30분, 입체교차로에 도착한 대대는 주변 일대를 제압하고 도로를 봉쇄했다. 그리고 고속도로를 타고 북상해 바스라 방면으로 도주하는 이라크군 차량을 차례차례 포격해 이라크군 전차 6대, 장갑차 십여 대, 트럭 약 40대를 격파했다.

'무트라 고개 전투' 제67기갑연대 3대대의 경찰서와 입체교차로 제압 [4]

사렘 공군기지로 향한 타이스테드 중령의 제67기갑연대 3대대는 무트라 고개의 능선 주변에 동서로 길게 펼쳐진 지뢰지대를 발견했다. 사렘 공군기지로 가기 위해서는 무트라 고개와 능선 사이를 지나가야 했는데, 주변 능선에는 이라크군 방어진지가 구축되어 있었다. 제67기갑연대 3대대의 임무에 사렘 공군기지 점령은 포함되지 않았지만, 대대의 작전목표인 무트라 경찰서(목표 콜로라도)와 입체교차로를 공격하기 위해서는 능선에 주둔한 이라크군 외에 배후의 사렘 공군기지에 주둔한 이라크군도 제압해야만 했다.

대대가 지뢰지대를 돌파하기 전에 먼저 이라크군 진지를 제압할 필요가 있었다. 우선 포병이 제압사격을 실시하고, 이후 토머스 풀커 대위의 D전차중대(M1A1 14대)가 진격해 이라크군 진지 내의 토치카와 전차를 격파했다. 잠시 후 이라크군 수비대는 전의를 상실하고 항복했다. 이라크군 진지 제압이 끝나자 버트 하워드 대위의 B전차중대가 타 중대의 엄호를 받으며 지뢰제거롤러와 지뢰제거쟁기로 지뢰지대를 신속히 개척해 사렘 공군기지로 가는 통로를 개척했다.

해병대는 지상전 첫날에 실시된 사담 라인 돌파작전 중에는 지뢰지대에서 많은 전차를 잃었지만, 이번에는 피해 없이 돌파했다. 이곳의 지뢰는 급히 설치했는지, 제대로 매설되지 않은 채 그대로 지면에 노출된 지뢰가 많았고, 지뢰지대를 표시하는 철조망도 설치되어 있어 제거가 용이했다.

D중대가 개설된 통로를 빠져나올 때, 이라크군의 포격이 시작되었다. 관측을 마쳤는지 정확한 위

무트라 고개 전투 - V자 대형을 짠 타이거 여단의 공격 (2월 26일)

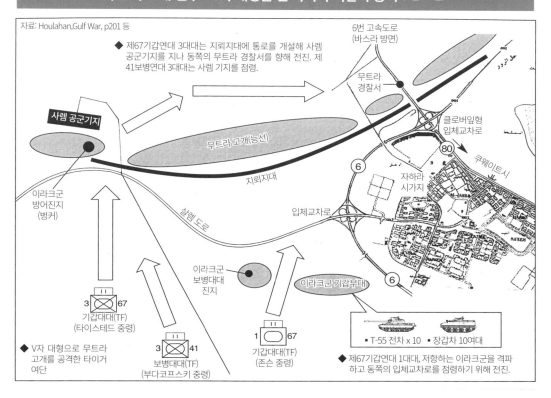

자료: Houlahan,Gulf War, p201 등

◆ 제67기갑연대 3대대는 지뢰지대에 통로를 개설해 사렘 공군기지를 지나 동쪽의 무트라 경찰서를 향해 전진. 제41보병연대 3대대는 사렘 기지를 점령.

사렘 공군기지

6번 고속도로 (바스라 방면)

무트라 경찰서

무트라 고개(능선)

클로버잎형 입체교차로

큐웨이트시

지뢰지대

자하라 시가지

이라크군 방어진지 (벙커)

실렘 도로

입체교차로

이라크군 보병대대 진지

이라크군 기갑부대

3 67 기갑대대(TF) (타이스테드 중령)

3 41 보병대대(TF) (부다코프스키 중령)

1 67 기갑대대(TF) (존슨 중령)

◆ V자 대형으로 무트라 고개를 공격한 타이거 여단

▪ T-55 전차 x 10 ▪ 장갑차 10여대

◆ 제67기갑연대 1대대, 저항하는 이라크군을 격파하고 동쪽의 입체교차로를 점령하기 위해 전진.

제67기갑연대 1대대의 상자대형과 혼성편제

※ F중대는 D보병중대(제41보병연대 1대대)에 2개 전차소대를 더해 편성했다.

정찰소대 (M3 x 6)

전력
▪ M1A1 전차 x 44
▪ M2 보병전투차 x 13
▪ M3 기병전투차 x 6

3km

F보병중대전투조※ (M1A1 x 8/M2 x 5)

대대본부 (M1A1 x 2)

A전차중대전투조 (M1A1 x 10/M2 x 4)

◆ 사렘 공군기지에서 격파된 제6기갑사단 53여단의 T-72 전차

B전차중대전투조 (M1A1 x 10/M2 x 4)

D전차중대 (M1A1 x 14)

후방의 대대 전투지원대

▪ M978 유조차 x 8 ▪ M977 중기동트럭(탄약) x 6 ▪ M88 구난전차 x 7 ▪ M113 장갑앰뷸런스 x 6

치에 포탄이 떨어졌다. 이라크군은 사렘 공군기지 관제탑에 설치한 관측소에서 탄착수정을 하고 있었다. 이에 D중대를 엄호하던 C보병중대(M2 9대, M1A1 4대, 지휘관 마이클 M. 커쇼 대위)의 M2 브래들리가 TOW 미사일 두 발을 발사해 관제탑의 관측병을 제거했다. 이라크군의 포격은 중단되었고, 대대는 계속해서 동쪽으로 전진했다.

부다코브스키 중령의 제42보병연대 3대대(TF)는 제67기갑연대 3대대를 뒤따라 사렘 공군기지로 전진했다. 제42보병연대 3대대의 임무는 이라크군 방어거점 제압과 사렘 공군기지 점령이었다.

같은 대대에 소속된 데이비드 L. 하퍼 대위의 E대전차중대(M901 TOW미사일 장갑차 12대)가 사렘 공군기지로 이동하기 전, 우익의 제6해병연대 작전구역에 나타난 이라크군 기갑부대와 교전해 40대 이상의 전차와 여러 대의 장갑차를 격파했다는 언론 보도도 있지만, 해병대 공식간행전사에 따르면 그런 전투기록은 없다.(5)

제67기갑연대 3대대는 목표인 무트라 경찰서를 향해 무트라 고개 너머의 포장도로를 따라 동쪽으로 전진했다.

무트라 고개 북쪽에 있는 무트라 경찰서는 5개의 빌딩이 고속도로를 사이에 두고 서 있었다. 경찰서 부근에 도착한 타이스테드 중령은 고속도로에 차량 잔해가 흩어진 모습을 보았다. 이 고속도로가 바로 '죽음의 고속도로(the Highway of Death)'였다.

하지만 자세히 보니 고속도로에 잔해 외에 이동하는 이라크군 차량도 있었다. 타이스테드 중령은 선두의 B전차중대에 북쪽으로 이동하는 이라크군 차량을 저지하라고 명령했다. B중대의 공격에 T-55 전차 3대와 2S1 122㎜ 자주포가 파괴되었고 나머지는 항복했다. 그리고 격파된 자주포의 탄약이 유폭하고, 폭발에 휩쓸린 유조차 2대가 타오르면서 고속도로는 완전히 통행불능이 되었다.

오후 4시 30분, 타이스테드 중령은 커쇼 대위의

C중대에 경찰서를 점령하라고 명령했다. 먼저 다른 중대의 전차가 건물을 포격한 후 C중대가 돌입했다. 브래들리에서 하차한 C중대의 보병 50여명은 경찰서 건물 안으로 돌입해 모든 방을 하나씩 수색해 나갔다. 오후 8시 30분까지 계속된 소탕전 끝에 C중대는 경찰서를 점령했다. 소탕전 중에 C중대는 이라크군 병사 40명을 사살하거나 포로로 잡았다. 전차들도 포격으로 50명의 이라크군 병사를 사살했다. 미군 측에서는 포병 부사관인 해롤드 R. 위크 중사가 저격을 당해 전사했다.

무트라 경찰서를 점령한 타이스테드 중령은 2단계 작전에 돌입했다. 2단계 작전은 쿠웨이트시와 연결된 6번 고속도로 봉쇄를 위해 자하라 북부의 입체교차로를 제압하는 작전이었다. 문제는 무트라 고개 주변 능선에 포진한 이라크군 대공포중대 진지와 그 서쪽에 구축된 벙커였다. 특히 대공포 진지는 도로를 지나는 차량을 저격할 수 있는 위치에 있어서, 사전에 제압하지 않고는 입체교차로에 접근할 수 없었다. 그래서 타이스테드 중령은 남측에 진출한 존슨 중령의 제67기갑연대 1대대(TF)에 지원을 요청해 대공포 진지를 제압한 후 입체교차로를 공략하는 작전을 수립했다.

작전대로 제67기갑연대 1대대 F보병중대(지휘관 매슈 L. 브랜드 대위)가 북서쪽으로 이동해 계곡 주변에 전개했다. M1A1 전차의 전차병들은 계곡 주변 능선에 구축된 이라크군 벙커와 기갑차량 엄폐호를 열영상조준경으로 포착했다. F중대는 M1A1 전차의 120㎜ 포와 브래들리의 TOW 미사일로 공격해 T-55 전차 8대와 장갑차 4대를 격파하고, 벙커의 이라크군 보병도 제압했다. 이렇게 이라크군 대공포중대 진지로 향하는 공격로가 개방되자 로버트 우드맨 대위의 A전차중대전투조가 서쪽에서 고개 위의 대공포진지를 공격해 제압했다.

오후 6시 30분, 고개의 위협을 제거한 풀커 대위는 D중대를 이끌고 남하했다. 다시 지뢰지대를 만

'무트라 고개 전투' 제67기갑연대 3대대의 6번 고속도로 봉쇄작전 (2월 26일)

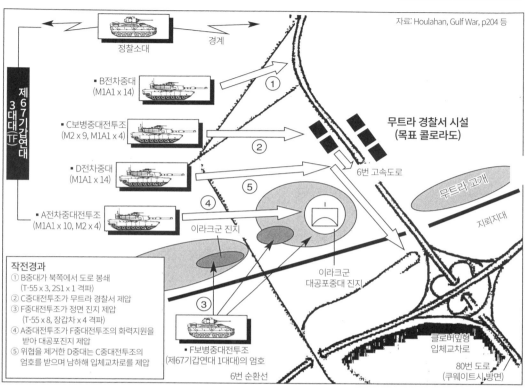

자료: Houlahan, Gulf War, p204 등

정찰소대 경계

제67기갑연대 3대대 TF

■ B전차중대
(M1A1 x 14)

■ C보병중대전투조
(M2 x 9, M1A1 x 4)

■ D전차중대
(M1A1 x 14)

■ A전차중대전투조
(M1A1 x 10, M2 x 4)

① ② ⑤ ④ ③

무트라 경찰서 시설
(목표 콜로라도)

6번 고속도로

무트라 고개

지뢰지대

이라크군 진지

이라크군
대공포중대 진지

■ F보병중대전투조
(제67기갑연대 1대대)의 엄호

6번 순환선

클로버잎형
입체교차로

80번 도로
(쿠웨이트시 방면)

작전경과
① B중대가 북쪽에서 도로 봉쇄
(T-55 x 3, 2S1 x 1 격파)
② C중대전투조가 무트라 경찰서 제압
③ F중대전투조가 정면 진지 제압
(T-55 x 8, 장갑차 x 4 격파)
④ A중대전투조가 F중대전투조의 화력지원을
받아 대공포진지 제압
⑤ 위협을 제거한 D중대는 C중대전투조의
엄호를 받으며 남하해 입체교차로를 제압

▶ 2월 26일 자하라 근방에서
파괴된 이라크군 사단포병의
122mm 자주포 2S1

퇴각하던 중 무트라 고개에서 파괴된 이라크군 기갑부대의 소련제 T-55 전차와 여단 보급부대의 W50LA 야전트럭

낮지만 역시 어렵지 않게 돌파해 클로버형 입체교차로를 제압했다. 이 전투에서 제67기갑연대 3대대는 전차와 장갑차 33대를 격파하고 포로 720명을 잡는 전과를 올렸다.

26일 밤, 타이거 여단은 작전목표 지점에 방어진지를 구축했고, 제2해병사단은 무트라 고개와 주변 일대를 점령했다. 이제 이라크군의 보급간선도로인 6번 고속도로는 완전히 봉쇄되었다. 이날 밤, 이라크군 차량 54대(장갑차 10대를 포함한 자주로켓과 보급트럭)가 무트라 고개를 돌파해 도주하려고 했지만, 타이거 여단에 가로막혀 도로를 벗어나 도주하다 지뢰지대에서 전멸했다.

27일 오전 7시 20분, 사전계획대로 북부합동군(JFCN) 이집트군 사단이 미 제2해병사단 정면을 지나 쿠웨이트시로 진군했다. 미 제2해병사단은 PL 베어 주변 지역에 남아 잔존 이라크군 소집단을 제압했다.

제1해병사단의 '쿠웨이트 국제공항 점령작전' - 3개 대대의 공항 돌입(6)

26일 오전 6시 54분, 마이엇 소장은 제1해병사단에 전진 명령을 내렸다. 제1해병사단은 육군의 타이거 여단을 편입하며 M1A1 전차가 주력이 된 제2해병사단과 달리 보병중심의 전통적인 해병사단 편제로, M60 전차대대(70대), 기계화보병대대(AAV7 상륙장갑차)로 편성된 기갑전력 2개 대대(TF)(리퍼, 파파베어)와 해병대대(트럭 이동 보병)가 주력인 2개 대대(TF)(타로, 그리즐리), LAV 경장갑차를 장비한 정찰부대인 TF 셰퍼드, 헬리본 부대인 TF 엑스레이, 각 대대에 개별 화력지원을 하는 포병전력 TF 킹으로 구성되었다.

제1해병사단은 부르간 유전의 서쪽에 위치해 좌익에 TF 리퍼, 우익에 TF 셰퍼드, 후방에 TF 파파베어, TF 그리즐리를 배치한 대형으로 좌익 후방의 자베르 공군기지를 점거했고, 그 후방에 TF 킹이 집결했다.

이날 제1해병사단은 최종목표인 쿠웨이트 국제공항(제1해병원정군 목표C)을 점령할 계획이었다. 공격에 앞서 마이엇 소장은 좌익의 제2해병사단 사이에 공백이 생기지 않도록 부대를 10km 북상시키고, 전진한계선을 30 그리드 라인(동서로 그은 지도상의 위도선)인 PL 다이안으로 정했다. PL 다이안은 쿠웨이트 국제공항 남쪽 16km 지점이다.

제1해병사단이 진격을 개시한 시점에서 일대에 배치된 이라크군의 전력은 정확하지 않지만, 아마도 제5기계화보병사단 20여단, 제3기갑사단 살라딘의 잔존부대로 추정된다. 하지만 이라크군은 전날인 25일 아침에 이라크군 3군단이 전력을 집결해 부르간 유전 남쪽의 미국 제1해병사단을 공격하는 과정(부르간 유전 전투)에서 전력을 소모했고, 그 결과 여단규모의 반격작전을 실행할 여력이 남지 않은 상황이었다.

제1해병사단은 TF 파파베어(제1해병연대 전투단)가 북상하던 도중 우익 측면에서 여단 규모의 이라크군 기갑부대에게 공격을 받았다. 공격의 중심은 T-55 전차와 중국제 63식(YW531) 장갑차를 장비한 이라크군 제5기계화보병사단 26여단의 기갑부대로, 이들은 두 차례에 걸쳐 파상공세를 시도했다. 제공권을 잃은 이라크군이 이처럼 대범한 반격작전을 실시할 수 있었던 배경에는 전장 일대에 낀 아침 안개와 유전이 불타며 나온 매연으로 악화된 시계가 있었다. 매연으로 가시거리가 100m까지 줄어들어 다국적군 항공기들의 폭격도 어려워졌다.

TF 파파베어는 지상부대의 TOW 대전차미사일과 AH-1W 슈퍼코브라 공격헬리콥터의 TOW 및 헬파이어 대전차미사일로 '미사일의 장벽'을 펼쳐 이라크군의 공세를 막아냈다. 지상에서는 TOW 장비 험비부대(TOW2 발사기를 장착한 대전차중대)가 화망을 형성했고, 상공에서는 코브라 공격헬리콥터 부대(HMLA-367, 367 경공격헬리콥터 비행대대)가 동쪽에서 공격해오는 이라크군 전차를 원거리에서 격파했다. 불타는 유전의 매연이 쌍방의 시계를 가로막았지

이라크군 유일의 반격작전을 '미사일의 벽'으로 분쇄한 TF 파파베어의 '부르간 유전 전투' (2월 25일)

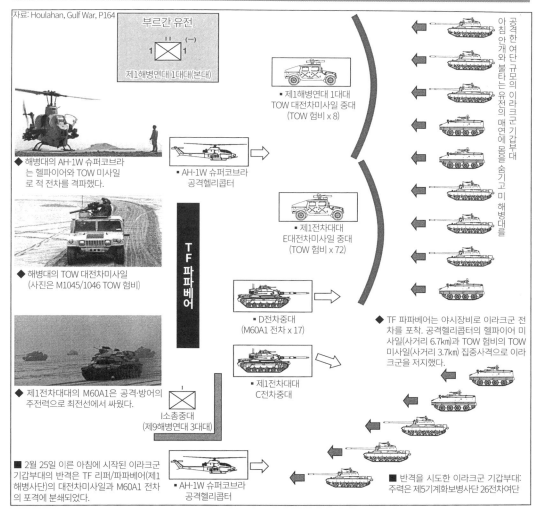

자료: Houlahan, Gulf War, P164

부르간 유전
1 1 (一)
제1해병연대 1대대(본대)

◆ 해병대의 AH-1W 슈퍼코브라는 헬파이어와 TOW 미사일로 적 전차를 격파했다.

• AH-1W 슈퍼코브라 공격헬리콥터

◆ 해병대의 TOW 대전차미사일 (사진은 M1045/1046 TOW 험비)

TF 파파베어

◆ 제1전차대대의 M60A1은 공격·방어의 주력으로 최전선에서 싸웠다.

I소총중대 (제9해병연대 3대대)

■ 2월 25일 이른 아침에 시작된 이라크군 기갑부대의 반격은 TF 리퍼/파파베어(제1해병사단)의 대전차미사일과 M60A1 전차의 포격에 분쇄되었다.

• AH-1W 슈퍼코브라 공격헬리콥터

• 제1해병연대 1대대 TOW 대전차미사일 중대 (TOW 험비 x 8)

• 제1전차대대 E대전차미사일 중대 (TOW 험비 x 72)

• D전차중대 (M60A1 전차 x 17)

• 제1전차대대 C전차중대

공격한 여단 규모의 이라크군 기갑부대 아침 안개와 불타는 유전의 매연에 몸을 숨기고 미 해병대를

◆ TF 파파베어는 야시장비로 이라크군 전차를 포착. 공격헬리콥터의 헬파이어 미사일(사거리 6.7km)과 TOW 험비의 TOW 미사일(사거리 3.7km) 집중사격으로 이라크군을 저지했다.

■ 반격을 시도한 이라크군 기갑부대: 주력은 제5기계화보병사단 26전차여단

부르간 유전 일대의 전장은 유전 화재로 발생한 매연으로 인해 가시거리가 100m 이하로 제한되었다. 하지만 TF 파파베어를 공격한 이라크군 여단은 미군의 야시장비에 탐지당해 전차 50여 대와 장갑차 25대를 잃고 퇴각했다.

야시장비가 달린 12.7mm 중기관총을 거치한 해병대의 무장험비

만, 미군의 경우 고성능 적외선 조준경으로 이라크군을 볼 수 있었다. 게다가 TOW 미사일의 사거리는 4km, 헬파이어 미사일은 7km에 달해, 이라크군은 어떤 공격을 받는지도 모른 채로 격파당했다.

하지만 이라크군이 일방적으로 공격당하면서도 미 해병대를 향해 돌격하자 전장은 혼전상태가 되었고, 해리어 공격기의 폭격과 M60A1 전차중대의 포격이 뒤섞이면서 전투는 수 시간이나 계속되었다. 결국 전력이 소모된 이라크군은 전차 50여 대와 장갑차 25대의 잔해를 남기고 퇴각했다. 이라크군은 용감히 싸웠지만, 결과는 무의미하게 전력을 소모한 참패였다.

다시 26일 아침 시점으로 돌아와 전진하기 시작한 제1해병사단 앞에는 안개와 매연으로 잘 보이지 않지만 수많은 이라크군 차량의 잔해가 흩어져 있었다. 야시장비로 보아도 격파된 전차인지 매복하고 있는 전차인지 구분하기 어려워서 전진하기 곤란했다. 별 수 없이 사단본부에서는 각 부대 지휘관의 판단에 맡기기로 결정했다. 결국 TF 파파베어 제1전차대대의 경우 의심스러운 차량을 전부 포격했고, TF 리퍼 제3전차대대는 먼저 중기관총으로 사격해 반응을 살핀 후 대응했다. 해병대대(보병)에서는 TOW 장비 험비의 야시조준경으로 관찰해 열원이 감지될 경우만 공격했다. 이런 식으로 전장을 확인하며 이동한다면 전진 속도는 느릴 수밖에 없었다.

좌익의 TF 리퍼는 제3전차대대를 선두에 세우고 좌우에 기계화보병대대(제7해병연대 1대대와 제5해병연대 1대대)를 배치한 쐐기대형으로 전진했다. 선두의 제3전차대대가 처음 발견한 것은 버려진 벙커였다. 그곳을 지나자 7대의 T-62 전차가 숨어있는 엄폐진지가 발견되었지만, 기관총으로 공격해도 반응이 없자 버려진 진지로 판단했다.

오전 9시 04분, 이라크군 보병 참호를 발견했지만, 상공의 코브라 공격헬리콥터에 처리를 맡기고 지나쳤다. 35분 후, T-72 전차를 발견해 격파했다.

제3전차대대는 전진한계선 PL 다이안에 도착할 때까지 몇 대의 전차를 격파했다. 그 가운데 한 대는 TOW 장착 험비가 격파했다. 제3전차대대가 상대한 이라크군은 T-62 전차와 T-72 전차를 장비한 제3기갑사단 23여단의 잔존부대였다.

좌익의 제7해병연대 1대대(지휘관 매티스 중령)는 전진 도중에 채석장을 발견했다. 위치상 매복 가능성이 있어 중기관총으로 위협사격을 했지만 아무 반응이 없자 그대로 통과했다. 하지만 전투부대가 지나간 후 대대 전투지원대 보급차량이 채석장을 지나가자 이라크군의 공격이 시작되었다. 보급차량이 공격받는 모습을 본 매티스 중령은 우선 Mk19 고속유탄발사기로 무장한 험비 2대를 보냈다.

매복공격을 당한 보급부대는 제임스 웰본 소위와 데이비드 캐슬맨 상병이 M72 대전차로켓(LAW)으로 BTR-50 장갑차 2대를 격파해 적의 공격을 물리쳤고, 이어서 도착한 C중대의 AAV7 상륙장갑차와 보병이 채석장을 제압했다.

오전 11시 30분, TF 리퍼는 PL 다이안에 도착했다. 이라크군의 조직적인 저항은 없었고 미군도 추가 피해를 입지 않았다.

오전 6시 30분, 우익 TF 셰퍼드(지휘관 마이어스 중령)의 LAV 경장갑차 100여대가 쿠웨이트 국제공항을 향해 전진했다. 잠시 후 철수하는 이라크군 기갑부대와 조우한 TF 셰퍼드가 교전에 돌입했다. 1시간에 걸친 전투 후, C중대(LAV 17대)는 이라크군 63식 장갑차 10대를, A중대는 6대의 장갑차를 하차보병과 함께 격파했다. 사살한 이라크군 보병은 100명 가량이었다. TF 셰퍼드는 PL 다이안에 도착할 때까지 T-62 전차 2대를 추가로 격파하고 장갑차 6대를 포획했다.

호드리 대령의 TF 파파베어는 TF 리퍼를 엄호할 사단 예비대로 오전 8시 00분에 전진을 개시했다. TF 파파베어는 좌익에 제1해병연대 1대대, 중앙에 제1전차대대, 우익에 제9해병연대 3대대, 후방에 공병대를 배치한 진형으로 전장에 깔린 매연을 해

미 해병대의 주력 장갑차 AAV7 상륙장갑차

상륙장갑차인 AAV7은 일견 둔중해 보이지만, 육상에서도 기동성이 우수하다. 지상작전시 해병대대의 대형 보병수송장갑차로 21명의 해병을 태우고 쿠웨이트 탈환 과정에서 활약했다.

AAV7A1

전투중량	25.7t
전장	7.94m
전폭	3.27m
전고	3.32m
엔진	VT400 8기통 수냉 디젤 (400hp)
톤당 마력비	15.6hp/t
연료탱크 용량	647리터
최대속도	72km/h
수상속도	13km/h
항속거리	480km
장갑	측면 45mm/기타 30mm 이상 (알루미늄 합금)
무장	Mk19 40mm 고속유탄발사기 M2 12.7mm 중기관총
승무원	3명+21명(해병)

◀ 쿠웨이트로 북상중인 AAV7 부대

지상전 이전에 사우디 동해안에서 실시된 상륙훈련에 투입된 해병대의 AAV7과 해군 LCU 상륙정

◀ 오시코시 Mk48 LVS(Logistic Vehicle System)는 해병대가 1981년부터 총 1,482대를 도입한 8륜구동 전술트럭으로, 육군의 M977 전술트럭과 동계열의 차량이지만, 해안 상륙 임무에 적합하도록 차량(4x4)과 짐칸(4x4)이 관절식 구조로 연결된것이 특징이다. 사진은 사우디에 도착한 해병대의 Mk48/14

Mk48/14 플랫베드(Flatbed): 20피트 컨테이너 1개를 관절로 연결된 후방 차대에 적재할 수 있다.

Mk48/14	
차체중량	18.597t
최대중량	39t
적재능력	20.412t
전장	11.582m
전폭	2.438m
전고	2.591m
엔진	디트로이트 디젤 8V-92TA (445hp)
연료탱크 용량	568리터
최대속도	84km/h
항속거리	483km
승무원	1+1명

치며 북쪽으로 전진했다. 그리고 오후 1시 00분에 PL 다이안에 도착했을 때는 이미 좌익에 TF 리퍼, 우익에 TF 셰퍼드가 먼저 도착해 대기하고 있었다.

국제공항 점령 (2월 27일) 3면 포위 후 공격 개시[7]

오후 1시 30분, 마이엇 사단장은 예하 대대장 및 연대 작전참모들을 소집해 쿠웨이트 국제공항 점령을 위한 최종작전회의에서 각 대대에 맡길 임무를 정했다. 먼저 TF 리퍼는 공항 북서쪽 고속도로 제압, TF 파파베어는 공항 남쪽 제압 후 저지거점 구축, TF 셰퍼드는 공항 동쪽으로 전진해 고속도로를 제압하고 사단 우측면에서 공항 포위, TF 타로는 포위 완료 후 트럭으로 보병부대를 공항 북쪽으로 우회해 이동시키고, 공항으로 돌입해 각종 시설을 제압해 공항 점령을 완료하는 역할을 맡았다.

오후 3시 30분, 우익의 TF 리퍼가 진격을 시작했다. 사막은 매연으로 가득해 밤처럼 어두웠고,

열영상조준경을 장비한 TOW 험비(혼성 대전차팀: Combined Anti-Armor Team)가 활약했다. 하지만 아무리 성능이 좋은 열영상조준경을 사용하더라도 매연이 심해 이라크군을 발견하기 어려웠다. 혼성 대전차팀의 피터 램지 병장은 70m의 근거리에서 T-55 전차 2대를 발견했다. TOW 미사일의 최저 사거리인 65m를 고려하면 이중으로 위험한 상황이었지만, 두 대 모두 격파해냈다. 다른 TOW 험비도 T-62 전차를 격파했고, 제7해병연대 1대대 역시 BTR 장갑차 8대를 제압했다.

오후 4시 12분, TF 리퍼는 전방에 3중 철조망과 지뢰가 깔려 있는 장애물 지대를 발견하고 전진을 멈췄다. 제7해병연대 1대대 전투공병대가 장애물 제거에 나섰고, MICLIC을 장비한 AAV7 상륙장갑차가 장애물 지대에 접근했다. 그 순간, 매연 속에서 두 대의 이라크군 전차가 나타나 공격했지만 엄호 중이던 M60 전차가 곧바로 격파해 미군의 피해는 없었다. 이라크군 전차가 격파된 뒤에도 이

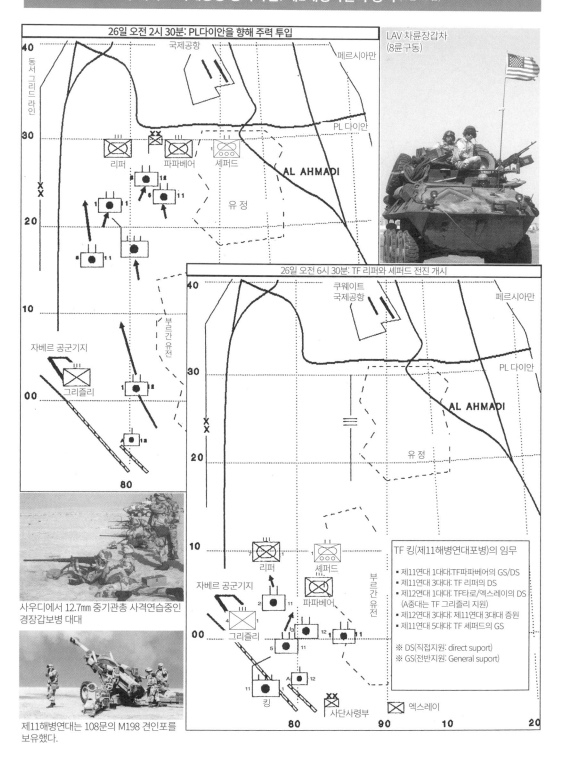

쿠웨이트 국제공항 공략작전: 제1해병사단의 공격 (2월 26일)

쿠웨이트 국제공항 점령: 3면 포위 후, TF 셰퍼드 돌입 (2월 27일)

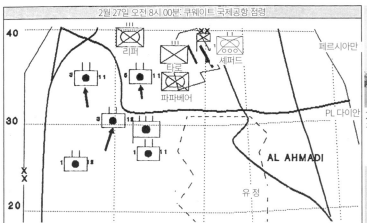

2월 27일 오전 8시 00분: 쿠웨이트 국제공항 점령

- 40
- 리퍼
- 타로
- 파파베어
- 셰퍼드
- 페르시아만
- PL 다이안
- 30
- AL AHMADI
- 유정
- 20

2월 26일에 제압한 공항에서 성조기를 걸고 있는 TF 셰퍼드의 LAV 차륜장갑차

전투에서 활약한 TF 리퍼의 TOW 험비 (TOW2 미사일 탑재)

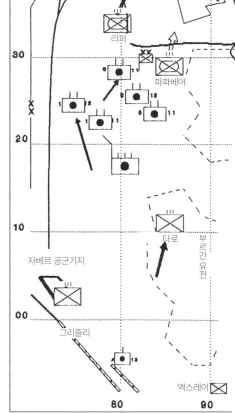

2월 26일 오후 3시 30분 이후의 쿠웨이트 국제공항 최종공격

- 40
- 쿠웨이트 국제공항
- 리퍼
- 셰퍼드
- 페르시아만
- 30
- PL 다이안
- 파파베어
- 20
- 10
- 타로
- 부르간 유전
- 자베르 공군기지
- 00
- 그리즐리
- 엑스레이
- 80
- 90

2월 26일 쿠웨이트 국제공항을 공격하는 제1전차대대의 M60 전차부대

쿠웨이트 국제공항 일대는 불타는 유정에서 나오는 매연 때문에 낮에도 밤처럼 어두웠다.

라크군의 공격이 계속되었다. 해병대는 AAV7, 전차, 무장 험비가 제압사격을 계속하며 폭파작업을 실시하는 공병대를 엄호했다. 전투공병대는 3발의 MICLIC을 발사했지만 기폭장치가 오작동하자 수작업으로 기폭시켰다. 공병들은 총알이 빗발치는 전장을 가로질러 도폭선에 기폭장치를 다는 작업을 세 번이나 반복했다.

그렇게 장애물 지대에는 전차부대가 자체적으로 개설한 2개의 통로를 포함해 5개의 통로가 개통되었고, TF 리퍼는 다시 북상했다. 이동 중에 이라크군과 조우하지 않은 TF 리퍼는 순조롭게 전진해 공항 서쪽 400m 지점(쿠웨이트시 남쪽 700m 지점)에 도달했다. 오후 4시 30분, 중앙의 TF 파파베어는 좌우에 제9해병연대 3대대와 제1해병연대 1대대(제1전차대대와 공병대가 후속)를 배치하고 유정의 파이프라인을 따라 북상했다. 전진 중 제1해병연대 1대대는 버려진 이라크군의 무기(T-62 전차 10대, T-12 100mm 대전차포 10문)나 항복하는 이라크군 병사들과 조우했지만, TF 리퍼와의 거리를 벌리지 않기 위해 처리를 후속부대에 맡기고 계속 전진했다.

오후 6시 00분, 제9해병연대 3대대는 철조망을 뚫고 공항 남쪽 도로변에 진출했다. 제1해병연대 1대대는 약간 늦은 시각인 오후 10시 00분에 공항 근방에 도착했다. 조셉 I. 무스카 소령의 공병대는 장갑차량을 원진으로 배치하고 응급전투진지를 구축했다. 외곽에 M60 전차 3대를 배치하고 안쪽에 AAV7 상륙장갑차, 중앙에 공병을 배치한 방어진지였다.

진지는 유정의 매연에 가려 자연스럽게 위장이 되었지만, 심야가 되자 갑자기 풍향이 바뀌면서 매연이 걷히고 유정의 불길에 진지가 노출되었다. 무스카 소령은 불안감에 진지 순찰을 나갔는데, 그 순간 이라크군의 박격포탄이 진지 내에 떨어지기 시작했다. 곧이어 이라크군이 RPG와 중기관총을 동원해 공격해 왔다. 박격포탄이 AAV7 근처에 떨어지고, RPG가 MICLIC에 명중했지만, 다행히 유폭되지 않았다. 사상자는 얼굴에 중기관총탄을 맞고 전사한 해병 한 명이었다.

이라크군은 공항 남쪽의 약간 높은 위치에 있는 고속도로에서 중기관총 3정과 박격포, 장갑차를 동원해 해병대를 공격했다. 반격에 나선 해병대는 M60 전차(포수 도차오 팜 상병)가 두 발을 사격해 장갑차를 격파했다. 15분간 계속된 교전은 다시 풍향이 바뀌어 매연이 해병대 진지를 가리면서 끝났다.

우익에서 공항으로 향하던 TF 셰퍼드는 해안도로를 따라 북상했다. 전진 중 TF 셰퍼드는 전차 6대, 장갑차 11대, 트럭 5대를 격파했다. 오후 5시 00분, LAV가 먼저 공항 구획 동쪽 울타리에 도착했고, 오후 6시 30분에는 부대 전체가 도착했다.

사단장 마이엇 소장은 한시라도 빨리 공항을 제압하고 싶었다. 하지만 트럭으로 이동하는 TF 타로만으로 야간에 부르간 유전을 지나 공항에 돌입하기는 어려웠다. 오후 10시 30분, TF 셰퍼드의 마이어스 중령은 사단장으로부터 공항 돌입을 명령받았다. 오후 11시 00분, TF 셰퍼드의 LAV 경장갑차는 공항까지 연결된 고속도로를 타고 이동해 3시간 후 공항에 도착했고, 27일 오전 4시 30분, 마이어스 중령이 A, C중대를 공항 내로 돌입시켰다. 이라크군의 저항은 미약했지만, 매설된 대인지뢰가 LAV 장갑차의 타이어를 파손시켰다. 야간에 지뢰 제거 작업을 하기는 너무 위험했으므로 마이어스 중령은 날이 밝으면 공격을 재개하기로 했다.

오전 6시 15분. 공격 재개 30분 후, 공항 터미널 앞에는 성조기와 해병대기가 게양되었다. 오전 8시 00분에는 에드마이어 대령의 TF 타로가 공항에 도착하고 제3해병연대 2대대가 공항 내부 제압을 실시하여 이라크군 병사 80명 이상을 포로로 잡았다. 오전 9시 00분, 마이엇 소장이 공항에 설치한 사단 지휘소에 도착해 전 부대에 정지 명령을 내렸다.

참고문헌

(1) U.S.News & World Report, Triump without Victory: The History of the Persian Gulf War (NewYork: Random House, 1992), pp344-346.

(2) Holahan, Gulf War, p192.

(3) U.S.News & World Report, Triump without Victory, p345.

(4) Dennis P. Mroczkowski, US Marines in the Persian Gulf, 1990-1991: With the 2nd Marine Division in Desert Shield and Dersert Storm (Washington, D.C: History and Museums Division, Headquarters, USMC, 1993) pp64-69. and Houlahan, Gulf War, pp200-206.

(5) ibid, p200

(6) Charles H. Cureton, US Marines in the Persian Gulf, 1990-1991: With the 1st Marine Division in Desert Shield and Dersert Storm (Washington, D.C: History and Museums Division, Headquarters, USMC, 1993) pp103-109.

(7) Cureton, US marines in the Persian Gulf, pp109-119.

제21장
제24보병사단의
간선도로 · 공군기지 제압전

호우, 습지대, 진창으로
진격이 멈춘 제24보병사단

럭 중장이 지휘하는 서부방면의 제18공수군단은 지상전 개시 이래 이틀 가량 순조롭게 진격했다. 하지만 이틀째 저녁부터는 기상악화와 점차 험해지는 지형, 지나치게 넓은 작전구역으로 인해 진격을 계속하기 어려워졌다. 맥카프리 소장의 제24보병사단은 특히 힘겨운 상황에 놓였다. 제24보병사단은 이라크군 보급간선도로인 8번 고속도로를 제압하고 북동쪽으로 진격했는데, 갑작스런 호우로 길이 진창이 되고, 지도에도 없는 습지대를 만나는 바람에 총 8,359대의 차량집단이 길을 잃고 헤매며 귀중한 시간을 낭비했다.

제18공수군단의 작전구역에는 제7군단이 상대했던 이라크군 기갑부대의 요새진지가 없었다. 하지만 럭 중장의 제18공수군단은 제7군단을 크게 우회해 멀리 떨어진 바스라까지 최대한 신속하게 기동해야 하는 입장이었다. 26일(G+2) 오전 1시 35분, 후세인이 전역에 전개한 이라크군에게 철수 명령을 내렸고, 이대로 지체한다면 쿠웨이트에 주둔한 공화국 수비대를 놓칠 수도 있었다.[1]

26일 오후, 북상하던 제7군단이 동쪽으로 방향을 전환해 가장 중요한 공격목표인 공화국 수비대를 향해 진격했다. 하지만 공수군단의 주공인 제24보병사단은 8번 고속도로가 있는 유프라테스강을 향해 북진중이어서 언제 동쪽으로 회두할 수 있을지 알 수 없었다. 때문에 제7군단과 제18공수군단 사이에 공백지대가 발생했다. 이대로는 제7군단의 좌익 측면이 노출되고 이곳에 이라크군의 반격을 받을 위험성이 있었다.

지상전 초기에는 시속 25km로 쾌속 진격을 하던 제24보병사단이었지만, 예상치 못한 호우로 사막이 진창이 되고 습지대가 형성되면서 진격속도가 현저히 느려졌다. 그리고 유프라테스강변까지 진출한 후에는 사우디 국경에서 최전선까지 수송거리가 300km로 늘어나 보급에도 문제가 발생했다.

예하 보급부대는 제24보병사단에 일일 연료 40

사우디 아라비아에 전개한 제24보병사단 2(뱅가드)여단 64기갑연대 1대대(TF)의 M1 전차와 M3 기병전투차

만 갤런, 물 21.3만 갤런, 탄약 2,200t 수송체제를 갖추고 있었다. 실제로 지상전 중에 군단 보급부대는 475대의 5,000갤런 유조차로 연료와 물을, 700대의 수송트럭(40피트 세미 트레일러)으로 탄약을 운반해 준비된 물자를 적시에 제24보병사단으로 보급했다. 하지만 제24보병사단이 작전 중 소비한 물자는 연료 240만 갤런(908만 리터), 물 375,000갤런, 탄약 16,740t으로, 특히 연료 소비량이 예상치를 크게 초과했다.

수송할 연료의 양은 물론 전진중인 전투부대에 대한 적시 보급도 문제였다. 이 문제를 두고 군수사령부는 기동여단을 따라다니며 보급품을 수송하기 위해 사단지원지역(DSA: Division Support Area)을 전장에 설치했다. 26일 오후에는 국경선에서 140km 북상해 목표 그레이의 북서, 사단 작전구역 한가운데 DSA2를 설치하고 지원사령부 소속 팻 쉬르 소령의 수송대가 대량의 보급품을 운반했다. 수송대의 규모는 수송트럭 243대로, 그중 95대가 5,000갤런 유조차와 탄약수송 트레일러였다.[2]

26일 오후 12시 06분, 공수군단사령부는 제24보병사단에 탈릴 공군기지 동쪽 32km 지점의 목표 골드 점령 임무를 맡겼다. 목표 골드는 8번 고속도로 봉쇄지점 주변의 이라크군 전투진지(BP: Battle Position)였다. 사단에 소속된 3개 기동여단은 각각 3개소의 이라크군 전투진지(BP) 공격 임무를 할당받았다. 좌익의 제197보병여단은 탈릴 공군기지 남동쪽의 BP101, 중앙의 제1여단은 고속도로의 BP102, 우익의 제2여단은 잘리바 공군기지 남서쪽의 BP103을 공격하기로 했다. 이중 가장 중요한 임무의 제1여단의 BP102 공략과 고속도로 봉쇄였다.

제1여단의 8번 고속도로 탈취
제64기갑연대 4대대(TF)의 진격 [3]

25일 밤, 제24보병사단은 거대한 습지대를 빠져나오기 위해 노력중이었다. 이때 활약한 부대가 토머스 리네이 중령의 제4기병연대 2대대였다. 제4기병연대 2대대는 M3 기병전투차와 코브라 공격헬리콥터를 보유한 사단 직할 정찰부대로, 특유의 기동력을 살려 습지대를 빠져나갈 길을 찾아내며 사단을 유도했다. 2대대는 정찰부대였지만, M1A1 전차 26대와 공병, 대전차, 군사정보, 화생방, MLRS 중대가 증강배치되면서 병력이 1,000명 이상으로 늘어났다.

26일 오후 12시 00분, 기병대대가 철야로 습지대를 헤매며 길을 찾은 덕분에 존 M. 르모인 대령의 제1여단 리버티는 BP102로 진격했다. BP102에 배치된 이라크군은 육군 제47, 49보병사단의 보병부대와 공화국 수비대 제26코만도여단으로, 전력 가운데 절반이 벙커(엄폐호)와 보급시설에 주둔하며, T-55 전차, 대전차포, 포병의 엄호를 받았다.

오후 2시, 여단 직할 제41야전포병연대 1대대와 군단포병 소속 제212야전포병여단이 이라크군의 포병, 방공전력, 지휘소를 표적으로 30분간 준비포격을 실시했다. 특히 M110A2 203mm 자주포(제18야전포병연대 2대대)는 80발, MLRS(제27야전포병연대 3대대)는 53발의 로켓을 발사했다.[4]

제1여단은 제64기갑연대 4대대(TF)와 제7보병연대 2, 3대대(TF)로 편성된 보병중심 편제 여단이었다. 보병중심 편제지만 각 보병대대에 1개 전차중대(M1A1 전차 14대)와 M901 TOW 장갑차 12대를 배치해 대전차전 능력을 부여했다. 또한 제64기갑연대 4대대(TF)는 2개 전차중대를 다른 대대의 2개 보병중대와 교환해 균형 편제로 개편했다.

르모인 대령은 제64기갑연대 4대대에 BP102의 요충지인 서쪽을 공격하라는 명령을 내렸다. 그리고 보병대대는 이라크군 보병대대가 배치된 지역으로 예상되는 BP102의 남동쪽과 북서쪽을 공격하게 했다.

제64기갑연대 4대대 타스커(Tuskers)의 지휘관 밴츠 J. 크래덕 중령은 대대를 상자대형으로 배치해 북서쪽으로 전진했다. 이라크군의 매복공격에 대비해 전방 양익에 전차중대전투조를, 후방 양익에 보병중대전투조를 배치했다.

각 중대는 전방 좌익에 A전차중대전투조 언빌(M1A1 전차 10대, M2 브래들리 4대), 전방 우익에 C전차중대전투조 코브라, 후방 좌익에 A보병중대전투조 올 비프(제7보병연대 2대대 소속. M2 9대, M1A1 4대), 후방 우익에는 C보병중대전투조 찰리(제7보병연대 3대대 소속)를 배치했다. 주력은 M1A1 전차 30대와 M2 보병전투차 26대였다.

그리고 대대 2km 전방에는 전장 상황감시와 이라크군을 경계하는 정찰 임무를 맡은 정찰소대의 3개 정찰분대(브라운, 그레이, 골드)가 있었다. 정찰소대는 보통 M3 기병전투차를 장비하지만, 제64기갑연대에는 배치가 늦어져 대신 무장 험비(기관총 또는 고속유탄발사기를 장비) 6대를 장비했다. 중앙의 정찰분대 그레이(험비 2대) 후방에 대대본부의 험비 3대가 이동하면서 본대 전방의 험비 9대는 T자 대형을 구성했다.

본대는 오래된 철도 선로를 이정표 삼아 고속도로를 향해 북상했다. 선두의 정찰소대는 샤말이라 불리는 모래폭풍 때문에 보이지 않았다. 크래덕 중령은 전진하는 전차중대전투조의 위치를 확인하기 위해 두 명의 부중대장에게 무전을 보냈다.

"언빌과 코브라, 여기는 타스커6(중령의 콜사인). 위치(지정된 그리드 좌표)를 확인하기 바란다. 오버."

"여기는 언빌5(A중대 부중대장). 기다려 주십시오.(standby)"

"여기는 코브라5(C중대 부중대장). 기다려 주십시오." 30초 후 한 번 더 연락을 했지만, 기다려 달라는 말만 돌아왔다. GPS를 지급받지 못한 부중대장들은 LORAN 항법장치*를 사용해 현재 위치를 계산하고 있어서 위치 파악에 시간이 걸렸다.

크래덕 중령은 분통이 터졌다. "대대에 GPS는 5대, LORAN은 12대 밖에 없다니, 이래서야 그리드를 설정해도 쓸모가 없잖아!" 결국 대대는 지정된 그리드의 좌표를 지나쳐 버렸다.

....
* Long Range Radio Navigation System: 지상무선표지국의 전파 도달시간 차이를 이용하여 현재 위치를 측정한다.(역자 주)

제24보병사단의 8번 고속도로 봉쇄작전 (2월 26일~27일)

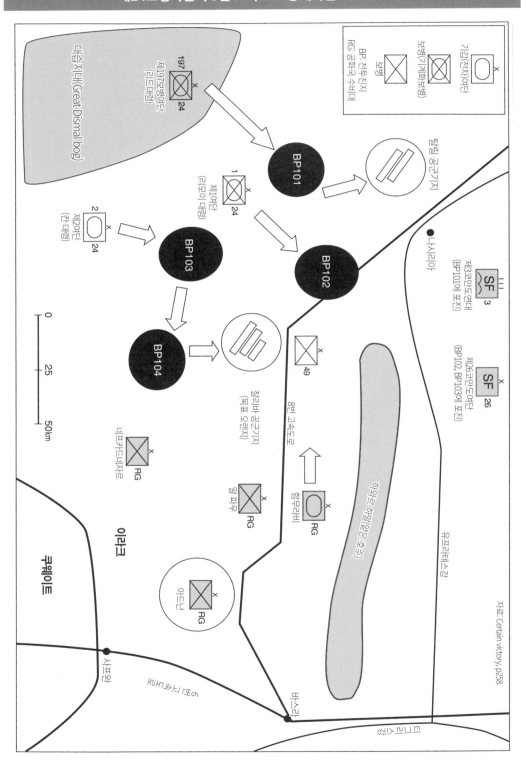

대슘지대(Great Dismal bog)

제197보병여단
(리드대령) 197 24

제1여단
(리코이대령) 1 24

제2여단
(칸 대령) 2 24

BP101

BP102

BP103

BP104

털릴 공군기지

셜리바 공군기지
(목표 오렌지)

네브카드네자르 RG

은파우 RG

함무라비 RG

이드난 RG

나시리아

제3코만도여단
(BP101에 표적) SF 3

제26코만도여단
(BP102, BP103에 표적) SF 26

49

8번 고속도로

아왈르 알밀랄은 호수

유프라테스강

BP: 전투진지
RG: 공화국 수비대

기갑(전차)여단

보병
보병(기계화보병)

0
25
50km

쿠웨이트

이라크

사프완

6번 샤바디 도로

바스라

티그리스강

자료: Certain victory, p258.

그 무렵, 정찰소대는 이라크군이 전개중인 위치에서 500m나 더 전진했지만, 적을 발견하지 못했다. 그러다 돌연 긴급무전이 들어왔다.

"오르메가 맞았다! 브라운1(정찰분대)이 공격을 받았다. 오르메가 부상을 입었다!"

좌익의 정찰분대 브라운이 전진하던 중, 이라크군의 매복공격을 받아 기관총탄이 앞 유리창을 뚫고 운전병 델먼 오르메 일병에게 명중했다. 한발은 왼쪽 머리, 방탄헬멧에서 1cm 아래에 맞았고 또 한발은 손에 맞았다.

"엎드려!" 분대장 세실 잭슨 하사가 외쳤다. 잭슨 하사는 오르메 일병을 차 밖으로 끌어냈다. 오르메 일병의 방탄복은 피에 젖어 있었다.

"여기는 브라운1. 현재 위치는 그리드 PU 892208. 험비가 기관총 공격을 받았다. 지금은 사격이 멈췄고, 오르메 일병이 머리에 총을 맞아 위급한 상황이다. 의무반을 보내주길 바란다." 잭슨 하사는 대대본부로 연락했다.

언빌 중대의 BP102 서쪽 공격[5]

좌익 언빌 중대의 지휘관 로버트 M. 로스 대위는 전방의 정찰분대 브라운이 적의 공격을 받았다는 보고를 듣고 전투가 시작되었다는 생각에 무전기 마이크를 켰다.

"언빌 중대원은 들어라. 여기는 블랙6(로스 대위의 콜사인). 정찰대가 1km 전방에서 적과 조우. 한명이 부상을 입었다. 전투에 대비하도록. 전진하며 감시와 수색을 진행한다. 블랙6 오버."

로스 대위는 무전기 마이크를 끊고, 포탑 큐폴라에 올라 중대의 대형을 확인했다. 중대는 쐐기대형으로 선두에는 제2전차소대, 좌익에는 제3전차소대가 위치했고, 제3전차소대의 좌측 끝에 배치된 전차 두 대는 포탑을 왼쪽으로 돌려 좌측면을 경계했다. 우익의 기계화보병소대 역시 브래들리 두 대가 포탑을 오른쪽으로 돌려 우측면을 경계했다. 로스 대위의 전차는 제2소대와 함께, 부중대장 조셉

E. 커캔달 중위의 전차는 화력엄호 역할을 겸해 기계화보병소대와 함께 전진했다. 중대 지원차량은 전투차량의 엄호를 받으며 맨 뒤에 위치했다.

로스 대위는 차내통화용 인터컴으로 덜퍼 병장에게 뭔가 보이나 질문했다. 포수 폴 M. 덜퍼 병장은 "아무것도 안보입니다. 중대장님.(Negative sir)"이라고 대답했다.

덜퍼 병장은 포탑을 좌우로 선회하면서 열영상 조준경으로 전방을 수색했다. M1A1 전차의 이런 수색방식을 감시와 수색(traverse and search)이라 부른다.

전장을 주시하던 덜퍼 병장은 곧 열원을 발견했지만, 화상이 흐릿해서 열원이 사람인지 차량인지는 식별하지 못했다.

"크라이더. HEAT와 철갑탄 중 장전된 게 뭐지?" 로스 대위는 탄약수 마이클 E. 크라이더 일병에게 물었다.

"HEAT탄입니다."

"좋아. 벙커나 경차량이 나올 가능성이 높으니까 쏘면 바로 장전해."

"문제 없습니다. 중대장님."

탑재량이 얼마 되지 않는(15발) 철갑탄은 전차공격용으로 아껴야 했다. 하지만 공수군단 작전구역 내의 이라크군은 전차보다 트럭이나 진지가 많아 HEAT탄이 빠르게 소모되었다. 그래서 트럭 같은 비장갑 표적은 전차의 공축기관총이나 브래들리의 기관포로 격파했다.

제3소대는 언빌 중대의 좌익을 경계하면서 철도선로를 따라 전진했다.

"왼쪽에 적 보병." 존 리노 중사 탑승차의 탄약수 찰스 시한 마일즈 일병이 소리치며 포탑 위의 M240 기관총을 잡았다. 소대장 커크 돌 소위는 로스 대위에게 적 발견 무전을 보냈다.

"블랙6. 여기는 블루1. 우측면 300m에서 적 보병 포착. 교전허가 바람."

"알았다. 언빌 중대는 피아식별 후 자유롭게 화

기를 사용해도 좋다. 아군 정찰소대일지도 모르니 주의하도록." 로스 대위는 아군 오인사격을 피하도록 주의를 주고 교전허가를 내렸다.

"블랙6, 여기는 블랙5. 적 보병, 우측 정면, 200m. 대대장님께 보고하겠습니다. 오버." 부중대장 커캔달 중위는 로스 대위에 보고 후, 크래덕 중령에 무전을 보냈다. 크래덕 중령은 적 보병을 발견했지만, 사격을 하지 않아서 감시중이라는 보고를 받고 격앙된 목소리로 다음과 같이 지시했다.

"적이 무기를 버리지 않고 항복하지도 않으면 지옥으로 보내 버려라!"

크래덕 중령의 지시를 받은 커캔달 중위는 곧바로 적 보병을 사살했다. 시간을 끌다 후속 전투지원대의 차량이 공격 받을 위험이 있어서, 곧바로 적 보병을 소탕해야 했다.

로스 대위는 전방의 제2소대로부터 정찰분대 브라운을 발견했다는 보고를 받고 후방에 있는 M113 장갑앰뷸런스를 불렀다. 오후 5시경, 대대는 고속도로 남쪽 9.6km 지점에서 이라크군 코만도 여단이 지키는 벙커와 조우했고 제3소대가 좌측면에서 기관총 사격을 받았다. 리노 중사는 본능적으로 응사했다. 양군이 사격한 기관총탄의 예광탄 불빛이 교차하는 가운데 이라크군은 RPG 로켓을 쏘기 시작했다. 포수 찰스 글리고 병장은 포착한 벙커에 HEAT탄 한 발을 발사해 격파했다.

BP102 웨스트 전투[6]

"블랙6, 여기는 화이트1(제2소대장). 적 보병 7명과 교전중. 오버."

선두의 제2소대도 이라크군 벙커와 조우해 교전에 들어갔다. 로스 대위는 M1A1 전차의 터빈엔진 소리에 섞여 들려오는 공축기관총의 총성과 브래들리의 25mm 기관포의 포성을 듣고 중대의 전투차량들의 위치를 가늠했다. 결국 로스 대위는 중대가 제 위치에 있는지 확인하기 위해 큐폴라 위로 일어섰고, 그 순간 소총탄이 큐폴라 주변으로 날아들었

다. 총탄 파편을 얼굴과 손에 맞은 로스 대위는 얼굴을 손으로 감싸고 포탑 안으로 들어갔다.

"얼굴에 맞았다. 출혈도 있어." "상처를 보여 주십시오." 포수 덜퍼 병장이 구급키트의 지혈대로 응급처치를 했다. 로스 대위의 얼굴 우측에 입은 부상은 경상으로 눈도 무사했다.

"젠장! 걱정 마, 대단치 않아."라며 부하들을 안심시킨 로스 대위는 전차장석에 앉아 자신을 공격한 이라크군을 찾기 시작했다. 로스 대위가 탑승한 전차 포탑 안테나에는 작은 성조기가 달려있었는데, 아마도 그 깃발이 적의 이목을 끈 것 같았다.

"우측 2시 방향. 벙커." 기관총진지로 보였고, 적 보병의 움직임도 있었다. "적 포착!" 포수 덜퍼 병장이 보고하며 조준선을 벙커에 맞췄다.

"목표 확인!(Identified)"

"장전완료!(Up)"

"발사!"

로스 대위의 구호와 함께 120mm 주포가 불을 뿜었고, 벙커는 폭발했다.

크라이더 일병은 로스 대위가 미리 지시한 대로 즉시 차탄을 장전했다. 그렇게 로스 대위의 전차와 언빌 중대가 이라크군 벙커를 격파해 나갔다.

우익에서는 토드 A. 메이어 대위의 코브라 중대가 이라크군 포병중대를 격파했다.

토즈 대위는 즉시 크래덕 중령에게 보고했다. "여기는 코브라6, 적 포병중대 격파. 그리드 293927에서 야포 4문 파괴. 오버."

크래덕 중령이 탑승한 M1A1 전차는 코브라 중대와 함께 있었다. 전차가 벙커 사이로 달려가던 도중에 전차장 로버트 그리네 하사는 놀라운 장면을 목격했다. AK 소총을 든 이라크군 보병 한명이 전차를 향해 홀로 돌격하고 있었다. 거리가 너무 가까워서 포탑의 기관총을 쏠 수 없었던 그리네 하사는 숄더 홀스터에서 M1911 권총을 꺼내 세 발을 쏴 보병을 쓰러트렸고, 쓰러진 보병은 곧 모래먼지에 파묻혔다.

이라크군 전투진지로 진격한 기갑부대 언빌의 쐐기대형

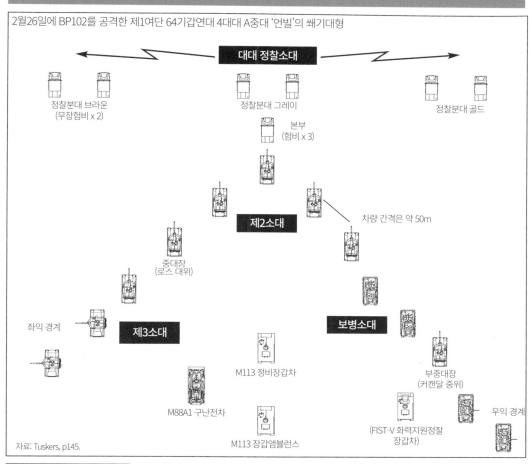

2월26일에 BP102를 공격한 제1여단 64기갑연대 4대대 A중대 '언빌'의 쐐기대형

대대 정찰소대

정찰분대 브라운
(무장험비 x 2)

정찰분대 그레이

정찰분대 골드

본부
(험비 x 3)

제2소대

차량 간격은 약 50m

중대장
(로스 대위)

좌익 경계

제3소대

보병소대

M113 정비장갑차

부중대장
(커캔달 중위)

M88A1 구난전차

M113 장갑앰뷸런스

(FIST-V 화력지원정찰
장갑차)

우익 경계

자료: Tuskers, p145.

제24보병사단 (3개 기동여단)	제24보병사단의 주요 전력 병력: 25,000명 총차량수: 8,359대	■ M1A1 전차 x 249 ■ M2/M3 전투차 x 221	※ 군단에서 제212야전포병여단(M109 자주포 x 18 대, M110 자주포 x 24대, MLRS x 27대)이 배속되 었다.

제1여단 리버티	제2여단 뱅가드	제197보병여단 슬레지해머	제4기병연대 2대대 (리네이 중령)
■ 제64기갑연대 4대대(TF) ■ 제7보병연대 2, 3대대(TF)	■ 제64기갑연대 1대대(TF) 　제69기갑연대 3대대(TF) ■ 제15보병연대 3대대(TF) ※M1A1 x 116, M2A1 x 60 이상	■ 제69기갑연대 2대대(TF) ■ 제18보병연대 1, 2대대(TF)	■ 본부중대: M3 x 2 ■ A기병중대: M3 x 19 ■ D기병중대 　(제197보병여단) 　M1A1 x 12, M901 x 9 ■ D전차중대 　(제69기갑연대 3대대) 　M1A1 x 14 ■ C기병중대 (항공) 　AH-1F x 4, OH-58D x 6 ■ D기병중대 (항공) 　AH-1F x 4, OH-58D x 6 ■ E기병중대 (항공정비)

사단장 베리 R. 맥카프리 소장

사우디에서 훈련 중인 사단 직할 정찰·위력정찰 부대인 제4기병
연대 2대대의 M3A1 브래들리 기병전투차

오후 6시 00분, 대대는 8번 고속도로에 도착했다. 2개 전차중대전투조와 제프리 R. 샌더슨 대위의 찰리 중대는 북쪽에 있는 이라크군 탄약집적소 공격을 준비했다. 나머지 프랭클린 J. 모레노 대위의 올 비프 중대는 전투공병과 함께 도로 남측의 이라크군 벙커를 처리하기로 했다. 정찰소대는 포로 수용과 유조차를 보급지점까지 유도하는 역할을 맡았다. 여단은 오후 5시 무렵까지 진격하며 이라크군 포병으로부터 수백 발의 포격을 받았지만 피해는 없었다. 그리고 이라크군 포병은 심야까지 계속된 미군 포병의 대포병사격에 제압되었다.[7]

크래덕 중령은 코브라 중대가 고속도로를 확보하기에 앞서 언빌과 찰리 중대에 도로 북쪽의 탄약집적소를 공격하라고 명령했다.

메이어 대위는 코브라 중대의 전차와 브래들리를 배치해 고속도로를 봉쇄하고, 동시에 주변에 잠복한 이라크군을 고립시켰다. 잠시 후 동쪽에서 다수의 차량이 접근해 왔다. T-55 전차를 적재한 이라크군 전차수송차였다. 이 차량들은 곧바로 미군의 공격을 받고 전차와 함께 격파되었다.

큐폴라에 서 있던 메이어 대위는 차량을 공격하는 과정에서 적의 총격을 받았지만 재빨리 차내로 피신했다. 그런데 하필이면 그 순간 주포가 발사되었고, 후퇴하는 포미에 무릎을 부딪쳤다. 차장석에 앉은 메이어 대위의 다리는 피로 붉게 물들었지만 그는 중대에 남아 임무를 속행했다. 이후 메이어 대위의 코브라 중대는 서쪽으로 향하는 십여대의 이라크군 트럭을 추가로 격파했다.

26일 오후 7시 00분, 제1여단은 8번 고속도로를 제압했다. 고속도로 북쪽에 위치한 이라크군 탄약집적소는 도로와 나란히 흐르는 운하 주변에 있었다. 탄약집적소에는 모래방벽으로 구획이 나눠진 다수의 탄약고가 설치되어 있었고, 벙커와 엄폐호에 차량이 배치된 상태였다. 언빌과 찰리 중대의 전차는 주변을 순찰하던 중 동시에 적을 만났다. 언빌 중대 커캔달 중위의 보고에 따르면 중대는 상대가 전차임은 확인했지만 피아식별에는 실패한 상태로 교전에 돌입했다.

찰리 중대의 샌더슨 대위는 크래덕 중령에게 "순찰중인 아군이 서로 사격 중일 가능성이 있습니다."라고 보고했다. 크래덕 중령은 곧바로 사격중지 명령을 내렸다. 로스 대위도 "블랙5, 사격중지."라고 무전을 보냈지만, 커캔달 중위는 포성과 전투에 집중하느라 상황을 파악하지 못했다. 다행히 아군 오인사격에 의한 피해는 없었다.

크래덕 중령은 생각을 바꿔 M1A1 전차가 아닌 대보병전에 적합한 브래들리 보병전투차를 보유한 찰리 중대에 이라크군 탄약집적소의 진지 공격 임무를 맡겼고, 본인도 전차(HQ66)를 타고 동행했다.

샌더슨 대위의 찰리 중대는 화력을 집중해 이라크군 트럭, 벙커, 화기거점 등을 제압해 나갔다. 이라크군 병사들은 어둠 너머에 있을 미군의 M1A1 전차나 브래들리 보병전투차가 보이지 않자 아무 곳에나 총을 난사했다.

브루스 그릭스 소위의 M1A1 전차소대가 브래들리를 따라 달리고 있을 때, 그의 전차 전방에 한 명의 이라크군 병사가 나타났다. 이 병사는 대담하게도 달리는 전차위로 뛰어 올랐다. 갑작스런 사태에 당황했던 그릭스 소위는 즉시 정신을 차리고 권총을 꺼내 이라크군 병사를 향해 세 발을 연사했고, 이 용감한 이라크군 병사는 전차 아래로 떨어져 시야에서 사라졌다. 그릭스 소위는 놀란 가슴이 진정되지 않았지만, 임무를 속행했다. 전투를 마친 그릭스 소위가 전차를 확인해보니 궤도에 피가 잔뜩 묻어 있고, 기동륜에서는 사람의 팔이 나왔다.[8]

운하에 100m 이내로 접근한 크래덕 중령은 폭발 충격을 느꼈다. 크래덕 중령이 "무슨 일인가?"라고 그리네 하사에게 묻자 그는 이라크군의 공격이라고 답했다. 곧바로 열영상조준경으로 주변을 살피려 했지만, 직전의 공격으로 고장이 났는지 작동하지 않았다. 별 수 없이 밖으로 나와 확인해 보니 포탑 위의 포수용 조준경(GPS)과 차제 후부 좌측

제1여단 제64기갑연대 4대대의 8번 고속도로 봉쇄 'BP102 웨스트 전투'

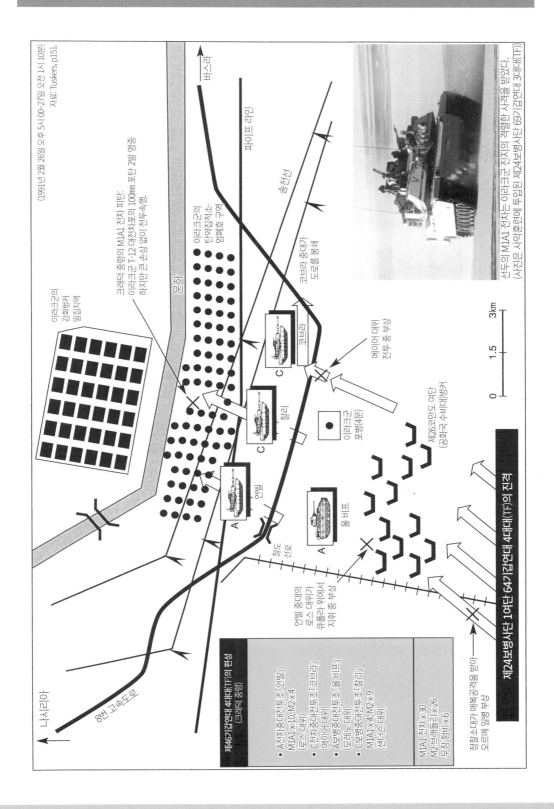

연료탱크가 포탄(T-12 100㎜ 대전차포, 또는 SGP-9 73㎜ 무반동포 추정)을 맞아 날아가버린 상태였다. 하지만 임무를 수행하는데 지장을 초래할 치명상은 아니었다.(포수용 조준경은 이후 교체했다)

대대는 'BP102 웨스트 전투'에서 야포 20문, 트럭 175대를 파괴하고 300명 이상의 포로를 잡았다. 크래덕 중령은 전차가 피탄당한 상황에서도 임무를 속행해 은성훈장을 수여받았다.

한편 데이비드 P. 젠슨 중령의 제7보병연대 3대대(TF)와 찰스 C. 월 중령의 제7보병연대 2대대(TF)는 BP102 동쪽 이라크군 진지의 강한 저항에 직면했으나 해가 질 무렵 제압을 마쳤다.

27일 오전 1시 10분, 르모인 대령은 BP102가 제1여단의 통제 하에 있다고 사단사령부에 보고했다. 하지만 작전이 끝나지는 않았다. 르모인 대령은 바그다드를 향해 도주하는 이라크군 수송대를 저지하기 위해 고속도로를 가로지르는 매복진지를 급조해 밤 사이 약 40대의 차량(대부분은 군용트럭, 약간의 민간차량, 전차 수송차에 적재된 T-55 전차 1대)을 격파했다.

포로는 1,200명 이상이었으며, 일부를 심문한 결과 이라크군은 미군이 이라크 후방까지 진격했다는 사실을 전혀 알지 못하고 있었다. 포로가 된 이라크군 중대장은 "어째서 미군이 여기 있는 거지? 속임수가 아닌가? 어째서 쿠웨이트 쪽으로 공격해오지 않은 거지?"라고 미군에게 되물었다.

제1여단은 고속도로를 봉쇄하여 서쪽을 향해 도주하던 함무라비 기갑사단 소속 1개 여단의 발을 묶어 동쪽으로 밀어내는데 성공했고, 이는 BP102 웨스트 전투의 가장 큰 성과였다.

제197보병여단의 BP101 공격
전투 막바지에 연료가 떨어진 전차부대 [9]

폴 J. 칸 대령의 제2(뱅가드)여단은 2개 기갑대대를 보유한 강력한 타격부대로 26일 목표 그레이에서 북상해 BP103를 공격했다. 제2여단은 M1A1 전차 116대와 브래들리 보병전투차 60대 이상을 장비했

으며 추가 배치된 사단포병이 악천후 속에서도 기갑부대를 화력으로 엄호했다. 미군 포병은 이라크군 포병의 포격이 확인되면 곧바로 대포병레이더로 포착한 다음 대포병사격으로 제압했다. 칸 대령이 "한 발이 날아오면 48발을 돌려준다."고 호언할 정도로 압도적인 대포병사격이었다.

정찰소대장 그레그 더네이 중위(제64기갑연대 1대대(TF))는 BP103 부근 2㎞ 지점에서 이라크군 방어진지에 대한 포격을 45분간 관측·유도했다.

포격 후, 정찰소대는 브래들리 기병전투차를 전진시켜 이라크군 생존자를 포로로 잡았다. 포로가 된 이라크군 대위는 심문에서 "소속부대는 공화국 수비대 제26코만도 여단. 병력은 650명. 하지만 생존자는 49명뿐이다."라고 답했다. 거의 600명이 포격으로 전사했다. 더네이 중위는 "45분만에 내 고향 마을(네브라스카주 메르나) 전체 인구보다 많은 사람을 죽였다."며 전쟁 시작 이후 처음으로 죄책감과 비애(guilt and sorrow)를 느꼈다고 말했다. [10]

26일 오후 8시, 제2여단은 BP103을 점령했다.

북서쪽으로 전진한 시어도어 W. 리드 대령의 제197(슬레지 해머)보병여단 차량집단은 26일 밤에도 거대한 습지대를 통과하기 위해 노력하고 있었다. 폭우와 모래폭풍, 시속 50마일의 강풍으로 전진은 계속 느려졌다. 리드 대령은 에릭 T. 올센 중령의 제18보병연대 2대대(TF)와 E. W. 체임벌린 중령의 제18보병연대 1대대(TF)에 BP101 공격을 재촉했다.

오후 10시 00분, 2개 보병대대는 공화국 수비대 제3코만도연대의 매복진지와 조우했다.

27일 오전 2시 30분, BP101 부근에서 제18보병연대 1대대 주력을 유도하던 래리 아이크맨 중위의 정찰소대가 이라크군 진지 한가운데 코만도연대 본부에 진입하고 말았다. 근거리에서 총격전이 벌어졌고 이라크군 6명을 사살했으나 정찰소대도 두 명이 부상을 입었다. 정찰소대 뒤로는 모래방벽이 있어서 후퇴를 할 수도 없었다. 하지만 몇 분 후, 대대의 2개 중대(전차와 M113 장갑차)가 2마일 거리를 전

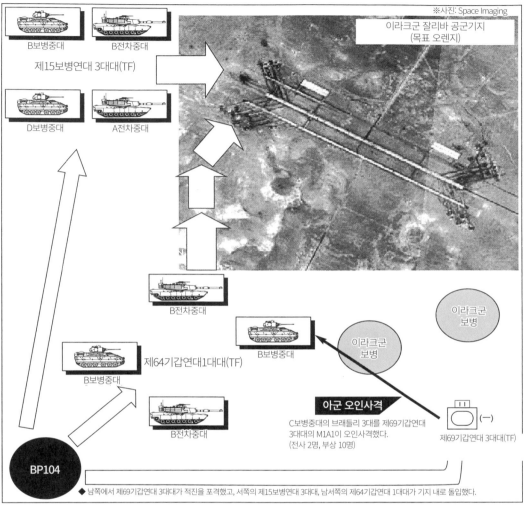

※사진: Space Imaging

이라크군 잘리바 공군기지
(목표 오렌지)

B보병중대
B전차중대

제15보병연대 3대대(TF)

D보병중대
A전차중대

B전차중대

B보병중대

이라크군 보병

제64기갑연대1대대(TF)
B보병중대

이라크군 보병

B전차중대

아군 오인사격
C보병중대의 브래들리 3대를 제69기갑연대 3대대의 M1A1이 오인사격했다.
(전사 2명, 부상 10명)

(一)
제69기갑연대 3대대(TF)

BP104

◆ 남쪽에서 제69기갑연대 3대대가 적진을 포격했고, 서쪽의 제15보병연대 3대대, 남서쪽의 제64기갑연대 1대대가 기지 내로 돌입했다.

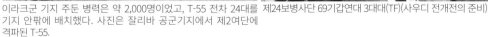

이라크군 기지 주둔 병력은 약 2,000명이었고, T-55 전차 24대를
기지 안팎에 배치했다. 사진은 잘리바 공군기지에서 제2여단에
격파된 T-55.

제24보병사단 69기갑연대 3대대(TF)(사우디 전개전의 준비)

속력으로 달려와 이라크군의 격렬한 사격을 뚫고 정찰소대를 구출했다.

이후에도 교전은 계속되었지만, 다행히 이라크군이 전차를 보유하지 않아서 미군 전차부대는 포탄 낭비 없이 기관총만으로 이라크군을 공격했다. 보병중대도 Mk19 고속유탄발사기로 공격했다.

맥카프리 소장은 화력이 약한 M113 장갑차에 탑승한 보병부대의 전투력을 강화하기 위해 사전에 고속유탄발사기를 대량으로 확보해 사단에 배치했다. 체임벌린 중령은 54정의 고속유탄발사기를 수령해 4개 보병중대에 각각 13정씩 분배하여 M113 장갑차에 탑재했고, 한 정은 지휘그룹에, 한 정은 예비로 두었다.

야간전투에서 보병부대는 이라크군 부대에 약 2,000발의 40㎜ 유탄을 발사했다. M430 유탄은 그리 크지 않지만, 반경 5m 내의 인마를 살상하고 15m 내의 인마에 부상을 입히며, 이중목적유탄을 사용하면 50㎜ 장갑판도 관통할 수 있다. 이 고속유탄발사기의 화력에 이라크군 진지의 참호는 차례차례 격파되고, 이라크군 생존자들은 항복했다. 전쟁 중 제18보병연대 1대대의 공격에 부상을 입은 381명의 이라크군 병사 중 절반 이상이 Mk19 고속유탄발사기의 유탄에 부상을 입었다.

이라크군은 미군의 고속유탄발사기 공격에 대공포로 대응했다. 30분간 수천발의 대공포탄을 미군 장갑차량을 향해 발사했지만, 대부분의 포탄이 허공을 향해 날아갔다. 전투가 끝난 후 확인한 결과, 대공포들은 항공폭격에 대비해 땅 속 깊이 설치하는 바람에 수평사격이 불가능한 상태였다.

사실 당시 제18보병연대 1대대는 궁지에 몰려 있었다. B전차중대의 에릭 T. 그래스맨 대위(제69기갑연대 2대대 소속)는 체임벌린 중령에게 M1A1 전차의 연료 잔량이 전투를 30분간 지속할 분량밖에 남지 않았다고 보고했다. M1A1 전차는 별도의 발전기가 없어 엔진이 멈추면 열영상조준경을 쓸 수 없으므로 연료 소진은 심각한 문제였다.

체임벌린 중령은 그래스맨 대위에게 곧바로 중대 전차의 4분의 3은 엔진을 끄고 각 소대 당 한 대만 엔진을 켜라고 명령했다. 이 조치로 적어도 두 시간은 이라크군을 경계·감시할 수 있게 되었고, 그 동안 연료를 보급하기로 했다. 추가로 체임벌린 중령은 이라크군이 먼저 쏘기 전에는 공격하지 말고 이라크군의 움직임만 감시하라고 명령했다.

한편 우익의 제18보병연대 2대대(TF)는 공화국수비대 코만도 부대원 300명과 대치중이었다. 올센 중령은 M1A1 전차소대와 정찰소대를 배속시킨 후 D중대에 공격 명령을 내렸다. 이라크군 코만도 부대는 120㎜ 중박격포를 포함한 각종 화기로 격렬히 저항했다. 예상보다 격렬한 저항에 올슨 중령은 포병 지원사격을 요청했다.

오후 10시 30분, 포병은 4회 제압사격을 실시했다. 155㎜ 포탄(DPICM: 이중목적 고폭탄)의 자탄이 이라크군 진지 내에 쏟아졌고, 이라크군 보병들은 산산조각났다. 포격 후, 전의를 상실한 이라크군 진지는 붕괴되었다. 이라크군 코만도 부대는 49명이 전사하고, 다수의 부상자가 발생했다. 포로는 56명이었고 나머지는 도주했다. 파괴한 차량은 각 6대의 야전트럭과 지프, 버스 3대, 오토바이 1대였다.[11]

27일 오전 4시 30분, 사단사령부는 제1여단이 BP101를 제압, 목표 골드를 점령했다고 군단사령부에 보고했다. 이제 27일(G+3)의 주 공격목표는 동쪽의 잘리바 공군기지와 서쪽의 탈릴 공군기지 두 곳으로 좁혀졌다.

날이 밝았지만 제18보병연대 1대대의 전차는 여전히 보급을 기다리고 있었다. 그리고 미군 보병은 항복해 온 이라크군 1개 대전차중대(장교 6명, 병사 103명)를 수용했다. 이 이라크군 부대가 AT-5 스팬드럴 대전차미사일을 보유중이었음을 감안하면 운이 좋았다. AT-5 대전차미사일은 비교적 성능이 좋은 야시장비가 통합되어 있고, 사정거리는 3,500m에 달해 M113 정도는 간단히 격파할 수 있는 능력을 지녔다. 이라크군 중대와 제18보병연대 1대대 간의 거리는 1,000m였는데, 이라크군 중대의 지휘관은 미군 부대를 이라크군으로 착각해 공격하지 않았고, 날이 밝자 자신의 실수를 깨달았지만 주변이 미군으로 가득 찬 상황이라 항복할 수밖에 없었다.

제2여단의 잘리바 공군기지 공격
아군 오인사격에 사상자 발생 [12]

26일 밤, 제2여단은 잘리바에서 몇 마일 떨어진 BP104를 점령했다. 이제 칸 대령은 공군기지 공략에 나섰다.

칸 대령은 2개 대대로 잘리바 공군기지를 공략할 계획을 수립했다. 랜들 L. 고든 중령의 제64기갑연대 1대대(TF)(2개 전차중대, 2개 보병중대)가 남서쪽으로 전진하는 동안, 서쪽에서는 레이몬드 D. 바렛 중령의 제15보병연대 3대대(TF)(2개 전차중대, 2개 보병중대)가 기지 시설에 돌입했다. 그리고 테리 L. 스탠저 중령의 제69기갑연대 3대대(TF)(3개 전차중대, 1개 대전차중대)는 잘리바 공군기지 남동쪽에서 화력지원을 담당했다. 계획은 단순했지만 제64기갑연대 1대대와 제15보병연대 3대대가 서로 다른 방향에서 동시에 공격하는, 난이도가 높은 작전이었다. 사전정보에 따르면 이라크군의 방어전력은 1개 전차대대와 제49보병사단의 일부 부대밖에 없었다.

오전 5시 00분, 군단 작전구역에서 실시된 포격 가운데 가장 격렬한 준비포격이 시작되었다. 소집된 포병은 사단포병에서 제41야전포병연대 1대대와 3대대, 군단포병에서는 제212야전포병여단으로 전부 5개 대대 규모였다. 포병들은 45분간 25개소에 155㎜ 포탄 1,010발, 203㎜ 포탄 150발, MLRS 로켓 139발을 발사했고, 이 포격에 이라크군 전차 8대가 격파되었다.

롭 홈즈 소위(제64기갑연대 1대대 D중대)는 제압사격의 포성에 잠에서 깼다. 홈즈 소위는 당시 상황을 "공군기지에서 8㎞ 떨어진 곳에 세워진 70t짜리 전차 안에서 자고 있었지만, 지진이 난 듯한 느낌이었다."라고 회고했다. 격렬한 포격에 동요한 이라크

군은 항공폭격으로 착각해 대공포를 난사했다. 포격 후 A-10 지상공격기가 기지를 수비하는 이라크군 전차를 공격했는데, 이 공지합동 준비공격으로 이라크군의 수비체계는 완전히 붕괴되었다.

제15보병연대 3대대(TF)를 지휘하는 바렛 중령은 전방에 2개 전차중대, 후방에 2개 보병중대를 배치한 상자대형으로 기지를 향해 진격했다. 에릭 C. 슈왈츠 대위의 A전차중대전투조(제15보병연대 3대대의 우익)는 모래방벽에 숨어있는 T-55 전차를 놓쳤다. 숨어있던 T-55 전차가 배후에서 주포를 발사했지만 이 공격은 빗나갔고, T-55를 목격한 해리스 병장의 전차가 포탑을 돌려 T-55 전차를 격파했다.

제64기갑연대 1대대(TF)의 고든 중령은 전방과 후방에 전차중대를, 좌우에 보병중대를 배치한 다이아몬드 대형으로 남서쪽에서 잘리바 공군기지를 향해 진격했다. 대대 전방에 있는 더네이 중위의 정찰소대는 이라크군의 새거 대전차미사일 공격을 받았다. 정찰소대는 연막탄을 터트리고 '새거 댄스'라 불리는 회피기동을 실시했다. 잠시 후 이라크군 대전차팀의 참호는 미군의 포격에 제압되었다. 계속 전진한 정찰소대는 활주로 북쪽에 대규모 전차부대와 하인드 공격헬리콥터를 발견했다. 대전차미사일을 탑재한 하인드 공격헬리콥터는 로터가 돌아가고 있었지만 아직 이륙하지는 않은 상태였다. 위험한 공격헬리콥터가 이륙하게 놔둘 수는 없었다. 정찰소대의 딤 하사는 브래들리의 25㎜ 기관포로 하인드 공격헬리콥터를 격파했다.

공격을 받은 이라크군은 미군 전투차량을 보고 몰려들기 시작했다. RPG로 무장한 적 보병들이 우회해 M1A1 전차의 배후를 노렸다. 그렇게 우회한 적 보병이 홈즈 소위(D전차중대)의 전차에 접근했다. 그 모습을 본 중대장 데이비드 S. 헤프너 대위는 공축기관총을 쏘려 했지만 송탄불량이 일어나자 급한대로 주포의 고속철갑탄을 발사해 이 운 나쁜 이라크군 병사들을 '증발'시켰다. 이라크군의 공격에도 아직까지 미군의 피해는 없었다.

제64기갑연대 1대대의 우익에서 전진하던 C보병중대(제15보병연대 3대대에서 배속)의 브래들리가 잘리바 공군기지 시설 사이로 빠져나왔다. 기지의 남동쪽에서는 호위역의 제69기갑연대 3대대 C중대가 이라크군 보병과 교전중이었다. 이때, 이라크군 보병과 미군 C보병중대의 브래들리가 C전차중대의 사선상에 겹치는 바람에 C전차중대의 포수들에게는 브래들리가 이라크군의 장갑차처럼 보이게 되었다. 먼저 제1소대의 브래들리(C11호차)가 오인사격을 당했다. 후부 램프를 관통한 120㎜ 철갑탄은 존 W. 하토 일병의 다리를 절단하고 차내의 AT-4 무반동포에 맞았다. 유폭이 일어나 5명이 부상을 입었고 후토 일병은 후송 중 사망했다.

이어서 C보병중대 2소대에도 포탄이 날아들었다. 철갑탄이 소대 선임중사의 브래들리(C23호차)에 명중, 포탑을 관통했지만, 포수 알렉산더 듀크 상병과 차장 신이치 마츠나가 중사 사이로 빠져나가 기적적으로 사망자는 없었다. 하지만 듀크 상병이 얼굴에 부상을 입어 마츠나가 중사가 그를 구하려 포탑 밖으로 나왔다. 그 순간 두 번째 포탄이 차체 우측에 명중해 엔진 블록과 조종석을 관통했다. 충격과 파편으로 조종수, 듀크 상병, 마츠나가 중사가 부상을 입었다.

이어서 C23호차의 윙맨인 C22호차도 철갑탄에 피탄되었다. 관통자는 엔진을 관통한 후 차체 좌측으로 빠져나갔고, 조종수 앤디 알라니즈 상병(20세)이 가슴의 반이 날아가는 중상을 입어 즉사했다. 그의 유족은 아내 캐서린과 아들 앤디였다. 알라니즈는 FBI 요원이나 마약단속반이 되기 위해 입대한 병사로, 사후 고향인 텍사스주 코퍼스의 야구장은 한때 야구선수였던 알라니즈를 추모하기 위해 '앤디 알라니즈 기념구장'으로 재명명되었다. 22호차에서는 그 외에도 부상자 2명이 발생했다.

제69기갑연대 3대대 지휘관 스탠저 중령은 제64기갑연대 1대대를 오인사격하고 있음을 파악하고 즉시 사격중지를 명령했다. 이 오인사격에 두 명이

사망하고 10명의 부상자가 발생했다. C전차중대의 오인사격은 피아식별이 불가능한 3,500m의 원거리 포격이 원인이었다.

27일 오전 10시 00분, 미군은 잘리바 공군기지(목표 오렌지)를 점령했다. 이라크군 수비대(병력 약 2,000명)는 24대의 T-55 전차와 23대의 장갑차량이 파괴당한 뒤에 제압되었다. 제2여단은 대공포 80문, 미그 전투기 10대, 헬리콥터 6대를 파괴하고 600명 이상의 포로를 잡았다. 사살한 이라크군 병사는 약 150명으로 절반이 포병의 제압사격에 전사했다. 정찰소대는 벙커에서 잘리바 공군기지의 이라크군 사령관을 발견해 그대로 체포했다.

제197보병여단의 탈릴 공군기지 공략 [13]

BP101을 점령한 제197보병여단은 잘리바에서 북서쪽으로 40마일(64㎞) 떨어진 탈릴 공군기지 공략에 나섰다. 리드 대령은 이 임무를 타격력이 강한 제69기갑연대 2대대(TF) 팬서즈(Panthers)(2개 전차중대, 2개 M113 보병중대)에 맡겼다.

27일 아침, 리카르도 S. 산체스 중령 휘하 제69기갑연대 2대대의 정찰부대가 탈릴 공군기지에 접근해 정찰을 실시했다. 공군기지 주위에는 높이 6m의 모래방벽이 세워져 있었는데, 대대에는 모래방벽을 돌파할 공병장비가 없었다. 산체스 중령은 위험하지만 공군기지 정문을 돌파하기로 결정했다.

오후 1시 30분, 대대는 28회의 항공폭격과 포병의 준비포격 후, 탈릴 공군기지로 돌입했다. 2개 강습팀이 기지로 돌입하자 이라크군 방공중대는 쉴카 자주대공포의 4연장 기관포를 사격하며 대항했다. 하지만 M1A1 전차부대의 상대가 되지 않았고, 순식간에 4대의 쉴카 자주대공포가 격파당했다. 강습팀은 단숨에 정문을 돌파해 활주로에 진입했다. 이라크군은 정문 수비를 경시하는 바람에 손쉽게 돌파를 허용했다.

오후 5시 30분, 제197여단은 공군기지 점령을 완료했다. 전과는 미그 전투기 6대, 헬리콥터 3대,

탈릴 공군기지는 27일 오후에 제197보병사단이 점령했다. 사진은 이라크군이 방치한 미르 Mi-17 힙 수송·강습헬리콥터

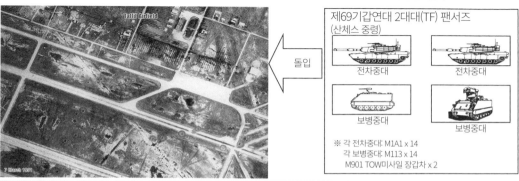

돌입

제69기갑연대 2대대(TF) 팬서즈
(산체스 중령)

전차중대   전차중대

보병중대   보병중대

※ 각 전차중대: M1A1 x 14
   각 보병중대: M113 x 14
   M901 TOW미사일 장갑차 x 2

M1A1 전차부대를 선두로 유프라테스 강변에서 이동 중인 제197보병여단. 호우와 대습지대에 발목이 잡혀 이동이 반나절이나 늦어졌다.

M113에 장착된 Mk.19 40mm 고속유탄발사기

중량 33kg
지속발사속도 60발/분
유효사거리 1,600m

사단장 맥카프리 소장은 구형M113 장갑차를 장비한 보병대대의 화력 강화를 위해 Mk.19 40mm 고속 유탄 발사기를 대량으로 조달해 M113에 장착했다.

수송기 1대, 쉴카 자주대공포 4대, T-55 전차 2대였고 미군의 피해는 없었다. 공군기지를 수비하던 이라크군 병력 가운데 상당수가 도주했지만 여단에 바스라 방면으로 서둘러 진격해 여단본부와 합류하라는 명령이 하달되자 그들을 추적할 시간적 여유가 없었다. 산체스 중령은 탈릴 공군기지에서 포획한 무기를 파괴할 시간조차 없었다. 그래서 탈릴 공군기지의 뒤처리는 후속하는 제82공수사단 3여단이 맡았다.

탈릴 기지에 진출한 공수부대는 전투기 19대, 장갑차 10대, 대공화기 90문, 트럭 341대를 파괴했다. 또 이곳은 공군기지임과 동시에 무기 집적기지의 역할을 겸하고 있어, 비축물자인 야포와 박격포 124문, 대전차화기 4,986문, 소화기 200,500정, 탄약고 165개소, 탄약집적소 45개소도 파괴했다.

탈릴 공군기지를 공략한 제197여단은 작전의 최종단계에 돌입했다. 보급을 끝낸 제18보병연대 2대대(TF)와 제69기갑연대 2대대(TF)는 바스라 방면으로 이동했지만, 제18보병연대 1대대(TF)는 공화국 수비대 바그다드 보병사단이 제24보병사단의 배후를 기습할 가능성이 있다는 정보를 접한 후, 포병중대와 함께 사단 후위부대로 BP101에서 지상전이 끝날 때까지 대기했다. 이들은 1,500명이 넘는 포로를 수용하는 임무도 같이 수행했다.

27일 낮, 잘리바 공군기지를 제압한 제2여단은 재편성 후 전속력으로 동쪽을 향해 진격했다. 이들은 바스라 방면으로 진격하는 남쪽 중심축이 되었다. 북쪽은 이미 제1여단이 8번 고속도로 인근에서 알 파우 사단의 선봉부대를 격퇴했다. 그리고 저녁에 사단 선봉부대가 PL 엑스를 넘어 바스라 방면 80㎞ 지점에 도착했다.

이날 공수군단장 럭 중장은 작전 최종단계를 진두지휘하기 위해 군단전술지휘본부를 8번 고속도로 근처까지 전진배치했다. 럭 중장은 이라크군이 바스라 방면에서 북쪽으로 도주할 것이라는 예상 하에 제101공수사단의 페이 소장에게 아파치 공격

헬리콥터 출동과 잘리바 공군기지 남서쪽 30㎞지점에 전방작전기지(FOB) 바이퍼 설치를 명령했다.

럭 중장이 휘하 지휘관들에게 서둘러 동쪽으로 진격하라고 지시한 배경에는 리야드에서 온 슈워츠코프 사령관의 전문이 있었다.

'귀관들에게 역사에 남을 임무를 주겠다. 이라크군을 앞으로 5년은 싸울 수 없을 정도로 파괴하도록. 특히 이라크군의 무기는 남김없이 파괴하라.'

27일 오전 9시 무렵, 제24보병사단 2여단 헬리본 부대가 FOB(전방작전기지) 코브라에서 출격했다. 헬리본 부대는 기지방위를 위해 1개 보병대대와 1개 포병대대를 145㎞ 떨어진 FOB 바이퍼로 운반했다. 헬리콥터로 이동한 전력은 보병 500명, TOW 험비 60대, 105㎜ 곡사포 18문이었다. 그리고 4시간 후, CH-47 치누크 대형 수송헬리콥터 부대가 4개 아파치 공격헬리콥터 대대의 작전에 필요한 연료와 탄약을 운반해 왔다. 치누크 1대의 운반량은 탄약 8t, 또는 항공연료 2,000갤런이었다.

오후 1시 30분, 공수군단의 아파치 공격헬리콥터 부대가 FOB 바이퍼에 집결해 이라크군에 대규모 종심타격을 실시할 전력이 집결했다.

27일 오후 2시 30분, 페이 소장의 작전개시 명령에 따라 4시간에 걸친 아파치 공격헬리콥터의 장거리 종심타격이 시작되었다. 목표는 바스라 북쪽에 있는 교전지역(EA: Engagement Area) 토머스였다. EA 토머스에 있는 이라크군이 바스라에서 하와르 하말 호수를 지나 북쪽으로 도망치기 위해서는 2개의 도로와 교량을 지나야 했다. FOB 바이퍼에서 출격한 64대의 아파치는 193㎞를 날아가 목표지역에 돌입했다. 효과적인 제압을 위해 사단 제101항공여단의 아파치 2개 대대는 EA 토머스의 남쪽을, 군단 제12항공여단의 아파치 2개 대대는 북쪽을 맡아 공격했다. 아파치 부대는 철수하는 이라크군 차량행렬을 압도적인 화력으로 공격해 장갑차 14대, 다연장로켓 8대, 트럭 56대, 대공포 4문, SA-6 지대공미사일 2대, 헬리콥터 4대를 격파했다.

큰 전과였지만 페이 소장이 기대한 수준은 아니었다. EA 토머스에 주요 공격목표인 이라크군 전차가 보이지 않자 페이 소장은 야간공격을 중지시켰다. 수 일에 걸친 격무로 조종사들이 지쳐 있었고, 이라크군 전차가 보이지 않는 이상 위험을 무릅쓰고 야간 장거리공격을 할 이유가 없었다.

대신 페이 소장은 보다 대담한 작전을 구상해 럭 중장으로부터 허가를 받았다. 다음날 아침 제1여단이 헬리본 공중강습으로 EA 토머스를 점령해 이라크군의 퇴로를 차단하고 바스라 포켓(바스라 남부지역)에 고립시킨다는 작전이었다.

EA 토머스 일대에는 이라크군 전차가 1대도 없었다. 이는 함무라비 기갑사단을 포함한 이라크군 잔존 기갑부대 주력이 이미 바스라 북쪽까지 후퇴했다는 의미였다. 27일 밤, 함무라비 사단은 바스라 외곽, 미군 제7군단의 북쪽으로 퇴각했다. 함무라비 사단은 아드난 보병사단과 함께 바스라 서쪽에서 사프완까지 방어선을 펼치면서 후퇴하려 했으나, 다국적군의 교통로 폭격으로 정체가 발생해 후퇴 속도는 그리 빠르지 않았다.

참고문헌

(1) Charlws Lane Toomey, XVIII Airborne Corps in the Desert Storm: From Planning to Victory (Central Point, OR: Hellgate Press, 2004), p372.

(2) Robert H. Scales, Certain Victory: The U.S.Army in the Gulf WAR (NewYork: Macmillan, 1994), p257.

(3) David S.Pierson, TUSKERS: An Atmor Battalion in the Gulf War (Darlington, Maryland: Darlington Productions, 1997), pp140-145.

(4) Toomey, XVIII Airborne Corps, p373.

(5) Pierson, TUSKERS, pp146-153.

(6) Ibid. pp153-171.

(7) Thomas Houlahan, Gulf War: The Complet History (New London, New Hampshire: Schrenker Military Publishing, 1999), p256.

(8) Toomey, XVIII Airborne Corps, p375.

(9) Houlahan, Gulf War, pp256-258.

(10) Alex Vernon, The Eyes of Orion: Five Tank Lieutenants in the Persian Gulf War (Kent, Ohio: The Kent State University Press, 1999), pp205-206.

(11) Captain Lee H.Enloe, "MONOGRAPH The Persian Gulf War: 2/18Inf.", IOAC 1-92(U.S.Army), pp7-9.

(12) Vernon, Orion, pp212-228. and Toomey, XVIII Airborne Corps, pp386-389.

(13) Houlahan, Gulf War, pp266-268. and Scales, Certain Victory, pp303-308.

제22장
'정전명령' 살아남은 공화국 수비대

**2월 27일 밤, 슈워츠코프 사령관의
기자회견 '우리는 임무를 완수했다.
문을 닫혔고 적은 도망칠 수 없다.'** [1]

1991년 2월 27일 리야드 현지시간 오후 9시 00분(워싱턴은 오후 1시), 슈워츠코프 중부군 사령관은 걸프전 중 가장 중요한 기자회견을 개최했다. 슈워츠코프는 '사막의 폭풍 작전'의 경과와 최신 전황을 간단히 설명한 후, 기자들의 질문에 막힘없이 대답했다. 중부방면의 동쪽에서는 아직도 전투가 계속되고 있었지만, 기자회견장의 분위기는 사실상 승리선언에 가까웠다. 지상전이 종결되는 단계였으므로 이 기자회견에서 나올 발언은 사령관 슈워츠코프의 의도를 이해하는 데 중요하다고 인식되었다. 먼저 슈워츠코프는 이라크군은 봉쇄당해 도망칠 수 없다고 말했다.

"오늘도 상당히 유익한 하루가 될 것입니다. 제18공수군단은 이라크군의 연결로를 봉쇄했고, 제7군단은 동쪽으로 진격해 공화국 수비대와 지금도 전투중입니다. 동서 양쪽에서 진공한 사우디군과

아랍합동군은 쿠웨이트시를 탈환하고 있습니다. 제1해병사단은 쿠웨이트 국제공항을 확보했으며 제2해병사단은 쿠웨이트시를 봉쇄 중입니다. 문은 닫혔습니다. 이라크군이 도망칠 길은 없습니다. 다만 민간인과 민간차량은 통행이 가능합니다. 지나갈 수 없는 것은 전차와 야포 같은 무기뿐입니다."

지금까지의 전과에 대해서는 "다국적군은 지금까지 이라크군 29개 사단을 무력화 시켰고, 당초 이라크군이 보유한 4,000대가 넘는 전차는 현재 3,000대 이상이 파괴되거나 포획되었습니다. 추가로 격파한 전차 수는 700대 이상입니다. 이 전과는 현재 전투 중인 공화국 수비대에 대한 전과라 생각해 주십시오. 포로는 확인된 수효만 5만 명 이상입니다."라고 답했다.

슈워츠코프가 최대의 공격목표로 삼은 공화국 수비대와의 전투는 다음과 같이 말했다.

"공화국 수비대와의 전투는 사격과 기동을 반복하는 전형적인 전차전이었습니다. 하지만 악천후 속에서 치러져 기술력의 격차가 승패를 가른 전투

이라크군 최대의 보급간선도로인 8번 고속도로를 봉쇄한 다음 동쪽의 바스라를 향해 질주하던 제24보병사단의 기갑부대. 조기 정전으로 길 위에 멈춰 있다.(사진은 정전시의 기갑부대로 생각되며 후방에 전투지원대의 차량이 집결해 있다.)

이기도 합니다. 예를 들어 미군 전차의 조준장치는 비나 연기, 모래먼지 속에서도 적 전차를 발견했지만, 이라크군 전차의 조준장치는 그렇지 못했습니다. 포로가 된 적병의 증언에 의하면, 이라크군 전차들은 아무것도 보지 못한 상태에서 미군 전차에 일방적으로 격파당했습니다. 다음으로 몇 개 사단의 공화국 수비대를 지금 상대하고 있느냐는 질문에는 전부 5개 사단이라고 답하겠습니다. 그리고 어제 1개 사단을 격파했고, 오늘 2개 사단을 격파했습니다. 현재 전투중인 부대는 나머지 2개 사단으로 보입니다."

슈워츠코프가 언급한 어제 격파한 공화국 수비대 1개 사단은 타와칼나 기계화보병사단이었고, 오늘 격파한 2개 사단은 메디나 기갑사단과 네브카드네자르 또는 알 파우 보병사단, 그리고 지금 전투중인 2개 사단은 함무라비 기갑사단과 아드난 보병사단으로 추측되었다.

정전에 관한 질문에 대해서는 "다국적군은 임무를 완수했습니다. 책임을 질 사람들이 정전을 결정

한다면 저 이상으로 기뻐할 사람은 없습니다."라며 전쟁은 이미 끝났다는 뉘앙스로 답변했다.

슈워츠코프가 기자회견에서 한 발언을 보면 전장에서 멀리 떨어진 리야드의 사령부에서 지도를 보며 지휘하는 사령관과 불타는 이라크군 전투차량이 불타고 시체가 굴러다니는 전장에서 지휘하는 군단장 프랭크스 사이에 얼마나 큰 인식 차이가 있는지 알 수 있다.

슈워츠코프는 이미 승패는 결정되었고, 전장에 남아 있는 이라크군은 독안의 쥐 신세라고 생각했지만, 현장 지휘관인 프랭크스는 공화국 수비대가 여전히 건재하며, 휘하의 각 사단과 격렬하게 전투중인 상황으로 인식하고 있었다. 공화국 수비대를 철저히 섬멸하기 위해서는 '기갑의 주먹'으로 양익을 포위해 퇴로를 봉쇄할 필요가 있었고, 그러기 위해서는 시간이 필요했다.

하지만 슈워츠코프와 프랭크스는 서로 의도적으로 대화를 피했다. 슈워츠코프는 리야드의 사령부에 앉아서 중부군 육군사령관 요삭 중장을 통해

서만 연락했다. 이런 방식으로는 상대방에게 100% 정확히 의도를 전달할 수 없고 시간도 낭비하게 되며, 급속히 변화하는 전장 상황에 대해 쌍방 간에 큰 인식차이가 발생하게 된다.

먼저 2월 27일 저녁부터 28일에 걸쳐 중부방면의 전황과 주요부대의 움직임을 알아보자.

이라크군의 퇴로를 봉쇄하기 위해 전력질주한 제24보병사단 (2)

제18공수군단의 주공인 제24보병사단은 공화국 수비대를 바스라 남부지역(바스라 포켓)에 몰아넣기 위해 양익에 제1여단과 제2여단을 전개하고 8번 고속도로에서 바스라를 향해 진격했다. 제197여단이 서쪽의 탈릴 공군기지를 공격했고, 저녁 무렵부터 폭 50㎞의 작전구역 정면으로 1개 사단, 800대 이상의 전투차량이 동쪽을 향해 달려갔다.

도로의 양측에는 공화국 수비대의 잔존 부대(함무라비, 네브카드네자르, 알 파우)가 흩어져 있었지만, 맥카프리 소장은 선두의 부대에게 마주치는 모든 이라크군을 무시하고 동쪽으로 달리라고 명령했다. 선두의 브래들리 보병전투차와 에이브럼스 전차는 시속 40마일(64㎞)로 거침없이 질주했고, 이라크군 포병이 도로 위의 미군 기갑부대를 향해 포격을 시도했지만, 이동속도가 빨라 제대로 공격할 수 없었다. 선두부대는 명령대로 공격해 오는 이라크군만 공격하고, 나머지는 후속부대에 맡긴 채 지나쳤다. 사단 본대는 잘리바 공군기지 동쪽에서 이라크군의 보급기지(130개소의 탄약고)를 발견하고, 이곳을 제압하여 5,000명이 넘는 이라크군 포로를 잡았다.

제24보병사단은 이라크군을 빠른 속도로 추격했지만, 바스라 포켓에 몰아넣는 데는 시간이 좀 더 필요했다. 이에 럭 군단장은 맥카프리 소장의 제24보병사단에 군단 예비대의 제18야전포병여단과 아파치 공격헬리콥터 대대(제12항공여단)를 배속시켜 야간에 철수 중인 이라크군 부대를 공격하게 했다.

제24보병사단은 9개 포병대대 소속 M109 155

㎜ 자주포와 M198 곡사포 132문, MLRS 다연장 로켓 54대, M110 203㎜ 자주포 48대를 보유했으며, 작전구역 1㎞ 당 평균 4.7문의 포를 전개했다. 포병은 27일 오후 6시 00분부터 28일 오전 5시까지 이라크군을 분쇄하기 위해 지속적으로 포격을 실시했다.

맥카프리 소장은 제197여단이 도착하자 제1여단 후방 6마일(약 10㎞) 지점에 사단 예비대로 배치했다. 맥카프리 소장은 먼저 포병으로 한 시간 동안 준비포격을 실시하고 오전 5시 정각부터 바스라 방면으로 총공격을 실시할 예정이었는데, 이때 예비대인 제197여단을 투입하기로 했다.

슈워츠코프 사령관의 예상과 달리 이라크군의 북쪽 퇴로는 완전히 봉쇄되지 않았다. 그래서 바스라 포켓 일대에는 전력을 유지한 이라크군 부대가 집결중이었으며, 이라크군 야전부대의 저고도 방공망 전력 대부분이 남아있어서 미 공군기들이 전장 상공에 쉽게 접근할 수도 없었다. 27일 오후에는 미 공군 윌리엄 앤드류스 대위의 F-16 전투기가 바스라 남서부 상공에서 공화국 수비대의 지대공미사일 공격을 받아 격추되었다. 앤드류스 대위는 탈출했지만, 착지하면서 다리가 부러지고 말았다. 곧바로 CSAR(Combat Search and Rescue: 전투탐색구조)가 실시되어 현장 인근의 제101공수사단 229항공단 2대대에서 아파치 공격헬리콥터 2대와 블랙호크 헬리콥터 1대가 출동했다.

오후 3시 무렵 출동한 구출팀은 적의 눈을 피해 저공에서 130노트(시속 241㎞)의 속도로 비행했다. 전투기가 격추된 주변지역에는 이라크군 부대가 있었고, 아파치 공격헬리콥터가 블랙호크의 앞뒤로 전개했다. 아파치는 공격헬리콥터답게 무장과 장갑이 충실해 23㎜ 기관포 공격도 막아낼 수 있지만, 수송헬리콥터인 블랙호크는 무장과 장갑이 빈약해 엄호가 필요했다. 당시 블랙호크에는 승무원 4명, 패스파인더스 3명, 그리고 군의관 론다 코넘 소령을 포함해 8명이 탑승했다.

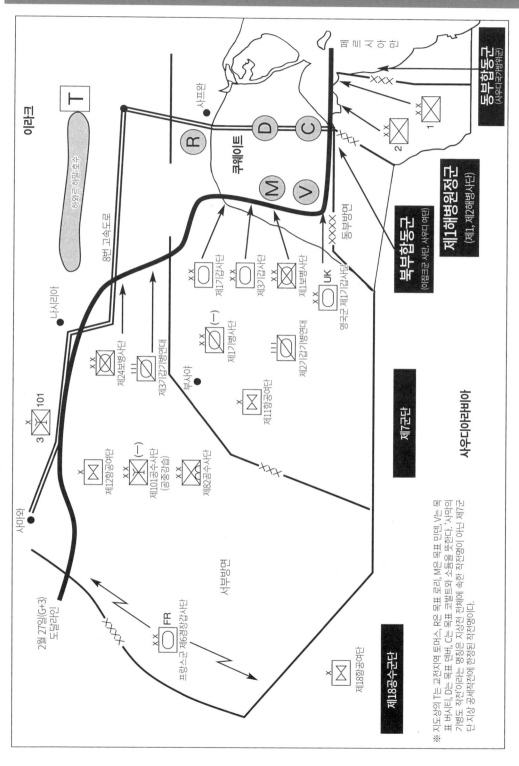

Operation Desert Saber '사막의 기병도 작전' 2월 27일(G+3) **오전 0시의 전황**

※ 지도상의 T는 교전지역 토머스, R은 목표 로리, M은 목표 민텐, V는 목표 버서티, D는 목표 덴버, C는 목표 콜릿트의 소를 못한다. '사막의 기병도 작전'이라는 명칭은 지상전 전체에 속한 작전명이 아닌 제7군단 지상 공세작전에 한정된 작전명이다.

북쪽으로 도주하다 아파치와 포병대의 공격을 받고 파괴된 이라크군 수송트럭 행렬에 가까워질수록 헬리콥터는 이라크군에 들키지 않기 위해 아슬아슬한 높이의 저공으로 내려갔다. 하지만 전장은 불타는 유전의 매연으로 시계가 좁아진 상태였고, 블랙호크는 아무런 전조도 없이 이라크군의 대공포 사격에 노출되었다. 코넘 소령은 자서전에 당시 상황을 다음과 같이 적었다.

"갑자기 녹색 예광탄 불빛이 우리를 향해 날아왔고, '펑펑' 터지는 소리가 들렸다. 아무것도 없던 사막은 갑자기 불꽃과 연기로 가득했다. 도어건 사수 다니엘 스타마리스 하사와 윌리엄 T. 바츠 병장은 지상을 향해 스프레이처럼 기관총을 난사했다. 이라크군의 대공포 소리가 들렸고, 포탄이 테일붐(Tail Boom)과 동체에 맞기 시작했다. 나는 탄이 헬리콥터 바닥을 관통할 수도 있다는 생각도 하지 못하고 바닥에 납작 엎드렸다. 수 피트의 저공으로 날아가고 있었지만, 이라크군의 모습은 보이지 않았다. 다만 예광탄 불빛과 총구의 화염만 보였다." [3]

코넘 소령이 탑승한 블랙호크는 대공포 사격에 노출되지 얼마 지나지 않아 조종불능에 빠져 추락했다. 5명이 전사(로저 P. 플린스키 중사, 바츠 병장, 필립 H. 카베이 일등 준위, 로버트 G. 고드프리니 2등 준위, 팻부비어 E. 오티즈 병장)했고, 코넘 소령과 승무원 두 명은 부상을 입은 채 포로로 잡혔다. 이라크군은 레스번 닐리 상병 이후 두 번째 여군 포로가 된 코넘 소령을 즉시 바그다드로 이송했다.

호위에 실패한 2대의 아파치도 적의 대공포 공격을 받았지만, 방탄장갑 덕분에 무사히 기지로 복귀했다. 편대가 집중사격에 노출된 원인은 이라크군 방공부대가 주둔중인 루마일라 비행장 인근을 지나가는 비행경로였다. 대공사격이 집중된 이상 블랙호크는 격추당할 수밖에 없었다.

다음날 28일 오전 9시 45분, 정전 시각이 지났지만, 미 중부군은 행방불명된 블랙호크 승무원 3명을 찾기 위해 제3기갑연대에 루마일라 비행장 점령

을 명령했다. 오전 10시 47분, 에드워드 J. 오셔너시 중령의 제2기병대대가 비행장을 공격했다.

지뢰제거쟁기를 장착한 M1A1 전차가 울타리를 돌파하자 이라크군의 공격이 시작되었다. 비행장을 방어하는 이라크군은 엄폐호에 차체를 숨긴 T-55 전차와 쉴카 자주대공포, 그리고 중기관총과 RPG로 무장한 보병이었다. M1A1 전차가 적 전차를, 브래들리가 적 보병을 공격해 20분 후 비행장을 제압했다. 이 전투로 T-55 전차 5대, 쉴카 자주대공포 5대를 격파했고 보병 수십 명을 사살하고 165명을 포로로 잡았다. 미군의 피해는 불발탄 폭발로 사망한 병사 한 명이었다. 비행장을 점령했지만 원래 목적인 코넘 중령을 포함한 3명의 미군 포로는 그곳에 없었다. 그들은 3월 초순까지 이라크에 억류당했으며, 이후 공군 조종사 앤드류스 대위와 함께 해방되었다. [4]

이라크군 5개 사단을 격파한 '기갑의 주먹' 양익포위를 완성하기 위한 진격.

27일 오후 9시 00분, 제7군단 좌익(북쪽)인 티렐리 소장의 제1기병사단은 양익포위작전을 위해 2개 기동여단을 제1기갑사단 후방의 PL 라임에서 공격준비를 마친 상태로 대기시켰다. 제1기병사단은 프랭크스 중장이 함무라비 기갑사단을 상대하기 위한 '기갑의 주먹'에 필요하다며 슈워츠코프 사령관과 불화를 일으키면서 가까스로 손에 넣은 귀중한 전력이었다.

제1기병사단은 26일 아침에 프랭크스 중장의 명령을 받자마자 사우디 국경을 넘어 이라크 사막지대를 밤새 달려 27일 오전 11시 00분에 PL 탄제린의 집결지 호스에 도착했다. 2시간 후에는 2개 기동여단이 PL 라임을 향해 전진했다. 조지 H. 하메이어 대령이 지휘하는 좌익의 제1(아이언 호스)여단은 전방에 제8기병연대 2대대(TF)와 제32기갑연대 3대대(TF)를, 후방에 제5기병연대 2대대(TF)와 제82야전포병연대 1대대를 배치한 상자 대형이었다. 랜돌

북쪽으로 도주하다 아파치 공격헬리콥터와 포병대의 공격을 받고 격파당한 이라크군 수송트럭 행렬

프 W. 하우스 대령의 제2(블랙잭)여단은 전방에 제5기병연대 1대대(TF), 양익에 제32기갑연대 1대대(TF)와 제8기병연대 1대대(TF), 후방에 제82야전포병연대 3대대를 배치한 쐐기 대형을 구성했다. 이 두 여단은 공화국 수비대와 싸우기 위해 국경부터 300㎞를 24시간 만에 주파하는 경이적인 진격속도를 보여주었다.(5)

하지만 진로 상에 크리피스 소장의 제1기갑사단이 작전중이어서 날이 밝을 때까지는 움직일 수 없었다. 프랭크스 중장은 공수군단과 제7군단의 경계선을 북쪽으로 변경해 제1기병사단이 우회전진할 수 있도록 중부군 사령부와 교섭을 시도했지만, 군단 규모의 작전구역 변경은 현실적으로 불가능했다. 이라크군을 추격하던 티렐리 소장과 제1기병사단의 병사들은 아군에 가로막혀 싸울 수 없다는 소식에 맥이 빠졌다.

한편 '메디나 능선 전투'에서 승리하는데 큰 역할을 한 제1기갑사단은 제1기병사단의 전방지역에서 메디나 기갑사단과 이라크 육군 중사단의 잔존

부대를 제압하고, IPSA 파이프라인 도로 일대에 설치된 이라크군의 보급기지를 장악하고 있었다. 이 지역에는 수천 대의 트럭과 1,000개소 이상의 연료저장고 및 탄약고가 있는 보급기지가 8개소에 달했다. 밤이 되자 제1기갑사단은 연료와 탄약 재보급을 실시하고 방어진지를 설치한 후, 이라크군이 방치한 차량을 파괴하며 다음 전투에 대비했다.

제1기갑사단의 우측에 있던 제3기갑사단은 좌익에 제2여단과 교대한 제3여단, 우익에 제1여단을 배치한 대형으로 남동쪽을 향해 진격해, 오후 4시 43분에 쿠웨이트 국경을 거쳐 목표 민덴을 향해 전진했다. 코프 중령의 제3여단은 순조롭게 전진했지만, 제1여단은 이라크 영내의 목표 도셋(이라크군 장갑차량 약 100대가 포진) 남쪽지역에 구축된 이라크군의 단단한 방어진지를 제압하는 과정에서 시간을 소모했다. 목표 민덴에 전개중인 이라크군 제10기갑사단의 주력 2개 여단은 야간에 실시된 제11항공여단의 아파치 공격헬리콥터에게 공격을 받고 다수의 장갑차량이 파괴되거나 버려졌다.

오후 7시 00분, 제3여단은 목표 민덴 북측의 제압을 완료했다. 이 전투에서 다니엘 메리트 중령의 제67기갑연대 2대대(TF)는 전차 32대, 장갑차 12대, BRDM 정찰장갑차 4대, 쉴카 자주대공포 1대, 트럭 14대, 야포 1문을 격파하고, 124명의 포로를 잡았다. 당시 2대대가 치른 전투는 크게 두 차례로 구분된다.

하나는 이라크군 전차중대를 상대로 한 전투로, 이라크군 병사들이 차량 위에 모여 있어서 전력이 한눈에 파악되었다. 이라크군의 열세는 명확했고, 메리트 중령은 이라크군이 항복하기를 기다렸다. 하지만 미군을 발견한 이라크군 병사들은 서둘러 전차에 탑승하기 시작했고, 메리트 중령은 적 전차가 반격하기 전에 전부 격파했다.

다른 하나는 대대 정면에서 적외선 서치라이트를 켜고 미군을 탐색하던 기갑부대와의 전투였다. 미군의 야시장비의 성능을 생각하면 이라크군의 적외선 서치라이트는 자신들이 여기 있다고 미군에 광고하는 격이었다. 하지만 미군은 곧바로 공격할 수 없었다. 적 전차 인근에 고장 난 아군 브래들리 한 대가 멈춰 있었고, 승무원들은 밖에 나와 궤도를 수리중이었다. 메리트 중령은 브래들리에 무전을 보내 승무원들은 차내로 피신하고 피아구분을 위해 후미등을 켜라고 명령했다. 잠시 후 대대의 공격이 시작되었고, 이라크군 전차 3대, BMP 2대, 구난전차 1대를 격파했다.[6]

오후 9시 30분, 남동쪽으로 진격하던 제3기갑사단은 전진한계선 PL 키위에 도착했다. 군단이 PL 키위를 전진한계선으로 정한 이유는 북동쪽에서 전진하는 제1보병사단과 충돌하지 않기 위해서였다. 제3기갑사단은 여기서 군단 예비대로 다음날 작전에 대비했다. 다만 제1여단의 목표 민덴 남쪽 제압이 지연되는 바람에 제3기갑사단은 다음날인 28일 오전 1시 15분이 되어서야 목표 민덴 전체를 제압했다. 이 전투에서 제1여단은 전차 60대, 야포 13문, BRDM 정찰장갑차 6대를 격파했다.

제1보병사단은 26일 밤 최대의 격전이었던 '노포크 전투'에서 승리한 후, 휴식도 없이 즉시 북동쪽으로 진격했다. 다음 목표는 쿠웨이트를 남북으로 가로지르는 8번 고속도로였다. 바스라로 이어지는 이라크군 최대의 보급간선도로인 8번 고속도로는 공격 목표 덴버로 설정되었다. 북에서 남으로 제2여단, 제1여단, 제3여단이 늘어섰고, 선봉은 사단 직할인 윌슨 중령의 제4기병연대 1대대 쿼터호스가 맡아 북동쪽에서 돌입했다.

오후 4시 30분, 정찰에 투입된 무장정찰팀(SWT: Scout Weapons Team. 코브라와 OH-58) 헬리콥터가 도로 위에 있는 이라크군 기갑부대를 발견했다. 윌슨 중령은 포프 대위의 A기병중대에 제압을 명령했다. 포프 대위는 제1정찰소대(M3 기병전투차 6대)를 선두로 제2소대(M3 6대), 제3소대(M3 2대, M1A1 3대)와 박격포반(M106 107mm 자주박격포 3대)으로 공격에 나섰다.

오후 4시 50분, 제1소대가 도로 위에 있는 이라크군 차량과 보병을 발견했다. 이라크군 부대는 미군을 보자 북쪽으로 도주하기 시작했다. 제1소대의 브래들리는 TOW 미사일을 발사해 T-55 전차 1대와 BMP 보병전투차를 격파했다. 이 공격을 시작으로 확대된 교전에서 정찰소대는 박격포 엄호사격을 받으며 이라크군 차량을 격파하고 일대를 제압하여 T-55 전차 4대, 장갑차 4대, 쉴카 대공자주포 1대 격파 전과를 올렸다. 주변 건물에 잠복한 이라크군 보병은 M1A1의 주포 사격으로 제압했다.

오후 7시 30분, 이라크군의 저항이 진압되었다. 기병대대가 잡은 포로의 숫자는 처음에는 450명이었지만 점점 늘어나 여명 무렵에는 1,400명을 돌파했다. 포로 중에는 바스라 현지에서 강제 징집된 50~60세의 노인부터 10대 소년까지 섞여 있었다. 전투가 끝난 후, 미군은 바스라 인근의 고속도로들을 완전히 장악했다.[7]

다만 제1보병사단 본대는 프랭크스 중장의 진격 방향 수정(고속도로에 도달하면 일시정지 후, 북상을 명령) 명령을 정지명령으로 착각해 도속도로에 도착하기 전에 부대를 정지시켰다. 그 결과 27일 밤에 고속도로를 점거한 부대는 제4기병연대 1대대뿐이었고, 가장 가까운 제2여단도 고속도로에서 24km나 떨어진 위치에 멈췄다.[8]

군단 최우익에 위치한 영국군 제1기갑사단은 목표 버시티를 제압한 후, 재보급을 받으며 다음 지시를 기다리고 있었다. 오후 8시 30분, 영국군은 프랭크스 중장에게 동쪽으로 야간진격을 하라는 명령을 받고 고속도로 상에 설정된 최종 목표인 코발트와 소듐을 향해 진격했다.

이렇게 제7군단은 2월 27일 밤, 제1기병사단을 제외한 4개 중사단이 '기갑의 주먹'이 되어 쿠웨이트 영내의 이라크군 주력 5개 중사단인 공화국 수비대 타와칼나 기계화보병사단과 메디나 기갑사단, 이라크 육군 제10기갑사단, 제12기갑사단, 제52기갑사단을 격파했다. 이제 남은 것은 함무라비 기갑사단뿐이었다.

지휘관들의 동의 없이 결정된 정전(28일 오전 8시 00분)
양익포위가 무산되어 분노한 프랭크스 중장 [9]

27일 오후 6시 00분, 프랭크스 중장은 전장의 지휘소에서 리야드의 요삭 중장에게 상황을 보고하며, 군단의 각 사단이 진격을 재개해 양익포위를 완성하는 데 2시간 가량이 필요하다고 전했다. 이 시점에서 제7군단 사령부는 최대 목표인 함무라비 사단과 메디나 사단의 잔존부대(1개 사단 정도)가 목표 로리(사프완과 루마일라 유전 사이의 지역)에 위치했을 확률이 높다고 추정하며, 28일 오전 중에 제1기갑사단과 교대한 제1기병사단이 이라크군 주력과 격돌하면 어두워지기 전에 이라크군을 격파할 수 있다고 예상했다. 프랭크스 중장은 이 경우 제1기갑사단의 '메디나 능선 전투'처럼 일방적인 섬멸전으로 흘러갈 가능성이 높다고 판단했다. 따라서 제7군단의 적 주력 섬멸 후, 오후 6시 00분에 양익포위를 완성하고 사프완 북쪽에서 제1기병사단과 제1보병사단이 합류하는 계획을 수립했다.

그런데 오후 9시 30분경, 지휘본부에 다음날 아침 정전(cease-fire)이 성사된다는 정보가 들어왔다. 프랭크스 중장은 예상 외의 사태에 경악했다. 요삭 중장에 연락한 결과 다음날 정전이 될 가능성이 높다는 대답을 돌아왔다. 프랭크스 중장은 자신의 작전이 수포로 돌아간 것에 분노해 요삭 중장에게 불만을 토로했다.

"앞으로 두 시간이면 임무를 완수할 수 있는데 어째서 지금인가? 하루만 시간을 주게, 우리가 원하는 장소에 적을 잡아두고 있어. 이제 처부수기만 하면 된다고."

하지만 사실은 그렇지 않았다. 이후에 드러난 사실이지만, 27일 밤 목표 로리에는 함무라비 사단의 주력부대가 없었다. 주력은 이미 루마일라 유전 북쪽으로 철수한 상태였다. 목표 로리에 있는 이라크군은 쿠웨이트에서 도망친 이라크 육군 사단의 잔존부대였다.

프랭크스와 군단사령부 참모들은 전장에 있었지만 오히려 단편적 정보만을 접했고, 정확한 이라크군의 위치나 전력을 파악하지 못했다. 또한 최전선에 있는 휘하 부대의 보고도 부정확한 경우가 많아 현장에서 입수한 정보만으로 분단위의 작전을 수행할 수는 없었다. 목표 로리에 함무라비 사단이 있다는 착각도 이런 문제의 연장선상에 있었다.

슈워츠코프 사령관은 27일 오후 요삭 중장에게 "공화국 수비대 정리에 얼마나 더 시간이 걸리겠나."라고 질문했다. 요삭 중장은 "하루면 됩니다. 내일(28일) 밤까지 끝내겠습니다."라고 대답했다.

그리고 27일 밤에는 파월 참모의장이 슈워츠코프와 정전시기에 관해 의견을 나눴다. 슈워츠코프는 공화국 수비대 섬멸에 24시간이 더 필요하다는 요삭 중장의 의견을 언급하며 다음과 같이 제안을 했다. "내일 밤을 기해 공격을 중지하면 지상전은 딱 5일 간 치른 셈이니 '5일 전쟁'은 어떻소."

하지만 워싱턴은 더이상의 전쟁은 무차별 학살과 다를 바 없다는 여론에 신경을 곤두세웠고, 파

예상외로 빠른 정전, 미 2개 군단의 포위 실패, 살아남은 이라크군의 철수 성공

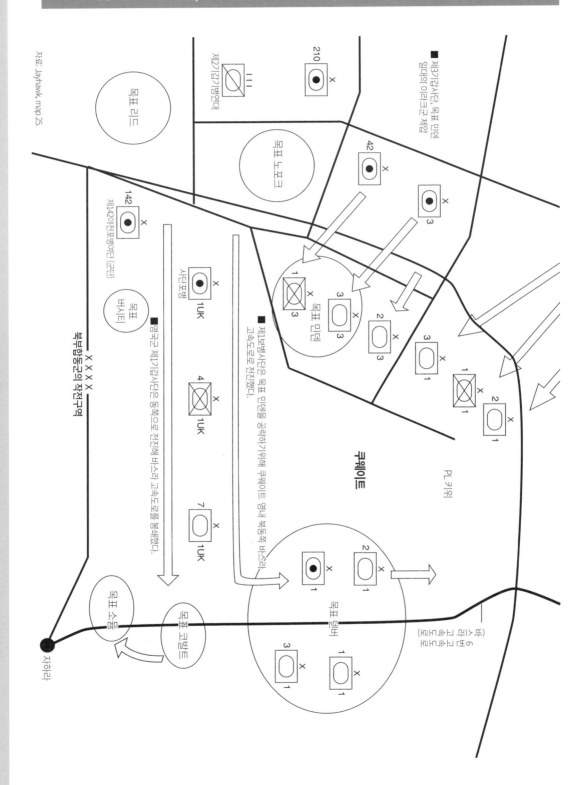

자료: Jayhawk, map 25.

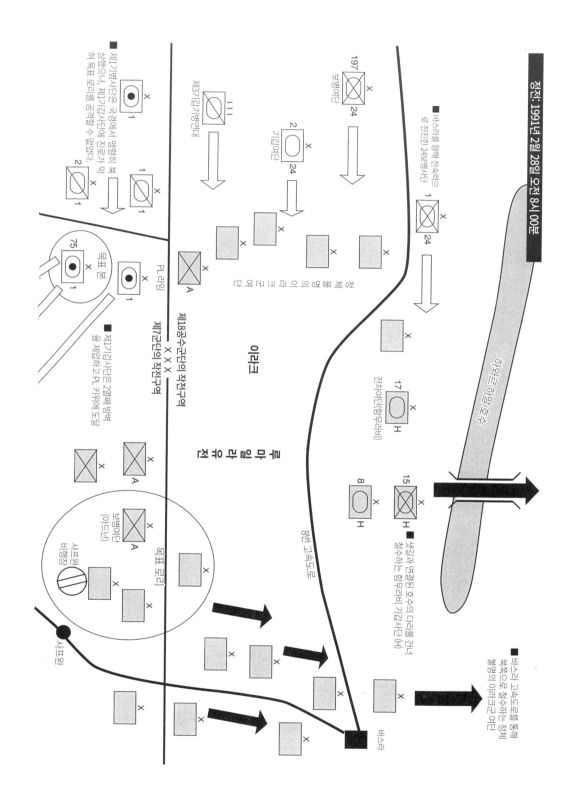

월은 부시 대통령이 오늘밤 9시(리야드 현지 시간으로 28일 오전 9시)에 정전하기를 희망한다고 슈워츠코프에게 말했다. 그러자 슈워츠코프는 사령관이라는 중책의 부담감에서 한시라도 빨리 벗어나고 싶다는 듯, 단숨에 동의했다.

"이의 없네. 이라크군 섬멸이라는 목적은 사실상 달성했으니까. 각 군 사령관들에게 물어는 보겠지만, 정전해도 상관없을 걸세."

하지만 슈워츠코프가 물어본다는 각 군 사령관은 리야드의 중부군사령부의 장성들이었지 전장에 있는 프랭크스나 럭 같은 야전지휘관들이 아니었다. 사령부의 존스턴 참모장은 지금 정전하면 바스라 근방에 집결한 공화국 수비대의 T-72 전차를 포함한 다수의 무기가 부교를 통해 철수할 수 있다고 경고했지만 슈워츠코프는 허용범위 내라며 이 의견을 묵살했다. 결국 조기정전은 기정사실이 되었고 결정된 정전시각은 어감 좋게 '100시간 전쟁(Hundred-Hour War)'이라 이름 붙이기 위해 리야드 시간으로 28일 오전 8시 00분으로 정해졌다.

27일 오후 11시 37분, 요삭은 프랭크스에게 오전 5시에 정전하라는 사령부의 결정을 전달했다. 그리고 수 시간 후, 정전 시각이 오전 8시로 변경되었다고 전하며 두 가지 추가명령을 전했다. 첫째, 정전까지 '가능한 이라크군의 무기를 전부 파괴할 것.' 둘째, 고속도로 북부에 있는 사프완 교차로를 제압할 것 등이었다. 프랭크스는 사프완 교차로 제압의 의도를 몰랐지만, 일단 아파치 공격헬리콥터를 먼저 출격시켰다. 그리고 제1보병사단이 정전 시각까지 사프완에 도달 가능하다고 예상하여 별도의 명령은 내리지 않았다.

오전 7시 00분, 제1기병사단의 티렐리 소장은 프랭크스 중장에게 공격 준비가 완료되었다고 연락했다. 하지만 프랭크스의 대답은 "안됐지만, 타임

오버다."였다. 당시 제1기병사단의 선봉인 제7기병연대 1대대는 바스라까지 16㎞, 함무라비 사단과는 20㎞ 떨어진 지점까지 전진한 상태였다.

제1기갑사단과 제3기갑사단은 고속도로 서쪽 25㎞ 지점에 도착했고, 영국군 제1기갑사단은 쿠웨이트 해안선에 도착했다. 하지만 제1보병사단은 명령전달에 혼선이 발생해 사프완에서 15㎞ 거리에 멈춰 있었다. 슈워츠코프는 사프완 교차로 제압이 완료되지 않은 것에 격노했다.

미국 동부시간 27일 오후 9시 02분(현지시간: 28일 오전 5시 02분), 부시 대통령은 TV연설을 통해 "쿠웨이트는 해방되었고, 이라크군은 패배했습니다. 상정했던 군사목적을 달성한 다국적군은 동부시각으로 오늘 밤 12시를 기해 공격을 중지할 것입니다. 지상전을 개시한지 100시간, '사막의 폭풍 작전'을 개시한지 6주 만에 전쟁은 끝났습니다."

워싱턴에서는 걸프전을 승리로 막을 내렸다며 자축하고 지상작전은 -다소 억지스럽지만- '100시간 전쟁'이라 이름 붙이며 마무리 지었다. 정전선언 결과 제18공수군단은 제101공수사단의 바스라 북부 헬리본 작전과 제24보병사단의 바스라 공격이 중지되었고, 제7군단은 양익포위작전이 중단되면서 덫에 몰아넣은 이라크군을 놓아주고 말았다. 만약 워싱턴 행정부가 살아남은 이라크군의 규모를 파악했다면 서둘러 정전선언을 하지는 않았을 것이다.

잔존 이라크군 전력은 공화국 수비대의 함무라비 기갑사단과 보병사단, 이라크 육군 제51기계화보병사단, 쿠웨이트에서 철수한 중사단의 잔존부대, 그리고 쿠웨이트 북부에 있던 보병사단이었다. 정전명령으로 공격이 중지된 바스라 포켓의 이라크군 전력은 전차 525대, 장갑차량 250대, 그리고 9개 대대 규모의 포병이었다.[10]

참고문헌

(1) Central Command Briefing, Military Review (September 1991), pp96-108.

(2) Robert H.Scales, Certain Victory: The U.S.Army in the Gulf WAR (NewYork: Macmillan, 1994), pp306-308.

(3) ロンダ・コーナム, 宮崎寿子 訳, 'イラク軍に囚われて'(文藝春秋, 1992年), 22~23ページ。

(4) Thomas Houlahan, Gulf War: The Complete History (New London, New Hampshire: Shrenker Military Publishing, 1999), pp269-270.

(5) Jeffrey E.Phillips and Robyn M.Gregory, America's First Team in the Gulf (Dallas, Texas: Taylor P.C., 1992), pp137-141.

(6) Houlahan, Gulf War, pp395-396. and Stephen A.Bourque, JAYHAWK! The VII Corps in the Persian Gulf War (Washington, D.C: Department of the Army, 2002), pp370-372.

(7) 1-4 CAV Operation Staff, "Riders on the Storm", ARMOR (May-June 1991), pp17-18.

(8) Tom Clancy and Fred Franks Jr.(Ret.), Into the Storm: A Study in Command (New York: G.P.Putmam's Sons, 1997), P430.

(9) Clancy and Franks, Into the Storm, pp433-439. and H.Norman Schwarzkopf Jr. and Peter Petre, It Doesn't Take a Hero (New York: Bantam Books, 1992), pp467-472. and Colin Powell and Joseph E. Persico, My American Journey (New York: Random House, 1995), pp521-526.

(10) Houlahan, Gulf War, pp268.

제23장
사프완 정전 회담 - 전과와 피해

지상전의 전과와 피해 - 이라크군 장갑차량 2,574대를 격파한 제7군단 [1]

2월 28일(G+4) 오전 8시 00분, 프랭크스 중장은 전술지휘소에 있는 GPS로 정확한 시각을 확인한 후, 제7군단 전 부대에 정전명령을 내렸다. 만약 밤까지 정전이 연기되었다면 제1기병사단으로 함무라비 기갑사단을 섬멸할 수 있었다는 아쉬움이 남아있었지만, 프랭크스 중장의 제7군단은 제2차 세계대전의 3배에 달하는 전과를 거두며 역사적인 대승을 거두었다.

제7군단은 사막의 악천후 속에서 밤낮을 가리지 않고 작전을 수행해 89시간(24일 오후 3시 00분부터 28일 오전 8시 00분) 동안 이라크 영내 250㎞지점까지 진격했다. 작전의 최종단계에서 프랭크스 중장은 5개 중사단으로 이루어진 '기갑의 주먹' 전술로 정전시간 직전까지 공화국 수비대의 핵심 기갑전력을 섬멸했다. 전투 중 격파한 이라크군은 사단은 11개 사단 이상이었고, 그 가운데 공화국 수비대의 2개

중사단인 타와칼나 기계화보병사단과 메디나 기갑사단도 포함되었다.

지상전 중에 격파한 이라크군의 주요 무기는 전차 1,350대, 장갑차 1,224대, 야포 285문, 방공화기 105기, 트럭 1,229대였고, 포로는 33,161명이었다. 추가로 정전 후 전장에 돌아와 방치된 대량의 이라크군 무기를 해체하는 과정에서 해체된 장비를 포함하면 전차는 1,981대, 장갑차는 1,938대, 야포는 713문에 달한다.

그리피스 소장의 제1기갑사단은 최강의 기갑사단이라는 이름에 걸맞게 '메디나 능선 전투'에서 메디나 기갑사단을 섬멸하는 대전과를 올렸다. 그리고 제3기갑사단의 타와칼나 기계화보병사단 격멸에 조력했으며, 아드난 보병사단의 1개 여단, 제12기갑사단의 2개 여단, 제17기갑사단의 대대 다수, 기타 10개 보병사단 소속 예하부대를 섬멸했다.[2]

최종적으로 제1기갑사단은 지상전 중에 전차 352대, 장갑차 306대, 야포 64문, 방공화기 32기, 트럭 504대를 격파했다. 참고로 제7군단지 제이

워싱턴DC에서 펼쳐진 걸프전 승전 퍼레이드. 선두는 중부군 사령관 슈워츠코프 대장과 참모들.

호크(Jayhawk)에 기재된 전과(종전 후)는 전차 418대, 장갑차 447대, 야포 116문, 방공화기 110기, 트럭 1,211대였다. 전차와 장갑차 격파 전과만큼은 다른 사단들을 확실히 앞섰다. 이는 제1기갑사단이 이라크군의 주력 기갑부대와 격돌해 거둔 성과다.

전투 중 격파한 이라크군 전차 352대의 차종 비율은 불확실하지만, 전투 중 5대의 M1A1 전차가 T-72 전차의 125㎜활강포 공격을 받고, 그 가운데 두 대가 격파되었음을 감안하면 격파한 전차들 가운데 T-72 전차의 비율이 비교적 높았음을 짐작할 수 있다. 목표지점 일대의 이라크군 보급기지들을 제압하는 임무를 수행했으므로 트럭 격파 전과도 1,381대(종전 후 집계)에 달한다.

레임 소장의 제1보병사단은 지상전 3일차부터 적과 교전을 시작한 제1기갑사단과 달리, 24일 첫 날부터 돌파작전을 실시해 지상전 기간인 4일 내내 전투를 계속한 유일한 사단이다. 따라서 포획한 포로가 11,425명(제1기갑사단은 6,684명)으로 다른 사단에 비해 월등히 많았다. 1999년의 자료(Thomas Houlahan, Gulf War: The Complete History) 기준 사단 전차 격파 기록은 257대로 제1기갑사단에 비하면 다소 뒤처진다. 제7군단지 제이호크에 따르면 제1보병사단의 전과는 전차 격파 500대 이상, 장갑차 436대, 야포 170문, 방공화기 205기지만, 이는 정전 후 해체 기록을 포함한 수치이므로 본서에는 반영하지 않았다. 다만 제1보병사단은 제7군단 소속 5개 사단 가운데 가장 다채로운 작전활동(돌파전, 진지소탕전, 전차전, 제압·점령전)을 수행한 사단으로 높게 평가 받아 마땅하다. 여러 임무를 수행한 만큼 전사 19명, 부상 67명의 피해를 입었다. 제1보병사단에서 발생한 전사자는 제1기갑사단의 5배로, 가장 많은 피해를 입은 사단이기도 하다.

제7군단 전체의 병력 손실은 전사 62명(영국군 16명), 부상 257명(영국군 61명)으로 전쟁 규모에 비하면 극히 소규모지만 유족들에게는 큰 희생이었다. 그리고 영국군 사상자 대부분은 미군의 아군 오인사격으로 발생했으며, 이라크군의 공격으로 인한 사상자는 전사 3명, 부상자 11명 뿐이었다.

주요장비 손실은 M1A1 전차 15대(완파 4대), 브래들리 보병전투차 25대(완파 9대, 정찰용 기병전투차 포함)였다. 반면 이라크군의 기갑차량 손실은 2,574대(전차 1,350대, 장갑차 1,224대)였다. 종합 손실비율은 1대 64라는 극단적인 결과가 나왔다.

그밖에 주요 부대의 전과와 손실은 다음과 같다.

맥카프리 소장의 제24보병사단은 제18공수군단의 주공으로 장거리 기동작전을 수행해 이라크군 보급간선도로인 8번 고속도로를 차단하고 공군기지 2개를 제압했다. 하지만 악천후와 습지대에 발이 묶여 공화국 수비대 함무라비 기갑사단을 섬멸하는 데는 실패했다. 전과는 전차·장갑차 도합 363대, 야포 300문 이상, 방공화기 207기, 트럭 1,278대, 포로 5,500명 이상이었다. 기갑차량 격파 전과가 적은 이유는 제24보병사단 작전구역내의 이라크군 기갑부대의 규모가 작았기 때문이다. 야포나 방공화기, 트럭의 격파가 많은 이유도 공군기지 점령과 연관이 있다. 제24보병사단의 최종 손실은 전사 8명, 부상 36명이었다.

다국적군의 서부방면 경계가 주 임무였던 자비에 준장의 프랑스군 제6경장갑사단은 이라크군의 전력 밀집도가 낮은 작전구역을 담당해 상대적으로 적은 전과를 기록했다. 전차 30대 이상, 장갑차 20대, 야포·방공화기 140문, 차량 120대를 격파하고, 전사 2명, 부상 35명의 손실을 입었다. 미 해병대 2개 사단은 지상전 첫날 아침부터 국경선의 이라크군 방어선인 '사담 라인'을 돌파해 이라크 영내로 진격하고, 3일 후 이라크군 주력부대를 격파하고 쿠웨이트시를 포위했다. 마이엇 소장의 제1해병사단은 지상전 중에 전차 285대(정전 후를 포함하면 600대), 장갑차 170대(450대), 포로 10,365명의 전과를 올렸다. 손실(전 기간)은 전사 18명, 부상 55명이었다. 사상자가 많은 이유는 1월말의 이라크군의 반격작전인 '카프지 전투'의 피해도 포함되었기 때문이다. 아군 오인사격으로 11명의 해병이 사망했다.

키스 소장의 제2해병사단은 육군의 타이거 여단을 증원받아 이라크 육군 중사단을 격파하고, 쿠웨이트시 북쪽에 연결된 보급간선도로인 바스라 고속도로를 자하라 부근에서 봉쇄했다. 지상전 전과는 전차 500대, 장갑차 300대, 야포·방공화기 172문, 포로 13,676명이었다. 지상전 개시 첫날부터 이라크 육군 수비병력과 교전해 4일간 전투를 지속한 결과, 규모면에서 육군의 제1기갑사단과 어깨를 나란히 하는 전과를 올렸다.

특히 이라크군 중사단을 상대로 한 전투에서 많은 기갑차량을 격파했다. 이 가운데 타이거 여단의 전과는 전차 181대, 장갑차 148대, 야포 40문, 방공화기 27기, 포로 4,051명이었다. 작전 중에 사살한 이라크군은 263명이었다. 정전 후까지 포함한 제2해병사단의 전과는 전차 610대, 장갑차 485대, 손실은 전사 6명(타이거 여단 2명), 부상 38명(5명)이다.[3]

지상전의 전과와 손실, 28일 정전 당시 살아남은 이라크 지상군의 전력[4]

중부군은 걸프전 최종 보고서(1992년)에서 개전 전 이라크군의 주요 전력을 전차 4,280대, 장갑차 2,870대, 야포 3,110문이라 발표했다. 하지만 CIA가 전후 실시한 정밀분석(정찰위성 화상과 포로 심문) 결과 이라크군 전력이 과대평가되었다는 결론이 나왔다. CIA의 자료를 바탕으로 2월 28일(G+4) 정전 시 살아남은 이라크 지상군의 전력을 살펴보자.

먼저 이라크군이 개전 당시(91년 1월 17일) 전개한 전차는 3,475대였다. 이라크군이 보유한 전차는 5,800대로 이라크군 사령부는 전체 전력의 60%를 전쟁에 투입했다. 그리고 개전 후 다국적군 항공기의 폭격에 1,388대가 격파되면서 전체 전력의 40%를 폭격으로 소실했다고 결론지었다. 이어서 2월 28일부터 시작된 지상전에서 1,245대(전체의 36%)가 격파되었다. 즉 전쟁 중 파괴된 이라크군 전차는 2,633대, 살아남은 전차는 842대(24%)였다.

전과와 손실: 프랭크스 중장의 제7군단 '기갑의 주먹'의 89시간 지상전

■ 제1기갑사단 올드 아이언사이드 (전력: 17,448명, M1A1 전차 360대)

무기	전차	장갑차	야포	방공화기	트럭	포로	손실
지상전 중	352	306	64	32	504	6684	전사: 4명
정전 후	100	191	92	104	877	-	부상: 53명
합계	452	497	156	136	1381	6684	M1A1: 4대 M2A2: 2대

■ 제3기갑사단 스피어헤드 (전력: 17,658명, M1A1 전차 360대)

무기	전차	장갑차	야포	방공화기	트럭	포로	손실
지상전 중	195	203	45	8	241	2552	전사: 8명
정전 후	171	98	22	12	174	-	부상: 31명
합계	366	301	67	20	415	2552	M1A1: 6대 브래들리: 12대

■ 제1보병사단 빅 레드원 (전력: 17,496명, M1A1 전차 374대)

무기	전차	장갑차	야포	방공화기	트럭	포로	손실
지상전 중	257	173	82	33	206	11425	전사: 19명
정전 후	125	200	130	235	435	-	부상: 67명
합계	382	373	212	268	641	11425	M1A1: 5대 브래들리: 8대

■ 영국군 제1기갑사단 (전력: 23,000명, 챌린저 전차 176대)

무기	전차	장갑차	야포	방공화기	트럭	포로	손실
지상전 중	120	90	30	5	50	8000	전사: 16명
정전 후	65	35	160	150	60	-	부상: 61명
합계	185	125	190	155	110	8000	

■ 제2기갑기병연대 세컨드 드래곤즈 (전력: 5,242명, M1A1 전차 129대)

무기	전차	장갑차	야포	방공화기	트럭	포로	손실
지상전 중	161	180	12	6	81	4500	전사: 6명
정전 후	-	-	-	-	-	-	부상: 17명
합계	161	180	12	6	81	4500	브래들리: 3대

■ 제7군단 제이호크 (전력: 146,321명, M1/M1A1/챌린저 전차 1,639대)

무기	전차	장갑차	야포	방공화기	트럭	포로	손실
지상전 중	1350	1224	285	105	1229	33161	전사: 62명
정전 후	631	714	428	553	?	?	부상: 257명
합계	1981	1938	713	658	?	?	M1A1: 15대 브래들리: 25대

자료: Houlahan, Gulf War/Clancy and Franks, Into the Storm.

미 본국 항구에 도착한 M1A1 전차와 M88A1 구난전차

본국 귀환을 위해 사우디 담맘항에 집적된 제7군단의 기갑차량

공화국 수비대의 T-72 전차는 350대가 남았다고 추정했으나 전후(1999년)의 보고에 따르면 650대가 남았다. 원 보유규모가 1,350대, 추가생산분이 없다고 가정하면 지상전 중 파괴되거나 유기된 T-72 전차는 700대로 전체 전력의 절반이 된다.[5]

그리고 장갑차는 이라크군의 전체 보유 차량 11,200대 중 3,080대로 28%가 전쟁에 투입되었다. 장갑차들은 이라크 국내 치안유지부대에서 대량 운용했고, 가동불가 상태의 전차나 장갑차도 많아서 보유규모에 비해 전투에 투입되는 비율이 작았다. 장갑차는 개전 후 폭격에 929대(전체 30%)가, 지상전에서 739대(24%)가 격파되었다. 전쟁 중에 이라크군이 잃은 장갑차는 총 1,668대였다. 잔존 장갑차는 1,412대(46%)로 전차에 비해 장갑차는 손실이 적었다. 전후 확인된 BMP 보병전투차는 800대로 최대 850대가 전쟁 중 파괴되었다.(전쟁 전 보유규모는 1,650대다)

야포는 3,850문을 보유했고, 그 중 2,475문을 배치했다. 전체 보유 전력의 64%를 투입했으나 규모에 비해 포격정밀도가 떨어져 다국적군 포병 화력에 미치지 못했다. 개전 후 폭격에 1,152문(전체의 47%)이, 지상전에서 1,044문(42%)이 파괴되었다. 전쟁 중에 격파된 이라크군 야포는 도합 2,196문이었고, 살아남은 야포는 겨우 279문(11%) 뿐이었다. 다국적군은 이라크군의 야포를 커다란 위협으로 판단해 집중공격했고, 방어력이 취약한 견인식 야포가 2,000문 이상 격파당했다.

전차 격파에 관해서는 분석을 할수록 다국적군의 보고와 전체 격파 자료가 어긋난다는 사실을 알 수 있다. CIA의 자료에 의하면 지상전에서 파괴한 이라크군 전차의 총수는 1,245대였고, 제7군단의 보고에서는 파괴한 전차가 총수를 상회하는 1,350대였다. 여기에 해병대가 파괴한 785대를 추가하면 2,135대, 해병대와 아랍합동군이 격파한 전차까지 더하면 전쟁 중 파괴한 이라크군 전차의 총수는 2,633대가 되어 폭격으로 격파한 전차를 제외하더라도 전체 전과를 넘어선다. 이는 지상부대가 폭격에 파괴된 전차도 자신의 전과로 보고한 결과일 가능성이 높다. 물론 고의적인 허위보고라 보기는 어렵고, 야간전투의 혼란 속에서 지상군과 공군이 동일 목표를 공격하며 벌어진 착오에 가깝다.

이라크군의 실상
독재자 휘하 군대 특유의 조직적 태만

다음으로 이라크군의 상황을 무기가 아닌 부대·조직 측면에서 살펴보자. 이라크 지상군의 사단은 미군이 파악한 사단만 63개나 되었다.(추가로 전쟁 전 7개 보병사단을 긴급편성했다) 63개 사단 가운데 8개 기갑사단, 4개 기계화보병사단, 50개 보병사단, 1개 특전사단이 있었다. 이라크군은 식민지 시절인 1921년에 영국군이 보호국인 이라크의 치안 유지를 위해 창설한 조직이어서, 제대가 연대가 아닌 여단을 기준으로 구성되는 등 조직 구성과 훈련의 기초 면에서 영국군의 영향을 강하게 받았다. 다만 작전술적인 운용은 독립 후 소련의 군사원조로 획득한 대량의 무기와 군사고문단의 영향이 더 큰 편이다.

이라크군 전투부대의 지휘계통은 극히 단순하다. 총사령부 밑에 7개의 군단사령부가 있고, 각 군단은 대 이란전이나 쿠르드족 반란을 진압하기 위해 이라크 각 지역에 배치되었다. 쿠웨이트 침공 직전에는 제1, 제5군단이 이라크 북부에, 제2, 제4군단이 중부에, 제3, 제7군단이 남부에 배치되었다. 군단의 기본적인 병력은 4개 사단 45,000명 내외이며, 전시에는 추가로 병력이 증강되었다. 군단의 중요한 역할 중 하나는 군수지원이었다. 보급물자는 소련군처럼 군단보급소에 비축했다 각 부대의 소비량에 맞춰 자동적으로 하부 지원대(사단, 여단)에 배포하는 구성을 사용했다.

이라크군 총사령부는 쿠웨이트를 침공한 후, 점령군 전력강화와 국경방어선 구축을 위해 매일 '쿠웨이트 전역'의 보급간선도로로 물자보급과 부대의 증원·교대를 실시했다. 이때 사용된 수송전력은

서둘러 결정된 정전에 공격 기회를 잃은 제1기병사단의 전시 혼성편제

 1st Cavalry Division "First Team"

사단장: 존 H. 티렐리 소장

제1기병사단의 전력
병력: 13,500명

※ 타이거 여단을 해병대에 파견해 2개 기동여단 편성이 되었다.

XX(-)
1

- M1A1 전차 x 240대
- M2/M3 전투차 x 160대
- M109 자주포 x 48대
- MLRS x 9문
- AH-64 공격헬리콥터 x 36대

제1(아이언 호스)여단

제8기병연대 2대대
- 전차중대 x 4

제32기갑연대 3대대(TF)
- 전차중대 x 3
- 보병중대 x 1

제5기병연대 2대대(TF)
- 전차중대 x 1
- 보병중대 x 3
- 대전차중대 x 1

제82야전포병연대 1대대
- M109 155mm 자주포 x 24

제5방공포병연대 4대대 A중대
- 발칸/어벤저/스팅어

※ 제2여단의 대대는 평시에도 혼성편제였다.

제2(블랙잭)여단

제8기병연대 1대대(TF)
- 전차중대 x 3
- 보병중대 x 1

제32기갑연대 1대대(TF)
- 전차중대 x 1
- 보병중대 x 1

제5기병연대 1대대(TF)
- 전차중대 x 2
- 보병중대 x 2
- 대전차중대 x 1

제82야전포병연대 3대대
- M109 155mm 자주포 x 24

제5방공포병연대 4대대 C중대
- 발칸/어벤저/스팅어

사단사령부

항공여단
- 제3항공연대 1대대 (AH-64 아파치 x 18)
- 제227항공연대 1대대 (AH-64 아파치 x 18)

사단포병
- 제21야전포병 A중대 (MLRS x 9)

사단지원단

제7기병연대 1대대

제5방공포병연대 4대대

※ 그밖에 제13통신대대, 제312 MI(역주- Military Intelligence: 군사정보)대대, 제8공병대대

사우디아라비아에 전개 후, 사막에 설치된 사격장에서 포술훈련을 진행중인 제1기병사단의 M1A1 전차부대

걸프전 정전 시점의 이라크 지상군 잔여 전력

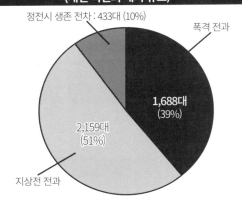

전차 4,280대: 중부군 평가
(개전 직전의 배치 규모)

정전시 생존 전차 : 433대 (10%)
폭격 전과
1,688대 (39%)
2,159대 (51%)
지상전 전과

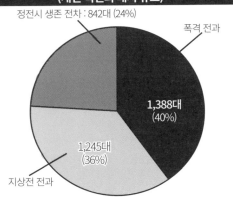

전차 3,475대: CIA 평가
(개전 직전의 배치 규모)

정전시 생존 전차 : 842대 (24%)
폭격 전과
1,388대 (40%)
1,245대 (36%)
지상전 전과

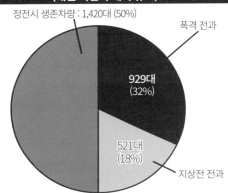

장갑차 2,870대: 중부군 평가
(개전 직전의 배치 규모)

정전시 생존차량 : 1,420대 (50%)
폭격 전과
929대 (32%)
521대 (18%)
지상전 전과

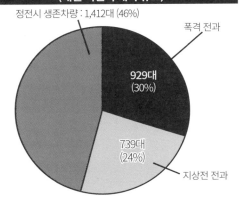

장갑차 3,080대: CIA 평가
(개전 직전의 배치 규모)

정전시 생존차량 : 1,412대 (46%)
폭격 전과
929대 (30%)
739대 (24%)
지상전 전과

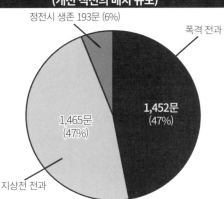

야포 3,110문: 중부군 평가
(개전 직전의 배치 규모)

정전시 생존 193문 (6%)
폭격 전과
1,452문 (47%)
1,465문 (47%)
지상전 전과

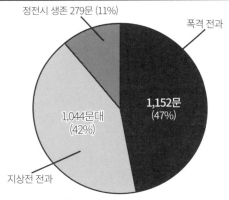

야포 2,475문: CIA 평가
(개전 직전의 배치 규모)

정전시 생존 279문 (11%)
폭격 전과
1,152문 (47%)
1,044문대 (42%)
지상전 전과

※ 중부군 평가는 걸프전 당시(1991년)의 자료, CIA의 평가는 전후(1993년)의 분석결과 기준

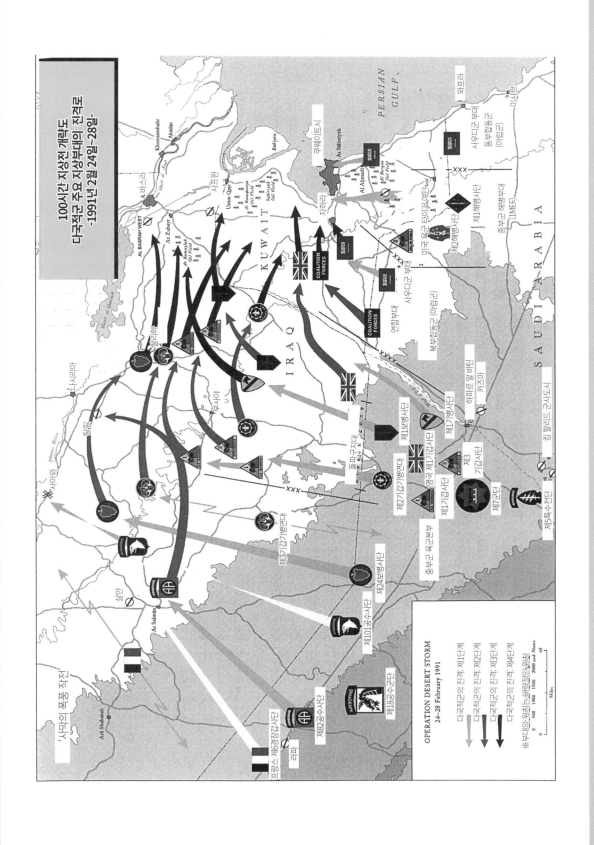

군용 트럭 5만대와 민간징발차량 20만대였다. 그리고 전쟁에 대비해 탄약 32만t을 준비했다.[6]

중부군에서는 이라크군의 63개 사단 가운데 8개 기갑사단, 4개 기계화보병사단, 31개 보병사단 등 43개 사단 54~55만 명을 쿠웨이트 전역에 배치했다고 판단했다. 그리고 미군의 공격으로 36~38개 사단이 무력화되어 5~7개 사단이 남았다고 추정했다. 여기에는 공화국 수비대 중사단 중 유일하게 살아남은 함무라비 기갑사단도 포함되었다.

통계만 보더라도 미국 육군을 중심으로 구성된 다국적군이 100시간에 걸친 지상전에서 압도적 승리를 거뒀음을 알 수 있다. 이라크군은 정면대결에서 미군을 상대하지 못했다. 하지만 지형상의 이점을 점하고, 막대한 무기와 병력을 보유한 이라크군이 쉽게 무너진 원인에는 무기의 성능 이상으로 이라크 내부의 문제들이 작용했다. 특히 독재정권 하의 군대들이 지닌 고질적인 한계가 크게 드러났다.

보통 병력 100만 명 규모의 군이 있으면 군단의 상급조직으로 방면군이 구성되지만, 이라크군은 그렇게 하지 않았다. 반란을 두려워한 후세인이 대규모 전투부대를 한 명의 지휘관이 지휘하는 상황을 용납하지 않았기 때문이다. 앞서 서술한 이라크군 군단 구성을 보면 제6군단이 없는데, 이는 제6군단의 장군이 모반 혐의로 후세인에게 숙청당한 후 남은 공석의 흔적이다. 이 사례만 보더라도 군사집단으로서 이라크군의 구조적 결함을 알 수 있다.

후세인은 군사적 필요성과 합리성보다는 권력집중을 우선시해 통수권을 장악했으며, 독수리와 교차하는 검, 백엽이 수놓인 견장을 단 원수 계급의 정복을 입고 군을 직접 통제했다. 이란-이라크 전쟁 당시에는 2차 세계대전의 히틀러처럼 지휘권을 남용하며 작전적인 결정을 내리곤 했다. 이라크의 국방장관은 육군 대장이 역임했지만, 숙청이 두려워 후세인의 결정에 찬성하는 '예스맨'뿐이었다.

후세인은 군 최고사령관으로는 분명 무능했다. 고도의 군사지식이 필요한 공세작전 수행능력은 전무했고, 실제로 이란-이라크전에서 고착된 전선에서 지리한 소모전만 반복했다. 1986년에는 소모전 와중에 이란 영토를 차지하기 위해 공세를 시도하다 오히려 역습을 당해 이라크 남부 도시 파오를 빼앗겼다. 후세인은 약간의 작전결정권을 이라크군 총사령관에게 부여했지만 지휘관들은 작전이 실패할 경우 닥칠 후세인의 잔혹한 보복이 두려워 적극적인 공세작전은 제안조차 하지 못했다. 결국 이라크군은 8년의 전쟁 기간 동안 대부분을 방어에 허비했고, 공세작전은 전체 기간 중 8개월뿐이었다. 그 결과 이라크 육군의 작전수행능력은 없는 것이나 다름없는 상태가 되었고, 독재자 후세인의 명령에 맹종하는 체질이 되었다. 그리고 그 대가를 걸프전에서 톡톡히 치렀다.

미 중부군 작전계획관은 이라크군의 문제점으로 지휘관들의 작전능력 결여 외에 병사들의 숙련도 부족도 함께 지적했다. 이라크 육군 병사는 대부분 허술한 훈련만 받은 징집병이고, 하사관들도 대우(급료, 지위, 훈련)가 나빴으며, 장교들에게는 최소한의 재량만 허용되었다. 기술적으로는 야간전투능력과 정찰·정보수집력 결여가 문제였다. 미군의 분석에 따르면 이라크군 내에서 다국적군을 상대로 적극적인 공세를 실행할 수 있는 부대는 공화국 수비대와 이라크 육군 제3군단 같은 엘리트 부대뿐이었다. 실제로 걸프전에서 실행한 공세작전은 후세인이 명령한 카프지 공세가 처음이자 마지막이었다.

미군의 작전계획관들은 이라크군 조직이 후세인과 현장 지휘관 사이의 네트워크를 절단하면 전역의 이라크군 부대가 적극적이고 유연한 작전행동을 할 수 없는 상태라고 결론지었다.

지상전을 압승으로 이끈 무적의 M1A1 전차

미군이 걸프전에 대비해 사우디에 가져온 M1 에이브럼스 전차는 120㎜ 활강포를 장비한 M1A1 전차 시리즈가 2,376대, 105㎜ 강선포를 장비

공화국 수비대를 격파하고 지상전을 승리로 이끈 M1A1 전차

미국 워싱턴DC 걸프전 승전 퍼레이드에 참석한 제24보병사단 64기갑연대 1대대의 M1A1 전차.

1대 400	M1A1 전차는 이라크군의 전차를 800대 이상 격파하면서도 손실은 2대에 불과했다.

800대 이상 격파

전장에 투입된 이라크군 전차 3,475대

■ 전쟁 중 M829/M829A1 열화우라늄 포탄(120mm 고속철갑탄) 9,552발 (열화우라늄 48.4t 상당)을 발사했다.

■ 지상전에서 이라크군 전차 800대 이상을 격파했다.

M1A1 전차의 포격

미국 육군 M1A1 전차 2,039대 (M1 전차 120대 포함)

T-72 전차의 포격

타와칼나 기계화보병사단의 T-72

■ 매복전술에 제1기갑사단 37연대 1대대(TF) 소속 D24호차와 C66호차가 배후에서 125mm포 공격을 받아 격파당했다.

M1A1 전차 2대 격파

제1기갑사단의 M1A1

한 M1 전차가 835대로 합계 3,211대였다. 그 중 1,000대 이상이 예비차량으로 보관되었고, 실제 전장에 배치된 전차는 2,039대였다(M1A1으로 교체할 시간이 없어 제1보병사단이 사용한 M1 전차 120대 포함).

M1A1 전차는 전투에서 압도적인 위력을 보여주었다. 강력한 주포로 이라크군 기갑부대를 섬멸했고, 튼튼한 장갑으로 전차포의 직격을 버텨내 전차병은 한 명도 전사하지 않았다. 하지만 단점도 있었는데, 좋은 성능만큼이나 엄청난 연료를 소모하는 가스터빈 엔진으로 인해 연료 보급이 수요량을 따라가지 못해 작전에 지장을 초래하기도 했다.

M1A1 전차의 전과는 다음과 같다. 일단 CIA 자료 기준 지상전에서 격파한 이라크군 전차는 1,245대로, 뉴욕 타임스(2003년 4월 9일자, p.18)에서도 '걸프전에서 1,245대의 적 전차를 격파했고, 손실은 없었다.'고 기재되어 있지만, 이를 전부 M1A1의 실적으로 볼 수는 없다. 지상전 중에 다국적군이 격파한 이라크군 전차 1,245대 가운데 상당수는 영국군의 챌린저 전차, 해병대의 M60 전차, 그리고 아파치 공격헬리콥터의 몫이다.

홀라한(Thomas Houlahan, Gulf War: The Complete History)의 자료에 근거하면 M1A1과 챌린저 전차가 격파한 이라크군 전차 수는 900대 가량이다.[7] 챌린저 전차가 격파한 이라크군 전차는 영국군 제1기갑사단의 자료(전차 격파 수: 120대)를 기준으로 하면 약 100여 대로 추정된다. 따라서 M1A1 전차가 지상전 중에 격파한 이라크군 전차는 약 800대 내외가 된다.

이라크군 전차 격파에 가장 위력을 발휘한 무기는 악명 높은 열화우라늄 포탄(APFSDS: 날개안정식분리철갑탄)이다. 걸프전에 사용된 전차포용 열화우라늄 포탄은 3종류였다. M1 전차용 M900 105㎜ 포탄, M1A1 전차용 M829 120㎜ 포탄과 신형 M829A1 포탄은 도합 233,034발이 전장에 투입되었다. 사용된 포탄의 세부 내역은 다음과 같다.

- M900 포탄: 2,314발 운용. 504발 발사. 열화우라늄 2.14t.
- M829 포탄: 141,247발 운용. 6,700발 발사. 열화우라늄 35.85t.
- M829A1 포탄: 89,473발 운용. 2,348발 발사. 열화우라늄 12.56t.

보급부족으로 인해 위력이 가장 강한 신형 M829A1의 사용량은 M829보다 적었다. 9,552발의 전차포용 열화우라늄 포탄이 이라크군 전차를 향해 발사되었으며, 전장에 뿌려진 열화우라늄 양은 50.55t으로 후일 걸프전 참전군인들을 괴롭힌 걸프전 증후군의 원인 중 하나로 거론되고 있다.*

그런데 열화우라늄 포탄이 실제로 이라크군 전차 800여 대를 격파한 주역인지 의심하게 하는 결과가 전후 미 국방부의 조사로 밝혀졌다. 격파된 77대의 이라크군 전차를 조사한 결과, 공격수단은 HEAT탄 70%, 열화우라늄탄 20%, 기타 10%로 확인되었고, 조사한 이라크군 전차의 차종은 T-55 전차 65%, T-62 전차 17%, T-72 전차 18%였다. 이라크군 전차들은 엄폐호에 매복하고 있어 포탑에 명중한 경우가 많았다.[9]

조사 결과에서 알 수 있듯이 실제 전투에 많이 사용된 포탄은 HEAT탄이지 열화우라늄탄이 아니었다. 일단 M1A1 전차에 적재한 포탄도 열화우라늄탄(15발)보다 HEAT탄(25발)이 더 많았고, 이라크군의 구식 전차는 HEAT탄만으로도 충분히 격파할 수 있었다.

다음으로 M1A1 전차의 피해는 걸프전 최종보고서에 18대로 기재되어 있다. 9대는 아군 오인사격에, 9대는 이라크군 공격에 격파되었지만, 대부분 지뢰 피해였다. 이 보고서가 나온 시점에서는 이라크군 전차의 공격으로 격파된 M1A1 전차는 1대

---

* 걸프전 증후군은 걸프전 참전군인들이 만성피로, 소화 불량, 암 등 다양한 질병을 겪는 현상을 통칭하는 용어로 원인으로 화학무기, 화학무기 방호제와 백신, 열화우라늄, 유전 화재 등이 거론되고 있다. (역자 주)

도 없다고 알려졌지만, 실제로는 제1기갑사단 37연대 1대대(TF) 소속 M1A1전차 2대가 야간 매복 공격으로 약점인 차체 측면과 포탑링에 고속철갑탄을 맞아 격파당했다. 다만 두 차량 모두 전사자는 없었다. 참고로 T-72 전차의 주포 공격을 받은 M1A1 전차는 7대였다.[10]

지상전 중 M1A1 전차와 이라크군 전차의 대결 결과는 M1A1 전차가 이라크군 전차 약 800대를 격파하고, 이라크군이 2대의 M1A1을 격파하여, 교환비는 1대 400에 달했다.

3월 1일(G+5)지상명령 '즉시 비행장을 점령하라'[11]

3월 1일 오전 2시 00분, 슈워츠코프 사령관은 걸프전을 종결할 정전회담 장소에 관해 육군사령관 요삭 중장과 전화로 협의했다. 제1후보지는 제18 공수군단이 점령한 잘리바 공군기지였지만, 미처리된 폭발물이 많아서 회담장으로 사용할 수 없었다. 슈워츠코프는 다음 후보지로 28일 아침 제7군단에 점령하도록 명령했던 사프완 비행장을 거론했다. 슈워츠코프의 샤프완 비행장 점령 명령은 일차적으로는 비행장 주변 고지대에 스커드 미사일 지하격납시설이 있다는 추측 하에, 이를 제압하기 위해 내려졌지만, 동시에 유사시 요인 수송용으로 사용할 비행장을 확보하려는 의도도 있었다.

그런데 여명 무렵 요삭 중장으로부터 사프완 비행장이 점령되지 않았고 주변 일대에 아군 병사가 한 명도 없다는 연락이 왔다. 슈워츠코프는 총사령부의 작전지도를 확인했지만, 거기에는 제1보병사단이 사프완을 점령했다는 마크가 붙어있었다. 노발대발한 슈워츠코프는 요삭 중장에게 다음과 같이 말했다.

"내가 자네에게 제7군단을 사프완 교차점에 보내라고 명령하지 않았나. 어째서 명령을 어겼나. 어째서 제7군단이 사프완을 점령하지도 않았는데 임무를 완수했다고 보고했나? 이유를 문서로 제출하도록. 그리고 당장 사프완을 점령하고 적의 장비를 파괴해서 안전한 회담장소를 확보하도록. 못하겠다면 해병대에 임무를 넘기겠네."

오전 4시 00분경, 요삭은 프랭크스에게 연락을 해 어떻게 된 일인지 물었다. 프랭크스는 사프완을 아파치로 제압했지만, 명령에 혼선이 있어 제1보병사단이 중간에 멈춰 사프완을 점령하지는 않았다고 보고했다. 제7군단 사령부가 확인을 게을리하고 명령서에 명기된 '점령하라(seize)'는 문장을 보지 못한 채 지나쳐 벌어진 실수였다.

날이 밝자 프랭크스는 제1보병사단의 레임 소장에게 사프완 일대 점령을 명령했다.

"전투를 해서는 안 돼. 총알 한 발 쏘지 않고 도시와 비행장을 손에 넣어야 해. 물론 반격은 가능하네."

레임 소장은 알겠다고 대답하고, 곧바로 참모들을 소집해 사프완 점령작전을 수립했다. 먼저 모레노 대령의 제2여단과 제4기병연대 1대대가 투입되어 기병대대가 속공으로 사프완 비행장을 제압하면 여단 본대가 사프완 시가지를 제압하고, 이후 전군이 비행장 일대를 포위하는 작전이었다.

제1보병사단 자료에는 프랭크스가 레임 소장에게 사프완 점령을 명령한 시각이 날이 밝은 후가 아닌 오전 3시 50분이라 기재되어 있다. 그리고 제1보병사단의 정찰부대가 출격한 시각이 오전 3시 이전이었음을 감안하면, 프랭크스는 총사령부에서 정전회담 장소를 사프완으로 결정했음을 어느 정도 예상하고 사프완 점령을 준비한 듯하다.[12]

오전 2시 40분, 기병대대 지휘관 윌슨 중령은 레임 소장으로부터 사프완 비행장을 점령하라는 긴급명령을 받았다. 오전 6시 15분, A, B중대와 2개 헬리콥터중대로 구성된 기병대대는 공격개시선을 넘어 전진, 1시간 후 사프완 비행장에 도착했다. 비행장 북서쪽에는 이라크군 제51기계화보병사단 소속 대대 병력이, 서쪽에는 함무라비 기갑사단 소속 3개 대대가 전개하면서 비행장 주변에 T-72와

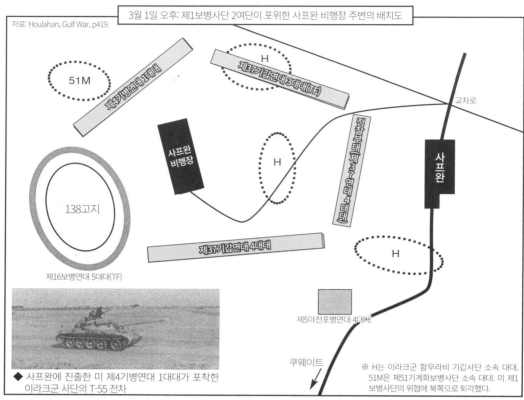

3월 1일 오후: 제1보병사단 2여단이 포위한 사프완 비행장 주변의 배치도

자료: Houlahan, Gulf War, p419.

51M

제4기병연대 1대대

H
제37기갑연대 3대대(TF)

교차로

사프완
비행장

H

정찰부대 제37연대 4대대

사프완

138고지

제37기갑연대 4대대

H

제16보병연대 5대대(TF)

제5야전포병연대 4대대

쿠웨이트

◆ 사프완에 진출한 미 제4기병연대 1대대가 포착한
이라크군 사단의 T-55 전차

※ H는 이라크군 함무라비 기갑사단 소속 대대.
51M은 제51기계화보병사단 소속 대대. 미 제1
보병사단의 위협에 북쪽으로 퇴각했다.

미군 기갑부대는 정전 후 바스라 남쪽으로 진출했다.

3월 1일 사프완 주변에 전개한 함무라비 기갑사단의
T-72 전차부대. 정전 후, 함무라비 사단은 미군
기갑부대가 접근해 오자 북쪽으로 퇴각했고, 일부
여단은 3월 3일에 제24보병사단과 교전했다.

지되어 있었다. 하지만 함무라비 사단에 소속된 일부 여단의 자존심만 높은 지휘관들은 이를 무시한 채 샛길을 지나가려 했고, 그 과정에서 일대를 방어 중인 미군 제24보병사단과 충돌했다.

오전 2시 30분, 샛길의 입구지역을 감사하던 제1여단 7보병연대 2대대(TF) 소속 정찰대가 본부에 이라크군 차량이 집결해 샛길 입구지역을 향해 북상하고 있다고 보고했다. 여단장 르모인 대령은 이라크군의 대규모 이동이라 판단해 사단사령부에 헬리콥터부대와 포병 증원을 요청했다. 그리고 르모인 대령은 맥카프리 소장과 이라크군이 돌파공격을 시도할 경우 대응책을 의논했다.

상황 파악을 위해 날이 밝기를 기다리던 코브라 공격헬리콥터 중대가 출격했다. 출격한 코브라에는 사단 항공여단 지휘관 바트 테카베리 대령도 탑승했다. 코브라 부대는 샛길을 따라 비행했다. 이라크군을 육안으로 확인할 수 있는 위치까지 접근한 테카베리 대령은 이미 제7보병연대 2대대(TF)의 전방을 통과한 이라크군 차량행렬을 발견했다. 차량행렬은 약간의 기갑차량이 포함된 각종 트럭 약 200대로, 하와르 하말 호수 건너편으로 건너간 상태였다. 호수 건너편은 사단 방어구역 밖이어서 공격할 수 없었다. 하지만 테카베리 대령은 후속해 오는 다른 차량행렬을 발견했다. 이 차량행렬은 약 100대의 기갑차량과 약 500대의 트럭으로 구성된 대집단으로 호수의 샛길 입구까지 이어진 다이아몬드형 도로망을 통해 북상중이었다.

테카베리 대령은 확성기를 탑재한 OH-58 정찰 헬리콥터를 보내 이라크군 차량행렬에 정지하라고 명령했다. 하지만 이라크군은 이 경고를 무시하고 계속 이동했다. 테카베리 대령은 코브라 공격헬리콥터의 20㎜ 발칸으로 차량행렬 전방에 위협사격을 지시했다. 하지만 "대령님. 놈들이 멈추지 않습니다."라는 응답이 돌아왔다. 두 번째 위협사격은 TOW 미사일을 쏘기로 했는데, 테카베리 대령은 "맞추지 말고 좀 더 전방을 노려."라며 신중을 기했

다. 하지만 이번에도 이라크군은 경고를 무시하며 계속 이동했고, 결국 선두 차량을 TOW 미사일로 공격해 차량행렬을 멈춰 세웠다.

"굉장한 광경이었다. TOW 미사일에 명중한 탄약수송트럭이 뚝방길 위에서 30분에 걸쳐 계속 폭발했다. 이 트럭 한 대 때문에 150~200대에 달하는 이라크군 차량의 발이 묶이면서 공격헬리콥터 기병중대는 차량행렬 봉쇄에 성공했다."고 테카베리 대령은 당시 상황을 설명했다.

이어서 맥카프리 소장은 2개 포병대대와 1개 MLRS 대대에 제압사격 준비를 지시했다. 표적은 샛길에 이어진 도로 위에 늘어서 있는 이라크군 차량행렬이었다. 먼저 차량행렬을 봉쇄하기 위해 제41포병연대 1대대의 존 플로리스 중령이 지뢰살포탄(FASCAM: Family of Scatterable Mines) 사용허가를 요청했다. 지뢰살포탄은 확산탄(DPICM)이 자탄을 뿌리듯 지뢰를 살포하는 포탄으로, 내장된 지뢰는 소형(대인, 대전차용은 별도 발사)이지만 차량의 바퀴와 궤도를 파괴하거나 보병을 살상하기에는 충분했다.

하지만 이 신무기는 사용되지 않았다. 포병은 확산탄과 MLRS의 로켓 공격으로 이라크군 차량행렬을 직접 타격해 도로를 봉쇄할 계획이었으므로 지뢰살포탄을 사용할 필요가 없었다.

샛길이 포격으로 봉쇄된 후, 톰 스튜어트 중령의 제24항공연대 1대대 아파치 공격헬리콥터 중대가 샛길 상공에 나타났다. 아파치 공격헬리콥터는 이라크군 병사들이 차량에서 도망칠 시간을 준 후, 107발의 헬파이어 미사일을 발사(5발 외에 전탄 명중)해 차량들을 격파했다.

오전 10시 45분, 포병과 아파치의 공격이 끝나고 르모인 대령은 크래덕 중령의 제64기갑연대 4대대(TF)에 교전지역의 이라크군을 일소하라고 지시했다. 대대가 북상하면서 지나는 지역은 파이프망과 원유펌프기지가 모여 있어서 지면이 질척거렸다. 샛길 일대에는 3개의 도로가 나란히 북쪽으로 뻗어 있는 다이아몬드형 도로망이 형성되어 있었다. 대

T-55 전차, MTLB 장갑차, 쉴카 자주대공포 등을 배치했다.

오전 9시 00분, 좌익의 A기병중대가 이라크군 대령과 접촉했다. 중대장 포프 대위는 일대의 이라크군 부대에게 즉시 철수를 권고했다. 하지만 이라크군 대령은 상부의 명령 없이 철수할 수 없다며 "자네들이 이라크 영토를 침범한 걸 알고 있나!"라고 오히려 위협했다. 포프 대위는 정전회담 장소 경비를 위해 이곳에 왔다고 설명했지만, 이라크군 대령은 납득할 수 없다며 돌아갔다.

오전 10시 20분, 다시 이라크군 대령이 나타났다. 하지만 여전히 상부의 명령 없이는 철수할 수 없다고 말했다. 그 때, 미 공군의 A-10 지상공격기 2대가 머리 위로 지나갔다. 포프 대위는 철수하지 않으면 폭격이 시작될 거라며 이라크군 대령을 협박했고, 그제야 이라크군 대령은 부하들에게 북쪽으로 철수하라고 명령했다.

한편 우익의 B기병중대는 함무라비 기갑사단의 대대장(중령)과 교섭중이었다. 공화국 수비대 중령으로 위세를 부리던 이라크군 대대장이 처음으로 한 말은 "어째서 이라크의 영토에 있는 건가. 길이라도 잃어버렸나."였다. 그리고 상부의 명령 없이는 철수할 수 없다고 빌스 대위에게 답했다. 빌스 대위는 지금까지 포로들에게 하듯이 주변의 이라크군 병사들에게 MRE(전투식량)를 나눠주며 분위기를 풀어보려고 했지만, 중령은 "사담께서 충분한 식량을 보내주고 계시다."라며 거부했다. 기병대대의 윌슨 중령도 철수하라고 강력히 권고했지만, 공화국 수비대의 중령은 철수 권고를 거부하며 부하에게 명령해 T-72 전차 2대의 주포를 미군 차량에 겨누게 했다. 이에 윌슨 중령은 아파치 공격헬리콥터를 호출해 언제든지 아파치로 공격할 수 있다고 협박했다. 공화국 수비대 중령은 상공에 떠 있는 아파치 공격헬리콥터를 보고 결국 30분 후 이동하기로 합의했다. 그렇게 정오 무렵 비행장 주변의 이라크군은 전부 바스라 방면으로 퇴각했다.

모레노 대령의 제2여단은 사프완 교차로를 지키는 공화국 수비대를 M1A1 전차 50대, 브래들리 보병전투차 3개 보병중대, 아파치 공격헬리콥터 부대로 포위해 위협을 가했다. 모레노 대령은 "내 부하들은 싸우고 싶어서 안달이 나 있다."며 협박했고, 교차로의 공화국 수비대도 퇴각했다. 이렇게 오후 4시 00분에는 사프완의 비행장, 시가지, 교차로, 스커드 미사일 시설이 있다고 추정되던 138고지까지 제1보병사단이 완전히 제압했다.

그날 저녁, 슈워츠코프 사령관은 사프완 비행장을 무혈점령하는 수훈을 세운 제1보병사단의 레임 소장에게 전화를 했다. 임무 완수에 대한 칭찬과 함께 회담 당일 이라크군 대표단을 호위하는 역할을 맡기면서 정전회담장의 분위기 연출에 대해 설명했다.

"이라크군 대표단이 도착하자마자 겁을 잔뜩 집어먹게 만들고 싶네. 최신형 전차와 장갑차를 전투태세로 비행장까지 이어진 도로에 쭉 세워놓게." 슈워츠코프의 아이디어에 레임 소장은 "무엇을 원하시는지 잘 알겠습니다."라고 대답했다.

3월 2일(G+6)루마일라 유전의 충돌 '제24보병사단 vs 함무라비 기갑사단[13]

프랭크스 중장의 제7군단은 정전이 서둘러 결정되는 바람에 아쉽게 최후의 목표인 함무라비 기갑사단을 놓쳤다. 만약 2월 28일 작전대로 전투가 벌어졌다면 '메디나 능선 전투'처럼 함무라비 기갑사단을 섬멸할 수 있었다. 이라크군을 추격하던 도중 작전이 중지된 제24보병사단의 맥카프리 소장도 같은 처지였다. 다만 맥카프리 소장에게는 이 아쉬움을 달랠 기회가 예상보다 빨리 찾아왔다.

정전 후 2일이 지난 3월 2일, 피해 없이 살아남은 함무라비 기갑사단은 루마일라 유전 북부 하와르 하말 호수를 가로지르는 샛길 입구에 집결했다. 다국적군과 이라크군은 정전한계선을 정했지만, 샛길의 입구는 선 안쪽이어서 이라크군의 통과가 금

정전 후(3월 2일)에 발생한 '루마일라 유전 충돌' 제24보병사단 vs 함무라비 기갑사단

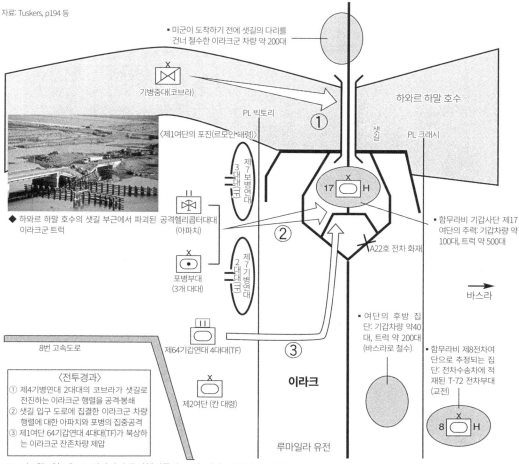

자료: Tuskers, p194 등

- 미군이 도착하기 전에 샛길의 다리를 건너 철수한 이라크군 차량 약 200대

기병중대(코브라)

하와르 하말 호수

PL 빅토리

〈제1여단의 포진(르모안·태령)〉

◆ 하와르 하말 호수의 샛길 부근에서 파괴된 이라크군 트럭

공격헬리콥터대대 (아파치)

제7보병연대 3대대(-)

제7기병연대 2대대(-)

포병부대 (3개 대대)

샛길

PL 크래시

17 H

A22호 전차 화재

- 함무라비 기갑사단 제17 여단의 주력: 기갑차량 약 100대, 트럭 약 500대

바스라

제64기갑연대 4대대(TF)

8번 고속도로

- 여단의 후방 집단: 기갑차량 약40대, 트럭 약 200대 (바스라로 철수)

- 함무라비 제8전차여단으로 추정되는 집단: 전차수송차에 적재된 T-72 전차부대 (교전)

〈전투경과〉
① 제4기병연대 2대대의 코브라가 샛길로 전진하는 이라크군 행렬을 공격·봉쇄
② 샛길 입구 도로에 집결한 이라크군 차량 행렬에 대한 아파치와 포병의 집중공격
③ 제1여단 64기갑연대 4대대(TF)가 북상하는 이라크군 잔존차량 제압

제2여단 (칸 대령)

이라크

8 H

루마일라 유전

1991년 3월 2일, 제24보병사단의 공격헬리콥터, 포병, 기갑부대가 함무라비 기갑사단의 차량행렬을 철저히 파괴했다.

◀ 샛길을 향해 북상하는 제1여단 64기갑연대 4대대(TF) 소속 전차들. 하와르 하말 호수의 샛길을 통해 북쪽으로 철수하려는 함무라비 기갑사단과 추격하는 제24사단이 충돌했다.

'루마일라 유전의 충돌': 함무라비 기갑사단의 차량 600대 격파

하와르 하말 호수에 이어진 도로 위에서 파괴된 함무라비 기갑사단의 전투차량. BMP-1 보병전투차, MTLB 장갑차, T-55 전차. 잔해들이 화재로 검게 그을려 있다. 차량들은 도망칠 틈도 없이 아파치 공격헬리콥터의 헬파이어 미사일 집중공격을 받았다. 미군은 107발을 발사해 102발을 명중시켰다고 기록했다.

1991년 3월 1일에 미군 정찰기가 촬영한 루마일라 유전 북부에 집결한 함무라비 기갑사단의 T-72 전차부대. 집결지는 도로 옆에 설치된 모래방벽으로 구획별로 나뉘어 있다. 다음날인 3월 2일에 함무라비 사단은 북상을 개시해 미 제24보병사단과 하와르 하말 호수의 샛길에서 충돌했다. 함무라비 기갑사단의 여단은 T-72 전차 134대, BMP 보병전투차 39대, BRDM2 정찰장갑차 30대를 보유했다.

대는 코브라 중대를 우익에, 언빌과 마이크 중대를 중앙에, 올 비프 중대를 우익에 배치해 전진했다.

"전 부대는 들어라. 교차점을 제압한다. 먼저 언빌 중대가 전진. 언빌과 코브라 중대가 양익을 수색. 이라크군의 모든 군용차량을 파괴하고, 포로와 부상자를 수용하라." 크래덕 중령은 무전으로 명령했다. 로스 대위의 언빌 중대는 3개 소대를 쐐기대형으로 배치해 공격에 나섰다.

언빌 중대의 전차가 철도선로를 넘어설 때, 로스 대위는 길가에 유기된 다수의 트럭과 BRDM 정찰장갑차를 발견했다. 샛길에 들어서도 계속해서 유기된 차량이 늘어서 있었다. 선두의 제2소대가 도로 옆에 있는 트럭을 공격하자, 탄약을 적재한 트럭들이 굉음을 울리며 폭발했다. 로스 대위는 무전으로 사격에 주의할 것을 명령했다.

"트럭에 탄약이 실려 있으니 전투차량만 사격하라. 사격 후에도 주의하도록."

어느새 언빌 중대는 탄약을 가득 실은 이라크군 트럭 대열 한가운데 있었다. 공격해 오는 이라크군이 없더라도 충분히 위험한 상황이었다. 제2소대는 도로 끝에서 멈춰 있는 T-72 전차, BMP 보병전투차와 교전을 벌였다. 포격으로 수 대의 BMP가 불타올랐고, 그 불길이 트럭에 옮겨 붙었다. 그리고 제2소대가 불타는 트럭 옆을 지나는 순간 대폭발이 일어났다. 폭발 충격은 200m 떨어진 로스 대위의 전차까지 전해졌다. 로버트 V. 앤드류스 소위의 제2소대는 화염과 연기에 휩싸여 보이지 않았다.

"사격중지. 전 부대 사격중지. 여기는 타스커6, 대기하라." 크래덕 중령은 아군 오인사격이 발생한 줄 알았다.

"여기는 언빌6. 이쪽에서 대폭발이 일어났다. A22호 전차에 화재가 발생한 것 같지만 정확한 상황은 불명이다." 라고 로스 대위가 보고했다.

탄약수송트럭 주변은 폭발과 함께 맹렬한 화염이 치솟았다. 화염은 지나가던 A22호 전차의 차체에 옮겨 붙었다. A22호 전차의 전차장 리알 스트라병장은 화재를 진압할 수 없다고 판단해 승무원들에게 탈출 명령을 내렸다. 탈출한 승무원 중에 피를 흘리는 사람도 있었다. 불이 붙은 탄약수송트럭들이 계속 폭발했다.

A22호 전차 뒤로는 동료 전차 4대가 멈춰서 있었다. 존 W. 노리 중사는 인터컴으로 모든 해치를 닫으라고 명령했다. 그가 "해치를 닫아. 조심해."라고 외치는 것과 동시에 A22호 전차가 폭발했다. 포탑 위로 포탄이 튀어나오는 모습이 보였고, 이어서 연기가 분출되었다. 다행히 승무원들은 A24호 전차에 구출되었다. 전차장은 머리를 다쳐 피를 흘리고 있었고, 조종수 켄 이겔 일병은 손과 무릎에 부상을 입은 채 연기에 얼굴이 시커멓게 검댕을 덮어썼다. 다른 두 명은 무사했다.

길을 막고 있는 파괴된 A22호 전차는 앤드류스 소위의 전차가 길 밖으로 밀어냈다. 소화기로 전차 겉의 불은 껐지만 내부의 화재까지 진압하지는 못했다. 언제 남은 포탄이 유폭을 일으킬지 알 수 없으므로 미리 폭파시키기 위해 A31호 전차가 포탑 우측 후방을 주포로 2회 사격했지만 유폭은 일어나지 않았다.

이후, 함무라비 사단의 차량을 계속 격파하여 오후 3시 00분에는 소탕작전을 마쳤다. 파괴한 차량집단 외에도 후방에 다른 차량집단이 있었지만, 그들은 순순히 바스라로 물러났다.

제24보병사단 1여단이 '칠면조 사냥'이라 부르는 일방적인 전투가 끝난 후, 샛길 일대에 파괴된 채 줄줄이 늘어선 함무라비 사단의 차량에서 연기가 피어올랐다. 전과는 전차 31대(T-72 24대, T-55 7대), 장갑차 49대(BMP 43대, MTLB 5대, 프랑스제 AMX-10 보병전투차 1대), BRDM 정찰장갑차 15대, BM-21 자주로켓 9대, 야포 34문, 쉴카 대공자주포 1대, 차량 417대(트럭 377대, 지프 40대), 프로그 자주로켓 6대였다.

수백 명의 이라크군 병사가 죽었지만, 훨씬 많은 병사들이 차량을 버리고 바스라 방면으로 도주했고 사막에는 그들의 발자국이 수없이 찍혔다. 반면 제24보병사단의 피해는 부상 2명, 브래들리 1대 파손, M1A1 1대 완파(탄약트럭 폭발에 의한 화재)였다.

전투 후, 르모인 대령은 "내 아버지는 제2차 세계대전에서 전차병으로 싸우셨지만, 나는 오늘 보병으로 아버지보다 더 많은 전차를 격파했다."라고 말하며 기뻐했다.

'루마일라 유전의 충돌'은 그야말로 '메디나 능선 전투'의 재현이었다. 다만 불가피한 전투라고 하나, 그 당위성에는 의문의 여지가 있다.

3월 3일(G+7): 사프완 정전회담[(14)]

3월 3일 오전 9시 30분, 슈워츠코프 사령관을 포함한 다국적군 대표단을 태운 C-20 걸프스트림 제트기가 쿠웨이트 국제공항에 착륙했다. 연단에는 프랭크스 중장이 복잡한 표정으로 서 있었다. 프랭크스의 자서전에서는 3월 2일 밤 요삭 육군사령관으로부터 "사령관께서 자네가 사프완 정전회담에서 수행해 주기를 바라시네."라는 연락을 받았다. 그런데 슈워츠코프의 자서전에서는 이 부분에 대해 약간 뉘앙스가 달랐다. 사프완은 제7군단의 관리 하에 있었으므로 프랭크스에게 회담장 호위를 맡겼다고 주장했다. 혹은 요삭이 전쟁 중 갈등을 빚은 두 사람을 화해시키기 위해 자리를 마련했을 가능성도 있다.

슈워츠코프는 프랭크스가 준비한 블랙호크 헬리콥터를 타고 사프완으로 향했다. 요삭은 두 사람이 갈등(제7군단의 느린 진군속도, 너무 이른 정전, 사프완 미점령 건 등)을 풀기를 기대했지만, 그 일에 대해서는 둘 다 말을 꺼내지 않았다. 다만 슈워츠코프는 자서전에서 '나도 제7군단의 느린 진군속도에 대해 너무 지나친 언사를 했다고 생각한다.'고 쓰면서도, 그 뒤에 '(제7군단이) 하루 이틀 빨리 공격한다고 결과가 크게 바뀌었을지는 영원히 알 수 없다.'라고 속마음을 내비쳤다.

비행 중 아래를 내려다보자 매연을 뿜어내는 불타는 유전과 함께 파괴된 이라크군 차량들이 사막

에 흩어져 있는 모습이 보였다. 프랭크스가 공격작전에 대해 설명하자 슈워츠코프는 만족감을 표시하며 "우리가 계획한대로 되지 않았나. 프레드."라고 말했다.

비행장에 도착하자 기자들이 슈워츠코프를 둘러쌌다. 회담장은 슈워츠코프의 지시대로 제1보병사단의 M1A1 전차와 브래들리가 20m 간격으로 늘어섰고, 아파치 공격헬리콥터도 정렬해 있었다. 그리고 상공에는 A-10 지상공격기가 선회했다. 이라크군 대표단은 미군 차량 행렬과 아파치의 호위를 받으며 무기 전시장을 방불케 하는 회담장에 입장했다. 이라크 측 대표는 이라크 국방부 참모차장 술탄 하심 아흐메드 중장과 제3군단장 살라하 압드 무함마드 중장 두 사람이었다. 회담 의제는 정전선의 설정, 교전규칙, 포로 석방, 이라크군의 헬리콥터 사용 등이었다.

오후 2시 30분경, 회담을 끝낸 슈워츠코프는 올 때와 마찬가지로 제7군단의 블랙호크 헬리콥터를 타고 돌아갔다. 슈워츠코프는 "자네 부대원들이 회담 준비를 잘 해줬어."라고 프랭크스를 칭찬했고, 프랭크스도 미소로 답했다. 헬리콥터에서 밖을 보자 전장이 된 쿠웨이트의 하늘은 어두웠지만, 사우디 쪽의 하늘은 청명했다. 풍경을 바라보던 슈워츠코프는 안도감이 밀려드는지 "진짜 끝났다.(It really is over.)"라고 몇 번이나 되뇌었다.

이후 제7군단은 이라크에서 91년 5월 9일까지 주둔했다. 하지만 이라크 국내에서 후세인의 압정에 시달리던 남부 시아파와 북부 쿠르드족의 반정부 봉기를 걸프전에서 살아남은 공화국 수비대가 진압하는 과정에는 아무런 개입도 하지 않았다.[*]

걸프지역에 파병된 미 중부군의 막대한 병력과 무기·장비 등은 1991년 3월 2일부터 미 본국과 유럽으로 귀환을 시작해 10개월 후인 1992년 1월 2일까지 이동을 마쳤다. 병력 541,429명, 무기·장비

....
[*] 당시 부시 행정부는 친미정권으로의 교체를 바란 쿠데타가 일어나기를 원했지만 전면적인 시민 봉기를 원하지는 않았다. (역자 주)

1991년 3월 3일: 양군의 '정전교섭'이 사프완 비행장에서 실시되었다.

정전교섭 회담장

자료: Clancy and Franks, Into the Storm, p466

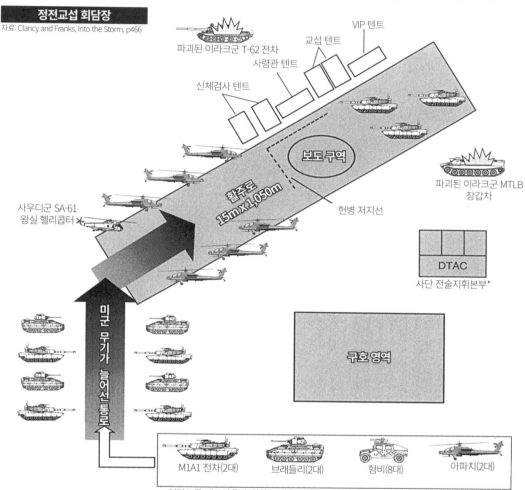

파괴된 이라크군 T-62 전차

VIP 텐트

교섭 텐트

사령관 텐트

신체검사 텐트

보도구역

파괴된 이라크군 MTLB 장갑차

활주로 15m x 1,050m

헌병 저지선

사우디군 SA-61 왕실 헬리콥터

DTAC
사단 전술지휘본부*

미군 무기가 늘어선 통로

구호 영역

M1A1 전차(2대)   브래들리(2대)   험비(8대)   아파치(2대)

이라크군 대표단을 호위하는 미군 차량

(DTAC: division tactical operations centers)

슈워츠코프 사령관과 함께 교섭텐트로 향하는 이라크군 대표단의 술탄 하심 아흐무드 국방부 참모차장(중장)

정전교섭 중인 슈워츠코프와 사우디군 할리드 중장. 앞쪽이 이라크군 대표단의 아흐무드 차장과 살라하 압드 마흐무드 육군 제3군단장(오른쪽)

정전협상을 진행하며 지도에 표시된 휴전선을 확인하는 이라크군 대표단

류 1,928,000t이 이동했는데, 병력은 수송선 2,500척으로, 무기·장비류는 대형 수송선 420척으로 운반했다.

마지막으로 양군의 사상자를 살펴보면 '사막의 폭풍 작전' 중 전사한 미군 병사는 148명(147명이라는 자료도 있다)으로, 육군 97명, 해군 6명, 해병대 24명, 공군 20명이었다. 부상자는 467명으로 육군 364명, 해군 9명, 해병대 85명, 공군 9명. 그리고 포로 23명이다. 다른 다국적군의 사상자는 전사 99명(사우디군이 29명으로 가장 많았다), 부상자 434명이었다.

미군에서 다발한 아군 오인사격에 의한 사상자는 전사 35명, 부상 72명이었다.[15] 미국 육군은 걸프전 중에 활약한 74명에게 은성훈장을 수여했지만 전원이 살아서 훈장을 받지는 못했다.

이라크군 사상자는 이라크 측이 공식 발표를 하지 않아 알 수 없지만, CIA 등의 보고에 따르면 폭격에 의한 전사자가 10,000명에서 12,000명(부상자는 두 배). 지상전 전사자도 거의 비슷한 규모로 추정되고 있다. 다른 자료는 전사자를 25,000명으로 보고 있다.[16] 또한 다국적군이 수용한 이라크군 포로는 86,743명에 달한다.

프랭크스 중장은 걸프전에서의 100시간 동안의 지상전에 관해 말할 때 항상 다음과 같이 말했다.

(전쟁은) "신속했지만, 쉽지는 않았다(It was fast but it was not easy)."

양군 참전군인들에게 경의를 표하며 또한 모든 희생자들의 명복을 빌며 본 전사를 마친다.

참고문헌

(1) Tom Clancy and Fred Franks Jr.(Ret.), Into the Storm: A Study in Command (New York: G.P.Putmam's Sons, 1997), P445-453.

(2) Ronald H. Griffith, "Pushing Them Out the Back Door Mission Accomplished- In full" Proceedings (August 1993), p63.

(3) Dennis P.Mroczkowski, US Marines in the Persian Gulf, 1990-1991: With the 2D Marine Division in Desert Shield and Dersert Storm (Washington, D.C: History and Museums Division, Headquarters, USMC, 1993) p73. and Frank N.Schubert and Theresa L.Kraus, The Whirlwind War: The U.S.Army in Operations Desert Shield and Dersert Storm (Washington, D.C: CMH U.S.Army, 1995), p197.

(4) Eliot A. Cohen, U.S.AirForce Gulf War Air Power Survey (GWAPS), Vol Ⅱ part2 (Washington, D.C: USAF, 1993), pp210-221.

(5) Thomas Houlahan, Gulf War: The Complete History (New London, New Hampshire: Shrenker Military Publishing, 1999), pp428-430.

(6) Tom Clancy, with Chuk Horner (Ret.), Every man a Tiger (New York: G.P.Putnam's Sons, 1999), p433. and Robert H.Scales, Certain Victory: The U.S.Army in the Gulf WAR (NewYork: Macmillan, 1994), pp117.

(7) Houlahan, Gulf War, pp124.

(8) TAB F DU use in the Gulf War, gulflink.osd.mil/du_ii/du_ii_tabf.htm.

(9) "Warhead hit distribution on main battle tank in the Gulf War" (Journal of Battlefield Technology, March 2000), pp1-9.

(10) Department of Defence (DOD), Conduct of the Persian Gulf War (Washington, DC.: GPO, 1992), T-146. and James F. Dunnigan and Austin Bay, From Shield to Storm (NewYork: William Morrow and Company, 1992), p294.

(11) Clancy and Franks , Into the Storm, pp454-459. and H.Norman Schwarzkopf Jr. and Peter Petre, It Doesn't Take a Hero (New York: Bantam Books, 1992), pp473-480. and 1-4 CAV Operation Staff, "Riders on the Storm", ARMOR (May-June 1991), pp19-20.

(12) Stephen A.Bourque and John W.Burdan III, The Road to Safwan: The 1st Squadron, 4th Cavalry in the 1991 Persian Gulf War (Denton, Texas: UNT Press, 2007), pp192-193.

(13) Charles Lane Toomey, XVIII Airborne Corps in Desert Storm: From Planning to Victory (Central Point, OR: Hellgate Press, 2004), pp409-410. and Houlahan, Gulf War, pp270-272. and David S.Pierson, TUSKERS: An Armor Battlion In the Gulf War (Darlington, Maryland: Darlington Production, 1997), pp197-200.

(14) Clancy and Franks , Into the Storm, pp463-471. and Schwarzkopf, It Doesn't Take a Hero, pp481-491.

(15) Anthony H.Cordesman and Abraham R.Wagner, The Lessons of Modern War, Vol.IV: The Gulf War(Boulder,Colo.: Westview Press, 1996), pp339.

(16) Douglas Macgregor, Warrior's Rage: The Great Tank Battle of 73 Easting (Annapolis, Maryland: Naval Institute Press, 2009), p210.

미군/이라크군 양군의 주요차량

이 장에서는 본편(하권)에 자세히 다루지 못했던 미군과 이라크
군의 각 차량과 그 성능에 대해 소개한다.

미군	이라크군
▪ M1A1 전차	▪ T-72 전차
▪ M60A1 전차&M551 공수전차	▪ T-62 전차
▪ M88A1 구난전차	▪ 63식(YW531) 병력수송 장갑차
▪ M113 병력수송 장갑차	▪ GAZ66/W50LA 야전트럭
▪ 험비	▪ 유니목 고기동 야전트럭

습지와 진흙탕에서 고전한 1,500hp 가스터빈 엔진 전차 M1A1 에이브럼스 | 미군

M1A1 전차에 장착된 가스터빈 엔진은 사막에서 충분히 성능을 발휘했다. 하지만 막대한 연료소모로 인해 보급이 적시에 진행되지 않으면 자주 멈춰야 했다. 사진은 이라크 영내에서 쾌속 전진하는 제1기갑사단 3여단의 M1A1

사막에서 전속 후진중인 M1A1 전차. 변속기는 앨리슨 X-1100-3B (전진 4/후진 2단), 조향장치는 하이드로스태틱(유압) 방식이다.

M1A1(HA: 헤비아머)			
전투중량	61t	연료탱크	1,912리터
전장	9.83m	최고속도	67km/h
차체길이	7.92m	항속거리	465km
전폭	3.668m	주포	120mm 활강포(40발)
전고	2.89m (기관총 포함)	부무장	12.7mm 중기관총(900발)
엔진	AGT-1500 가스터빈		7.62mm 공축기관총(10,000발)
출력	1,500hp/3,000rpm		탄약수용 7.62mm 기관총(1,400발)
출력대 중량비	24.59hp/t	승무원	4명

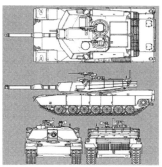

◀ AGT-1500 가스터빈엔진이 장착된 파워팩을 교환중인 해병대 소속의 M1 전차. 가스터빈엔진은 디젤엔진보다 가속성과 신뢰성이 우수한 편이지만, 연비가 매우 좋지 않아서 공회전 중에도 시간당 33L의 연료를 소모했다.

105mm 강선포를 탑재한 M60A1은 미 해병대의 주력전차로 242대가 걸프지역에 배치되었다. 전투중량 52.6t의 중(重)전차지만, 대전차 미사일 대책으로 ERA(폭발반응장갑)을 추가로 부착했다. 사진은 제1해병사단 제3전차대대의 M60이 사우디에서 고장난 엔진을 점검하는 모습이다.

M551 쉐리던 공수전차는 미 제82공수사단 73기갑연대 3대대에 56대가 배치된, 경보병부대인 공수사단에게는 귀중한 기갑전력이었다. 차체는 15.83t의 경량이었지만, 포탑에 152mm 건런처(사거리 4㎞의 시레일러 대전차 미사일 운용), M2 중기관총, TTS 열영상조준경(AN/VSG-2)를 장비했다. 사진은 사우디에서 실탄 사격훈련중인 M551A1 쉐리던.

진흙탕에 빠진 M1A1, M60A1 전차를 끌어내는 힘센 일꾼 M88A1 헤라클레스 구난전차

차체 상면에 호이스트 붐을 장비한 M88A1

 M88A1

전투중량	50.848t	출력대 중량비	14.8hp/t
전장	8.267m(도저를 올린 상태)	연료탱크 용량	1,514리터
전폭	3.429m	최고속도	42km/h
전고	3.225m	항속거리	483km
엔진	AVDS-1790-2DR 디젤	무장	12.7mm 중기관총(1,500발)
출력	750hp	승무원	3~4명

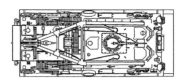

전복된 해병대의 M60 전차를 호이스트 붐(견인력 35t)으로 일으켜 세우는 M88A1 구난전차.

M113 장갑차는 APC(병력수송장갑차)의 대명사가 된 베스트셀러 장갑차로 M901 TOW 미사일 장갑차, M163 발칸 자주대공포, M106 107mm 자주박격포, M577 지휘장갑차 등 파생형도 많다.

M113A2

전투중량	11.253t	톤당 마력비	18.51hp/t
전장	4.863m	연료탱크 용량	360리터
전폭	2.686m	최고속도	60.7km/h
전고	2.52m	항속거리	480km
엔진	디트로이트 디젤 6V-53 디젤엔진	무장	12.7mm 중기관총 (2,000발)
출력	212hp	승무원	2명+11명

이라크 사막에 설치된 제2기갑기병연대의 전술지휘본부. M577 지휘장갑차 3대에 텐트를 연결한 야전 지휘본부다.

1990년 8월 사우디로 향하는 고속해상수송함 카펠라 갑판위에 설치된 M163 발칸 자주대공포(제5방공연대 1대대 A중대 소속). 이라크군의 공격에 대비해 탄약이 장전되어 있다.

사막을 질주한 미군의 고기동 다목적차량 험비(4x4)

험비(HMMWV: High Mobility Multipurpose Wheeled Vehicle, 고기동 다목적 차량)은 지프와 소형 트럭의 후계차량으로 1985년부터 배치가 시작된, 험지 주파 능력과 다목적성을 겸비한 고기동 다목적 차량이다. 걸프전에서는 다양한 파생형 차량 2만 대가 배치되어 사막 작전 수행에 많은 도움을 주었다. 사진은 기본형인 오픈탑 방식에 윈치를 장비한 M1038 화물·병력 수송형이다.

M1097 헤비 험비

험비(M1038)

차체중량	2,416kg	엔진	GM제 V-8 6.2리터 디젤
최대중량	3,493kg	출력	150hp
적재중량	1,077kg	연료탱크 용량	94.6리터
전장	4,72m	최대속도	113km/h
전폭	2.18m	항속거리	482km
전고	1.83m	승무원	1명+3명

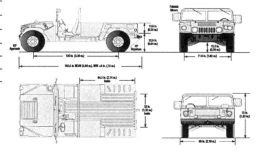

제101공수사단에 배속된 헌병대의 M1043 무장 험비. 지붕에 기관총을 장비했다.

이라크에서 기동중인 제1기갑사단 소속의 트레일러 견인 M998 화물·병력 수송차

공화국 수비대의 주력전차 T-72 아사드 바빌 | 이라크군

이라크군은 기동성과 공격력, 방어력이 모두 준수한 T-72 전차를 1,350대가량 보유했으며, 대부분 공화국 수비대의 중사단에 배치했다. 특히 이라크가 자체생산한 개량형 T-72는 아사드 바빌(바빌론의 사자)이라 불렸다. (사진은 신생 이라크군의 T-72)

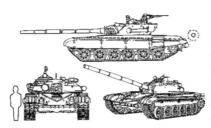

T-72는 수냉식 V-46 V 12기통 디젤 터보 엔진(780hp)을 전진 7단 / 후진 1단의 수동변속기와 조합해 사용한다.

T-72	
전투중량	41.5t
전장	9.53m
차체장	6.9m
전폭	3.6m
전고	2.2m
엔진	V-46 수냉 디젤
출력	780hp

출력대 중량비	18.8hp/t
연료탱크 용량	1,200리터
최고속도	68km/h
항속거리	450km
주포	125mm 활강 2A46M(40발) 자동장전
부무장	12.7mm 중기관총(300발) 7.62mm 공축기관총(2,000발)
승무원	3명

거의 상처 없이 포획된 이라크 육군 제3기갑사단의 T-72 전차(좌)와 ZSU-23-4 쉴카 자주대공포(우)

▲ 무트라의 6번 고속도로에 유기된 이라크군 제3기갑사단 12여단 1연대 소속 T-62. 앞쪽은 MTLB 다목적 장갑차.

T-62M

전투중량	40.0t	출력대 중량비	14.5hp/t
전장	9.2m	연료탱크 용량	675리터
차체장	6.63m	최대속도	50km/h
전폭	3.2m	항속거리	450km
전고	2.4m	장갑	차체정면 102mm/포탑정면 242mm
엔진	V-55 V12 수냉디젤	주포	115mm 활강포 U-5TS(40발)
출력	580hp	부무장	7.62mm 공축기관총 (2,500발) 12.7mm 중기관총(300발)
		승무원	4명

T-62의 차체는 T-55와 동일하지만, 주포를 115mm 활강포로 강화했다.

미 제3기갑사단의 공격을 받아 포탑이 날아간 T-62 전차

T-72와 포탑 형태는 비슷하지만, T-62 차체의 전륜은 5개로 T-72보다 1개 적다.

이라크 육군의 기계화보병부대에 약 600대가 배치된 63식(Y531) 병력수송 장갑차

중국 노린코제 63식 병력수송 장갑차. 기관실은 차체 전면부 우측, 조종석 뒤쪽에 있다.
중기관총을 탑재하고 보병 13명을 탑승시킬 수 있어 장갑차로서 충분한 성능을 지녔다.

작은 차체에 15명이 탑승하므로 상당히 불편했다.

차체 상부 중앙에 12.7㎜ 중기관총을 장비했다.

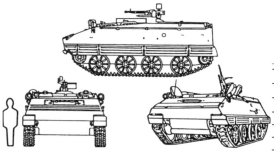

63식(YW531)

전투중량	12.60t	톤당 마력비	25.39hp/t
전장	5.476m	연료탱크 용량	450리터
전폭	2.978m	최대속도	65km/h
전고	2.58m	항속거리	500km
엔진	BF8L413F V8 디젤	무장	12.7㎜ 중기관총 (1,120발)
출력	320hp	승무원	2명+13명

최전선 전투부대의 병력수송, 보급, 전술차량 GAZ66/W50LA 야전트럭

노즈리스 캡 형식의 GAZ66은 이라크군이 전투부대 지원용으로 소련에서 대량으로 수입한 주력 야전트럭이다. W50LA와 같은 사륜구동이지만, 타이어 공기압 제어장치가 있어 W50보다 험지 주파능력이 우수했다. 사진은 이라크군이 방치한 병력수송형 GAZ66.

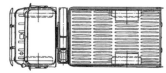

GAZ66	
차체중량	3.64t
최대중량	5.77t
적재중량	2.13t
전장	5.655m
전폭	2.342m
전고	2.44m
엔진	ZMZ66 V8 가솔린
출력	115hp
연료탱크	210리터
최대속도	90km/h
항속거리	800km
승무원	1+1명

▲ GAZ66 다목적 전술차량은 병력수송이나 야포의 견인 외에 각종 무장의 플랫폼으로도 사용되었다. 사진의 파괴된 GAZ66은 14.5mm 대공중기관총(조작인원 4명, 중량 412kg, 최대발사속도 600발/분, 사정거리 1,400m)을 장착한 자주대공형으로 대지공격에도 사용되었다.

◀ 이라크군이 사단급 부대의 보급물자 지원에 사용했던 동독 IFA제 W50LA 야전트럭은 제1선의 전투부대에 배치된 만큼 상당수가 파괴되었다. 사진은 무트라 고개에서 T-55 전차와 함께 격파당한 W50LA.

사륜구동으로 사막을 달린 이라크군의 주력 다목적차량 유니목 고기동 야전트럭

이라크군은 험지 주행능력이 우수한 메르세데스 벤츠의 유니목(Unimog) 4륜
구동 고기동 야전트럭을 대량 수입했다. 사진은 제1기갑사단 1여단이 포획한
중형 유니목 U1300L 계열로, 포획 후 포로 후송에 사용했다.

무트라 고개로 도주하다 미군이 폭격을 시작하자 유기된 유니목 야전트럭 (중앙의 화살표)

제7군단의 공격을 받은 이라크군이 방치한 유니목 앰뷸런스(좌)와
GAZ66 야전트럭(우)

유니목 U1300L

차체중량	5.25t		엔진	OM352 디젤
최대중량	7.5t		출력	130hp
적재중량	2.22t		연료탱크 용량	160리터
전장	5.54m		최대속도	82km/h
전폭	2.3m		항속거리	350km
전고	2.83m		승무원	1+1명

걸프전 관련 연표

1990년

7월 중순	사담 후세인이 공화국 수비대 사령관 아야드 알라위 중장을 소환, 쿠웨이트 침공작전 준비를 명령했다.
7월 17일	후세인은 혁명기념일 연설에서 쿠웨이트의 원유증산에 따른 석유가격 하락으로 이라크의 재정수입이 감소했다고 비난했다. 같은 날, 공화국 수비대가 남하하기 시작했다.
7월 31일	쿠웨이트 국경에 알라위 중장이 지휘하는 공화국 수비대(병력 14만 명, 전차 1,100대, 야포 610문)가 집결했다. 미군은 정찰위성으로 상황을 전부 감시했지만, 파월은 후세인의 단순위협으로 생각했다. 하지만 후세인은 이란-이라크 전쟁의 전비와 대량의 무기구입으로 발생한 800억 달러의 대외채무를 쿠웨이트 점령을 통해 해결하려 했다. 후세인은 미국의 반응을 우려했지만, 베트남 전쟁과 같은 상황이 재현되는 경우를 두려워해 지상군을 파병하지 않을 것이라고 판단했다.
8월 2일	오전 2시, 공화국 수비대 주력인 함무라비, 타와칼나, 메디나 3개 중사단이 쿠웨이트 침공을 개시하여 오후 7시까지 쿠웨이트시 제압을 마무리지었다, 48시간 이내에 쿠웨이트 전체가 이라크군 기갑부대에 점령되고, 자베르 국왕과 쿠웨이트 정부는 사우디로 망명했다. UN(국제연합) 안전보장이사회는 이라크군이 쿠웨이트에서 무조건 철수할 것을 결의(660호)했다.
8월 6일	UN 안전보장이사회는 대 이라크 전면 경제제재를 결의(661호). 결의에 따라 7개월에 걸친 걸프위기·전쟁 기간 동안 다국적군 함선(19개국 165척)이 아라비아 반도 주변 해역에서 해상봉쇄작전을 실시했다. 이 과정에서 7,500척 이상의 함선이 검문을 받았으며, 그 가운데 964척은 승선검문, 51척은 목적지 변경을 지시받았고, 11척은 경고사격, 11척은 하선명령을 받았다.
8월 7일	부시 대통령이 미군의 사우디 파병을 결정했다.
8월 8일	이라크가 쿠웨이트 합병을 선언. 부시 대통령은 이라크에 무조건 철수를 요구하면서 동시에 미군 파병을 공표했다. 작전계획 90-1002인 '사막의 폭풍 작전'이 발동되었으며, 25일에는 UN 안전보장이사회가 해상봉쇄를 위해 무력사용을 승인했다.(665호)
9월 6일	미국 국방부는 총 병력 10만 명, 항공기 400대, 함선 50척이 전개중임을 발표했다.
9월 25일	미국 국방부는 쿠웨이트 전역의 이라크군을 병력 43만 명, 전차 3,500대, 장갑차 2,500대로 발표했다.
10월 23일	미국 국방부는 총 21만 명(육군 10만 명, 해병대 45,000명 포함)의 미군이 전개중임을 발표했다.
11월 8일	부시 대통령은 사우디 방위가 아닌 전쟁의 승리를 목표로 걸프지역에 제2차 병력증강을 발표했다.
11월 29일	UN 안전보장이사회는 이라크에 대한 무력행사를 승인(678호)했다. 이 결의가 통과되면서 다국적군은 이라크가 1991년 1월 15일까지 쿠웨이트에서 무조건 철수하지 않을 경우, 가능한 모든 무력수단을 사용할 수 있게 되었다.

1991년	
1월 17일	오전 3시, 다국적군이 이라크 폭격을 시작하면서 걸프전, 그리고 '사막의 폭풍 작전'이 개시되었다. 최초 공습 당시 출격한 전투기와 폭격기는 700대, 함선에서 발사된 토마호크 미사일은 116발에 달했다.
1월 18일	이라크군이 스커드 탄도미사일을 이스라엘, 사우디에 발사하기 시작했다. 미군은 패트리어트 방공미사일을 증강 배치. 양군 간에 미사일전이 전개되었다.
1월 25일	작전에 참가한 다국적군 항공기 2,700대 돌파, 통산 출격회수는 17,500 소티 돌파.
1월 27일	이라크 공군은 전투불능 상태가 되고, 다국적군의 절대적인 제공권 우세가 확고해졌다.
1월 29일~ 2월 1일	일 카프지 전투 발생: 이라크군 기갑부대가 돌연 사우디를 침공해 하프지를 점령했다. 하지만 아랍합동군과 미 해병대가 반격해 수일 만에 탈환했다. 다만 해병대 LAV 경장갑차 2대가 아군 오인사격을 받아 파괴되고 11명이 전사했다. 걸프전 이후로도 아군 오인사격이 큰 문제가 되었다.
2월 23일	다국적군기의 통산출격은 94,000 소티를 돌파했다.
2월 24일	오전 4시, 다국적군 지상부대가 사우디 국경선을 넘어 이라크와 쿠웨이트로 진격에 착수했다. 우익(동쪽)의 미 해병대는 첫날 이라크군 방어선인 사담라인을 돌파했다.
2월 25일	비밀리에 서쪽으로 이동한 제7군단 주력은 이라크군 공화국 수비대를 측면 포위 공격해 섬멸하고 이라크 영내로 빠르게 진격했다. 좌익(서쪽)의 제18공수군단은 유프라테스강에 도달하고 아랍합동군과 미 해병대는 쿠웨이트시까지 육박했다.
2월 26일	측면의 수비를 강화한 제18공수군단은 바스라를 향해 동쪽으로 진격하고, 해병대는 쿠웨이트시를 포위했다. 제7군단 소속의 기갑부대들이 저녁 무렵부터 이라크군 방위라인에 격돌해, 암흑 속에서 격전을 벌인 끝에 공화국 수비대를 격파했다.
2월 27일	다국적군의 쿠웨이트시 해방. 제7군단 제1기갑사단은 주간에 전차전을 실시하여 메디나 사단을 격파하고 쿠웨이트로 돌입했다. 이라크군은 총퇴각에 돌입하고, 그 뒤를 제7군단이 추격했다.
2월 28일	오전 8시, 부시 대통령의 명령으로 '사막의 폭풍 작전' 종료. 서둘러 결정된 정전에 공화국 수비대 함무라비 기갑사단 등 많은 이라크군 기갑부대가 살아남았다.
3월 3일	이라크 남부 사프완 공군기지에서 정전협정이 체결되었다. 이라크 남부 시아파와 북부 쿠르드족이 반란을 일으켰지만, 전쟁에서 살아남은 공화국 수비대에 의해 간단히 진압되었다. 반란 세력 보호를 위해 영국군이 이라크 남부와 북부를 비행금지구역으로 선언했다.

주요 참고문헌

【걸프전 전반에 관한 자료】

1. Anthony H.Cordesman and Abraham R. Wagner, The Lessons of Modern War, Vol.IV: The Gulf War(Boulder, Colo.: Westview Press, 1996)

2. Bob Woodward, The Commanders (NewYork, Simon & Schuster, 1991,)

3. Buster Glosson, War witch Iraq: Critical Lessons (Charlotte, NC: Glosson Family Foundation, 2003)

4. Colin Powell and Joseph E.Persico, My American Journey (New York: Random House, 1995)

5. Daniel James Grey, Not Forgotten: Remembering those Who Died in the Persian Gulf War (New York: Emkell Publishing, 1995)

6. Department of Defence(Dod), Conduct of the Persian Gulf War(Washington,DC.: GPO, 1992,)

7. Eliot A. Cohen, U.S.AirForce Gulf War Air Power Survey (GWAPS), Vol II (Washington, D.C: USAF, 1993)

8. James Kitfield, Prodigal Soldiers: How the Generation of Officers Born of Vietnam Revolutionized the American Style of War (New York: Simon & Schuster Inc, 1995)

9. Lt.General William G.Pagonis with Jeffrey L.Cruikshank, Moving Mountain(Boston: Harvard business School press, 1991)

10. Michael R. Gordon and Bernard E.Trainor, The General's War: The Inside Story of the Conflict in the Gulf (Boston: Little Brown, 1995)

11. Rick Atkins, The Crusade: The Untold Story of the Persian Gulf War (Boston: HoughtonMifflin, 1993)

12. U.S.News&World Report, Triumph Without Victory: The Unreported History of the Persian Gulf War (NewYork: RadomHouse, 1992)

【걸프전 지상전에 관한 자료】

1. Alex Vernon, The Eyes of Orion: Five Tank Lieutenants in the Persian Gulf War (Kent, Ohio: The Kent State University Press, 1999)

2. Anthony H.Cordesman, Iran & Iraq (Boulder, Westview Press, 1994)

3. Charles H.Cureton, US Marines in the Persian Gulf, 1990-1991: With the 1st Marine Division in Desert Shield and Dersert Storm (Washington, D.C: History and Museums Division, Headquarters, USMC, 1993)

4. Charles Lane Toomey, XVIII Airborne Corps in Desert Storm: From Planning to Victory (Central Point, OR: Hellgate Press, 2004)

5. David S.Pierson, TUSKERS: An Atmor Battalion in the Gulf War (Darlington, Maryland: Darlington Productions, 1997)

6. Dennis P.Mroczkowski, US Marines in the Persian Gulf, 1990-1991: With the 2nd Marine Division in Desert Shield and Desert Storm (Washington, D.C: History and Museums Division, Headquarters, USMC, 1993)

7. Dominic J.Caraccilo, The Ready Brigade of the 82nd Airborn in Desert Storm (Jefferson, North Carolina: Mcfarland&company, 1993)

8. Douglas Macgregor, Warrior's Range: The Great Tank Battle of 73 Easting (Annapolis, Maryland: Neval Institute Press, 2009)

9. Frank N.Schubert and Theresa L.Kraus, The Whirlwind War: The U.S.Army in Operations Desert Shield and Desert Storm (Wachington, D.C: CMH U.S.Army, 1995)

10. General Sir Peter de la Billiere, Storm Command: A Personal Account of the Gulf War (London: Harper Collins Publishers, 1992)

11. George F.Hofmann and Donn A.Starry, Camp Colt to Desert Storm: The History of U.S.Armored Forces(Lexington, Kentucky.: Rhe University press of Kentucky, 1999)

12. Headquarters VII Corps, The Desert Jayhawk(Stuttgart: public Affairs Office, 1991)

13. H.Norman Schwarzkopf Jr. and Petre, It Doesn't Take a hero (New York: Bantam Books, 1992)

14. HRH General Khaled bin Sultan, Desert Warrior (New York: Harper Collins Publishers, 1995)

15. James J.Cooks, 100miles from Bagdad: with the French in the Desert Storm (Westport, Connecticut: Praeger Publishers, 1993)

16. James Titus, The Battle of Khafji: An Overview and Preliminary Analysis (Alabama: Maxwell Air Force Base, 1996)

17. Jeffrey E. Phillips and Robyn M. Gregory, America's First Team in the Gulf (TFB Press, 1993)

18. John Sack, COMPANY C: The Real War in Iraq (New York: William Morrow and Company, 1995)

19. Martin Stanton, Road to Baghdad (NewYork, Presidio Press, 2003,)

20. Nigel Pearce, The Shield and the Saber: The Desert Rats in the Gulf 1990-91 (London: HMSO, 1992)

21. Orr Kelly, King of the Killing Zone: The story of the M-1, America's super tank (New York: W. W. Norton, 1989)

22. Patrick cordingley, In the Eye of the Storm: Commanding the Desert Rats in the Gulf War (London: Hodder&Stoughton, 1996)

23. peter S.Kindsvatter, 'VII Corps in the Gulf War: Deployment and Preparation for Desert Storm', military Review (January 1992)

24. Richard M. Swain, Lucky War: Third Army in Desert Storm(Fort Leavenworth, Kans.: Command and General staff College Press, 1994)

25. Richard P.Hunnicutt, Abrams: A History of the American Main Battle Tank, vol.2) Novato, Calif.: Presidio Press, 1990)

26. Robert H. Scales, Certain Victory: The U.S Army in the Gulf War (New York: Macmillan, 1994) or (Fort Leavenworth, Kans.: Command and General staff College Press, 1994)

27. Stephen A.Bourque, JAYHAWK! The VII Corps in the Persian Gulf War (Washington, D.C: Department of the Army, 2002)

28. Stephen A. Bourque and John W. Burdan III, The Road to Safwan: The 1st Squadron, 4th Cavalry in the 1991 Persian Gulf War (Denton, Texas: UNT Press, 2007)

29. Thomas D.Dinacks, Order of Battle: Allied Ground Forces of Operation Desert Storm (Central Point, Oregon: Hellgate Press, 2000)

30. Thomas Houlahan, Gulf War: The Complete History (New London, New Hampshire: Schrenker Military Publishing, 1999)

31. Thomas taylor, Lightning in the Storm: the 101st Air Assault in the Gulf War (New York: Hippocrene books, 1994)

32. Tom Carhart, Iron soldiers(New York: Pocket Books, 1994)

33. Tom Clancy and Fred Franks Jr.(Ret.), Into the Storm: A Study in Command (New York: G.P.Putnam's Sons, 1997

34. Tom Clancy, Armoured Warface (London, Harper Collins Publishers, 1996)

35. Tom Donnelly and Sean Naylor, Clash of Chariots: the Great Tank Battles (New York: Berkley, 1996)

※ 특히 Robert H. Scales, Certain Victory/ Tom Carhart, Iron soldiers/ Thomas Houlahan, Gulf War/ Tom Clancy and Fred Franks Jr.(Ret.), Into the Storm/ Stephen A.Bourque, JAYHAWK!는 걸프전 지상전에 관한 일급자료이자 본서의 기본 참고자료다.